高等学校"十二五"规划教材

市政与环境工程系列研究生教材

废水厌氧生物处理工程

主编 万 松 李永峰 殷天名

主审 陈 瑛

U0309742

哈尔滨工业大学出版社

内容简介

全书共分 10 章,分别对厌氧生物处理过程微生物、厌氧过程的有机物转化、厌氧生物处理过程的控制、厌氧生物处理工程的设计等进行了全面论述和介绍。本书不仅详细阐述了厌氧消化的基础理论,而且较全面地论述了目前国内外现有的废水厌氧生物处理工艺的工作原理、运行特性和设计方法,并详细地介绍了厌氧生物技术对含有不同有机废物的各种工业废水的处理方法。

本教材可作为市政工程、环境工程、环境科学等专业研究生和高年级本科生的教材,也可作为相关专业的培训教材。

图书在版编目(CIP)数据

废水厌氧生物处理工程/万松,李永峰,殷天名主编. —哈尔滨:哈尔滨工业大学出版社,2013.10

ISBN 978-7-5603-4241-2

Ⅰ.①废… Ⅱ.①万…②李…③殷… Ⅲ.①废水处理－厌氧处理－高等学校－教材 Ⅳ.①X703

中国版本图书馆 CIP 数据核字(2013)第 231610 号

策划编辑　贾学斌
责任编辑　李广鑫
封面设计　卞秉利
出版发行　哈尔滨工业大学出版社
社　　址　哈尔滨市南岗区复华四道街 10 号　邮编 150006
传　　真　0451 – 86414749
网　　址　http://hitpress.hit.edu.cn
印　　刷　哈尔滨工业大学印刷厂
开　　本　787mm×1092mm　1/16　印张 18　字数 420 千字
版　　次　2013 年 10 月第 1 版　2013 年 10 月第 1 次印刷
书　　号　ISBN 978-7-5603-4241-2
定　　价　38.00 元

《废水厌氧生物处理工程》编写人员名单与分工

主编：万　松　李永峰　殷天名
主审：陈　瑛
编写人员：李永峰、殷天名：第1章；
万　松：第2章、第9章；
谢静怡、李永峰：第3章～第4章；
李巧燕、李永峰：第5章～第6章；
刘瑞娜、李永峰：第7章～第8章；
殷天名：第10章。
文字整理和图表制作：王玥、廖苑如、刘希、汤湘

前　言

　　厌氧处理技术的发展已有百余年历史,近些年来,这项技术日益为国人所认识。我国水资源的匮乏和水污染的严重现状使我国科研、管理和工程技术人员认识到发展水污染防治新技术的迫切性和重要性。

　　但以往人们比较重视废水好氧生物处理技术,而废水厌氧生物处理技术的专著相对较少。1881 年人类开始研究厌氧污水处理技术,但直到 20 世纪 70 年代,为了解决日益加重的能源短缺问题,人们才开始把精力大量投入到废水厌氧处理技术上,使废水厌氧生物处理的理论与技术取得了突破性的进展,在解决高浓度有机废水和废弃物的处理与利用方面发挥了不可替代的作用。厌氧生物技术又一次受到国内外科技工作者的青睐。

　　本书参考了国内外大量有关废水厌氧生物处理的基本理论、工艺机理、设计计算和检测方法等方面的文献资料,由于这些资料来源渠道较多,很多作者没有联系方法,因此不能一一致函或致电感谢,在此一并对给我提供文献和对学术方面有益的众多专家学者和同行们表示最诚挚的感谢,正由于他们才能使本书有较为系统、全面的论述。同时,也诚望各位读者在使用过程中提出宝贵意见,使用本教材的学校可免费提供电子课件,若需要可与李永峰教授联系(mr_lyf@ 163. com)。本书的出版更得到了"东北林业大学优秀专著出版基金(2010)"和"上海市科委重点科技攻关项目(No.071605122)""上海市教委重点课程建设项目(s2007010004)""上海市教委重点科研项目(07ZZ156)"和国家"863"项目(No. 2006AA05Z109)\国家"973"项目(No. 2007CB512608)的技术成果和资金的支持,特此感谢!

　　由于编者业务水平和编写经验有限,书中难免存在不足之处,希望有关专家、老师及同学们随时提出宝贵意见,使之更臻完善。

编　者
2013 年 7 月 1 日

目　　录

第1章　废水厌氧生物处理概论

经济的发展总是伴随资源的消耗与能源的短缺,近30年来,能源问题尤其突出,由此引发的环境问题不但阻碍了人类前进的步伐,甚至已经威胁到包括人类在内的全球各物种的生存,严峻程度已不容忽视。以厌氧生物处理方法处理废水,可以有效地缓解水资源与能源之间的矛盾。

一直以来应用的传统废水好氧生物处理方法的实质,是用大量的能耗换取水资源的再生,发达国家用于处理废水的电耗已占到全国总电耗的1%左右,是一种耗能型废水处理技术,这种高能耗、低收益的方法是世界各国尤其是第三世界国家难以承受的。人们正在积极地通过不断研究和探索以期得到一种高效率、低能耗的新型废水处理技术,而厌氧生物处理技术的低能耗使其成为好氧生物处理技术的替代技术。

厌氧生物处理工艺并不是新近发现的生物处理方法,在众多的废水处理生物工艺中,人们重新认识到了采用厌氧生物处理工艺处理有机废水和有机废物的重要性,希望能把厌氧生物法作为好氧生物法的一种可替代处理工艺。厌氧生物处理技术不仅可以减少好氧生物处理技术的耗能,其有机物转化产物——沼气及氢气,又可作为替代传统不可再生化石燃料——煤和石油的新型清洁能源。通过各国学者不断努力,厌氧生物处理技术有了很大的突破,以往的厌氧生物处理技术只能处理高浓度有机废水,且需要对原始废水进行增温处理,耗能较高,收效较低;现今的厌氧生物处理方法不但能处理高、中等浓度有机废水,还成功地实现了处理低浓度有机废水的可能性,为废水处理方法提供了一条高效能、低能耗,并符合可持续发展原则的治理废水途径。

近30年来,能源的短缺和生产的发展促进了废水厌氧生物处理工艺的飞速发展,不但在厌氧微生物学和生物化学等基础研究方面取得了长足的进步,还成功开发了一批新型废水厌氧生物处理工艺,彻底改变了过去人们认为厌氧生物法只能在高温条件下低效处理高浓度废水的刻板印象。新开发的现代废水厌氧生物处理反应器不仅效能高,并且可以在常温条件下处理中低浓度的有机废水。

1.1　水污染与废水厌氧处理

纵观世界经济发展历程,我们不难得出这样的结论:为实现经济的持续稳定发展,必须解决好发展与环境保护的矛盾,而近代工业的飞速发展所产生的严重环境问题已经直接或潜在地威胁着人类的生存和发展。尽管地球表面70%的面积被水覆盖,但可直接应用的淡水资源仅占总体水资源的0.002 7%,全球化工业的飞速发展又带来大面积的水污染,严重破坏水环境,威胁生态环境。

我国水污染情况也十分严峻,90%的城市河段水质污染超标,全国范围内的七大水系超过一半的河段污染严重,其中以海河、辽河、松花江和淮河流域的污染尤为严重,淮河流域191条支流中的80%支流水体呈现黑绿色,一半以上的河段已完全丧失使用价值,不少工厂因此停产,部分地区农作物绝收。而长江、黄河、珠江等也存在污染严重的河段,影响当地人民的生产生活。因水污染而引发的特大事故,已经给苏、皖等多省当地居民带来忧患,因水污染而导致的停工、停产、限产事件频频发生,癌症等多类疾病的患病率也呈逐年上升趋势,成为影响社会稳定的重要因素。

废水中的有机物是造成水污染的最重要污染物,它们不但使水质恶化,当中的有毒化合物还会造成更为严重的生产生活事故。因此对废水有机物的处理是控制水污染的重要工作之一。废水主要分为工业废水、农业废水和生活废水三大类。工业废水指工业生产过程中产生的废水和废液,其中含有随水流失的工业生产用料、中间产物、副产品以及生产过程中产生的污染物;农业废水指农作物栽培、牲畜饲养、农产品加工等过程排出的废水;生活废水是指城市机关、学校和居民在日常生活中产生的废水,包括厕所粪尿、洗衣洗澡水、厨房等家庭排水以及商业、医院和游乐场所的排水等。

废水的组成结构对废水处理方法的选择有重要的意义,不同来源的废水其成分有较大的差异,在处理方法的选择上亦有不同,这主要取决于废水的性质。有机废水的性质主要为3类:易于生物降解的,难生物降解的和有害的。

易于生物降解的这类废水主要来自以农牧产品为原料的工业废水和禽畜粪便废水等。这类废水数量大,有机物浓度很高,对环境污染较为严重。对这类废水的处理除首先考虑回收有用物质外,还应优先考虑采用厌氧处理技术,不仅效能高、能耗低,还能回收大量的生物能,是最佳的处理方式。

难于生物降解的或对生物有害的废水主要来自化学工业、石油化工和炼焦工业等。这类有机废水如果单独采用好氧生物法往往达不到满意的处理效果,而预先采用厌氧生物法则可以降解或提高废水的可生化性。但如果废水中含有的有机物不仅不可生化还对微生物有毒害作用,则不适用生物法,而应考虑化学方法或物化法。

含有有害物质的废水中所含有的有机物可能易于生物降解,主要来源于化学工业和发酵工业等。这类废水首先要通过适当的预处理去除废水中有毒有害物质,然后仍可继续采用厌氧生物法。

我国废水类型以工业废水为主,且排放量逐年增加,工业废水容易包含一些不可生物降解的物质或有毒物质。无论何种类型的废水,当中的有机物都是造成水污染的元凶,有机物在降解时消耗了水中的溶解氧,使水体发黑发臭。有机物在废水中以悬浮物、胶体物或溶解性有机物的方式存在,对应悬浮物(TSS)、化学需氧量(COD)和生化需氧量(BOD)等监测手段。

利用微生物代谢方式去除废水中的有机物是水污染处理中最为行之有效的手段,特别是对BOD含量较高的有机废水效果尤为显著。这种利用微生物生命过程中的代谢活动,将有机物分解为简单的无机物从而去除有机污染物的过程称为废水的生物处理。根据代谢过程中对氧的需求差异,微生物分为好氧微生物、厌氧微生物及介于两者之间的兼性微生物,因此废水处理工艺可分为好氧微生物处理工艺、厌氧微生物处理工艺及兼性微生物处理工艺三大类。三者比较而言,在好氧微生物处理工艺处理过程中,为了保证微生物的代谢活性,需要向废水中不断补充大量的氧气或空气,以保证微生物在代谢过程中对水中溶解氧的需求。在好氧条件下,有机物最终被转化为水和二氧化碳等,部分有机物被微生物同化以产生新的微生物细胞,生物转盘法、好氧滤器等属于好氧处理工艺。厌氧生物处理技术无需对微生物供氧,微生物在无氧状态下把有机物转化为甲烷、氢气、二氧化碳、水等无机物和少量的细胞质,其中甲烷和氢气可作为替代传统化石燃料的高效清洁的新型能源。

通过对比发现,厌氧废水处理是一种低成本的废水处理技术,并能将废水处理与能源回收利用相结合,这使得包括中国在内的大多数发展中国家能在治理环境的同时,解决能源短缺以及经济发展和环境治理中面临的资金不足等问题,是一种效率较高、操作简单、费用低廉的技术。基于这些优点,厌氧废水处理工艺能同时担任能源生产和环境保护体系的核心,为世界经济的可持续发展提供强有力的支持。

1.2　厌氧消化的基本原理

有机物厌氧消化产甲烷过程是一种由多种微生物共同作用完成的极其复杂的消化过程。1914 年,Thumm 和 Reichie 通过研究发现,有机物厌氧消化过程分为酸性发酵和碱性发酵两个阶段,如图 1.1 所示。随后的 1916 年,Imhoff 也独立发现了这一过程,1930 年,Buswell 和 Neave 验证并肯定了前人的看法。

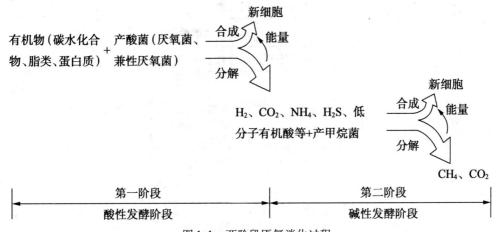

图 1.1　两阶段厌氧消化过程

从图 1.1 中可以看出,在第一阶段里,复杂的有机物,如糖类、脂类和蛋白质等,在产酸菌(厌氧菌和兼性厌氧菌)的作用下,分解为低分子中间产物,包括乙酸、丙酸、丁酸等低分子有机酸和乙醇等醇类,并伴随氢气、二氧化碳、氨离子和硫化氢等的产生。因为该阶段产生的大量脂肪酸降低了发酵液的 pH 值,发酵液呈现酸性,所以此阶段被称为酸性发酵阶段,或产酸阶段。

在第二阶段中,第一阶段的中间产物被产甲烷菌继续分解为甲烷和二氧化碳等。在有机酸不断转化为甲烷和二氧化碳的同时,系统中的氨离子使发酵液的 pH 值不断升高,发酵液呈现碱性,所以此阶段被称为碱性发酵阶段,或称产甲烷阶段。

伴随着有机物的降解,细菌利用有机物分解过程中释放的能量合成新细胞,产生新细菌,在厌氧消化的两个阶段都有新细菌的产生。但是,由于有机物厌氧消化的终产物主要为二氧化碳和蕴含高能量的甲烷,大幅减少了有机物厌氧降解过程释放出来的能量,即可供厌氧细菌用于细胞合成的能量较少,因此厌氧菌尤其是产甲烷菌世代期较长,生长缓慢。

间歇厌氧消化反应器在消化过程中的发酵液 pH 值变化如图 1.2 所示。

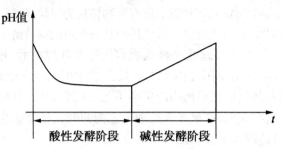

图 1.2　有机物厌氧消化 pH 值变化

厌氧消化两阶段论统治学术界长达半个世纪,国内外有关厌氧消化的专著和教科书里大多采用这一理论。直到 1979 年,M. P. Bryant 在人们对厌氧消化生物学过程和生化过程的不断深化研究的基础上,提出了厌氧消化三阶段论。该理论认为,产甲烷菌不能直接利用除乙酸、H_2、CO_2 和甲醇等以外的有机酸和醇类,长链脂肪酸和醇类必须经过产氢产乙酸菌转化为乙酸、H_2 和 CO_2 等以后,才能被产甲烷菌利用。三阶段理论如图 1.3 所示。

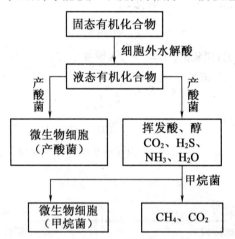

图 1.3　厌氧处理三阶段理论

第一阶段为厌氧菌和兼性厌氧菌等水解发酵菌参与的水解发酵阶段。复杂的有机物在厌氧菌胞外酶的作用下,初步分解为简单的有机物,纤维素转化为较简单的糖类,蛋白质转化为较简单的氨基酸,脂类转化为脂肪酸和甘油等。这些结构简单的有机物在产酸菌的作用下,经过厌氧发酵和氧化等过程转化为乙酸、丙酸、丁酸等脂肪酸和醇类等。水解可以定义为复杂的非溶解性聚合物被转化为简单的溶解性单体或二聚体的过程。通常情况下,水解过程极为缓慢,被认为是含高分子有机物或悬浮物废液厌氧降解的限速阶段。其影响因素很多,包括水解温度、有机质在反应器内的保留时间、有机质的组成、有机质颗粒的大小、pH 值、氨的浓度、水解产物(如挥发性脂肪酸)的浓度等。

第二阶段为产氢产乙酸阶段。该阶段中,产氢产乙酸菌把除甲酸、乙酸、甲醇以外的第一阶段中间产物转化为可被产甲烷菌直接利用的乙酸、氢和二氧化碳。

　　第三阶段为产甲烷阶段。产甲烷菌把第一阶段和第二阶段产生的乙酸、H_2 和 CO_2 等转化为甲烷。在厌氧反应器中，大约 70% 的甲烷产量由乙酸歧化菌产生。乙酸的羧基从乙酸分子中分离，甲基最终转化为甲烷，羧基转化为二氧化碳，在中性溶液中，二氧化碳以碳酸盐的形式存在。另一类产甲烷的微生物被称为嗜氢甲烷菌，它们能由氢气和二氧化碳生成甲烷。在反应器条件正常的情况下，嗜氢甲烷菌能产生占甲烷总量 30% 的产量。

　　像是为了支持 Bryant 一样，几乎在三阶段理论提出的同时，J. G. Zeikus 于同年在第一届国际厌氧消化会议上提出了四种群学说理论。理论认为，复杂的有机物的厌氧消化过程有四种群厌氧微生物参与，分别为水解发酵菌、产氢产乙酸菌、同型产乙酸菌（又称耗氢产乙酸菌）以及产甲烷菌。图 1.4 表达了四种群说关于复杂有机物的厌氧消化过程。

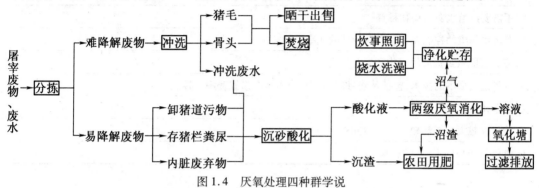

图 1.4　厌氧处理四种群学说

　　由图 1.4 可知，复杂有机物在第一类种群水解发酵菌作用下转化为有机酸和醇类。第二类种群产氢产乙酸菌把经第一类种群水解有机物产生的有机酸和醇类转化为乙酸、H_2、CO_2 和一碳化合物甲醇、甲酸等。第三类种群同型产乙酸菌能够利用 H_2 和 CO_2 等转化为乙酸，一般情况下这类转化数量较少。第四类种群产甲烷菌把乙酸、H_2、CO_2 和一碳化合物转化为 CH_4 和 CO_2。

　　通常在有硫酸盐存在的情况下，硫酸盐还原菌也将参与厌氧消化过程，如图 1.5 所示。

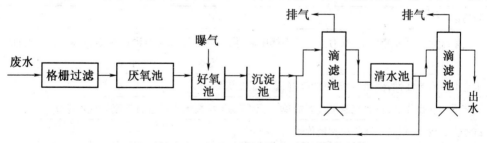

图 1.5　硫酸盐废水处理厌氧工艺

　　图 1.5 反映了含硫酸盐的葡萄糖水溶液在有硫酸盐还原菌参与下的厌氧消化过程。在厌氧条件下，产酸菌将葡萄糖降解为中间产物如丙酸、乙酸和乙醇等，并有少量乙酸、H_2 和 CO_2 产生。因 SO_4^{2-} 的存在，部分中间产物被产氢产乙酸菌转化为乙酸、H_2 和 CO_2，另一部分则在硫酸盐还原菌的作用下转化为乙酸和 H_2S。硫酸盐还原菌还能利用乙酸或氢使 SO_4^{2-} 还原为 H_2S。

　　有机物厌氧消化过程是一个有多种不同微生物菌群协同作用的极为复杂的生物化学过程，从两阶段论发展到三阶段论和四种群学说是人们对这一复杂过程不断深刻认识的结果。

1.3　厌氧生物处理技术的优缺点

判断一个污染物处理方法的优劣要有切实可行的衡量尺度,见表1.1。对于以保护水域不被污染为目标的废水处理技术,在选择确定的技术方法时,除了考虑衡量尺度外,还应有更为具体的衡量标准,见表1.2。

表 1.1　环保技术可行性的重要衡量尺度

A. 应能杜绝或明显减少污染物的产生
B. 不需要用清水对污染物稀释
C. 对环境污染的控制而言它们有较高的效率
D. 应尽可能做到资源的回收和综合利用
E. 应当是低成本的技术,包括基建、设备动力、操作和维修等费用应较低
F. 操作和维修应当简单
G. 能够在较大规模和较小规模时同样好地运行
H. 能够被当地的人们认识和接受

表 1.2　选择废水处理方法的重要尺度

A. 应当对各类污染物有较高的去除率,这些污染物包括:
可生物降解的有机物(BOD)
悬浮物
氮和有机氮
磷酸盐
致病菌
B. 工艺系统应当对高峰负荷、电力供应的突然中断、供液的中断以及对毒性污染物等有较高的抗干扰能力或稳定性
C. 工艺上具有灵活性,例如,对效率的改进、规模的扩大等
D. 工艺系统在操作、维修和控制上应当简单,应不需要工程技术人员进行连续的现场操作
E. 占地应当少,特别在土地紧缺和地价较高的地区
F. 工艺系统需要的不同操作单元应当尽量少
G. 工艺系统使用寿命长
H. 这一系列在使用中没有严重的污泥处理难题
I. 系统不应当有严重的臭气问题
J. 系统应当有回收有用副产品的可能性
K. 工艺的应用有足够的经验以资借鉴

1.3.1　厌氧处理的优点

基于目前世界范围内的污染状况及其他各类环境问题的综合考虑,厌氧废水处理技术尤其不可替代的显著优势有:

(1)是一种能将环境保护、能源回收与生态良性循环结合成为综合系统的核心技术,具有较好的环境与经济收益。

(2)对中等质量浓度以上(COD > 1 500 mg/L)的废水,其处理成本大大低于好氧处理成本,成本降低主要体现在动力的大量节省、营养物添加费用和污泥脱水费用的减少。

(3)厌氧处理过程能源需求少,同时还能产生大量的能源。由于厌氧菌分解有机物是营无分子氧呼吸,在分解有机物过程中是不必提供氧气的,而好氧菌降解有机物是营分子氧呼吸,分解有机物的过程必须提供分子氧,所以好氧生物处理通常需要利用空气泵进行充氧。而由于气膜液膜的阻力,好氧菌对由空气设备转移进水中的氧的利用率不是很高,这就大大提高了处理过程对能源的消耗。而厌氧处理就没有这方面的需求,因此可以大大减少能源的消耗量。有报道称,处理单位废水时,厌氧法消耗的电能不足好氧法消耗电能的 1/10。

(4)污泥消化和有机废水的厌氧发酵能产生大量的甲烷,而甲烷的热值很高,是天然气的 1.1 倍,可作为能源参与多种生产生活。早在 20 世纪二三十年代,人们就开始有计划地利用有机质生产沼气,用于炊事和供热。在现代工业中,城市废水处理厂将初沉池和二沉池的污泥消化,一方面可以稳定污泥,更重要的是可以回收污泥消化过程中产生的甲烷,用于为消化池污泥加热及发电,为水泵和鼓风机提供电力。甲烷产量极其可观,有资料显示,发达国家的城市废水处理厂的污泥厌氧消化所产生的沼气转化的能量能解决处理厂所需电力的 33% ~ 100% 。

(5)厌氧设备负荷高,占地少。厌氧反应器容积负荷远远好于好氧法,单位反应器容积的有机物去除率很高,特别是后期研制的新型高速厌氧反应器单位容积负荷及有机物去除率更高,使其体积更小,占地面积更少,这一优点对于人口密集、地价昂贵的地区尤为重要。

(6)产生的剩余污泥量大大少于好氧处理法,且剩余污泥脱水性能好,浓缩时可不使用脱水剂,并且,由于厌氧微生物增殖缓慢,处理厌氧方法的剩余污泥易于好氧方法。厌氧法剩余污泥的高度无机化可用作农田肥料或作为新运行的废水处理厂的种泥。

(7)对营养物的需求量小。按照可生物降解的 COD 为计算依据,好氧方法的氮磷需求为 COD: N: P = 100: 5: 1,而厌氧方法为(350 ~ 500): 5: 1。有机废水一般已含有一定量的氮和磷及其他多种微量元素,因此厌氧方法可以少添加甚至不添加营养盐。

(8)对某些难降解有机物有较好的降解能力。随着化学工业的发展,越来越多的非自然界有机物被合成,这些人工合成的有机物大多产自制药、石油化工、有机溶剂和燃料制造等工业,其中有些可以生物降解,有些则难于生物降解或不能生物降解,甚至是有毒物质。这些有毒物质一旦进入食物链会导致致癌、致畸、致突变等严重危害,而常规的好氧废水生物处理系统,不但不能理想地处理这些有机物,有机物还可能对微生物产生毒害,影响生物处理的正常进行。实践证明,虽然一些难降解的有机工业废水采用常规的好氧生物处理工艺不能获得良好的处理效果,但是厌氧生物法则可获得较好的处理效果,厌氧微生物具有某些脱毒和降解有害有机物的功效,还具有某些好氧微生物不具有的处理多氯链烃和芳烃等有机物的功能。应用厌氧处理工艺作为有机废水的前处理,可使一些好氧处理难以降解的有机物得到部分降解,并使大分子降解为小分子,提高了废水的可生化性,将后续的好氧处理变得比较容易,所以工艺上常常将厌氧处理与好氧处理串联起来处理难以降解的有机废水。

(9)可处理高浓度有机废水,无需大量稀释水。

(10)厌氧菌种可以在中止供给废水与营养的情况下,较长时间保留其生物活性与良好的沉淀性能,保留时间在一年以上,这为间断的或季节性的运行提供了有利条件,因此厌氧颗粒污泥可作为新建厌氧处理厂的种泥出售。

(11)厌氧系统规模灵活,设备简单,易于制作,成本低廉。

1.3.2　厌氧处理的不足

厌氧生物处理技术固然有其不可替代的优越性,其种种优点尤其适合我国当前资金短缺、能源不足与污染严重的环境现状,是一种值得推广的技术。但因其技术起步较晚,理论及实践都存在一定的局限性,尚有不足之处:

(1)厌氧方法虽然负荷高,去除有机物的绝对量与进水浓度很高,但其出水 COD 浓度高于好氧处理技术,需要后续处理才能达到排放标准。

(2)厌氧处理法不能去除废水中的氮和磷。由于厌氧消化微生物的细胞合成对氮和磷的需求量较低,所以废水中含氮和磷的有机物大部分通过厌氧消化转化为氨氮和磷酸盐随出水排出,而氮和磷是营养物质,也是造成河流湖泊等水体富营养化的主要原因,虽然厌氧法在去除 COD 和 BOD 方面具有高效低耗的优点,但是因其不能去除废水中的氮和磷,使其应用存在局限性。为了弥补厌氧生物处理不能去除废水中的氮和磷的缺点,含氮和磷丰富的有机废水需以好氧工艺结合处理。

(3)厌氧微生物对有毒物质较为敏感,如果对有毒废水性质了解不足或发生严重的操作事故,可能导致反映其运行条件的恶化。但是随着人们对有毒物质认识程度的加深及工艺上的改进,这一问题正在得到逐步解决,人们发现厌氧细菌经过驯化后可以极大地提高其对毒性物质的耐受力。

(4)因为厌氧细菌增殖较慢,所以反应器初次启动过程缓慢,但也因此厌氧处理的剩余污泥产量较少。目前人们运用现有厌氧系统的剩余污泥作为初次启动系统的种泥接种,可缩短系统的启动时间。

(5)因为一般废水中均含有硫酸盐,厌氧条件下会产生硫酸盐还原作用放出硫化氢等有毒且具有恶臭的气体,如果反应器不能做到完全密闭就会散发出臭气,引起二次污染。

因此厌氧处理系统的各处理构筑物应尽可能密封,防止臭气散发。

（6）运行管理较为复杂。由于厌氧菌的种群较多,例如,产酸菌与产甲烷菌的性质各不相同,其关系又较为密切,要保持这两大类种群的平衡就对运行管理提出更为严格的要求,稍有不慎就可能造成两大种群的失衡,影响反应器的正常工作。例如,进水负荷的突然提高,反应器 pH 值的下降等,如果不及时控制,就会出现反应器酸化现象,从而严重抑制了甲烷的生成,甚至造成反应器崩溃,必须重新启动。近年来有人提出将产酸与产甲烷阶段分开,采用两相结合方式进行废水厌氧处理,既可以有效解决种群平衡敏感的问题,又利于微生物种群更好地处理废水。

1.4 厌氧生物处理工艺的发展概况

1.4.1 厌氧生物处理工艺的发展进程

早在几千年前,人类就有以粪便为农家肥施于农田的做法,这便是早期的厌氧生物处理,其做法是将动植物残体、人畜粪尿或两者的拌和物进行长期厌氧发酵,使其中的有机物无机化或稳定化,有机氮转化为无机氮,并保持磷、钾等及微量元素,为农作物提供肥分,一般发酵时长在半年至一年之间。随着工业化发展,城镇人口不断增加,粪便、工业废水等不断排入河流中引起水体变质,应用价值下降,19 世纪 50 年代,西方国家开始重视水污染问题,并着手探索生物处理方法解决这一问题。

废水厌氧生物处理技术发展至今,已有 120 多年的历史了,发展概况见表 1.3,最早由法国人 Louis Mouras 把简易沉淀池改进作为污水污泥处理构筑物使用。从 1860～1897 年,厌氧消化工艺经历了它的第一个发展阶段,即简单的沉淀与厌氧发酵合池并行的初期发展阶段。此阶段的发展特点为:

①在腐化池（我国习惯称之为化粪池）中集中进行污水沉淀和污泥发酵,以简易的沉淀池为基础,适当扩大其污泥贮存容积,作为挥发性悬浮固体液化的场所。

②处理对象为污水污泥。当时仅以悬浮固体作为污染指标,因而处理效果通常以悬浮固体的液化（水解）作为衡量标准,这其中不可避免地进行着酸化和气化过程。

③腐化池设计精确,至今仍应用于无排水管网地区以及某些大型居住或公用建筑的排水管网上。

随后,在 1899～1906 年间,厌氧消化工艺经历了它的第二个发展阶段:污水沉淀与污泥发酵分层进行。其特点有:

①用横向隔板把污水沉淀和污泥发酵分隔在上下两室各自进行,上层为污水沉淀室,下层为污泥发酵室,即形成了所谓的双层沉淀池。

②仍以悬浮固体作为污染指标,但已认识到生物气的能源效益,并开始开发利用。

③20 世纪 60 年代后,双层沉淀池逐渐退出应用舞台。

厌氧消化工艺的第三个发展阶段始于 1912 年,即独立式营建的高级发展阶段。此阶段开发的主要处理设备有普通厌氧消化池和生流式厌氧污泥床反应器,同时发展了厌氧接触工艺、两相厌氧消化工艺、厌氧生物滤池及厌氧流化床等。此阶段发展特点有:

①将厌氧发酵室从沉淀池中分离出来,建立独立工作的厌氧消化反应器,发展出功能齐全、构型各异的厌氧消化装置,由处理污水污泥发展到处理高浓度有机废水,由处理营养性有机物发展到处理抑制性有机物等。

②将有机废水及污泥的处理和生物气的利用结合起来,既能达到环境保护的目的,又能开发利用新型能源。

③处理对象除可挥发悬浮固体外,还着眼于化学需氧量和生物需氧量的降低,以及某些有毒有机物的降解。

20 世纪 80 年代以来,在原有的废水处理新工艺基础上陆续开发出如 UBF、USR、EGSB、IC 等新的高效厌氧处理工艺。这些新颖厌氧处理工艺的开发,打破了过去认为厌氧处理工艺处理效能低、需要较高温度、较高废水浓度和较长停留时间等传统观念,逐步适应各种不同温度和不同浓度的有机废水。

表 1.3　厌氧生物处理工艺发展概况

分类	年代	名称	人物地点	特　　点
混合式	1860 ~ 1881	Moures 净化器	法国 M. L. Moures	改进后的沉淀池使沉淀污泥能厌氧液化,处理对象为挥发性悬浮固体
	1890	厌氧填料床过滤器	英国 M. D. Scott-Henerielf	
	1894	腐化池	英国 Donald Cameron	连续进出水,浮渣影响出水水质,并形成结渣层,有臭气散发,污泥每年清掏 1 ~ 2 次
	1897	集气式腐化池	印度孟买马通戈麻风病院	腐化池顶安装了集气器,首次回收了生物能源,收集气体用于驱动发动机
分隔式	1899	分隔式腐化池	美国 W. Clark Harry	提出分隔污水沉淀与污泥发酵的构想
	1903	Travis 双层沉淀池	英国 Travis	分隔沉淀池,上层为污水沉淀室,下层为污泥发酵室;下室每十多天排空老化污泥一次,用 1/5 污水注入下室冲走危害发酵的物质
	1906 ~ 1940	Imhoff 双层沉淀池	德国 Karl Imhoff	下室很大,污泥能完全消化,污泥龄不小于 60 d,能去除 95% 的污染物

续表 1.3

分类	年代	名称	人物地点	特　点
	1912	敞开式消化池	英国伯明翰	圆形或矩形的人工和天然的大型露天贮泥池,消化时间最少在 100 d 左右,散发臭气,接种不良,但管理和构建较方便
	1920~1926	密封式消化池	德国 Kremer;英国 Watson;德国 Ruhrverbando;多尔奥利弗公司	以沼气作为污泥泵的动力,建造能加热和集气的消化池,形成现代消化池原型
	1935~1955	现代高速搅拌式消化池	W. N. Torpey	消化池内采用搅拌技术,奠定了现代高速消化池的基本条件之一(另一技术为加热)
独	1955	厌氧接触工艺	Schroepfer;Coulter;Sonera	与好氧活性污泥法相似,由厌氧消化池、沉淀池及污泥回流系统组成,缩短了消化池内水力停留时间,延长了污泥的停留时间,能连续进水,保持池内负荷均匀,保持污泥的高浓度
立	1955~1967	厌氧生物滤池	美国 Young,McCarty	首次开发了厌氧生物膜法,增大了污泥龄,提高了处理效率,侧重于有机工业废液的处理
	1971	两相厌氧消化工艺	Pholand;Ghosh	分别进行酸发酵与甲烷发酵,以适应产酸菌和产甲烷菌的各自习性
式	1974	上流式厌氧污泥床	荷兰 Lettinga	反应器内有大量厌氧污泥,上部设有三相反应器及污泥沉降室,无需搅拌
	1975~1982	厌氧生物转盘	Pretoerious;McCarry	厌氧微生物固着在转盘上,污泥浓度高,泥龄长,不怕流失,转盘安装运行较复杂,后改进为厌氧挡板式反应器
	1978	厌氧附着膜膨胀床	美国 M. J. Jewell	厌氧微生物固着在粒状挂膜介质上,介质处于半悬浮状态
	1979	厌氧流化床	Bowker	厌氧微生物固着在粒状挂膜介质上,通过回流产生上升流速,造成污泥床的流化,处理效能高,运行管理较为复杂
	1980	组合式厌氧反应器		根据废水特点,对各种处理设备进行优化组合

1.4.2　厌氧生物处理工艺的分类

废水厌氧生物处理技术发展至今已经取得长足的进步,开发出适合多种条件的种类繁多的厌氧反应器,按照选择方式的不同,可以把不同类型的厌氧反应器作如下分类。

1. 按发展年代分类

人们习惯把 20 世纪 50 年代以前开发的厌氧消化工艺称为第一代厌氧反应器,把 60 年代以后开发的厌氧消化工艺称为第二代或现代厌氧反应器。

第一代厌氧消化反应器,化粪池和隐化池(双层沉淀池)主要用于处理生活废水下沉的污泥,传统消化池与高速消化池用于处理城市污水处理厂初沉池和二沉池排出的污泥。第一代厌氧反应器主要用于处理各种工业排出的有机废水。

以传统厌氧消化池和高速厌氧消化池为代表的第一代厌氧反应器的主要特点是污泥龄(Sludge Retention Time,SRT)等于水力停留时间(Hydraulic Retention Time,HRT)。为了使污泥中的有机物达到厌氧消化稳定,必须保持较长的一种反应器,亦即高温反应器,这就势必要求反应器拥有大容积,也使得反应器的处理效能较低。

第二代反应器的特点是将 SRT 与 HRT 分离,使得反应器既可维持很长的 SRT,又可使缩短,即 HRTSRT,这有利于维持反应器内较高的生物量,提高反应器的处理效能。由于第一代厌氧反应器中的厌氧接触法已经采用了污泥回流,从而做到 HRTSRT,其实它具有第二代反应器的特征,所以一般把 RGSB 和 IC 反应器称为第三代厌氧反应器。

两代反应器的应用情况及设计参数和实验数据见表 1.4。

表 1.4　第一代和第二代厌氧消化工艺概况

类别	厌氧处理工艺	HTR	处理对象	设计负荷率 $l/(m^3 \cdot d^{-1})$	开发年代	应用情况	运行温度
第一代反应器	腐化池	半年~一年(污泥)	生活污水和污泥		1895	生产	常温
	隐化池	40~80 d(污泥)	生活污水和污泥	0.5 kgVSS	1906	生产	常温
	普通消化池	20~30 d	污泥	1.0~1.5 kgVSS	1920	生产	中温、高温
	高速消化池	7~10 d	污泥	3.0~3.5 kgVSS	1950	生产	中温、高温
	厌氧接触法	0.5~6 d	有机废水	1.8~4.0 kgBOD	1955	生产	中温
第二代反应器	厌氧生物滤池	0.9~8 d	有机废水	3~10 kgCOD	1967	生产	中温
	升流式厌氧污泥层反应器	6~20 h	有机废水	6~15 kgCOD	1974	生产	中温
	厌氧膨胀床	6~24 h	有机废水	4.0 kgCOD	1978	实验小试	常温
	厌氧流化床	0.5~4 h	有机废水	9~13 kgCOD	1979	实验小试	常温
	厌氧生物转盘	8~18 h	有机废水	8~33 gCOD/$(m^3 \cdot d^{-1})$	1980	实验小试	常温
	厌氧折流板反应器	6~26 h	有机废水	8~36 kgCOD	1982	实验小试	常温

2. 按反应器流态分类

按反应器流态分类,可分为活塞流型厌氧反应器(如腐化池、升流式厌氧滤池和活塞流式消化池)和完全混合型厌氧反应器(如带搅拌的普通消化池和高速消化池),或介于活塞流和完全混合两者之间的厌氧反应器(如升流式厌氧污泥层反应器、厌氧折流板反应器和厌氧生物转盘等)。

3. 按厌氧微生物在反应器内的生长情况不同分类

按厌氧微生物生长方式的不同,厌氧反应器可分为悬浮生长厌氧反应器和附着生长厌氧反应器。传统消化池、高速消化池、厌氧接触法和升流式厌氧污泥层反应器等,当中的厌氧活性污泥均以絮体或颗粒状悬浮于反应器液体中生长,这类反应器被称为悬浮生长厌氧反应器。而厌氧滤池、厌氧膨胀床、厌氧流化床和厌氧生物转盘等,微生物附着于固定载体或流动载体上,这类反应器被称为附着膜生长厌氧反应器。

有些反应器将悬浮生长与附着生长结合在一起,如 UBF,下层是升流式污泥床,上层则是充填填料厌氧滤池,两者结合成为升流式污泥床——过滤反应器,而这一类的反应器则称为复合厌氧反应器。

4. 衍生的厌氧反应器

衍生的厌氧反应器包括 EGSB、IC 反应器和 USR 等,它们均是在 UASB 反应器的基础上衍生出来的。EGSB 是把 UASB 反应器的厌氧颗粒污泥处于流化状态;IC 反应器则是把 2 个 UASB 反应器上下叠加,以污泥床产生的沼气为动力,实现反应器内的混合液循环;如果把 UASB 反应器去掉三相分离器,则成为用于处理高固体废液的 USR。

5. 按厌氧消化阶段分类

按厌氧消化阶段分类,反应器可分为单相厌氧反应器和两相厌氧反应器。单相厌氧反应器是让产酸阶段与产甲烷阶段在一个反应器中进行;两相厌氧反应器则是将两个阶段分别在两个反应器中进行,再将两反应器串联而成。由于产酸阶段的产酸菌反应速率快,而产甲烷阶段的反应速率慢,将两过程分离,可充分发挥产酸阶段微生物的作用,提高系统整体反应速率。

1.4.3　厌氧生物处理技术在废水处理中的地位

自 100 多年前厌氧生物法被人们引入废水处理领域以来,如今已在此领域中发挥了不可替代的作用,在 20 世纪 60 年代以前,厌氧生物法主要在城市废水厂污泥消化中,应用于处理生活废水的污泥,70 年代以后又在高浓度有机废水处理中发挥了独特的作用。

我国长江、黄河等七大江河的主要污染物是有机污染,COD 的污染质量负荷比为 99.5%,因此,解决我国水污染的主要目标是控制有机污染。在有机污染物治理方面,生物法比物化法效果更好,处理费用更低,而厌氧生物法比好氧生物法更具优越性。

有机废水的性质大致可分为易于生物降解型、难生物降解型和有害型三类,有机废水处理途径的选择依据主要取决于废水的性质。高浓度有机废水不宜直接采取好氧生物处理法,因为好氧生物处理工艺不仅要消耗大量的稀释水,还伴随大量的电能消耗。应优先考虑采用厌氧生物法作为去除有机物的主要手段,提高有机物的可生化性。

易于生物降解的废水一般来自以农牧产品为原料的工业废水和禽畜粪便废水等,如轻工食品发酵废水、禽畜饲养场排放的废水。这类废水数量庞大,有机浓度高,对环境污染较严重,但易于生物降解,其主要有机组分包括糖类、蛋白质和脂类。这类高浓度有机废水的治理一般优先考虑对有用物质的回收,如玉米酒精废液采用蒸发浓缩技术回收干酒精糟。在处理技术的选择方面,应优先考虑厌氧处理技术,不仅效能高、能耗低,还能大量回收生物能,是最佳的废水处理方式。

难于生物降解的废水主要来自化学工业、石油化工和炼焦工业等,如制药厂、染料厂、焦化厂、人造纤维厂等排出的生产废水。这类废水或难于降解,或对生物有害。由于这类废水中的有机物主要是难生物降解的高分子有机物,单独采用好氧生物法往往达不到满意的处理效果,采用厌氧生物法则可降解或提高有机物的可生化性。但如果废水中所含有的有机物是有毒的,则不宜采用生物法,应考虑化学法或物化法进行处理。

有害废水主要来自化工工业和发酵工业,如味精废水、糖蜜酒精废水等。这类废水所含有的有机物可能易于生物降解,但其中的某些物质对生物有害,如重金属、高氮、高硫等。这类废水首先要经过适当的预处理,去除废水中的有毒有害物质,之后再根据废水中剩余有机物的性质选择适当的生物处理方法。

对于高浓度有机废水应采用厌氧生物处理为主、好氧生物处理为辅的技术路线,因为仅通过厌氧生物处理高浓度有机废水,出水往往达不到排放标准,需要好氧生物处理作为后处理才能满足排放要求。

第 2 章　废水生物处理微生物学

国际上称有机废水的厌氧生物处理为厌氧消化,中国习惯称之为沼气发酵,前者侧重于有机物的厌氧分解,后者侧重于沼气的生产。早在 4000 多年以前,天然气就作为燃料在我国四川省大范围应用;在西方,古罗马时期就记载了地下冒出天然气的现象。因为天然气中 95% 的成分是甲烷,所以最初的天然气形成可能是植物和其他有机物发酵形成的。1630 年,Van Helment 记述了 15 种气体,其中的一种可燃气体是由有机物腐烂产生的,同时在动物肠道内也存在这种气体。1776 年,意大利物理学家 Alexander Valta 发现沼泽中可产生可燃气体,他发现当他用木棍搅动湖底沉淀物时,有许多气泡冒出水面,他认为这种气体与湖泊底部的沉积物腐烂分解有关,他分析了气体成分,了解到这种气体可以燃烧。这篇文章成为研究甲烷气体来自植物体分解的最早的文章,人们将这种自然界的可燃气体称为Valta 气体。1808 年,Humphriey Davy 在实验室里将牛粪产生的沼气收集起来并保存在真空的曲颈瓶里,对其进行研究。

早在 1676 年,荷兰人 Anthony Van Leeuwenhoek 就用自制的单片显微镜观测到了污水、牙垢、腐败有机物中的细菌,称之为“微动体”,但并未引起广泛关注。直到 1857 年,法国人Louis Pasteur 通过曲颈瓶实验彻底推翻了以往生命的自然发生说,确立了胚种学说,该学说称:细菌的存在是物体腐败的真正原因。根据这个理论,Pasteur 利用富集培养物进行酒精发酵、乳酸发酵、醋酸发酵等,并得出“不同的发酵产物是由不同的细菌引起的”这一结论。有了这个理论基础,1868 年,Pasteur 的学生 Bechamp 第一个指出,甲烷的产生也是由微生物作用引起的,他还发现,用乙醇作为唯一碳源,碳酸盐作为缓冲剂的厌氧富集物中可以产生甲烷。这是第一个甲烷产生于简单有机物的证据。随后,在 1875 年,俄国学者 Popoff 将纤维素混入污泥中,同样产生了甲烷。1882 年,Tappeiner 花了很长时间研究反刍动物的消化物,进一步证明了甲烷来自微生物。他将三个相同的植物材料与反刍动物肠道微生物一起培养,一个培养物中加入防腐剂阻止细菌生长,但不影响可溶性酶;第二个培养物经过高温煮沸,杀死细菌和酶;第三个则不作任何处理。结果发现,只有未作处理的培养物有甲烷产生。

但是由于当时的微生物学技术有限,没人能将发酵液中的菌种分离。直到 1906 年,Sohngen 培养出一种八叠球菌和杆状细菌的共生培养物,遗憾的是他未能将它们进一步分离鉴定。Delft 理工大学博士 Schnellen 继续了 Sohngen 的工作,分离出两个纯种——甲烷八叠球菌属和甲烷杆菌属,将其命名为 *Methanosarcina barker* 和 *Methanobacterium formicicum*。不过,虽然人们清楚了厌氧消化过程中产生的甲烷来自微生物,但对产甲烷菌以及它们的生理生化特性仍一无所知。

1967 年,Bryant 发现乙醇转化为甲烷的过程并非人们以往认为的那样由一种微生物完成,而是由两种共生菌一起完成的。其中一种微生物先把大分子乙醇转化为乙酸和氢气,另一种微生物再利用氢气把二氧化碳转化为甲烷。这个发现表明能够被产甲烷微生物利用的底物种类是很有限的,其主要种类包括乙酸、氢气、碳酸氢盐、甲醛和甲醇。

今天我们知道,产甲烷微生物在亲缘关系上既不属于真核生物,也不属于原核生物。人们把它们归于与原核生物极其接近的古细菌。古细菌在分子生物学角度明显区别于原核生物,尤其是在 DNA 组成方面。产甲烷细菌的细胞壁组成也与其他细菌不同。由于细胞壁中不含胞壁酸,产甲烷菌对作用于细胞壁的高效抗菌素,如青霉素、右旋环丝氨酸、万古霉素、头孢菌素等均不敏感。而最令人感兴趣的是产甲烷菌具有从底物转换为甲烷过程中获得能量的能力,也有一些其他细菌虽然能产生甲烷,但它们不能由产甲烷过程获取能源。

厌氧消化是一种普遍存在于自然界的微生物过程,凡是在有水和有机物存在的地方,在氧气不足或有机物含量过多的情况下,就存在厌氧消化。厌氧消化常发生在沼气淤泥,海底、湖底和江湾的沉积物,污泥和粪坑,牛及其他一些反刍动物的瘤胃,废水及污泥的厌氧处理构筑物等地方。厌氧消化使有机物经厌氧分解而产生 CH_4、CO_2、H_2S 等气体。

厌氧消化是一种多菌群多层次的厌氧发酵过程,有些种群之间呈互营共生性,培养分离和鉴定细菌的技术难度非常大,所以尽管厌氧消化普遍存在,人们对这一过程的研究和认识仍有很大的局限性。

厌氧消化系统有稳定和不稳定之分。当进行间歇性发酵(一次性加料发酵)时,随着最初基质不断向中间产物转移,当中的微生物组成及优势种群也随之不断更替,形成不稳定生态系统;当进行连续发酵(连续进料和排料)时,由于基质组成和环境条件基本稳定,微生物组成及优势种群也相对稳定,从而形成比较稳定的生态系统。理论上讲,稳定的厌氧消化生态系统易于研究厌氧消化微生物种群,但由于发酵原料的组成和控制发酵条件的实际情况千差万别,加之接种物的来源亦不尽相同,给厌氧微生物种群的研究带来很大的困难。

在厌氧消化系统中,细菌是数量最多、作用最大的微生物。细菌以厌氧菌和兼性厌氧菌为主,参与有机物逐级降解的细菌依次为水解发酵细菌、产氢产乙酸细菌、产甲烷细菌三大类群,另外还存在一种同型产乙酸细菌,它们能将产甲烷菌的一组基质 CO_2/H_2 横向转化为另一种基质 CH_3COOH。在某些系统(如城市污泥消化系统)中,也能观察到数量庞大的好氧菌,可能是随进料带入消化系统的。真菌(主要是丝状真菌和酵母)虽然也能存活,但数量较少,作用尚不十分清楚;藻类和原生动物偶有发现,但数量稀少,作用不大。

根据有机物在厌氧消化过程中的 3 个转化阶段以及参与的微生物种群,可将厌氧消化过程作如下理解:

首先,蛋白质、纤维素、淀粉、脂肪等不溶性的大分子有机物经水解酶的作用,在溶液中分解为水溶性的小分子有机物(如氨基酸、脂肪酸、葡萄糖、甘油等)。而后,发酵细菌摄入这些小分子水解产物,经一系列生化反应后生成代谢产物并将之排出体外。由于发酵细菌种群有别,代谢途径各异,所以代谢产物也各不相同。在多种代谢产物中,能够被产甲烷菌直接吸收利用的包括无机产物 CO_2、H_2 以及有机产物甲酸、甲醇、甲胺和乙酸,产甲烷菌将这些产物转化为 CH_4、CO_2,其他多碳类代谢产物,如丙酸、丁酸、戊酸、己酸、乳酸等有机酸以及乙醇、丙酮的有机物则不能被产甲烷菌直接利用,必须经过产氢产乙酸菌进一步转化为氢和乙酸之后,才能被产甲烷菌吸收利用,转化为甲烷和二氧化碳。

2.1　发酵细菌群

厌氧消化反应器内的发酵性细菌是指在厌氧条件下,将多种复杂有机物水解为可溶性物质,并将可溶性有机物发酵生成乙酸、丙酸、丁酸、氢和二氧化碳的菌类。因此,也有人称发酵细菌为水解发酵性细菌或产氢产酸菌。

2.1.1　发酵细菌的种类

厌氧处理污水中的有机物种类繁多,生物大分子物质包括碳水化合物(淀粉、纤维素、半纤维素和木质素等)、脂类、蛋白质和其他含氮化合物。因此发酵细菌是一个庞大而复杂的细菌群,已研究过的就有几百种。在中温厌氧消化过程中,有梭状芽孢杆菌属(*Clostridium*)、拟杆菌属(*Bacteriodes*)、丁酸弧菌属(*Butyrivibrio*)、真细菌属(*Eubacterium*)、双歧杆菌属(*Bifidbcterium*)和螺旋体等属的细菌。在高温厌氧消化器中,有梭菌属和无芽孢的革兰氏阴性杆菌。还存在一些链球菌和肠道菌等兼性厌氧细菌。菌群主要包括纤维素分解菌、木聚糖(半纤维素)分解菌、果胶分解菌、淀粉分解菌、木质素分解菌、脂肪分解菌、蛋白质分解菌等。

1. 纤维素分解菌

地球上每年光合作用产物以干重计算约为 150×10^9 t,其中近一半是纤维素和木质素。这些纤维素除少量被燃烧外,绝大部分被微生物分解。

好氧条件下,纤维素易被细菌和真菌分解。自从 Hungate 厌氧技术发明之后,首先从瘤胃中分离到多株厌氧纤维素分解菌,多数为革兰氏染色阴性无芽孢杆菌和革兰氏染色阳性球菌。琥珀酸拟杆菌(*Bacteroides succinagenes*)是 Hungate 分离到的第一个重要的纤维素分解菌,后来又有包括 Stesarl 在内的许多学者分离过此菌,并对该菌的生理学特性进行了详细研究。瘤胃中的另一个数量较大的纤维素分解菌是溶纤维丁酸弧菌(*Butyrivibrio fibrisolbens*)。重要的球菌是金黄瘤胃球菌(*Ruminococcus flatefaciens*)和白色瘤胃球菌。瘤胃中还分离到梭状芽孢杆菌的洛氏梭菌(*C. lochheadii*)、长孢梭菌(*C. longisporum*)和产纤维二糖梭菌(*C. cellobioparus*),这些细菌在瘤胃中的数量并不多。除此之外,从瘤胃中还分离到为数不多的溶纤维真杆菌(*Eubacterium cellulosoliens*)和嗜热的梭菌。

有些纤维素分解菌为专性厌氧菌,适宜弱酸或弱碱的酸碱环境(pH 值为 6.5 ~ 7.7),适宜温度为 20 ~ 40 ℃,发酵纤维素、纤维二糖和葡萄糖产生氢气、二氧化碳、乙酸和少量乙醇、丙醇和丁醇。发酵纤维素的过程可能会有纤维二糖和葡萄糖的积累,当纤维二糖过量存在时,一种易与碘结合的多糖便会在培养基中积累,饥饿时这种多糖就可被代谢。

2. 木聚糖(半纤维素)分解菌

木聚糖也称为半纤维素,是一种戊糖或己糖与糖醛酸的多聚物。因为木聚糖在结构上与纤维素无关,所以"半纤维素"的名称已经停止使用。木聚糖是植物细胞壁的主要成分之一,一年生植物的多聚体含量很高,占干重的 10% ~ 20% 左右,玉米秸和穗轴中的木聚糖高达 30% 左右。

木聚糖可被许多真菌和细菌直接好氧分解,最终被氧化为二氧化碳和水。在厌氧条件下,从瘤胃中发现主要的木聚糖分解菌是革兰氏阴性的、不生芽孢的杆菌和球菌。如瘤胃生拟杆菌（*Bacteroides ruminicola*）、溶纤维拟杆菌（*B. fibrisolvens*）和溶纤维丁酸弧菌（*Butyrivibrio fiblvensriso*）都可以水解木聚糖,并利用水解产物 D - 木聚糖作为碳源和能源。

木聚糖的分解速度比纤维素快,能分解纤维素的生物大多数也能分解木聚糖,而有许多不能分解纤维素的微生物却能分解木聚糖,因此参与木聚糖分解过程的微生物种类及数量要多于分解纤维素过程。

3. 果胶分解菌

果胶是一种复杂的植物多糖,存在于所有植物的细胞壁和细胞间质中,用来粘连相邻的细胞,薄壁组织中含有丰富的果胶,但木质部的果胶含量较少。在植物残体中的干物质中,果胶占 15% ~30%。分解果胶的好氧菌种类繁多,瘤胃中分解果胶的细菌有多毛螺菌（*Lachnaspira mutiparus*）、溶纤维素拟杆菌（*B. fibrisolvens*）、瘤胃生拟杆菌、产琥珀酸拟杆菌（*B. succinogenes*）、瘤胃螺旋体和大的瘤胃密螺旋体。

4. 淀粉分解菌

淀粉是高等植物能量贮存的主要方式。瘤胃中许多微生物利用淀粉作为唯一能源。瘤胃中主要的淀粉水解菌是嗜淀粉拟杆菌（*B. amylophilus*）,它对淀粉颗粒有很强的附着能力。其他瘤胃中水解淀粉的细菌还包括牛链球菌（*Streptococcus bovis*）、反刍形单孢菌（*Selemomvnas ruminantium*）、溶淀粉琥珀酸单孢菌（*Succinomonas amylolyticu*）、瘤胃生拟杆菌（*B. ruminicola*）、瘤胃螺旋体及原生动物等。

5. 木质素分解菌

木质素是植物体的重要组成部分,其含量仅次于纤维素和木聚糖。木材中木质素的含量约占 18% ~30%。木质素包埋在植物组织中,位于细胞壁次生层内。木质素是生物降解最慢的植物组分,它有一个复杂的二维结构环状化合物的聚合物,以苯丙烷为基础,主要以 β - 联苯基醚键连接的无规律结构,这种结构使其难以酶解,所以通常认为木质素抗厌氧微生物降解。由于木质素渗入到纤维素和木聚糖的组织结构中,使得被它包埋的纤维素和木聚糖的分解也变得困难。

目前关于厌氧降解木质素的微生物研究不多,已经分离到的两种类型的能分解芳香族化合物的细菌。一类是能运动的革兰氏阴性杆菌,与利用氧的细菌协作可完成苯甲酸盐的降解,产物为甲酸、乙酸、二氧化碳和氢;另一类则是不要求利用氢的细菌的协作,可单独降解环状化合物的革兰氏阴性无芽孢的杆状厌氧菌。

6. 脂类分解菌

在动植物残体中,脂类占有一定的比例。一般作物茎叶中脂类含量不多,约占干物质的 0.5% ~2% 左右,在某些果实和种子中其含量则可高达 50% 以上。

分解脂肪的微生物都具有脂肪酶。瘤胃中的溶脂厌氧弧菌（*Anaerovibrio lipolytic*）是一种水解甘油三酯活性很高的细菌,但它不能水解磷脂和半乳糖脂。溶纤维素丁酸弧菌产生的磷脂酶 A 能够水解卵磷脂,产生游离的磷脂,磷脂又被溶血磷脂酶降解生成甘油和脂肪酸。在瘤胃中,脂肪酸作为营养物质被肠胃吸收,但在消化器中,只有氢化的脂肪酸才能被进一步代谢,解脂细菌都具有氢化脂肪酸的活性。

7. 蛋白质分解菌

瘤胃中用来分解蛋白质的细菌主要是拟杆菌,而消化器中分解蛋白质的细菌主要是梭菌。梭状芽孢杆菌属的许多种都能以蛋白质作为氮源,如腐败梭菌（*C. putrificum*）,该细菌分解蛋白质的能力很强,且还产生恶臭,膨大的芽孢从菌体一端生出。此外还有嗜热腐败梭菌($C.$ $thermoputrificum$)、类腐败杆菌($C.$ $paraputrificum$)等。

2.1.2　发酵细菌的功能

发酵细菌在厌氧发酵系统中的功能包括两大方面:

(1)将大分子不溶性有机物水结成小分子的水溶性有机物。胞外酶水解酶在细菌细胞的表面或周围介质中催化完成水解作用,发酵细菌群中仅有一部分细菌种属具有分泌水解酶的功能,但其水解产物却可被其他发酵细菌群吸收利用。

(2)发酵细菌将水解产物吸收进细胞内,经细胞内复杂的酶系统的催化转化,将一部分供能源使用的有机物转化为代谢产物(主要为有机酸、醇、酮等)排入细胞外水溶液,被下一阶段生化反应的细菌群(主要是产氢产乙酸细菌)吸收利用。

2.1.3　发酵细菌的生态环境

发酵细菌主要分为专性厌氧菌和兼性厌氧菌两大类,属异养菌,其优势种属随环境条件和发酵基质的不同而异。

各条件影响中,以温度的影响最为显著。在中温消化装置中,发酵细菌主要为专性厌氧菌,包括梭菌属($Clostridium$)、拟杆菌属($Bacteriodes$)、丁酸弧菌属($Butyrivibrio$)、真细菌属($Eubacterium$)、双歧杆菌属($Bifidbacterium$)等;在高温消化装置中,则有梭菌属和无芽孢的革兰氏阴性杆菌。

除温度外,发酵基质的种类也对发酵细菌的种群有显著影响。

(1)在富含纤维素的厌氧消化液中,如植物残体以及食草动物的粪便,存在蜡状芽孢杆菌($Bacilluscereus$)、巨大芽孢杆菌($Bacillius$ $megathericium$)、产粪产碱杆菌($Alcaligens$ $faecalis$)、普通变形菌($Proteus$ $vulgaris$)、铜绿色假单孢菌($Psedomonas$ $aeruginosa$)、食爬虫假单孢菌($Psedreptilovora$)、核黄素假单孢菌($Psed$ $riboflavina$)、溶纤维丁酸弧菌($Butyrivibrio$ $fibrisolvens$)、栖瘤胃拟杆菌($Bacteroides$ $raminicola$)等。

(2)在富含淀粉的消化液,如淀粉废液、酒精发酵残渣等,存在着变异微球菌($Micrococcus$ $variaans$)、尿素微球菌($M.$ $ureae$)、亮白微球菌($M.$ $candidus$)、巨大芽孢杆菌、蜡状芽孢杆菌以及假单胞杆菌属的某些种。

(3)在富含蛋白质的厌氧消化液中,如奶酪厂废水,存在着蜡状芽孢杆菌、环状芽孢杆菌($Bacillus$ $circulans$)、球状芽孢杆菌($B.$ $coccilens$)、枯草芽孢杆菌($B.$ $subtitus$)、变异微球菌、大肠杆菌($Escherichia$ $coli$)、副大肠杆菌以及假单孢菌属的一些种。

(4)在富含肉类罐头残渣的消化液中,如肉类加工厂废液,存在着脱氮假单孢菌($Psed$ $denitrificans$)、印度沙雷氏菌($Serratia$ $indicans$)、克列伯氏菌($Klebsiella$)和其他细菌。

(5)在硫酸盐含量高的消化液中,如硫酸盐制浆黑液,存在着大量属于专性厌氧菌的脱硫弧菌属细菌($Desulfovibrio$)。

(6)在处理生活垃圾和鸡场废弃物的消化池中,属于兼性厌氧菌的大肠杆菌和链球菌将会大量出现,有时可达细菌总数的一半。

发酵细菌的世代期很短,数分钟到数十分钟即可繁殖一代,大多数发酵细菌为异养性细菌群,对环境条件的变化有较强的适应性。

2.1.4　发酵细菌的生化反应

发酵细菌生化反应主要受两方面因素制约:其一是基质的组成及浓度,基质组成的不同有时会影响物质的流向,形成不同的代谢产物,而在一定范围内,基质浓度越大,生化反应的速率越快;其二为代谢产物的种类及后续生化反应的进行情况,代谢产物的累积一般会阻碍生化反应的顺利进行,特别是当发酵产物中有氢气存在而又出现积累时,阻碍现象较为明显。因此,保持发酵细菌与后续产氢产乙酸细菌和甲烷细菌的平衡和协同代谢是控制生化反应流向的关键。

厌氧消化系统中的主要基质是纤维素、淀粉、脂类和蛋白质。这些复杂的大分子有机物首先在水解酶的作用下分解为以单糖、甘油、高级脂肪酸及氨基酸为主的水溶性简单化合物,这些水解产物再经发酵细菌的胞内代谢,转化为一系列有机酸和醇类等物质,以及CO_2、NH_3、H_2S、H_2 等无机物排泄到环境中。代谢产物中含量最多的是乙酸、丙酸、丁酸、乙醇和乳酸等,其次为戊酸、己酸、丙酮、丙醇、异丙醇、丁醇、琥珀酸等。

在整个发酵过程中,发酵细菌首先将有机物在胞内转化为丙酮酸,再根据发酵细菌的种类和环境条件(如氢分压、pH 值、温度等)的差异形成不同的代谢产物。

2.2　产氢产乙酸菌群

2.2.1　产氢产乙酸细菌的发现及意义

1916 年,俄国学者奥梅梁斯基(V. L. Omeliansky)分离出第一株不产孢子、能发酵乙醇产生甲烷的细菌,命名为奥氏甲烷杆菌(*Methanobacterium omelianskii*)。1940 年,Bryant 发现这种细菌具有芽孢,又改名为奥氏甲烷芽孢杆菌(*Methanobacillus omelianskii*),并发现了 S 菌株,并证实奥氏甲烷芽孢杆菌是两种菌的共生体,S 菌株将乙醇发酵为乙酸和氢,反应成为产氢产乙酸反应,S 菌株属于产氢产乙酸菌。与 S 菌共生的另一种菌株为 M. O. H 菌株(*Methanogenic organism utilizes* H_2),该菌株能利用氢产生甲烷。两菌株之间,产氢产乙酸菌为产甲烷菌提供乙酸和氢气,促进产甲烷菌的生长,产甲烷菌由于能利用分子氢,降低生长环境的氢分压,有利于产氢产乙酸菌的生长。在厌氧消化过程中,这种不同生理类群菌种之间氢的产生和利用氢的偶联现象被 Bryant、Wolfe、Wolin 等研究者称为种间氢转移,其生化反应为

$$2CH_3CH_2OH + 2H_2O \xrightarrow{\text{S 菌株}} 2CH_3COOH + 4H_2$$

$$4H_2 + HCO_3^- + H^+ \xrightarrow{\text{M. O. H 菌株}} CH_4 + 3H_2O$$

产氢产乙酸菌只有在耗氢微生物共生的情况下,才能将长链脂肪酸降解为乙酸和氢,并获得能量生长,这种产氢微生物与耗氢微生物间的共生现象称为互营联合。

S 菌株的发现具有非常重要的意义:

(1)以证实奥氏甲烷芽孢杆菌非纯种作为突破口,陆续发现以前命名的几种甲烷细菌均为非纯种,使得甲烷细菌的种属进一步得到纯化和确认,如能将丁酸和己酸等偶碳脂肪酸氧化成乙酸和甲烷,以及能将戊酸等奇碳脂肪酸氧化成乙酸、丙酸和甲烷的弱氧化甲烷

杆菌(*Methanobacterium suboxydans*)，能将丙酸氧化成乙酸、二氧化碳和甲烷的丙酸甲烷杆菌(*M. propioncum*)等。

(2)否定了许多原以为可以作为甲烷细菌基质的有机物(如乙醇、丙醇、异丙醇、正戊醇、丙酸、丁酸、异丁酸、戊酸和己酸等)，而将甲烷细菌可直接吸收利用的基质范围缩小到仅包括"三甲一乙"(甲酸、甲醇、甲胺类、乙酸)的简单有机物和以 H_2/CO_2 组合的简单无机物等为数不多的几种化学物质。

(3)厌氧消化中第一酸化阶段的发酵产物，除可供甲烷细菌吸收利用的"三甲一乙"外，还有许多其他具有重要地位的有机代谢产物，如三碳及三碳以上直链脂肪酸、二碳及二碳以上的醇、酮和芳香族有机酸等。发酵性细菌分解发酵复杂有机物时所产生的除甲酸、乙酸及甲醇以外的有机酸和醇类，均不能被甲烷菌所利用，因此，在自然界除 S 菌株外，一定还存在着其他种类的产氢产乙酸菌，将长链脂肪酸氧化为乙酸和氢气。

这种互营联合菌种之间所形成的种间氢转移不仅在厌氧生境中普遍存在，而且对于使厌氧生境的生化活性十分重要，是推动厌氧生境中物质循环尤其是碳素转化的生物力。在厌氧发酵的场所，无论是在厌氧消化反应器还是反刍动物的瘤胃内，互营联合中的用氢菌主要是食氢产甲烷菌，所以种间氢转移也主要发生在不产甲烷菌和产甲烷菌之间。

2.2.2　产氢产乙酸反应的调控

产氢产乙酸菌的代谢产物中有分子态氢，表明体系中氢分压的高低对代谢反应的进行起着一定的调控作用，可能加速反应过程，可能减慢反应过程，也可能终止反应过程。

例如，S 菌株对乙醇的产氢产乙酸菌反应为

$$CH_3CH_2OH + H_2O \Longrightarrow CH_3COOH + 2H_2$$
$$\Delta G^{0'} = +19.2 \ kJ/mol$$

沃尔夫互营单细胞菌(*Symtrophomonas wolfei*)通过 β 氧化分解丁酸为乙酸和氢，再由共生的甲烷细菌将产物转化为甲烷，其反应式为

$$CH_3CH_2CH_2COOH + 2H_2O \longrightarrow 2CH_3COOH + 2H_2$$
$$\Delta G^{0'} = +48.1 \ kJ/mol$$

沃林互营杆菌(*Symtrophobacter wolinii*)是一种既不能运动，又无法形成芽孢的中温专性厌氧细菌。在氧化分解丙酸盐时能形成乙酸盐、H_2 和 CO_2，即

$$CH_3CH_2COOH + 2H_2O \longrightarrow CH_3COOH + 3H_2 + CO_2$$
$$\Delta G^{0'} = +76.1 \ kJ/mol$$

甲烷细菌会进一步将以上 3 种细菌的代谢产物(乙酸和氢)转化为甲烷，即

$$CH_3COOH \longrightarrow CH_4 + CO_2, \Delta G^{0'} = -31 \ kJ/mol$$
$$4H_2O + CO_2 \longrightarrow CH_4 + 2H_2O, \Delta G^{0'} = -135.6 \ kJ/mol$$

以上 3 个反应可以看出，由于各反应所需自由能不同，进行反应的难易程度也就不一样。在厌氧消化系统中，降低氢分压的工作必须依靠甲烷细菌来完成。这表示，通过甲烷细菌利用分子态氢能够降低氢分压，对产氢产乙酸细菌的生化反应起着非常重要的作用。一旦甲烷细菌因受环境条件的影响而放慢对分子态氢的利用速率，产氢产乙酸菌也随之放慢对丙酸的利用，进而依次为丁酸和乙醇。这也是为什么一旦厌氧消化系统发生故障，就会出现丙酸累计的现象。

2.2.3　基质组成对产氢产乙酸过程的调控

一般情况下,厌氧系统中的产氢产乙酸菌的代谢产物为氢和乙酸,但在某些特殊基质的条件下,产氢产乙酸菌的代谢产物会发生变化。通常仍然会产生乙酸,但氢则被其他产物替代。以脱硫弧菌为例,脱硫弧菌有两种,脱硫脱硫弧菌(*Desulfovibrio desulfuricans*)和普通脱硫弧菌(*Desulfovibrio vulgaris*)。在缺乏硫酸盐的环境中,脱硫弧菌能与甲烷细菌共营生活,显示产氢产乙酸的生化功能,但在有硫酸盐存在的情况下,由于产生 H_2S 的热力学条件比产生 H_2 更为有利,系统将不会产氢,而是产生硫化氢。

在此种情况下,脱硫弧菌失去了同时产氢和产乙酸的功能,虽然产生的乙酸依然是甲烷细菌可以利用的基质,但由于没有氢气产生,氢分压便失去了调控作用。此外,产生的乙酸只对为数不多的能利用乙酸的甲烷细菌有利,对其他众多甲烷细菌的生长起到限制作用。代谢产物中的 H_2S 是一种有毒物质,浓度高时对生物活性有抑制作用,所以厌氧消化系统中应尽量避免高浓度的硫酸,以免对厌氧消化过程产生阻碍作用。

2.3　同型产乙酸菌

有两类细菌能在厌氧条件下产生乙酸:一类属于发酵细菌,能利用有机基质产生乙酸,被称为异养型厌氧细菌;另一类既能利用有机基质产生乙酸,又能利用分子氢和二氧化碳产生乙酸,属于混合营养型细菌。因为这类细菌的产乙酸过程会消耗氢气,被称耗氢产乙酸菌,但因为无论利用何种基质,其代谢产物都是乙酸,因此又称为同型产乙酸细菌。同型产乙酸菌在发酵糖类时其主要产物或唯一产物为乙酸,这与异型乙酸菌有很大的区别。

同型产乙酸菌可以将糖类转化为乙酸,从这方面来讲,同型产乙酸菌是发酵细菌;但同时,它又能将甲烷细菌的一组基质(H_2/CO_2)转化为另一种基质(乙酸),这成为它区别与其他发酵细菌的重要特征,也是使其能成为独立菌种的根本原因。

2.3.1　同型产乙酸菌的主要生理特征

根据测定,这类细菌在下水污泥中的数量为 $10^5 \sim 10^6$ 个/mL。近 20 年来已分离到的同型产乙酸菌包括 4 个属的 10 余种,其基本特征见表 2.1。这类菌群可利用的基质有己糖、戊糖、多元醇、糖醛酸、三羧酸循环中的各种酸、丝氨酸、谷氨酸、3 - 羧基丁酮、乳酸、乙醇等。它们一般不能利用二糖或更复杂的碳水化合物,除少数种类外,菌群可生长于 H_2/CO_2 上,在含有少量酵母汁和某些维生素的基质上生长得更好。Co、Fe、Mo、Ni、Se、W 是构成 CO_2 固定酶的必须微量元素。

表 2.1　部分同型产乙酸菌的特征

细菌	适宜温度/℃	适宜 pH 值	G + C/mol%	H_2/CO_2 的生长	分离源	分离年份
诺特拉乙酸厌氧菌	37	7.6 ~ 7.8	37	+	沼泽	1985
裂解碳产乙酸杆菌	27	7	38	+	淤泥	1984
威林格氏产乙酸杆菌	30	7.2 ~ 7.8	43	+	废水	1982

续表 2.1

细菌	适宜温度/℃	适宜 pH 值	G + C/mol%	H₂/CO₂ 的生长	分离源	分离年份
伍德氏产乙酸杆菌	30	7.5	42	+	海洋港湾	1977
基维产乙酸菌	66	6.4	38	+	湖泊沉积物	1981
乙酸梭菌	30	8.3	33	+	废水	1940,1981
甲酸乙酸梭菌	37	7.2~7.8	34	+	淤泥废水	1970
大酒瓶形梭菌	31	7	29	−	无氧淤泥	1984
嗜热乙酸梭菌	60	6.8	54	−	马粪便	1942
嗜热自养梭菌	60	5.7	54	+	淤泥、土壤	1981
梭菌 CV – AA1	30	7.5	42	+	污泥	1982
嗜酸芽孢菌	35	6.5	42	+	蒸馏流出液	1985
卵形芽孢菌	34	6.3	42	+	淤泥	1983
拟球形芽孢菌	36	6.5	47	+	淤泥	1983

2.3.2　同型产乙酸菌的代表菌种

（1）伍德氏产乙酸杆菌（*Acedbacterium woodii*）。

1977 年，人们分离到一种典型的同型产乙酸菌，它能利用氢还原二氧化碳合成乙酸。在利用氢气和二氧化碳的产甲烷菌富集物中，在有甲烷产生时，向培养液中加入适量的连二亚硫酸钠，产甲烷菌的生长即被抑制，但是同型产乙酸菌并不会受到影响，从而被富集分离出来。该菌种是由 Wood 等人最早研究的，因此被命名为伍德氏产乙酸杆菌。

该菌种是混合营养型菌种中最有代表性的一种，可以代谢葡萄糖、果糖等糖类和乳酸、甘油、丙酮酸或甲酸，以及氢气和二氧化碳生成乙酸及少量琥珀酸。以果糖为发酵底物时，其中的 92%~95% 的果糖转化为乙酸，但不产生分子氢，生成的反应物表明此时为同型乙酸发酵，菌体生长较快，每增加一倍的菌体耗时约 6 h。有趣的是，此种细菌在碳酸盐存在时能利用苯甲基醚类的甲基基团，并可以证明其所产生乙酸的甲基基团就来源于这些化合物的甲基基团。在氢气和二氧化碳为底物生成乙酸时，菌体生长过程较为缓慢，每增加一倍的菌体耗时 25 h。伍德氏乙酸杆菌和产甲烷菌共同培养时，菌种的生长速度要好于对其进行单独培养；如果利用氢气和二氧化碳为底物，并将该菌种与巴氏甲烷八叠球菌（*Methanosarcia barkeri*）共同培养时，由于巴氏甲烷八叠球菌即可利用乙酸，也可利用氢气和二氧化碳生成甲烷，所以共同培养的最终产物主要为甲烷和二氧化碳。如果将其与嗜树木甲烷短杆菌（*Methanobrvibacter arboriphilus*）共同培养，则由于该产甲烷菌只能利用二氧化碳和氢气制造甲烷，所以最终产物为乙酸、甲烷和二氧化碳。

（2）威林格氏乙酸杆菌（*Acetobacterium wieringae*）。

此菌种与伍德氏乙酸杆菌类似，属于中温性无孢子短杆菌，有时称链状，侧生鞭毛，革兰氏染色阳性。利用氢气和二氧化碳为底物，不加酵母膏培养，其最适宜生长温度为30 ℃，最适宜 pH 值为7.2~7.8。

(3)乙酸梭菌(*Clostridiem aceiicum*)。

1936 年 Wieringa 从富集培养物中分离出厌氧性梭状芽孢杆菌。此菌种能在富含碳酸氢钠河泥浸出液的无机培养基上,利用氢气和二氧化碳为底物产生乙酸,所以将其命名为乙酸梭菌。该菌种可以在富含果糖的培养基上生长,极生孢子,周生鞭毛,要求较高的 pH 值,范围在 8.3 左右。

(4)基维产乙酸菌(*Acetogenium kivi*)。

基维是非洲一个湖泊的名字,因为此菌种是从基维湖中分离出来的,所以便以这个湖的名字命名。这种细菌自己不能运动,属革兰氏染色阴性,不形成芽孢,细胞经常发生不等分裂。该细菌可以利用葡萄糖、果糖、甘露糖、丙酮酸、甲酸、氢气和二氧化碳形成乙酸,但其在甲酸上的生长状况较差。此菌种为嗜热性细菌,适宜生长温度范围为 50 ~ 72 ℃,最适宜生长温度是 66 ℃,最适宜生长 pH 值范围是 5.3 ~ 7.3,最适宜生长 pH 值为 6.4。

(5)嗜热自养梭菌(*Clostridium thermoautotrophicum*)。

嗜热自养梭菌能够利用氢气和二氧化碳生产乙酸,在高温条件下生长并形成芽孢。它在生长早期为革兰氏染色阳性,生长后期为阴性,具有 3 ~ 8 根周生鞭毛。能够单独在氢气和二氧化碳或甲醇上生长,最适宜温度为 60 ℃,低于 37 ℃ 无法生长,菌体生长较快,每增加一倍菌体的时间为 2 h。

2.3.3　同型产乙酸菌在厌氧消化反应中的作用

同型产乙酸菌在厌氧消化器中的作用还不十分明确。有人认为在肠道中产甲烷菌利用氢的能力可能胜过耗氢产乙酸菌,所以它们更重要的作用可能在于发酵多碳化合物,而菌种能利用 H_2 的特性,降低了它们在消化器中分解有机物的重要性。但是由于同型产乙酸菌代谢了分子氢,降低了厌氧消化系统中的氢分压,有利于沼气发酵的正常进行。有人估计这些菌形成的乙酸在中温消化器中占 1% ~ 4%,在高温消化器中占 3% ~ 4%。

2.3.4　同型产乙酸菌的生态学意义

同型产乙酸菌在自然界中广泛分布,种类繁多,可把多种有机物质转化为乙酸。全球每年由 CO_2 固定产生的有机物约为 15×10^{10} t,其中 10% 的生物质经厌氧消化转化为 CO_2 和 CH_4。而 70% 甚至更多的 CH_4 来自乙酸,这其中同型产乙酸菌在自然界乙酸的形成及碳素循环的过程中起着不可忽视的作用。

一些同型产乙酸菌能参与苯甲基醚的厌氧降解。苯甲基醚是木质素降解的中间产物,过去认为木质素的降解仅能在好氧条件下进行,现已证实,苯甲基醚可由同型产乙酸菌发酵生成乙酸和酚,酚进一步降解为乙酸,乙酸再进一步降解为 CO_2 和 CH_4。这表明木质素可以在厌氧条件下被最终降解为 CH_4 和 CO_2,具有明显的生态学意义。

经过发酵细菌、产氢产乙酸菌、同型产乙酸菌的作用,各种复杂的有机物最终生成乙酸、氢气和二氧化碳。发酵过程中如果积累了游离氢,那么有机物的进一步分解将受到阻碍。所以,游离氢的氧化不仅能为产甲烷菌提供能源,还能为除去发酵过程中的末端电子提供条件,使代谢产物一直进行到产乙酸阶段。可以说,不产甲烷菌的生长代谢的顺利进行,依赖于产甲烷菌的清洁作用。

2.4　产甲烷菌及其作用

产甲烷菌是参与有机物厌氧消化过程中最重要的一类细菌群。其分布范围广泛,在污泥、瘤胃、人、动物和昆虫的肠道、变形虫的内共生体、湿树木、地热泉水、深海火山口、碱湖沉淀物、淡水和海洋的沉积物、水田和沼泽等厌氧环境中都能找到它们的踪迹。产甲烷菌的细胞结构与一般细菌细胞的结构有很大的差异,尤其是在细胞壁的结构方面,一般的细菌细胞的细胞壁都有肽聚糖,而产甲烷菌则没有或缺少肽聚糖。从生物学发展谱系角度而言,产甲烷菌属于与真核生物和普通单细胞生物无关的第三谱系,即原是细菌(Acrchebacteria)谱系。它们对氧和其他氧化剂十分敏感,属于严格的专性厌氧菌。

产甲烷菌这一名称是由 Bryant 于 1974 年提出的,用以区分这类细菌与氧化甲烷的好氧菌。产甲烷菌的细胞结构与一般细菌细胞结构有很大差异。大部分细菌的细胞壁结构都有肽聚糖,而产甲烷菌的细胞壁则没有或缺少肽聚糖。从生物学发展谱系角度来看,产甲烷菌属于原始细菌谱系,是与真核生物和普通单细胞生物无关的第三谱系。

产甲烷菌是厌氧食物链中的最后一组成员,包括食氢产甲烷菌和食乙酸产甲烷菌两个生理类群。产甲烷菌被称为是"有机物厌氧降解的清洁工",因为在严格的厌氧环境中,在没有外源电子受体的情况下,产甲烷菌能将发酵性细菌、产氢产甲烷菌和同型产乙酸菌的终产物乙酸、H_2 和 CO_2 转化为 CH_4、CO_2 和 H_2O,保证有机物在厌氧条件下的分解作用得以顺利进行。

2.4.1　产甲烷菌的分类及形态

产甲烷菌生存于极端厌氧环境中,对氧浓度极其敏感,这使得产甲烷菌成为最难研究的细菌之一。1901～1903 年巴斯德研究所的 Maze 第一次观察到一种产甲烷的微球菌。1969 年 Hungate 厌氧技术的发展使人们发现了产甲烷菌含有能产生荧光的特殊辅酶,从而促进了产甲烷菌纯培养研究的长足进步。迄今为止,已发现产甲烷菌 60 多种。

20 世纪 70 年代,科学家提出给产甲烷菌分类的概念。早期多根据形态进行分类,后期多根据细胞分子结构进行分类。

1974 年在《伯杰氏细菌鉴定手册》第 8 版里,Bryant 依据 Barker 的意见把产甲烷菌分为 1 个科、3 个属、9 个种;1979 年由 Balch W. E 等人根据菌株间 16SrRNA 降解后各寡核苷酸中碱基排列顺序间相似性的大小,提出了新的产甲烷菌分类系统,包括 3 个目、4 个科、7 个属、13 个种(表 2.2);1988 年,Zehnder 提出了新的产甲烷菌分类系统,详细菌种见表 2.3。1989 年《伯杰氏细菌鉴定手册》第 9 版中将产甲烷菌分为 3 个目、6 个科、13 个属、43 个种;1990 年发展为 3 个目、6 个科、17 个属、55 个种(表 2.4);1991 年增加为 65 个种。

表 2.2　产甲烷菌分类系统(Balch 等,1979 年)

目	科	属	种	菌株
甲烷杆菌目 Methanobacteriates	甲烷杆菌科 Methanobactericaceae	甲烷杆菌属 *Methanobacterium*	甲酸甲烷杆菌 *Mb. formicicum*	MF
			布氏甲烷杆菌 *Mb. bryantii*	MOH, MOHG
			嗜热自养甲烷杆菌 *Mb. thermoautotrophicum*	ΔH
		甲烷短杆菌属 *Methanobrevibacter*	瘤胃甲烷杆菌 *Mbr. ruminantium*	M1
			嗜树木甲烷短杆菌 *Mbr. arboriphilus*	DH1,AZ, DC
			斯氏甲烷短杆菌 *Mbr. smithii*	PS
甲烷球菌目 Methanococcales	甲烷球菌科 Methanococcaceae	甲烷球菌属 *Methanococcus*	万氏甲烷球菌 *Mc. vannielii*	SB
			沃氏甲烷球菌 *Mc. voltae*	PS
甲烷微菌目 Methanomicrobiales	甲烷微菌科 Methanomicrobiaceae	甲烷微菌属 *Methanomicrobium*	活动甲烷微菌 *Mm. mobile*	BP
		产甲烷菌属 *Methanogenium*	卡列阿科产甲烷菌 *Mg. cariaci*	JR1
			黑海产甲烷菌 *Mg. marisnigri*	JR1
		甲烷螺菌属 *Methanospirillum*	亨氏甲烷螺菌 *Msp. hungatei*	JF1
	甲烷八叠球菌科 Methamasarcinaceae	甲烷八叠球菌属 *Methanosarcina*	巴氏甲烷八叠球菌 *Ms. barkeri*	MS,227, W
$S_{AB} = 0.22 \sim 0.28$	$0.34 \sim 0.36$	$0.46 \sim 0.5$	$0.55 \sim 0.65$	$0.84 \sim 1.0$

表 2.3　产甲烷菌分类系统（Zehnder 等，1988 年）

目	科	属	种
甲烷杆菌目 Methanobactriales	甲烷杆菌科 Methanobacteriaceae	甲烷杆菌属 Methanobacterium	嗜碱甲烷杆菌 *M. alcaliphihum*
			甲酸甲烷杆菌 *M. formicium*
			嗜热自养甲烷杆菌 *M. thermoautotrophicum*
			沃氏甲烷杆菌 *Mg. wolfei*
		甲烷短杆菌属 *Methanobreuibacter*	嗜热甲烷短杆菌 *Mb. arboriphilus*
			瘤胃甲烷短杆菌 *Mb. ruminatium*
	甲烷热菌科 Methanothermaceae	甲烷嗜热菌属 *Methanothrmas*	炽热甲烷嗜热菌 *Mi. feruidus*
甲烷菌目 *Methanococcales*	甲烷球菌科 Methanococcaceae	甲烷球菌属 *Methanococcus*	热自养甲烷球菌 *Mc. thermolithotrophieus*
			万氏甲烷球菌 *Mc. tanntehi*
			沃氏甲烷球菌 *Mc. valtae*
甲烷微菌目 Methanomicrobiale	甲烷微菌科 Methanomicrobiaceae	甲烷微菌属 *Methanomicrobium*	运动甲烷球菌 *Mm. mobile*
		产甲烷菌属 *Methanogenium*	卡氏产甲烷菌 *Mg. cariaci*
			嗜热产甲烷菌 *Mg. thermophilicum*
			沃尔夫氏甲烷产生菌 *Mg. wolfei*
		甲烷螺菌属 *Methanospirillum*	亨氏甲烷螺菌 *Msp. hungatei*
	甲烷八叠球菌科 Methanosarcinaceue	甲烷八叠球菌属 *Methanosarcina*	巴氏甲烷八叠球菌 *Ms. barkeri*
			马氏甲烷八叠球菌 *Ms. macei*
			嗜热甲烷八叠球菌 *Ms. thermophila*
		甲烷拟球菌属 *Methanococcoides*	嗜甲基甲烷拟球菌 *M. methanococcoides*
	甲烷盘菌科 Methanoplanaceae	甲烷盘菌属 *Methanoplanus*	居泥甲烷盘菌 *Mp. limicola*
	未定科的产甲烷菌	甲烷丝菌属 *Methanothrix*	索氏甲烷丝菌 *Methanothrix soehngenii*
			嗜热乙酸甲烷丝菌 *Methanothrix thermoacetophila*
未定目和科的甲烷菌		甲烷叶菌属 *Methanolobius*	
		嗜盐甲烷菌属 *Halomethanococcus*	
		甲烷球状菌属 *Methanosphaera*	

表2.4 产甲烷菌分类系统(1990年)

目	科	属	种
甲烷杆菌目 Methanobacteriales	甲烷杆菌科 Methanobacterium	甲烷杆菌属 *Methanobacterium*	甲酸甲烷杆菌 *M. formicicum*
			嗜热自养甲烷杆菌 *M. thermoautotrophicum*
			布氏甲烷杆菌 *M. bryantii*
			沃氏甲烷杆菌 *M. wolfei*
			沼泽甲烷杆菌 *M. uliginosum*
			嗜碱甲烷杆菌 *M. alcaliphium*
			热甲酸甲烷杆菌 *M. thermoformicicum*
			伊氏甲烷杆菌 *M. ivanobii*
			热嗜碱甲烷杆菌 *M. thermoalcaliphium*
			热聚集甲烷杆菌 *M. thermoaggregans*
			埃氏甲烷杆菌 *M. espanolae*
		甲烷短杆菌属 *Methanobrevibacter*	嗜树木甲烷短杆菌 *M. arboriphilicus*
			瘤胃甲烷短杆菌 *M. ruminantium*
			史氏甲烷短杆菌 *M. smithii*
	甲烷热菌科 Methanothermaceae	甲烷球菌属 *Methanothermus*	炽热甲烷热菌 *M. fervidus*
			集结甲烷热菌 *M. sociabilis*
		甲烷球形属 Methanosphaera	斯太特甲烷球形菌 *M. stadtmanae*

续表2.4

目	科	属	种
甲烷球菌目 Methanococcales	甲烷球菌科 Methanococcaceae	甲烷球菌属 *Methanococcus*	万氏甲烷球菌 *M. vannielii*
			沃尔特甲烷球菌 *M. voltae*
			海沼甲烷球菌 *M. maripaludis*
			热矿养甲烷球菌 *M. thermolithotrophicus*
			杰氏甲烷球菌 *M. jannaschii*
甲烷微菌目 Methanomicrobiales	甲烷微菌科 Methanomicrobiaceae	甲烷微菌属 *Methanomicrobium*	运动甲烷微菌 *M. mobile*
			佩氏甲烷微菌 *M. paynteri*
		甲烷螺菌属 *M. hungatei*	亨氏甲烷螺菌 *M. hungatei*
		甲烷产生菌属 *Methanogenium*	卡氏甲烷产生菌 *M. cariaci*
			塔条山甲烷产生菌 *M. tationis*
			嗜有机甲烷产生菌 *M. organophilum*
		甲烷盘菌属 *Methanoplanus*	泥境甲烷盘菌 *M. limicola*
			内共养甲烷盘菌 *M. endosymbiosus*
		甲烷挑选菌属 *Methanoculleus*	布尔吉斯甲烷挑选菌 *M. bourgensis*
			黑海甲烷挑选菌 *M. marisnigri*
			嗜热甲烷挑选菌 *M. thermophilicus*
			奥林塔河甲烷挑选菌 *M. olentangyi*

续表2.4

目	科	属	种
	甲烷八叠球菌科 Methanosarcinaceae	甲烷八叠球菌属 Methanosarcina	巴氏甲烷八叠球菌 M. barkeri
			马氏甲烷八叠球菌 M. mazei
			嗜热甲烷八叠球菌 M. thermophila
			嗜乙酸甲烷八叠球菌 M. acetovorans
			泡囊甲烷八叠球菌 M. bacuolata
			弗里西甲烷八叠球菌 M. frisia
		甲烷叶菌属 Methanolobus	丁达瑞甲烷叶菌 M. tindarius
			西西里亚甲烷叶菌 M. siciliae
			武氏甲烷叶菌 M. vulcani
		甲烷拟球菌属 Methanococcoides	嗜甲基甲烷拟球菌 M. methylutens
		嗜盐甲烷菌属 Methanohalophilus	马氏嗜盐甲烷菌 M. mahii
			智氏嗜盐甲烷菌 M. zhilinae
			俄勒冈嗜盐甲烷菌 M. oregonensis
		甲烷盐菌属 Methanohalobium	依夫氏甲烷盐菌 M. evestigatus
		甲烷毛发菌属 Methanosaeta	康氏甲烷毛发菌 M. concilii
			嗜热乙酸甲烷毛发菌 M. thermoacetophila
	甲烷微粒菌科 Methanocorpuseulaceae	甲烷微粒菌属 Methanocorpusculum	小甲烷粒菌 M. parvum
			拉布雷亚砂岩甲粒菌 M. labreanum
			集聚甲烷粒菌 M. aggregans
			巴伐利亚甲烷粒菌 M. bavaricum
			辛氏甲烷粒菌 M. senense

产甲烷菌的形态多种多样,大致可分为四类:球状、杆状、螺旋状、八叠状。球状产甲烷菌通常为正圆形或椭圆形,排成对或链状;杆状产甲烷菌呈现为短杆、长杆、竹节状或丝状;

螺旋状产甲烷菌呈现规则的弯曲杆状,最后发展为不能运动的螺旋丝状;八叠状产甲烷菌的球形细胞形成规则的或不规则的堆积状。

2.4.2　产甲烷菌的细胞结构特性

近年来,产甲烷菌、嗜盐细菌和耐热嗜酸细菌一起被划归为古细菌部分。古细菌与所有已知的真细菌有明显差异,古细菌都存在于相当极端的生态环境下,这种极端环境条件几乎相当于人们假定的地球发展周期中最早的太古时期时,地球上普遍存在的环境。这类细菌不但成员共有特征与真细菌有所不同,成员间的细胞形态、结构和生理方面也有明显差异。

1. 细胞壁结构

产甲烷菌的细胞壁不含肽聚糖骨架,只有蛋白质和多糖,有的含有"假细胞壁质"。真细菌中的革兰氏染色阳性细菌的细胞壁含有 40% ~ 50% 肽聚糖,而革兰氏染色阴性细菌则含有 5% ~ 10% 的肽聚糖。例如,革兰氏染色阳性的嗜热自养甲烷菌(*M. thermoautotrophicum*)的细胞壁中,假胞壁质与肽聚糖明显不同。糖链中的 N – 乙酰塔罗糖胺糖醛酸代替了 N – 乙酰胞壁酸,同时连接在上面的肽链中的氨基酸排列也同样发生了变化。

溶菌酶分解胞壁质糖链中的 N – 乙酰胞壁酸的 C – 1 原子以及 N – 乙酰葡糖胺 C – 4 原子间的糖苷键。青霉素抑制胞壁质的合成但不会影响胞壁质结构单元的合成或者是聚糖链的延伸,而是会抑制肽链中的丙氨酸,并通过转肽作用与另一链的交联。产甲烷菌的细胞壁中,假胞壁质分子结构的改变会引起对环丝氨酸、青霉素、头孢霉素、万古霉素等抗生素不敏感,也不能用包括蛋白酶 K、胃蛋白酶或 2% SDS 等在内的溶菌酶溶解其细胞壁。

2. 细胞膜结构

微生物的细胞膜主要由脂类和蛋白质构成,脂类包括中性脂和极性脂。产甲烷菌细胞的总脂类中,中性脂占 70% ~ 80%。细胞膜中的极性脂主要为植烷基甘油醚,而不是脂肪酸甘油酯,中性脂则以游离 C15 和 C30 聚类异戊二烯碳氢化合的形式存在。这些脂类性质稳定,缺乏可以皂化的脂键,不易被一般条件水解。相反,真细菌中的脂类甘油上以脂键结合饱和脂肪酸,可以皂化,易被水解。在真核生物的细胞中,甘油上以脂键连接的都为不饱和脂肪酸。古细菌、真细菌和真核生物细胞壁和膜成分对比见表 2.5。

表 2.5　古细菌、真细菌以及真核生物细胞壁和细胞膜的成分对比

成分	古细菌	真细菌	真核生物(动物)
细胞壁	+	+	–
细胞壁特征	不含有典型原核生物的细胞壁 缺乏肽聚糖	有典型细胞壁 有肽聚糖	
N – 乙酰胞壁酸	–	+	–
细胞膜中的脂类	疏水极为植烷醇醚键连接 完全饱和并分支的 C_{20} 的化合物	主要为磷酸键连接 饱和的和一个不饱和的脂肪酸	主要为磷脂键连接 都为不饱和脂肪酸

产甲烷菌各种间的植烷基二醚和双植烷基四醚含量不同。甲烷球菌属含有的几乎全是二醚,其他属则二醚和四醚两种都有。甲烷杆菌属 AZ 菌株的四醚含量高达 62.4%,二醚仅为 37.5%。因此对脂类的分析是产甲烷菌分属的重要分析手段之一。

在甲烷杆菌科和甲烷螺菌属的产甲烷菌极性脂中,均发现 C_{20} 植烷基和 C_{40} 双植烷基的甘油醚。在甲烷球菌科和甲烷八叠球菌科的极性脂中只有 C_{20} 的植烷基的甘油醚,主要由二醚糖脂和二醚膦酸酯组成。极端嗜热的詹氏甲烷球菌中 95% 的极性脂是大环双植甘油醚,可给予该细菌较大的膜热稳定性。

2.4.3　产甲烷菌的营养特征

作为食物链的最末端,在有机物厌氧降解方面,尽管不同类型的产甲烷菌在系统发育上有很大差异,但是作为一个类群,产甲烷菌突出的生理学特性是它们处于有机物厌氧降解末端的特性。

1. 碳源

产甲烷菌的能源和碳源物质主要有 5 种:H_2、CO_2、甲酸、甲醇、甲胺和乙酸。其中可利用的甲基胺有 CH_3NH_2、$(CH_3)_2NH$、$(CH_3)_3N$、$CH_3N(CH_2CH_3)_2$ 等。绝大多数产甲烷菌能利用 H_2/CO_2,有几种仅能利用 H_2/CO_2,有些种能利用 CO 为基质但生长差,有的种能生长于异丙醇和 CO_2 上。能利用 H_2 的产甲烷菌多数可利用甲酸,有些只能利用 H_2。一些食氢的产甲烷菌还可利用短链醇类作为电子供体,氧化仲醇成酮和氧化伯醇成羧酸。

根据碳源物质的不同,还可以把甲烷细菌分为无机营养型、有机营养型、混合营养型 3类。无机营养型仅利用 H_2/CO_2,有机营养型仅利用有机物,混合营养型既能利用 H_2、CO_2,又能利用 CH_3COOH、CH_3NH_2 和 CH_3OH。产甲烷菌的适宜基质见表 2.6。

表 2.6　适宜产甲烷菌的基质

菌种	生长和产甲烷的基质
甲酸甲烷杆菌	氢气、甲酸
布氏甲烷杆菌	氢气
嗜热自养甲烷杆菌	氢气
瘤胃甲烷短杆菌	氢气、甲酸
万氏甲烷球菌	氢气、甲酸
亨氏甲烷螺菌	氢气、甲酸
索氏甲烷丝菌	乙酸
巴氏甲烷八叠球菌	氢气、甲醇、乙酸、甲胺
嗜热甲烷八叠球菌	甲醇、乙酸、甲胺
嗜甲基甲烷球菌	甲醇、甲胺

2. 氮源

产甲烷菌都能利用氨态氮作为氮源,大部分对氨基酸的利用能力则较差,有些产甲烷菌在培养时供给氨基酸则能缩短世代时间,增加细胞产量。例如,瘤胃甲烷杆菌的生长要求氨基酸,但对嗜热自养甲烷杆菌供给氨基酸则无效果。无论在何种情况下,氨态氮都是产甲烷菌生长的必要条件。

3. 生长因子

一些产甲烷菌需要供给 B 族维生素及其他生长因子才能生长。通常情况下,含有 10 种水溶维生素的水溶液能满足其生长需求,见表 2.7。瘤胃甲烷短杆菌 M-1 菌株的生长需要辅酶 M,这就需要在培养基中加入瘤胃液才能促进细菌的生长。

表 2.7　维生素溶液成分(mg/L 蒸馏水)

生物素	2	叶酸	2
盐酸吡哆醇	10	核黄素	5
硫胺素	5	烟酸	5
泛酸	5	维生素 B_{12}	0.1
对-氨基苯甲酸	5	硫辛酸	5

4. 微量元素

某些金属元素是一些产甲烷菌生长的必要因素,如 K、Na、Mg、Fe、Zn、Ni、Co、Mn、W、Se 等。所有产甲烷菌的生长都需要 Ni、Co 和 Fe。Ni 是产甲烷细菌中 F_{430} 和氢酶的一种重要成分;咕啉生物合成时需要大量 Co;产甲烷菌的生长对 Fe 的需求量很大,吸收率也较高。此外,有些产甲烷菌需要其他金属元素,如 Mo 能刺激嗜热自养甲烷杆菌和巴氏甲烷八叠球菌的生长,并能在细胞中积累。有些产甲烷菌的生长则需要较高浓度的 Mg。

此外,产甲烷菌的独特生理特性与其细胞内存在的许多特殊辅酶有密不可分的关系。包括 F_{420}、CoM、FB 和 CDR 等几种辅酶,在产甲烷过程中起着重要的作用。常用的培养基配制微量元素溶液成分见表 2.8。

表 2.8　微量元素溶液成分(mg/L 蒸馏水)

氨基三乙酸	1.5	$MnSO_4 \cdot 4H_2O$	0.5
$FeSO_4 \cdot 7H_2O$	0.1	$CoCl_2 \cdot 6H_2O$	0.1
$CuSO_4 \cdot 5H_2O$	0.01	H_3BO_3	0.01
$NiCl_2 \cdot 6H_2O$	0.02	$MgSO_4 \cdot 7H_2O$	3.0
NaCl	1.0	$CaCl_2 \cdot 2H_2O$	0.1
$ZnSO_4 \cdot 7H_2O$	0.1	$AlK(SO_4)_2$	0.01
Na_2MoO_4	0.01		

2.4.4　甲烷形成的生化机理

1. 甲烷形成机制

甲烷是由 H_2/CO_2、CH_3OH、CH_3NH_2、HCOOH 以及 CH_3COOH 5 种基质转化而来。几十

年来,人们一直投入研究试图精确了解甲烷的转化机制。

1956 年,巴克初步提出 CO_2、CH_3OH 和 CH_3COOH 3 种基质转化为 CH_4。反应的第一步都是和未知的 HX 结合,并转化为 X 的甲基衍生物 CH_3X,最后再还原为 CH_4;同时载体 X 复原为 HX 后重复使用。1978 年,Romesser 完善了巴克的说法,提出 CO_2 还原为 CH_4 的机制。该反应分为 5 个环节。首先,CO_2 被 ATP 催化激活,与未知的 HX 反应生成 XCOOH;XCOOH 被氢化酶 YH_2 还原为 XCHO,此过程中有 CO_2 还原因子 CDR 参与;接下来,XCHO 与氢化酶作用释放出 HX,此时还原产物又与辅酶 M(HS – CoM)作用形成羟甲基辅酶 M($HOCH_2$ – SCoM);羟甲基辅酶 M 进一步被氢化酶 YH_2 还原成甲基辅酶 M(CH_3 – S – CoM);最后,甲基辅酶 M 在 ATP、Mg^{2+} 和 ABC 因子的作用下,通过 CO_2 的活化还原为 CH_4,同时释放出辅酶 M。最后一步反应需要 ATP、Mg^{2+} 和 ABC 因子的参与。而 RPG 效应则起到连锁反应互促作用,一方面二氧化碳会作为最后反应阶段的催化剂,使 CH_3 – S – CoM 迅速转化为甲烷,另一方面,由于 ATP 的参与,使二氧化碳迅速活化,转化为 XCOOH,形成甲烷的主要基质是乙酸。许多专家都表示,甲烷中的 70% 均来源于乙酸。还有研究表明,乙酸甲基碳转化为甲烷的转化率在 60% 以上,而羧基碳的转化率比则在 60 ~ 70:1。

几种基质形成甲烷时的碳原子流向甲烷的容易程度大致如下:$CH_3OH > CO_2 >$ ＊ $CH_3COOH > CH_3$ ＊ COOH。乙酸甲基碳流向甲烷的数量受其他甲基化合物的影响很大,当乙酸单独存在时,96% 的乙酸甲基碳流向甲烷,而当有甲醇存在时,则更多流向 CO_2 和合成细胞。

2. 产甲烷菌的特殊辅酶

产甲烷菌的生理特性还与细胞内部存在的许多特殊辅酶有密切关系,包括 F_{420}、CoM、FB 和 CDR 等。

F_{420} 是一种类似黄素单核苷酸的物质,相对分子质量为 630,具有荧光。这是产甲烷细菌特有的辅酶,在形成甲烷的过程中起着至关重要的作用。这种辅酶有两点特别的地方:

(1)它在被氧化时在 420 nm 波长处呈现蓝绿或黄色荧光,并出现一个明显的吸收峰,而在被还原时会在 420 nm 波长处失去荧光和吸收峰。因此,当用 420 nm 波长的紫外光照射时,这种辅酶就会自发产生荧光,但如果光照时间过长,辅酶被还原,荧光就会消失。人们多用这种方法来鉴定甲烷细菌的存在。

(2)在中性或碱性条件下,F_{420} 易被氧化光解,使其与主酶分离,并使酶变性失活。有人据此推断,甲烷细菌对氧的敏感可能与这种辅酶有关。

辅酶 F_{350} 是一种具有吡咯结构的含镍化合物,可在波长 350 nm 的紫外光照射下发出蓝白色荧光。有研究表明,这种辅酶可能会在甲基辅酶 M 还原酶的反应中起作用。

辅酶 CoM(CoM – SH、辅酶 M)的成分是 2 – 硫基乙酰磺酸(HS – CH_2 – CH_2 – SO_3^-),这是所有已知辅酶中相对分子质量最小、含硫量最高且具有渗透性和对酸及热均稳定的辅助因子。除此之外,人们从产甲烷活细胞中还分离到 2,2′ – 二硫二乙烷磺酸和 2 – 甲基硫乙烷磺酸,它们的结构与 CoM 类似。此辅酶有 3 个值得注意的特点:

(1)是产甲烷细菌中独有的辅酶,可以此鉴定产甲烷菌的存在。

(2)在产甲烷菌产甲烷过程中,该辅酶起到了转移甲基的重要作用。

(3)CoM 能够运用 CH_3 – S – CoM 促进二氧化碳还原成甲烷,这使它成为活性甲基的载体,通过 ATP 激活,迅速形成甲烷,这被称作 RPG 效应。

3. 能量代谢与细胞合成

甲烷细菌利用基质二氧化碳、氢气、甲醇、甲胺、甲酸以及乙酸转化为甲烷的过程,会释放能量用来维持细菌自身的新陈代谢等生命活动。以甲酸、氢气或甲酸、二氧化碳作为底物时释放的自由能较大,分别为 -145.3 kJ/mol 和 -136.9 kJ/mol,反应也更易于进行;甲醇占第二位,为 -106.7 kJ/mol;而乙酸释放的能量最低,只有前 3 种的 $1/5$ 到 $1/3$,为 -31.0 kJ/mol。

产甲烷细菌在合成细胞物质时需要消耗能量,而且在分解基质获得能量的个别环节上,也需要先消耗一部分能量。一般认为,每生产 1 mol 的 ATP 需要消耗 50.20 kJ 的能量。在标准状况下,利用二氧化碳和氢气生成 1 mol 甲烷大约能产生 136.9 kJ 的能量,所以理论上最多能产生 2.7 mol 的 ATP。但在实际的厌氧消化系统中,氢分压只有 $10^{-3} \times 1.013\ 25 \times 10^5$ Pa,而不是标准状态下的 $1.013\ 25 \times 10^5$ Pa,也就是说,溶液中与之平衡的氢浓度为 1 mol/L,此时自由能变化由 -136.9 kJ/mol 降到 -62.8 kJ/mol,这些能量只够产生 1 个 ATP。

产甲烷细菌细胞的主要碳源是乙酸盐。有研究表明,乙酸可以提供的细胞碳为 60%,大部分甲基转化为甲烷用来获取能量,少部分甲基则通过类咕啉作用合成细胞物质的构成组分。除了碳源以外,氮源也是细胞生长的重要因素。产甲烷细菌细胞合成的氮源主要来自氨离子,菌体中含有氨基酸数量中绝大部分为丙氨酸,其次为谷氨酸,这两种氨基酸占到氨基酸总量的 80% 左右。

4. 产甲烷菌的生长繁殖与环境条件

(1)生长繁殖。

产甲烷菌的繁殖方式是二分裂繁殖法。如果生长环境中有两种可利用的营养基质,产甲烷菌会优先利用较为容易利用的一种基质,形成第一个生长高峰期,随后生长状况略有停滞,之后逐渐利用另一种基质,形成第二个生长高峰期。生长曲线呈两峰 S 型。一般认为,产甲烷菌生长繁殖速度很慢,倍增时间长达几小时至几十小时,还有报道称部分细菌长达 100 h 左右,而好氧细菌只需要数十分钟就可以倍增。

(2)生长环境条件。

表 2.9 列出了部分产甲烷菌的营养要求与环境条件。

产甲烷菌生长时要求有相适宜的环境条件,其中重要的环境条件包括氧化还原电位、温度和 pH 值等,有些毒物的存在也会对产甲烷菌造成一定的影响。

表 2.9 部分产甲烷菌的营养要求与环境条件

名称	基质	其他营养条件	适宜温度/℃	适宜 pH 值	倍增时间/h	分离源
甲酸甲烷杆菌	氢气、二氧化碳、甲酸		36~40	6.7~7.2	8~10.5	消化污泥
布氏甲烷杆菌	氢气、二氧化碳	维生素 B,半胱氨酸	37~39	6.9~7.2		消化污泥
嗜热自养甲烷杆菌	氢气、二氧化碳	镍、钴、钼、铁	65~70	7.2~7.6	2~5	消化污泥
沼泽甲烷杆菌	氢气、二氧化碳		37~40	6.0~8.5		沼泽土

续表2.9

名称	基质	其他营养条件	适宜温度/℃	适宜pH值	倍增时间/h	分离源
沃氏甲烷杆菌	氢气、二氧化碳	W,酵母提取物	7.0~7.5			污泥
热聚集甲烷杆菌	氢气、二氧化碳	酵母提取物	65	7.0~7.5	3.5	牧区泥土
热甲酸甲烷杆菌	氢气、二氧化碳、甲酸		55~65	7.0~7.8		粪便消化污泥
斯氏甲烷球形菌	氢气,甲醇	二氧化碳、乙酸、亮氨酸、微生物B、异亮氨酸	37	6.5~6.9		人粪
范氏甲烷球菌	氢气、二氧化碳、甲酸	铯、W、酵母提取物	36~40	6.5~7.5、8~8.5		
聚集甲烷产生菌	氢气、甲酸	乙酸、酵母提取物	35	6.5~7.0		消化污泥
布尔吉斯甲烷产生菌	氢气、二氧化碳、甲酸	乙酸、酵母提取物、盐	35~40	6.7		消化污泥(制革)
嗜热甲烷产生菌	氢气、二氧化碳、甲酸	胰酶解酪蛋白胨,维生素,酵母提取物	55	7.0	2.5	
巴氏甲烷八叠球菌	氢气、二氧化碳、甲醇、乙酸、甲胺、乙胺	酵母提取物	30~40	7.0	8~12(氢气、二氧化碳、甲醇)或大于24(乙酸、甲胺)	消化污泥
马氏甲烷八叠球菌	甲醇、乙酸、氢气、二氧化碳	胰酶解酪蛋白胨	40	7	8	
嗜热甲烷八叠球菌	甲醇、乙酸		50	6		消化污泥
泡囊甲烷八叠球菌	氢气、二氧化碳、甲胺、甲醇、乙酸	酵母提取物、胰酶解酪蛋白胨	37~40	7.5		消化污泥
孙氏甲烷丝菌	乙酸		37	7.4~7.8	82	消化污泥
康氏甲烷丝菌	乙酸、二氧化碳		35~40	7.1~7.5	24	消化污泥

①氧化还原电位。厌氧消化系统中的氧化还原电位的高低对产甲烷菌的影响极为显著。产甲烷菌的细胞内具有许多低氧化还原电位的酶,当系统中的氧化态物质的标准电位过高、浓度过大时,就会使系统的氧化还原电位过高,那么细胞中的酶就会被高电位不可逆转的氧化破坏,使产甲烷菌的生长受到抑制,甚至死亡。如前面提到的,产甲烷菌中用来产能代谢的重要辅酶 F_{420} 被氧化时会与蛋白质分离,从而失去活性。

厌氧消化系统中一定不能存在氧,极少量的氧就可以毒害产甲烷菌的生长。有实验表明,在 5 mL 培养瘤胃甲烷短杆菌的琼脂培养基中注入 0.8 mL 氧饱和蒸馏水,菌落的出现时间就会延后,注氧前培养第 5 天就会出现菌落,注氧后则会在第 6 天才会出现菌落。一般认为,在中温消化的产甲烷菌要求环境中维持的氧化还原电位低于 – 350 mV,高温消化的产甲烷菌则应低于 – 500 ~ – 600 mV。产甲烷菌在氧质量浓度低于 2 ~ 5 mg/L 的环境下生长状况更好,甲烷产量也较大。

②温度。根据产甲烷菌对温度的适宜范围,人们将产甲烷菌分为 3 类:低温菌、中温菌和高温菌。低温菌的适宜温度在 20 ~ 25 ℃,中温菌的适宜温度在 30 ~ 45 ℃,高温菌在 45 ~ 75 ℃。经过对大量产甲烷菌的研究,人们发现产甲烷菌中大多数为中温菌,低温菌较少,而高温菌的种类相对也较多。各种产甲烷菌对温度的要求见表 2.9。

与不产甲烷菌相比,产甲烷菌对温度的敏感度要大得多,这种影响明显地表现在其生长繁殖速度和甲烷产量两个方面,对生长繁殖速度的影响尤为显著。其中甲烷八叠球菌的产甲烷活性对温度的变化最为敏感,温度稍微偏离其生长的最适宜温度 45 ℃,其产甲烷活性便急剧下降。其他嗜热自养甲烷杆菌、索氏甲烷杆菌和嗜树木甲烷短杆菌的产甲烷活性也会受到温度的较大影响。

特别需要注意的是,产甲烷菌要求的最适宜温度范围和厌氧消化系统要求维持的最佳温度范围通常并不一致。例如,嗜热自养甲烷杆菌的最适宜温度范围在 65 ~ 70 ℃,而高温消化系统维持的最佳温度范围则是 50 ~ 55 ℃。之所以如此,原因在于厌氧消化系统是一个混合菌种共生的生态系统,不应只考虑到某一单一菌种,必须要照顾到各个菌种的协调适应性,来保持整个系统的最佳代谢平衡。如果为了满足嗜热自养甲烷杆菌而把系统温度升高至 65 ~ 70 ℃,在这样的温度下,大部分厌氧产酸菌以及中温产甲烷菌很难正常生活,从而影响整个系统的厌氧消化产甲烷能力。

③pH 值。pH 值对产甲烷菌的生长的重要影响同样不容忽视。其影响主要表现在如下几个方面:影响菌体及酶系统的生理功能和活性;影响环境的氧化还原电位;影响基质的可利用性。

大多数中温甲烷细菌的最适宜 pH 值范围约在 6.8 ~ 7.2,但不同产甲烷菌对最适 pH 值的要求也不相同,其范围从 6.8 至 8.5 不等。在培养产甲烷菌的过程中,随着基质不断被吸收利用,环境中的 pH 值也会随之变化,或逐渐升高或逐渐降低。通常,pH 值的变化速度基本上和基质的利用速率成正比,一旦基质消耗殆尽,pH 值就会趋于某一稳定值。当产甲烷菌的反应基质为乙酸或氢气、二氧化碳时,pH 值会随着反应的进行逐渐升高;而当反应基质为甲醇时,pH 值则会随着反应的进行逐渐降低。由于 pH 值的变化逐渐偏离了最适宜或试验规定值,将会影响试验的准确性和稳定性。为了解决这个问题,人们向培养基质中添加某些缓冲物质,如磷酸氢钾和磷酸二氢钾,或二氧化碳和碳酸氢钠等。

④化学物质。这里的化学物质指那些除了营养物以外的其他包括无机物和有机物在

内的物质。这些物质会对产甲烷菌产生3方面的影响：促进作用、无明显作用和抑制作用。有些学者认为，大多数的化学物质可同时兼有以上3种作用，其具体影响取决于化学物质的浓度，在较小浓度下起到促进产甲烷菌生长的作用，经过过渡浓度范围，当达到较大浓度时开始起到抑制作用。

在一直以来的研究中，人们十分重视化学物质对产甲烷菌的抑制作用，但相关的研究和报道却并不多见。大多数资料都是通过对厌氧消化系统的实验研究获得的，其只能证明某种化学物质对整个消化系统的影响，不足以用来确定是否会对产甲烷菌产生直接作用。有研究者从厌氧消化系统易受毒物影响停止产气这一现象得出，产甲烷菌比不产甲烷菌更易受到毒物的侵害，但这些结论必须经过纯培养的毒物考察才能确切得出。

目前人们在抗生素对产甲烷细菌的影响方面研究比较深入和全面，其中的一个重要成果是：某些对普通细菌抵抗能力很强的抗生素并不会对产甲烷菌起到抑制作用。有人分析，因为产甲烷细菌的古细菌谱系特点，其细胞结构和生理功能与普通细菌有很大区别，因此就产甲烷细菌而言，可能就是因为产甲烷细菌的细胞结构中缺乏某些抗生素的目的物，或者细胞组织中缺乏吸收和输入某些抗生素的机制，使得某些抗生素对这种细菌失去了抑制作用。这个结果的重要性在于，人们可以利用某些抗生素选择性地抑制其他反应不需要的细菌用来富集产甲烷菌，并对处理含抗生素废水起到积极作用。

人们曾研究过9种产甲烷菌或菌株，并对研究结果做了相应的报道。9种甲烷菌分别为：①嗜树木甲烷短杆菌AZ菌株；②斯氏甲烷短杆菌；③布氏甲烷杆菌M.O.H.G菌株；④甲酸甲烷杆菌；⑤嗜热自养甲烷杆菌菌株；⑥嗜热自养甲烷杆菌I菌株；⑦万氏甲烷杆菌；⑧亨氏甲烷螺菌；⑨巴氏甲烷八叠球菌。

抗生素磷霉素、万古霉素、青霉素G和头孢霉素C能够破坏普通细菌的细胞壁以及它们的合成结构（特别是肽聚糖的合成），但是因为产甲烷菌的细胞壁不含有肽聚糖，这些抗生素不能破坏产甲烷菌的细胞壁。另外，D-环丝氨酸只能抑制万氏甲烷球菌，诺卡菌素A只能抑制嗜树木甲烷短杆菌，黄霉素则只能抑制布氏甲烷杆菌M.O.H.G。

能破坏普通细菌的细胞膜及它们合成，但不能破坏产甲烷菌的抗生素有：两性霉素B、缬氨霉素、无活菌素。另外，短杆菌肽D能破坏嗜热自养甲烷杆菌菌株和嗜热自养甲烷杆菌I菌株；多粘菌素能破坏嗜树木甲烷短杆菌AZ菌株、嗜热自养甲烷杆菌菌株和嗜热自养甲烷杆菌I菌株。

能破坏普通细菌蛋白质生物合成功能，但无法破坏产甲烷菌的抗生素有：放线酮、竹桃霉素和卡那霉素。另外，红霉素仅能抑制万氏甲烷杆菌，四环素则能抑制嗜热自养甲烷杆菌菌株、嗜热自养甲烷杆菌I菌株和万氏甲烷杆菌。

所以从上述研究可以看出，在研究过的9种产甲烷菌中，亨氏甲烷螺菌和巴氏甲烷八叠球菌能抵抗的抗生素种类最多。所以为了从混合菌种中富集产甲烷菌的抗生素，以青霉素G、磷霉素、头孢霉素和卡那霉素为最优选择，但是如果为了富集单一的某一种产甲烷菌，就要根据这种产甲烷菌的自身特性做进一步选择。

2.5　硫酸盐还原细菌

厌氧条件是指生化反应中电子受体含有氧,但系统中不存在氧气或臭氧。硫酸盐、亚硫酸盐和硝酸盐就是这种电子受体。在自然界的厌氧生境中,与产甲烷菌共用同一基质的还有 3 种细菌:硫酸盐还原菌、同型产乙酸菌和三价铁还原细菌。硫酸盐还原菌(SRB)的主要特征是以硫酸作为最终受氢体,从而还原硫化物。由于这种还原形式类似有氧呼吸,所以称作硫酸呼吸或异化性还原作用。其反应过程为

$$8[H] + SO_4^{2-} \longrightarrow H_2S + 2H_2O + 2OH^-$$

自然界产生的硫化氢大多来自这个反应。硫酸还原菌是严格依赖于无氧条件的专性厌氧菌。它们能够利用的电子供体比产甲烷菌更为宽泛,因此所到之处都能产生并积累大量的硫化物,其中大部分为硫化氢。硫化氢能使水体发黑发臭,毒害水生生物,还能污染附近的大气,带来环境问题。

2.5.1　硫酸盐还原菌类群

硫酸盐还原菌指的是一类具有能把硫酸盐、亚硫酸盐、硫代硫酸盐等硫氧化物以及元素硫还原形成硫化氢这一生理特征细菌的统称。因此在这一类生理类群中,包括各种形态、生理、生态分布等方面存在差异的细菌。

早在 1895 年,Beiherinck 首先发现了硫酸盐还原菌,但是在随后的很长一段时间内,人们对硫酸盐还原菌的研究进展相当缓慢,一直到 20 世纪 70 年代前期,研究人员仍然认为此类细菌只能利用乳酸、苹果酸等有限的几种脂肪酸。直至 20 世纪 70 年代后期,通过对河流和海底沉积物的大量研究,人们证实了还有其他的硫酸盐还原菌能降解其他种类的脂肪酸。1976 年,Pfennig 和 Biebl 通过分离研究,发现了第一个能利用乙酸的硫酸盐还原菌,并对其进行纯培养,此后,很多研究人员又陆续成功分离出了可降解其他脂肪酸的硫酸盐还原菌。到今天为止,硫酸盐还原菌已经被认为是一类利用基质范围相当广泛的微生物种群。1981 年,Pfennig 等人提出将所有异化作用的硫酸盐还原菌归于同一个生物类群,并在 1984 年提出了分属检索表。

迄今为止,发现的硫酸盐还原菌已有 12 个属近 40 余种,各属硫酸盐还原菌除了具有能还原硫酸盐这一共有特性外,其他方面均差异较大。

《伯杰氏系统细菌学手册》中的属检索表将硫酸盐还原菌分为以下几个种属:

(1)能完全氧化乙酸为 CO_2,利用元素硫作为电子受体的细菌,从不还原硫酸盐。异养性还原硫细菌。

　　　　　　　　　　　　　　　　　　　　　脱黄单胞菌属(*Desulfuromonas*)

(2)能异化性还原硫酸盐的细菌。亚硫酸盐、硫代硫酸盐或其他氧化态硫化合物也可作为电子受体,异化性硫酸盐还原菌。

①细胞自生,以单个、成对或短链出现。

a. 细胞弧形、螺旋形、类似弧形或类似螺旋形,偶为直形。运动。乳酸不完全氧化为乙酸和 CO_2 为共同特点。某些菌株可以彻底氧化利用脂肪酸。

　　　　　　　　　　　　　　　　　　　　　脱硫弧菌属(*Desulfovibrio*)

b. 细胞杆形、直形。运动。不形成内生芽孢。丙酮酸被不完全氧化为乙酸和 CO_2。

脱硫单胞菌属（*Desulfuromonas*）

c. 细胞在所有条件下为球形。能彻底氧化脂肪酸或苯甲酸。

脱硫球菌属（*Desulfococcus*）

d. 细胞椭圆形到两端圆形的杆形，有时呈现拟球形。乙酸被彻底氧化为 CO_2。在含盐或海水培养基中生长优先出现。

脱硫杆菌属（*Desulfobacter*）

e. 细胞椭圆形，长而呈具尖末端的柠檬或洋葱状。不完全氧化丙酸或乳酸为乙酸和 CO_2。

脱硫洋葱状均属（*Desulfobulbus*）

f. 细胞杆状，直或弯曲。细胞末端可能为尖点形。所有种都能形成孢子。

脱硫肠状菌属（*Desulfotomaculum*）

②细胞不规则排列于类似八叠球菌囊或歪曲畸形出现。可以拟球菌或椭圆形单个细胞出现。偶有运动。可完全氧化脂肪酸或苯甲酸。

脱硫八叠球菌属（*Desulfosareina*）

③细胞排列成依次顺序的多细胞弹性丝状体，滑行运动，彻底氧化脂肪酸。

脱硫螺旋体属（*Desulfonema*）

2.5.2 硫酸盐还原菌的生长条件

物理因素中，硫酸盐还原菌对含氧空气最为敏感。在任何培养体系中加入空气都会抑制硫酸盐还原菌的生长，甚至完全杀死正在生长的细胞。营养细胞对热也极其敏感，50 ℃以上的温度几分钟之内就可将中温性脱硫弧菌全部杀死，脱硫肠状菌的营养细胞对热也极为敏感，但其芽孢的抗热性很强，在 98 ~ 100 ℃能耐受 10 ~ 30 min 左右。紫外线对硫酸盐还原菌同样具有杀害作用，可变脱硫八叠球菌对于可见光亦十分敏感，在散射光下可完全被抑制，必须在黑暗条件下培养。

1. 生长温度

目前得到的硫酸盐还原菌多为中温性的，一般在 30 ℃左右。例如，脱硫肠状菌的生长温度为 37 ℃左右，中温性脱硫弧菌的生长上限温度在 45 ~ 48 ℃。嗜热性硫酸盐还原菌分离到的较少，脱硫弧菌中仅嗜热脱硫弧菌（*D. thermoacetodidans*），最适生长温度为 58 ~ 60 ℃，45 ℃和 70 ℃时的生长状况都较微弱。

2. 生长的平 pH 值

硫酸盐还原菌生长的最适宜 pH 值一般在中性偏碱的范围。培养基制备时一般灭菌前调制到 7.0 ~ 7.6。

3. 生长的 Eh

硫酸盐还原菌是严格厌氧菌，只有 Eh 在 – 100 mV 以下时才开始生长，因此培养基中必须加入还原剂。通常情况下，乳酸盐加硫酸盐的培养基在氮气流环境下煮沸，其氧化还原电位在 + 200 mV 左右，加入 5 mmol/L Na_2S 还原剂后，氧化还原电位可降至 – 200 mV 以下，在培养基中加入刃天青作氧化还原电位指示剂，如果刃天青由紫色变为无色，则培养基满足硫酸盐还原菌的厌氧生长要求。

4. 生长因子

硫酸盐还原菌的生长需要维生素作为生长因子,因此在培养基中加入酵母浸提物可使硫酸盐还原菌较好地生长。对硫酸盐还原菌来说,生物素、叶酸、盐酸硫胺等具有较好的维生素促进作用,氨基苯甲酸、核黄素等的促进作用较小。

5. 生长抑制剂

硫酸盐还原菌的化学抑制因子包括苯酚类、抗生素和金属离子等。当有 H_2S 形成时,金属离子如 Hg^{2+}、Cu^{2+}、Cd^{2+} 等会与 H_2S 形成硫化物沉淀而解除对硫酸盐还原菌的毒害;但当没有 H_2S 形成时,这些金属离子的毒性明显。硒酸盐与硫酸盐竞争质子和电子,影响硫酸盐的还原。钼离子可以耗尽硫酸盐还原菌体内的 ATP 库,影响硫酸盐还原菌的生存。实验中常用钼酸盐来抑制硫酸盐还原菌生长。

2.6　细菌种群间关系

在好氧条件下,只需要一种微生物就可以将复杂的有机物彻底氧化为二氧化碳。但是在厌氧条件下,由于缺乏外源电子受体,这个过程就只能依靠各种微生物的内源电子受体进行有机物降解。厌氧消化是一种多种群多层次的混合发酵过程,在这个复杂的生态系统中,各种微生物不可避免地存在着相互依存和制约的生态关系。因此,如果一种微生物的发酵产物或者脱下的氢不能被另一种微生物利用,那么它的代谢作用就无法继续进行。如酒精发酵、乳酸发酵的过程,都是在厌氧调价下由微生物进行的有机物降解,微生物将乙醛和丙酮酸作为自身的内源性电子受体,结果导致酒精和乳酸积累。当酒精和乳酸积累到一定程度之后,发酵微生物本身就受到了自身代谢产物的抑制,这时,有机物的降解作用就被迫中止。

厌氧降解有机物的纵向链条上生活着三大类群的细菌:发酵细菌群、产乙酸细菌群和产甲烷细菌群。除此之外,还有一类能将产甲烷菌的一组基质(氢气和二氧化碳)横向转化为另一种基质(乙酸)的同型产乙酸菌。无论是在自然界还是在消化器内,排在有机物厌氧降解食物链最末端的都是产甲烷菌,它们能利用的基质很有限,只有少数的几种 C_1、C_2 二化合物,所以只能在满足了产甲烷菌对简单化合物的要求后,它们才能继续对有机物进行分解,所以将复杂大分子有机物分解为简单化合物的工作就交给了体系中的不产甲烷菌。因为发酵菌群、产乙酸菌群都可以给产甲烷菌群提供有机酸基质,其成分主要为有机酸、氢气和二氧化碳,因此这两类菌群又被称为产酸细菌。它们的发酵作用过程被统称为产酸阶段。那么,厌氧消化系统中各大类菌群之间的关系,包括相互依存关系、相互制约关系就表现为产酸细菌与产甲烷细菌之间的关系。如果没有产甲烷菌分解有机酸来生成甲烷,那么系统必将因为有机酸的不断积累使得发酵环境酸化。

人们虽然还无法精确掌握菌群之间的相互作用,但在可以做到在宏观上把握这一生态系统的主要方面。根据产甲烷菌与产酸菌的生理代谢机理和生活条件的不同,Ghosh 等人于 1976 年提出了两相厌氧消化法,将产酸阶段与产甲烷阶段分别在各自的反应相内分离进行,从而达到了更高的厌氧消化效率。不过从产酸细菌和产甲烷细菌的生态关系的紧密程度来看,完全分离两种细菌并不只是有利无弊的。

(1) 产酸细菌把各种复杂有机物进行降解,利用各种复杂有机物(例如,碳水化合物、脂肪、蛋白质等)生成游离氢、二氧化碳、氨、乙酸、甲酸、丙酸、丁酸、甲醇、乙醇等产物,使其成为产甲烷菌赖以生存的有机物和无机基质,其中丙酸、丁酸、乙醇等又可被产氢产乙酸菌转化为氢、二氧化碳和乙酸等,为产甲烷菌提供合成细胞物质和产甲烷所需的碳前体和电子供体、氢供体和氮源。产甲烷菌则依赖产酸细菌所提供的食物生存。

(2)产甲烷菌为严格的厌氧微生物,只能生活在无氧的环境下,少量的氧气就可将系统中的严格厌氧微生物在短时间内杀死,但是它们并不是被气态的氧杀死,而是不能解除某些氧代谢产物而导致死亡。在氧还原成水的过程中,会形成某些有毒的中间产物,如过氧化氢、超氧阴离子和羟自由基等。好氧微生物自身的酶可以降解这些物质,如过氧化氢酶、过氧化物酶、超氧化歧化酶等,但是严格厌氧微生物却没有这些酶。通常,专性好氧微生物都含有超氧化物歧化酶和过氧化氢酶,某些兼性好氧微生物和耐氧厌氧微生物只含有超氧化物歧化酶,缺乏过氧化氢酶。

在一个厌氧消化器启动初期,由于废水和接种物中都带有溶解氧,消化器中也不可避免地有空气存在,这时的氧化还原电位一定不利于产甲烷菌的生长。系统氧化还原电位的降低依赖于不产甲烷菌的好氧微生物和兼性厌氧微生物的活动,好氧及兼性厌氧微生物在开始的阶段都会以氧为最终电子受体,降低环境中的氧化还原电位。同时它们以及厌氧微生物自身的代谢过程还会产生有机酸类和醇类等还原性物质。各种厌氧微生物对氧化还原电位的不同要求,使它们可以依次交替地生长和代谢,使消化器内的氧化还原电位不断下降,逐步为产甲烷菌创造适宜的生长条件。

在实验室里的人工单独培养产甲烷菌对无氧条件要求十分严格,在自然界中产甲烷菌的存在范围则相当广泛,因为即使在通气良好的曝气池中或自然界的水域中,氧化还原电位也并非均匀的。例如,细菌聚集成团的环境下,内部可能产生局域厌氧环境,所以好氧活性污泥中也一样可以检测到产甲烷菌活性的存在,实验室中也大多利用好氧活性污泥作为启动厌氧消化器的种泥,并都取得了成功。这些都说明不产甲烷菌的活动会消耗自然环境中丰富的氧气,从而为严格厌氧微生物产甲烷菌创造适宜生存的厌氧条件。

(3)工业废水中可能含有酚类、苯甲酸、抗菌素、氰化物、重金属等有害于产甲烷菌的物质。产酸菌中的许多种类能裂解苯环,并从中获得能量和碳源,有些能以氰化物为碳源。这些作用不仅解除了有害物质对产甲烷菌的毒害,而且给产甲烷菌提供了养分。此外,产酸细菌代谢所产生的硫化氢能够与重金属离子作用生成不溶性金属硫化物沉淀,从而解除一些重金属对产甲烷菌的毒害作用。

(4)在厌氧条件下,由于外源电子受体的缺乏,产酸细菌只能将各种有机物发酵生成氢气、二氧化碳及有机酸、醇等各种代谢产物,这些代谢产物的累积所带来的反馈作用会抑制产酸细菌的生长。而作为厌氧消化食物链末端的产甲烷菌,能够将产酸细菌的代谢产物加以清除,促进产酸细菌的生长。产甲烷菌生存于厌氧环境中依靠不产甲烷菌的代谢终产物生成甲烷,因为没有相应的菌类与其竞争,使得它们可以长期生存下来。除了几种简单的有机酸、有机醇以外,废水中的有机物种类对产甲烷菌的直接影响意义不大,只有在经过产酸菌发酵分解之后才能生成可以被产甲烷菌利用的物质,从而使厌氧消化对各种有机物有广泛的适应性,这也是甲烷发酵广泛存在于自然界的原因之一。

(5)产甲烷菌对厌氧环境中有机物的降解起着质子调节、电子调节和营养调节三种生物调节功能,见表2.10。产甲烷菌乙酸代谢的质子调节作用可去除有毒的质子,并使厌氧环境不致酸化,将环境控制在适于厌氧消化食物链中的各种微生物生活的 pH 值范围内。产甲烷菌的氢代谢电子调节作用为产氢产乙酸菌代谢醇、脂肪酸、芳香化合物等多碳化合物创造适宜条件,并提高水解菌对基质的利用率。某些产甲烷菌还能合成和分泌一些生长因子,促进其他生物生长,起着营养调节的作用。

表 2.10　厌氧消化过程中产甲烷菌的调节作用

调节作用	代谢反应	调节意义
质子调节	$CH_3COO^- \longrightarrow CH_4 + CO_2$	①去除有毒代谢产物 ②维持 pH 值
电子调节	$4H_2 + CO_2 \longrightarrow CH_4 + 2H_2O$	①为某些代谢物的代谢创造条件 ②防止某些有毒代谢物的积累 ③增加代谢速度
营养调节	分泌生长	刺激异养型细菌的生长

第3章 有机污染物的厌氧生物转化

废水中存在大量的有机污染物质,我们在进行生物处理的过程当中,这些污染物会发生厌氧生物转化,有机物经大量的微生物共同作用,最终被转化为甲烷、二氧化碳、水及少量氨和硫化氢。

厌氧生物转化过程存在于沼泽、湖泊、海洋沉积物和瘤胃动物的胃液等自然生态系统中,在非自然生态系统中,例如堆肥、废水生物处理系统和污泥消化系统中,人们利用了这种厌氧过程产生甲烷的功能,另外,通过这样一个过程,人们能够防止大量有机物在环境中的有害积累。

3.1 有机污染物厌氧生物转化的基本原理

有机物污染物是我国水体的主要污染源。有机物进入水体会消耗一定数量的溶解氧,导致生态平衡遭到破坏。有机物在水中的浓度通常以生化需氧量 BOD(或称 5 日化学需氧量,水中有机物由于微生物的生化作用进行氧化分解,使之无机化或气体化时所消耗水中溶解氧的总数量表示水中有机物等需氧污染物质含量的一个综合指示)和化学需氧量 COD (利用化学氧化剂将水中可氧化物质氧化分解,然后根据残留的氧化剂的量计算出氧的消耗量)来表示。以微生物作用为主的生物处理法是废水处理中最基本最普遍的方法。废水生物处理的实质是将含污染物的废水作为培养基,在适当条件下对混合的微生物种群进行连续培养,通过微生物作用对有机物降解,转化为对环境无害的物质。

有机物在好氧条件和厌氧条件下的分解过程和分解产物是不同的,在好氧条件下,好氧微生物通过好氧呼吸作用分解有机物质;厌氧条件下厌氧菌通过无氧呼吸或发酵作用分解有机物质。

废水厌氧处理过程中,有机物经大量微生物的共同作用,最终被转化为甲烷、二氧化碳、水及少量硫化氢和氨。

3.1.1 有机污染物的种类及其污染指标

污水中所含的有机污染物千差万别,主要来源于两个方面:一是外界向水体中排放的有机物;二是生长在水体中的生物群体产生的有机物以及水体底泥释放的有机物。前者包括地面径流和浅层地下水从土壤中渗沥出的有机物,主要是腐植质、杀虫剂、农药、化肥及城市污水和工业废水向水体排放的有机物、大气降水携带的有机物、水面养殖投加的有机物以及各种事故排放的有机物等。后者一般情况下在总的有机物中所占的比例很小,但是对于富营养化水体,如湖泊、水库,则是不可忽略的因素。

水中的有机物大致可分为两类:一类是天然有机物,包括腐殖质、微生物分泌物、溶解的植物组织和动物的废弃物;另一类是人工合成的有机物,包括农药、商业用途的合成物及一些工业废弃物。可根据有机污染物的毒性、生物降解的可能性以及在水体中出现的概率等因素,从 7 万种有机物化合物中筛选出 65 类 129 种优先控制的污染物,其中有机化合物占总数 88.4%,包括 21 种杀虫剂、11 种酚、26 种卤代脂肪烃、8 种多氯联苯、7 种亚硝酸及其他化合物。

天然有机物主要是指动植物在自然循环过程中经腐烂分解所产生的物质,也称为传统有机物。其中腐殖质占总量的 60 ~ 90%,其特性是亲水的、酸性的多分散物质,是饮用水处理中的主要去除对象。天然有机物一般由 10% 的腐殖酸、40% 的富里酸和 30% 的亲水酸等组成,3 种组分在结构上相似,但在相对分子质量和官能团含量上有较大的差别。

腐殖质是天然水体中有机物的重要组成部分,由多种化合物组成,它约占水中 DOC 的 40% ~ 60%,是地表水的成色物质。作为自然胶体具有大量官能团或吸附位,对金属离子的螯和能力很强,而且在氧化剂作用下可被氧化分解。另外,由于矿物质对它的吸附作用,往往形成无机 – 有机复合体,可以与环境中存在的各类污染物发生作用。腐殖质在天然水体中表现为带负电的大分子有机物,本身对人体无害,但由于其表面含有多种官能团,能够与水中重金属离子、杀虫剂等多种成分进行络合,从而增加了水中微污染有机物的溶解度和迁徙能力,影响水处理效果。另一方面,腐殖质有机物被认为是消毒副产物的主要前体物,是导致饮用水致突变活性增加的因素。

人工合成有机物大多为有毒有害有机污染物,具有以下特点:难降解,在环境中有一定的残留水平,具有生物富集、毒性和三致(致畸、致突变、致癌)作用。该类有机物一般难以被水中微生物降解,但却易被生物吸收。通过生物的食物链过程,逐渐富集到生物体内,从而对人体健康构成危害。

水中有机物的大量增加,这些有机物进入水体后将增加水质净化的难度,并对人体健康有较大的危害,其中的问题主要表现为以下方面:

(1)现有的常规处理工艺对水源水中有机物(TOC)的去除率一般为 20% ~ 50%,对氯氨的去除为 10% 左右,出水中有机物含量仍然较高,且其中含有毒有害物质,加氨使水中致突变物质含量增加,对人体健康造成危害。腐殖酸类物质是最重要的三卤甲烷前驱物质,特别是有机物中腐殖酸部分虽然只占溶解态有机物的一半左右,但其对氯仿的贡献却在 50% 以上。据世界卫生组织调查结果,80% 的人类疾病与水有关,在发展中国家,每年因缺乏清洁饮水而造成的死亡人数近 1 240 万。

(2)出水中有机物的增加为配水管网中的细菌提供了生长所需要的营养物质,使管壁上形成生物黏膜,水中细菌总量增加,腐蚀管道,使铁和重金属离子溶于水中,并增加输水能耗。

根据有机污染物种类的不同,可利用不同污染指标方法测试水体污染程度,其综合指标包括 BOD_5、COD、TOD、TOC、UVA 等。

BOD_5 是一种用微生物代谢作用所消耗的溶解氧量来间接表示水体被 BOD 检测仪器有机物污染程度的一个重要指标。微生物对有机物的降解与温度有关,有机物降解最适宜的温度为 15 ~ 30 ℃,在测定生化需氧量时通常以 20 ℃ 作为测定时的标准温度。20 ℃ 时在 BOD 的测定条件下,一般情况下有机物 20 d 能够基本完成在第一阶段的氧化分解过程。也就是说,测定第一阶段的生化需氧量需要 20 d 完成,在实际工作当中,这是难以做到的。为此规定了一个标准时间,以 5 d 作为测定 BOD 的标准时间,因而称之为 5 d 生化需氧量,以 BOD_5 表示。

COD 表示化学需氧量又称化学耗氧量,是利用化学氧化剂将水中可氧化物质(如有机物、亚铁盐、亚硝酸盐、硫化物等)氧化分解,然后根据残留的氧化剂的量计算出氧的消耗量。它和生化需氧量(BOD)一样,是表示水质污染度的一项重要指标。COD 的单位为 mg/L,其值越小,说明水质污染程度越轻。化学需氧量(COD)的测定,随着测定水样中还原性物质以及测定方法的不同,其测定值也有不同。目前应用最普遍的是酸性高锰酸钾氧化法与重铬酸钾氧化法。

TOD 即总需氧量,是指水中能被氧化的物质,主要是有机物质在燃烧中变成稳定的氧化物时所需要的氧量,结果以 O_2 的 mg/L 表示。TOD 值可以反映几乎全部有机物质经燃烧后变成 CO_2、H_2O、NO 等所需氧量。它比 BOD、COD 更接近于理论需氧量值。其测定原理是将一定量水样注入装有铂催化剂的石英燃烧管,通入含已知氧浓度的载气(氮气)作为原料气,则水样中的还原性物质在 900 ℃下被瞬间燃烧氧化。测定燃烧前后原料气中氧浓度的减少量,便可求得水样的总需氧量值。

TOC 即水体中总有机碳含量。它是以碳含量表示水体中有机物质总量的综合指标。TOC 的测定一般采用燃烧法,此法能将水样中有机物全部氧化,能够直接表示有机物的总量。因而它被作为评价水体中有机物污染程度的一项重要参考指标。

由于废水中的芳香族有机化合物和一些具有不饱和双键的化合物对于紫外光有强烈的吸收作用,利用这一特性可应用 UVA 紫外线吸收法测定某些特定废水中的有机物浓度。目前该法测定有机物仍然有着很大的局限性,如对蔗糖、麦芽糖、葡萄糖、淀粉、饱和低级脂肪酸、醇、氨基酸等化合物很少有吸收,或者没有吸收。

当前水中有机污染物综合指标分析仍普遍采用 BODS 或 COD 方法,为了用 TOC、TOD 代替 BOD 或 COD,科技工作者正在研究这些参数之间的相关性,寻找克服无机物对测定干扰的影响。这些问题一旦得到解决,这两种方法在监测技术中将可能得到更大的发展。

3.1.2 有机污染物的生物转化机制

有机物的污染迄今为止仍是我国水体的主要污染源。废水生物处理的实质是以含污染物的废水为培养基,在适当条件下对混合的微生物种群进行连续培养,通过微生物作用对有机物降解,转化为对环境无害的物质。转化途径主要分为有氧条件和厌氧条件:好氧微生物通过好氧呼吸作用将有机物分解,厌氧条件下厌氧菌通过无氧呼吸或发酵作用分解有机物。

氯代芳香烃、多环芳烃、硝基芳烃、农药等,大多为异生物合成物,就氯代芳香烃而言,它们广泛用作溶剂、还原剂、防腐杀菌剂、除草剂以及化工、医药、农药生产原料与中间体,可通过多种途径如生产废水排放、废物填埋与焚烧、事故性泄漏等进入环境,同时也是许多异生物合成物如农药等在环境中迁移转化的产物,对环境的污染具有广泛性与普遍性,且对人类健康构成严重威胁。

以下主要以氯代芳香族污染物为例,介绍有机污染物微生物转化与降解的途径与机制。

3.1.3　好氧和厌氧生物转化

有机物在好氧条件和厌氧条件下的分解过程和产物不同,在好氧条件下,好氧微生物通过好氧呼吸作用将有机物分解,厌氧条件下厌氧菌通过无氧呼吸或发酵作用分解有机物。

1. 好氧生物降解转化

我们简单介绍几种好氧生物转化机制,首先以氯代芳香族污染物为例,氯的脱除是氯代芳香族有机物生物降解的关键过程,好氧微生物可通过双加氧酶/加氧酶作用使苯环羟基化,形成氯代儿茶酚,进行邻位、间位开环、脱氯,也可在水解酶作用下先脱氯后开环,最终矿化。不同好氧微生物脱氯降解的生化机制不同,赋予降解途径的多样化,但大多以氯代儿茶酚1,2双加氧酶催化的邻位裂解途径为主。以3-氯苯甲酸和4-氯苯甲酸的脱氯途径为例,降解反应如图3.1所示。

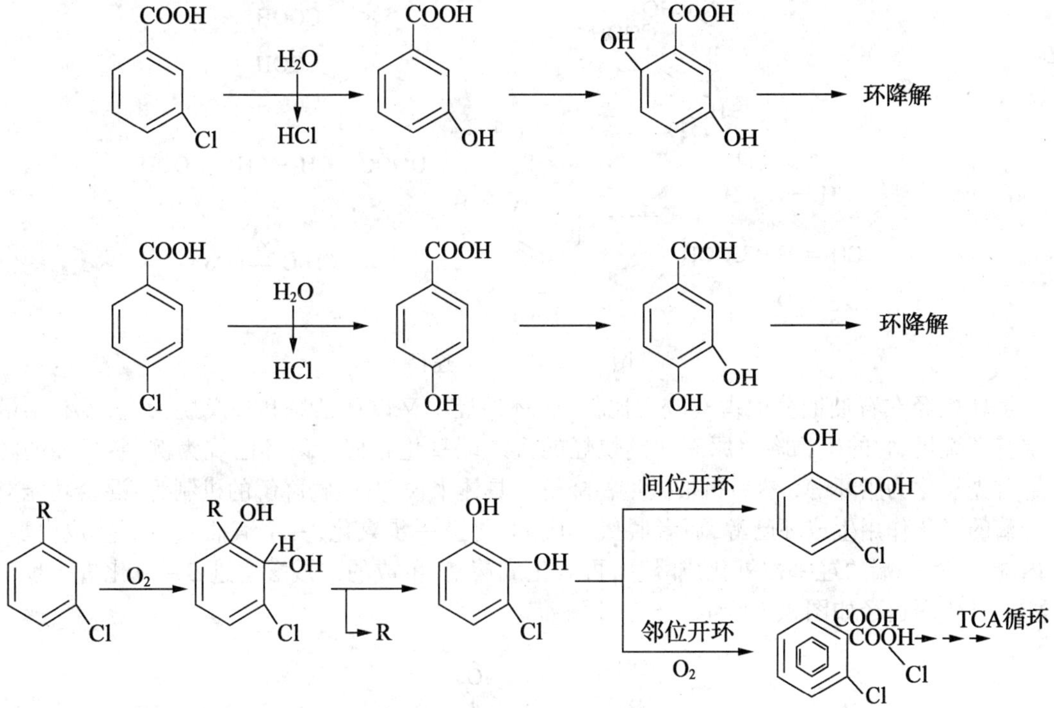

图3.1　3-氯苯甲酸和4-氯苯甲酸的降解反应

针对氯代芳香族降解,近几年研究发现在所分离的污染物降解菌中,有一些具有新功能的好氧降解菌,Marsetal 发现 Pseudomonas putida GJ31 存在特异的氯代儿茶酚2,3-双加氧酶,通过间位裂解途径降解氯苯,使3-氯代儿茶酚同时进行开环与脱氯,形成2-羟基黏康酸;而在此之前普遍认为修饰邻位裂解是氯代芳香族污染物降解的最佳途径,氯代儿茶酚不能通过间位裂解途径转化,原因是会产生一种不稳定、有毒的氯代酰基化合物;Oht-suboetal 在矿化五氯酚(PCP) 的 Sphin-gomonas chlorophenolica 菌株同样发现了通过间位裂解途径将2,6-二氯羟基醌转化为2-氯马来酸乙酸盐的双加氧酶。该菌株降解 PCP 的基因结构为 pcpEMACBDR,关键酶基因 pcpB、pcpC、pcpA 和 pcpE 在结构区位上分离,所编码酶代谢 PCP 相继形成3-羰基己二酸、pcpM、pcpR。后来研究发现 Sphingomonas chlorophenolium 降解 PCP 并非由 pcpB 基因编码的 PCP 4-单加氧酶直接转化为四氯对苯二酚，实际上先转化为四氯苯醌，而后被还原为四氯对苯二酚，该过程由 pcpD 基因编码的依赖与 NADPH 的还原酶催化完成。

芳香烃是重要的石油组分，是修复土壤污染应优先控制的污染物。我们再以苯为例，其代谢机理为芳香烃由加氧酶氧化为儿茶酚，二羟基化的芳香环再氧化，邻位或间位开环。邻位开环生成己二烯二酸，再氧化为 β - 酮己二酸，后者再氧化为三羧酸循环的中间产物琥珀酸和乙酰辅酶 A。间位开环生成 2 - 羟己二烯半醛酸，进一步代谢生成甲酸、乙醛和丙酮酸。其降解途径图 3.2 所示。

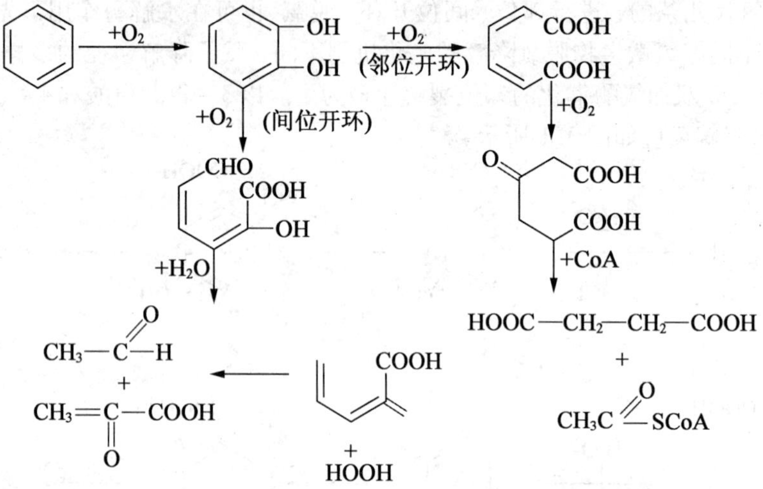

图 3.2 苯的降解途径

环烷烃在石油馏分中占有较大比例，在环烷烃中又以环己烷和环戊烷为主，没有末端烷基环烷烃，它的生物降解原理和链烷烃的次末端氧化相似。以环己烷为例，脂环烃的降解首先氧化为脂环醇，然后再被微生物降解。具体来说，其生物降解的机制为：混合功能氧化酶的羟化作用生成环己醇，后者脱氢生成酮，再进一步氧化，一个氧插入环而生成内酯，内酯开环，一端的羟基被氧化成醛基，再氧化成羧基，生成的二羧酸通过 β - 氧化进一步代谢。其代谢途径如图 3.3 所示。

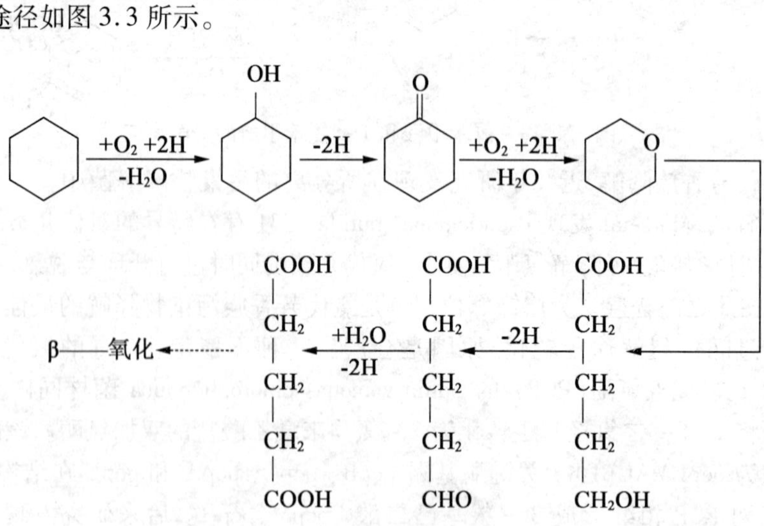

图 3.3 环烷烃降解途径

2. 厌氧生物转化

早在 1960 年就发现了脂肪烃的厌氧转化,有报道表明 Desulfovibrio desulfuricans 在以葡萄糖为其底物时可以降解甲烷、乙烷和正辛烷。

厌氧条件下饱和烷烃矿化为甲烷和 CO_2,如

$$8C_2H_6 + 6H_2O \longrightarrow 14CH_4 + 2HCO_3^- + 2H^+$$

在产甲烷的条件下乙烯的厌氧降解反应为

$$2C_2H_4 + 3H_2O \longrightarrow 3CH_4 + HCO_3^- + H^+$$

芳香化合物厌氧降解是通过混合培养发现的,研究者发现污泥混合培养物在缺氧条件下将苯甲酸、苯乙酸、苯丙酸和肉桂酸降解为 CH_4 和 CO_2。在产甲烷条件下,芳香化合物作为多种属微生物群体或菌落的底物,这些微生物进行一系列偶合反应将芳香化合物彻底降解为 CO_2。

氯代芳香族污染物厌氧生物降解是通过微生物还原脱氯作用,逐一脱氯形成低氯代中间产物或被矿化生成 CO_2 和 CH_4 的过程。近年国内成功培养获得厌氧脱氯降解 PCP 颗粒污泥,该颗粒污泥具有间位、邻位脱氯活性,可将 PCP 脱氯转化为 2,4,6 - TCP、2,4 - DCP、4 - CP。

以上是有关卤代芳香化合物的生物降解方面的研究,是有机污染物降解研究的一部分,不同的有机污染物其降解途径不同,同一有机物也会因参与降解的微生物不同而降解过程不同,由于各种废水的有机污染物的组成相当复杂,处理的菌种和工艺也多种多样,可以预见未来有关有机污染物生物转化与降解的研究,特别在分子生物学方面将是一个研究热点,也将取得更多的研究进展。

3.2　基本营养型有机物的厌氧生物降解途径

3.2.1　葡萄糖的厌氧降解途径

葡萄糖是糖在血液中的运输形式,在机体糖代谢中占据主要地位,葡萄糖的厌氧降解途径主要是糖酵解过程,即细胞在胞浆中分解葡萄糖生成丙酮酸的过程,此过程中伴有少量 ATP 生成,在缺氧条件下丙酮酸被还原为乳酸和乙醇。

糖酵解分为两个阶段:第一阶段经磷酸化、6 - 磷酸葡萄糖的异构反应、6 - 磷酸果糖的磷酸化、1,6 - 二磷酸果糖裂解反应、磷酸二羟丙酮的异构反应生成 2 分子 3 - 磷酸甘油醛;第二阶段经 3 - 磷酸甘油醛氧化反应、1,3 - 二磷酸甘油酸的高能磷酸键转移反应、3 - 磷酸甘油酸的变位反应、2 - 磷酸甘油酸的脱水反应、磷酸烯醇式丙酮酸的磷酸转移生成丙酮酸。

可将糖酵解为丙酮酸的途径分为 4 种,分别为 EMP 途径、HMP 途径、PK 途径和 ED 途径。

(1)EMP 途径又称为二磷酸己糖途径,EMP 途径是糖酵解途径中最基本的代谢途径。对转性厌氧微生物来讲,EMP 途径是产能的唯一途径,其中,由于葡萄糖所含的碳原子只有部分氧化,所以产能较少。其总反应式为

$$C_6H_{12}O_6 + 2NAD^+ + 2ADP + 2Pi \longrightarrow 2CH_3COCOOH + 2NADH + 2H^+ + 2ATP + 2H_2O$$

EMP 途径中,由 1,3 - 二磷酸甘油酸转变成 3 - 磷酸甘油酸以及由磷酸烯醇式丙酮酸转变成丙酮酸的反应通过底物水平磷酸化生成 ATP。

(2)HMP 途径为循环途径,又称为磷酸戊糖途径,HMP 途径主要是提供生物合成所需的大量还原力(NADPH + H⁺)和各种不同长度的碳架原料,EMP 途径还与光能和化能自养微生物的合成代谢密切联系,途径中的 5 - 磷酸核酮糖可以转化为 CO_2 受体 - 1,5 - 二磷酸核酮糖。HMP 途径可概括为以下 3 个阶段:

①葡萄糖分子通过几步氧化反应产生核酮糖 - 5 - 磷酸和 CO_2。

②核酮糖 - 5 - 磷酸发生同分异构化而分别产生核糖 - 5 - 磷酸和酮糖 - 5 - 磷酸。

③上面所讲的各种戊糖磷酸在没有氧参与的条件下发生碳架重排,产生了己糖磷酸和丙糖磷酸,接着丙糖磷酸可通过以下两种方式进一步代谢:通过 EMP 途径转化为丙酮酸再进入 TCA 循环进行彻底氧化;通过果糖二磷酸缩酶和果糖二磷酸酶的作用而转化为己糖磷酸。HMP 途径的总反应式为

$$6 - 磷酸葡萄糖 + 12NADP^+ + 6H_2O \longrightarrow 5\ 6 - 磷酸葡萄糖 + 12NADPH + 12H^+ + 12CO_2 + Pi$$

(3)PK 途径又称磷酸酮解酶途径,PK 途径可分为两种途径:磷酸戊糖酮解酶途径和磷酸己糖酮解酶途径,前者要以肠膜状明串珠菌利用磷酸戊糖酮解酶途径分解葡萄糖,后者主要是以双歧杆菌作为降解菌,利用磷酸己糖酮解酶途径分解葡萄糖,其总反应式为

$$C_6H_{12}O_6 + ADP + Pi + NAD^+ \longrightarrow$$
$$CH_3CHOHCOOH + CH_3CH_2OH + CO_2 + ATP + NADH + H^+$$

(4)ED 途径又称 2 - 酮 - 3 - 脱氧 - 6 - 磷酸葡萄糖裂解途径,由于 ED 途径产能较 EMP 途径少,所以只是缺乏完整 EMP 途径的少数细菌产能的一条替代途径。利用 ED 途径的微生物不多见,主要存在于一些发酵单胞菌中。

ED 途径的特点主要有:途径中的特征酶为 2 - 酮 - 3 - 脱氧 - 6 - 磷酸葡萄糖酸醛缩酶;途径中,一分子葡萄糖经过 4 步反应就生成 2 分子丙酮酸,一分子由 2 - 酮 - 3 - 脱氧 - 6 - 磷酸葡萄糖酸裂解直接产生,另一分子由 3 - 磷酸甘油醛经 EMP 途径转化而来;特征性反应是 2 - 酮 - 3 - 脱氧 - 6 - 磷酸葡萄糖裂解生成丙酮酸和 3 - 磷酸甘油醛;途径产能效率较低,1 mol 葡萄糖经 ED 途径分解只产生 1 mol 的 ATP。

ED 途径的总反应式为

$$C_6H_{12}O_6 + ADP + Pi + NADP^+ + NAD^+ \longrightarrow$$
$$2CH_3COCOOH + ATP + NADPH + H^+ + NADH + H^+$$

上述葡萄糖厌氧分解的 4 种途径中均有还原氧供体 - NADH + H⁺ 和 NADPH + H⁺ 的氢产生,在实验当中应注意及时氧化再生,这样葡萄糖分解产能才不会中断。另外在途径中的丙酮酸在厌氧条件下可以被厌氧微生物形成多种代谢产物,反应中的中间产物由于不能进一步氧化成 CO_2 和水,就会在环境中积累。这种生物学过程就是发酵。最后在不同条件下,丙酮酸会有不同的去路,在有氧的条件下,丙酮酸进入线粒体变成乙酰 CoA 参加三羧酸循环,最后氧化成 CO_2 和 H_2O;在氧供应不足时,从糖酵解途径生成的丙酮酸转变为乳酸。在这个过程当中丙酮酸经乳酸脱氢酶催化作用转变成乳酸;在酵母菌或者其他微生物的作用下,丙酮酸经脱羧酶催化(TPP 辅酶)脱羧成乙醛后醇脱氢酶催化下由 NADH 还原形成乙醇。缺氧条件下的丙酮酸反应及糖酵解总反应图如图 3.4、图 3.5 所示。

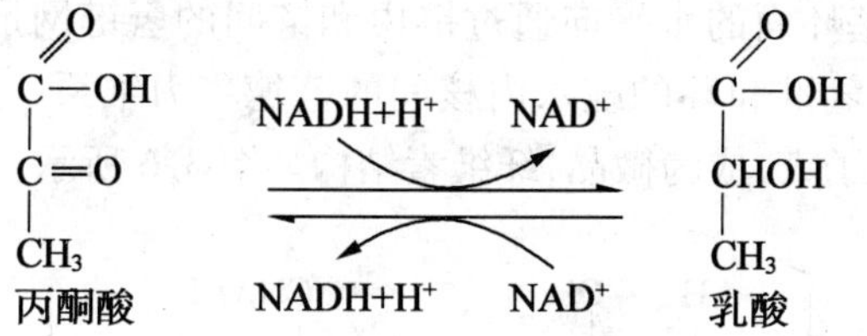

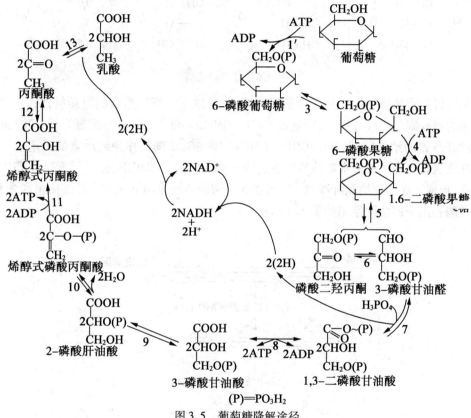

图 3.4　丙酮酸还原成乳酸

图 3.5　葡萄糖降解途径

葡萄糖酵解途径的总反应式为

葡萄糖 $+ 2Pi + 2ADP + 2NAD^+ \longrightarrow 2$ 丙酮酸 $+ 2ATP + 2NADH + 2H^+ + 2H_2O$

无氧情况下糖酵解的反应式为

葡萄糖 $+ 2Pi + 2ADP \longrightarrow 2$ 乳酸 $+ 2ATP + 2H_2O$

3.2.2　纤维素的厌氧降解途径

纤维素是地球上最丰富的多糖化合物,广泛存在于如树干等植物中,大部分纤维素以焚烧的形式被处理掉,这不仅造成大量资源的浪费还造成环境污染,因此将纤维素水解为小分子单糖,单糖再通过微生物发酵产生各种有用的产品显得尤为重要。目前,对纤维素的糖化过程研究较多的是而用纤维素酶来水解纤维素。

纤维素是线性葡聚糖,残基间通过 β - (1,4)糖苷键连接的纤维二糖可以看作是它的二糖单位。纤维素链中每个残基相对于前一个残基翻转 $180°$,使链采取完全伸展的构象。相邻、平行的伸展链在残基环面的水平向通过链内和链间的氢键网形成片层结构,片层之间即环面的垂直向靠其余氢键和环的疏水内核间的范德华力维系。这样若干条链聚集成紧密的有周期性晶格的分子束,成为微晶,纤维素结构如图3.6所示。

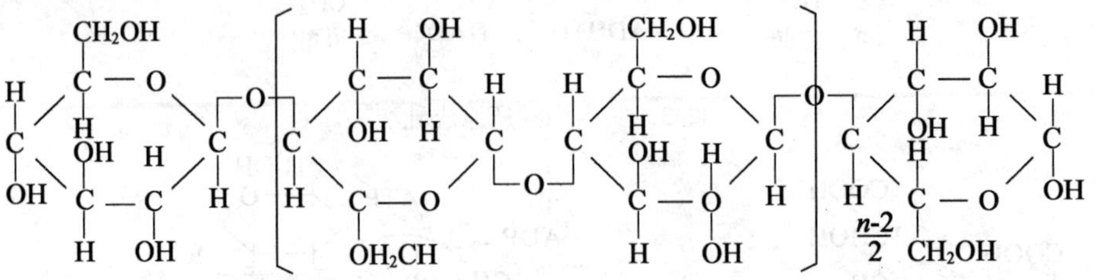

图3.6　纤维素结构

天然纤维素酶解过程可分3个阶段:首先是纤维素对纤维素酶的可接触性;其次是纤维素酶的被吸附与扩散过程;最后是由CBH – CMCase和βGase自组织复合体(C1)协同作用降解纤维素的结晶区,同时由CBH – CMCase和βGase随机作用纤维素的无定形区。即天然纤维素首先在一种非水解性质的解链因子或解氢键酶作用下,使纤维素链间和链内氢键打开,形成无序的非结晶纤维素,然后在3种酶的协同作用下水解为纤维糊精和葡萄糖,纤维素酶各组分的协同作用如图3.7所示。

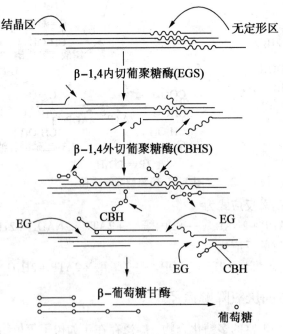

图3.7　纤维素酶各组分的协同作用

在纤维素降解过程中的降解酶主要有细菌细胞表面的纤维素体,还有纤维素酶。

1. 细菌细胞表面纤维素体

纤维分解菌如何能使纤维素酶作用于纤维素关系纤维素的降解速率。Dykstra和Wiegeland观察到滤纸纤维在由于分解菌细胞分泌的一种化合物而变成黄色时,滤纸纤维被大量纤维分解菌黏附的情况,利用其他纤维素或者从土壤、污泥样的富集培养物都可观察到这种情况。之后 Lamed 等发现在热纤梭菌的表面存在着分散而不连续的细胞表面细胞器——纤维体,这种纤维体中存在着一种高相对分子质量的且连接纤维素的含有多个纤维素酶的蛋白质复合物,在水解纤维素前,细菌细胞首先通过这种纤维素体去强烈黏附在纤维素上。之后发现这种纤维素体具有纤维素水解活性,由 14 个多肽亚单位组成,其中许多纤维素酶形态各异,相互协同水解纤维素复杂的分子结构。后来 Bayer 等又发现了热纤梭菌细胞表面的聚纤维素突起,其他研究者还在瘤胃纤维分解菌表面观察到球状体、泡囊状结构和管状附属物,这些不同结构与水解直接有关。

2. 纤维素酶

纤维素酶是一种由多酶组成的酶系复合物,不同种的纤维素分解菌具有不同成分的酶系,且不同来源的同一酶成分对纤维素的降解能力也不一样,降解过程中的水解过程是这些酶协同作用的结果,这些酶包括热纤梭菌的内切葡萄糖苷酶、外切葡萄糖苷酶、纤维二糖酶和 β - 葡萄糖苷酶。

裂解纤维乙酸弧菌的纤维素酶系包含 3 个胞外纤维素水解酶,分别为外葡聚糖酶和内葡聚糖酶,其产生过程可由纤维素、纤维二塘和水杨苷诱导。同样的还有瘤胃球菌的纤维素水解酶系,其活性受到二糖的影响。

纤维素酶由细菌合成后一般分泌到细胞外,以有力状态存在或以纤维素黏结的方式存在。结晶纤维素对内葡聚糖酶有较高的抗性,其降解由外葡聚糖酶作用于高度排列的纤维素分子,使其逐步降解成可被内葡聚糖酶作用的片段。天然纤维素的降解需要外葡聚糖酶和内葡聚糖酶的联合作用。

3.2.3　淀粉的降解途径

淀粉的降解有两种途径:水解途径和磷酸解途径。淀粉水解时每切断一个糖苷键吸收一分子水,主要的水解酶有 α - 淀粉酶和 β - 淀粉酶。淀粉磷酸解作用使磷酸根和产物葡萄糖结合在一起产生磷酸葡萄糖,主要的酶为淀粉磷酸化酶。

α - 淀粉酶又叫淀粉内切酶或液化酶,能随机催化水解直链和支链淀粉上的 α - 1,4 - 糖苷键,产生的低聚糖进一步由 α - 淀粉酶水解,直至产生葡萄糖和麦芽糖。植物中 α - 淀粉酶具有许多同工酶。α - 淀粉酶不能水解支链淀粉分支上的 α - 1,6 - 糖苷键。因此, α - 淀粉酶水解支链淀粉的结果会产生葡萄糖、麦芽糖和带分支链的极限糊精,脱支酶可以水解极限糊精上的 α - 1,6 - 糖苷键产生低聚葡萄糖,后者再由 α - 淀粉酶进一步水解产生葡萄糖和麦芽糖。

β - 淀粉酶又称淀粉外切酶或糖化酶。该酶可以催化水解淀粉链上的 α - 1,4 - 糖苷键,但只能从淀粉链上的非还原端逐个麦芽糖进行水解。β - 淀粉酶不能水解支链 α - 1, 6 - 糖苷键,因此在水解支链淀粉时有分子较大的极限糊精和麦芽糖存在。

能产生 β - 淀粉酶的细菌和真菌都不少,细菌有多黏芽孢杆菌,它可作用直链和支链淀粉,也可作用极限糊精,产物为 β - 麦芽糖和小分子糊精;真菌主要有根霉、黑曲霉、米曲霉等,都可产生大量 β - 淀粉酶。

麦芽糖的还原碳是 β - 构型,而 α - 淀粉酶产生的麦芽糖是 α - 构型的,所以才有 α - 淀粉酶和 β - 淀粉酶之分。由 α - 淀粉酶和 β - 淀粉酶产生的麦芽糖,经 α - 葡萄糖苷酶水解产生两个分子的葡萄糖,α-淀粉酶和β-淀粉酶对支链淀粉的作用如图3.8所示。

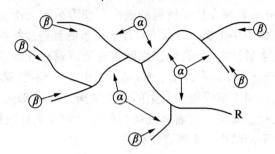

ⓐ—α-淀粉酶; ⓑ—β-淀粉酶; R—还原性末端

图3.8 α-淀粉酶和β-淀粉酶对支链淀粉的作用

除了α-淀粉酶和β-淀粉酶,有关水解途径的淀粉酶还有葡萄糖淀粉酶和极限糊精酶,葡萄糖淀粉酶是从淀粉分子的非还原端每次切割一个葡萄糖分子,但对α-1,6键作用缓慢,葡萄糖淀粉酶可由黑曲霉和米曲霉产生;极限糊精酶可专门分解α-1,6键,切下支链淀粉的侧枝,极限糊精酶同样可由黑曲霉和米曲霉产生。

淀粉磷酸化酶在直链或支链淀粉的非还原端开始逐个切割淀粉链上的α-1,4-糖苷键,产生葡萄糖-1-磷酸。直链淀粉可以被淀粉磷酸化酶完全水解,而支链淀粉则剩下带分支的极限糊精,这些极限糊精进一步由脱支酶和α-葡萄糖苷酶水解成葡萄糖。值得注意的是,淀粉磷酸化酶既可以催化淀粉的降解,又可催化淀粉的合成。不过,在植物淀粉粒内,淀粉磷酸化酶的主要功能是催化淀粉的降解。

淀粉磷酸化酶和α-淀粉酶广泛存在于植物中。很难判断α-淀粉酚和β-淀粉酶中哪一种酶在淀粉降解中更重要。不过,理论认为非水溶性的淀粉粒只有经过α-淀粉酶的初步水解后,β-淀粉酶和淀粉磷酸化酶才能起作用。

在禾谷类种子萌发后淀粉的降解主要由α-淀粉酚和β-淀粉酶进行水解,而淀粉磷酸化酶的作用不大。在其他种类植物种子以及所有植物的叶片和其他组织中,淀粉的降解可能由几种酶协同作用。例如,叶绿体中淀粉的降解可能存在下列步骤:①淀粉粒被水解成可溶性的葡聚糖;②α可溶性葡聚糖在淀粉磷酸化酶和脱支酶的作用下产生葡萄糖-1-磷酸;③β可溶性葡聚糖继续水解;④磷酸己糖和葡萄糖进一步转化为丙糖磷酸(磷酸二羟丙酮和甘油醛-3-磷酸);⑤丙糖磷酸由磷酸载体转运到细胞质中,到达细胞质中的磷酸丙糖再组装成磷酸六碳糖或直接进入糖酵解途径。

3.2.4 果胶的厌氧降解途径

果胶是一组聚半乳糖醛酸。在适宜条件下其溶液能形成凝胶和部分发生甲氧基化,其主要成分是部分甲酯化的α(1,4)-D-聚半乳糖醛酸。它通常为白色至淡黄色粉末,具有水溶性,工业上即可分离,其相对分子质量约为5万~30万,存在于相邻细胞壁间的胞间层中,起着将细胞黏在一起的作用。

在含有果胶的有机残体物质中,果胶的降解途径首先由果胶降解菌分泌原果胶酶,将有机物质中的原果胶水解成可溶性果胶,使有机残体细胞离析,之后可溶性果胶经果胶甲

基酯酶水解成果胶酸,果胶酸再由多缩半乳糖酶水解成半乳糖醛酸,具体过程为

$$原果胶 + H_2O \longrightarrow 可溶性果胶 + 多缩戊糖$$

$$可溶性果胶 + H_2O \longrightarrow 果胶酸 + 甲醇$$

$$果胶酸 + H_2O \longrightarrow 半乳糖醛酸$$

降解果胶的细菌具有较高的果胶甲基酯酶活性,果胶降解菌发酵果胶和其他基质时产物不同,主要的末端产物为甲醇,除此之外还有乙酸、乙醇、丁酸、氢气、二氧化碳等。

3.2.5　木质纤维素的厌氧降解途径

木质素,又名半纤维素,是自然界中仅次于纤维素的最为丰富的有机物。由多缩戊糖、多缩己糖和多缩糖醛酸等构成。木质素不仅含有易水解的重复单元,并且可抵抗酶的水解作用,是目前公认的微生物难降解的芳香族化合物。

木质素的分解是一个氧化过程,需要多种酶的协同作用。木质素降解酶主要有 3 种:木质素过氧化物酶、锰过氧化物酶和漆酶。除了这 3 种酶,有些细菌还能够产生芳醇氧化酶、葡萄糖氧化酶、酚氧化酶等,都参与了木质素的降解并对其降解产生一定的影响,这些厌氧菌分泌的半纤维素酶和多缩糖酶依次将半纤维素水解为单糖和糖醛酸,吸收后发酵成各种产物,包括甲酸、乙酸、丁酸、乙醇、二氧化碳和水等。

(1)白腐菌降解木质纤维素的过程及其酶类。

在自然界中木质素的降解主要靠白腐菌,其对木质素的降解速度和效率与其他菌种相比,具有明显优势。因此,对白腐菌的研究最为广泛。孙正茂等认为白腐菌降解木质素可分以下几步:①脱甲基和羟基反应形成多酚结构;②加氧裂解多酚环,产生链烃;③水解使脂肪烃缩短。为此设想酶系是在胞外或束缚于细胞壁上,包括:H_2O_2 产生酶系;利用 O_2、H_2O_2 的木质素氧化酶系;木质素活性中间体还原形成稳定单体的醌还原酶系;木质素小分子片段在胞内发生环开裂反应,分解产物经三羧酸循环生成 CO_2。

(2)细菌降解木质素的过程。

许多研究者发现了细菌降解木质素衍生的芳香族化合物的途径,尤其是在土壤中,细菌将木质素降解为小相对分子质量的化合物占主导地位,细菌对木质素降解的作用主要包括丙烷支链 $C\alpha$ 位上基团氧化形成羧基、低分子木质素降解产物的环内裂解和环修饰、$C\alpha(=O) - C\beta$ 键断裂以及脱甲基。

3.2.6　蛋白质和氨基酸的厌氧降解途径

1. 蛋白质的降解

蛋白质的降解过程主要依靠两种酶的作用,即肽链内切酶和肽链端解酶。肽链内切酶作用于多肽链中部的肽键,催化多肽链中间肽链的水解,能将长多肽链分为长度较短的多肽链,如胰蛋白酶、胃蛋白酶、肛凝乳蛋白(糜蛋白酶)都属于肽链内切酶。肽链内切酶主要是基因专一性的酶,如胰凝乳蛋白酶作用于由芳香族氨基酸的羧基形成的肽键。蛋白质在一系列肽链内切酶的作用下生成相对分子质量不等的小肽。

肽链端解酶又叫肽链外切酶。这类酶可分别从多肽链的游离羧基端或游离氨基逐一地将肽链水解成氨基酸,作用于羧基端的水解酶称为羧肽酶。

蛋白质被水解成单个氨基酸是在肽链内切酶和肽链端解酶的共同作用下完成的,肽链

内切酶即为蛋白酶,作用的特点是从蛋白质肽链的中间切断,作用的产物是肽链,而肽链端解酶作用的底物是肽链,从肽链的 N 端或 C 端作用于肽键,其产物是二肽或单个 AA。

2. 氨基酸降解

氨基酸的代谢有多条途径,可以再合成蛋白质、氧化分解或转化为糖类和脂类,包括脱氨基作用和脱羧基作用。

脱氨基作用是将氨基转移到 α - 酮戊二酸或草酰乙酸,然后通过谷氨酸脱氢酶或嘌呤核苷酸循环脱氨基,称作联合脱氨基作用。因此,多数氨基酸的脱氨基作用是由氨基转移反应开始的,氨基转移反应的辅酶是 PLP 和 PMP,氨基转移反应如图 3.9 所示。

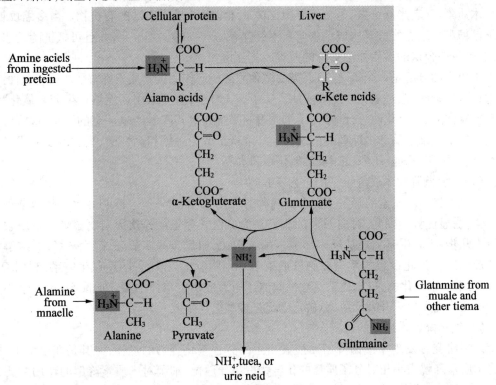

图 3.9　氨基转移反应

氨基酸的脱羧基作用中生物体内大部分 AA 可进行脱羧作用,生成相应的一级胺。AA脱羧酶专一性很强,每一种 AA 都有一种脱羧酶,辅酶都是磷酸吡哆醛。AA 脱羧反应广泛存在于动、植物和微生物中,氨基酸脱羧基生成的胺类有不少是生理活性物质,如 α - 氨基丁酸是重要的神经递质,组胺有降血压作用,酪胺有升血压作用。

3.2.7　脂肪酸的厌氧降解途径

脂肪酸是指一端含有一个羧基的长的脂肪族碳氢链,低级的脂肪酸是无色液体,有刺激性气味,高级的脂肪酸是蜡状固体,无可明显嗅到的气味,是中性脂肪、磷脂和糖脂的主要成分。脂肪酸根据碳链长度的不同又可将其分为:①短链脂肪酸,其碳链上的碳原子数小于 6,也称作挥发性脂肪酸;②中链脂肪酸,指碳链上碳原子数为 6~12 的脂肪酸,主要成分是辛酸和癸酸;③长链脂肪酸。脂肪酸根据碳氢链饱和与不饱和的不同可分为 3 类,即饱和脂肪酸,碳氢上没有不饱和键;单不饱和脂肪酸,其碳氢链有一个不饱和键;多不饱和脂肪,其碳氢链有两个或两个以上不饱和键。脂肪酸是最简单的一种脂,它是许多更复杂的脂的组成成分。脂肪酸在有充足氧供给的情况下,可氧化分解为 CO_2 和 H_2O,释放大量能量,因此脂肪酸是机体主要能量来源之一。

由于脂肪酸分子由极性的羧基基团和非极性的碳氢链组成,所以一个分子有疏水和亲水两部分,长链脂肪酸的碳氢链占分子体积大部分,因此它是疏水而脂溶性的,但分子中存在极性基团,所以分子仍可分为疏水和亲水,这对于脂肪酸被微生物所氧化降解至关重要。我们在这里主要研究长链脂肪酸和短链脂肪酸的厌氧降解途径。

1. 长链脂肪酸的厌氧降解

长链脂肪酸的厌氧降解是一个厌氧氧化的过程,其末端产物主要为乙酸和氢气,其降解方式是与在好氧条件下的方式相同,即 β - 氧化的方式,至今未见有采用不同方式氧化的报道。饱和脂肪酸和不饱和脂肪酸的厌氧降解略有不同,饱和脂肪酸经 β - 氧化后生成的乙酸去路与在好氧条件下不同,在好氧条件下是进入三羧酸循环彻底氧化为二氧化碳和水,而在厌氧条件下是被转化成甲烷和二氧化碳;不饱和脂肪酸则首先经内源性电子载体将电子转移至不饱和双键上使其变为饱和脂肪酸后再经 β - 氧化降解。

2. 短链脂肪酸的厌氧降解

短链脂肪酸的厌氧微生物发酵、短链脂肪酸在厌氧条件下的降解与长链脂肪酸无多大区别,实质上都是经 β - 氧化形成乙酸、丙酸和氢气等,但在厌氧降解短链脂肪酸时,会有一些专门的产氢产乙酸的细菌与产甲烷菌一起组成降解短链脂肪酸的微生物联合伙伴。近年来有关这方面的研究不少。Melnemey 等从一河区淤泥中分离得到能够降解脂肪酸的厌氧互营菌——沃尔夫互营单胞菌,其降解脂肪酸的过程如下。

偶数碳链为

$$CH_3CH_2CH_2COO^- + 2H_2O \longrightarrow 2CH_3COO^- + 2H_2 + H^+$$

$$CH_3CH_2CH_2CH_2CH_2COO^- + 4H_2O \longrightarrow 2CH_3COO^- + 4H_2 + 2H^+$$

$$CH_3CH_2CH_2CH_2CH_2CH_2COO^- + 6H_2O \longrightarrow 4CH_3COO^- + 6H_2 + 3H^+$$

奇数碳链为

$$CH_3CH_2CH_2CH_2COO^- + 2H_2O \longrightarrow CH_3CH_2COO^- + CH_3COO^- + 2H_2 + H^+$$

$$CH_3CH_2CH_2CH_2CH_2COO^- + 4H_2O \longrightarrow CH_3CH_2COO^- + 2CH_3COO^- + 4H_2 + 2H^+$$

支链碳链为

$$CH—CHCH_3CH_2CH_2COO^- + 2H_2O \longrightarrow CH_3CHCH_3COO^- + CH_3COO^- + 2H_2 + H^+$$

短链脂肪酸的降解反应的最后产物一般都为乙酸、氢气。降解的过程中氢气的产生会使环境中的氢分压提高,从而使降解速率受到抑制,这种情况下,要在培养物中与利用氢气的细菌(如产甲烷菌)或在硫酸根离子存在时,与硫酸盐还原菌进行共培养,不断地消耗氢,使氢分压维持在低水平。

3.2.8　尿素及尿酸的厌氧降解途径

尿素是由碳、氮、氧和氢组成的有机化合物,又称脲,其化学式为 CON_2H_4、$CO(NH_2)_2$,是动物蛋白质代谢之后的产物,同时也是营养性污染物。广泛存在于生活污水、农田退水中的能构成 COD 值的污染物。其降解途径是在尿素酶催化下水解生成无机碳酸铵,之后因其不稳性,进一步分解为 NH_3 和 CO_2 的过程。

有关尿素菌的研究,早在1984年科学家就发现幽门螺杆菌能产生大量的尿素酶。幽门螺杆菌所产生的尿素酶具有很高的酶活性,约为变形杆菌的 20～70 倍,是目前已知细菌尿素酶中最强的。尿素酶对幽门螺杆菌病具有自身保护作用,它能水解尿素,生成氨和二氧化碳。

尿酸是一种含有碳、氮、氧、氢的杂环化合物,其分子式为 $C_5H_4N_4O_3$,是另一种代谢产物,尿酸在微生物作用下可最终转化为尿素和乙醛酸。

3.3　非基本营养型有机物的厌氧生物降解途径

非基本营养型有机物是指基本营养型以外的所有有机物,比如工业废水中的烃类、酚类、农药等。在生物降解途径的研究中,我们发现大多数微生物都是在好氧条件下降解有机物质,而在厌氧条件下降解非基本营养性有机物不多且降解能力差。

有实验表明,在基本营养型有机物存在的厌氧发酵系统内,加入某些非营养型有机物会增加总产气量。这说明有些有机物在一定程度上已被厌氧微生物降解和吸收利用,这类有机物主要有邻甲酚、苯酚、邻苯二酚、对苯二酚、苯甲酸等。在有关非营养型有机物的厌氧降解途径的《工业废水处理的厌氧消化过程》一书中,曾列举了60多种非营养型有机污染物,包括苯甲酸、苯胺、艾氏剂等。

对苯甲酸的厌氧生物降解途径的研究中,利用 [14]C 全标记苯甲酸,发现苯甲酸分解反应中存在两种细菌,即产酸菌和产甲烷菌,首先是产酸菌作用使苯甲酸转化,通过加氢还原形成环乙烷酸,然后再 CoM 的作用下经过一系列的 β-氧化,使环破裂生成庚二酸,继而转化为戊酸、丁酸、丙酸、乙酸、甲酸和氢,最终在甲烷细菌的作用下形成甲烷。

有关烃类的降解过程,我们在之前也探讨过,在这里就不多作介绍,接下来我们主要来研究一下酚类化合物的厌氧降解途径。

废水中的酚类化合物通常来自于植物中的木素和单宁。木素是芳香族的高分子化合物,也是一类性质相似的物质的总称。不同的原料木素分子的化学组成及结构都有差异。它们是一种无定形结构的物质,存在于植物的木化组织中,是细胞之间的黏接物,在细胞壁中叶含有。

单宁是多酚中高度聚合的化合物,如图 3.10 所示,它们能与蛋白质和消化酶形成难溶于水的复合物,影响食物的吸收消化。单宁可分为水解单宁和缩和单宁,两者常共存。

酚类化合物可以分为两大类,即单体酚化合物和聚酚化合物。

1. 单体酚化合物

酚类化合物降解主要有两个基本途径,即间苯三酚途径和酚途径。

某些单体酚很容易被厌氧降解,甚至在使用未驯化厌氧污泥时,降解过程也没有停滞期。在没有甲烷菌存在的条件下,一些单体的酚类化合物也能迅速酸化。这些化合物每个苯环上都有 3 个羟基或甲氧基,这种降解途径为间苯三酚途径。

有些酚类化合物只有一到两个羟基或甲氧基,这样的化合物不能迅速降解,在厌氧降解开始前它们需要一段停滞期。它们的降解受酸化产物的抑制,这些酚类化合物被认为是互养型底物。这类酚化合物的降解需要产甲烷过程除去酸化的末端产物才能继续进行,这种降解途径被称为酚途径。

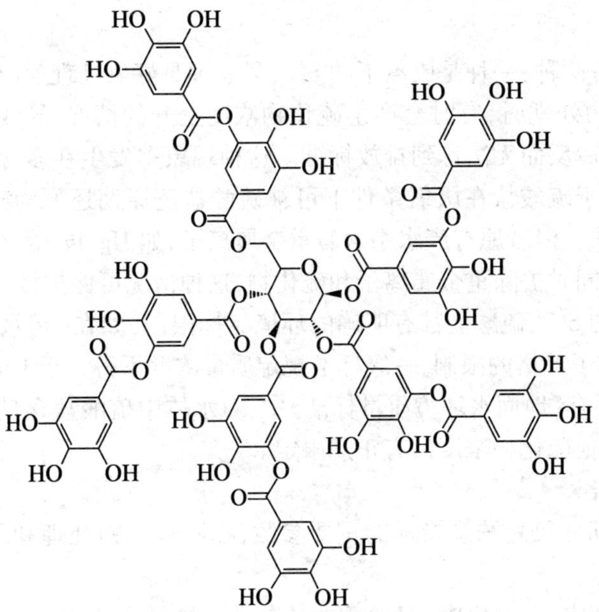

图 3.10 单宁结构

2. 聚酚化合物

聚合物形式的木素和缩合单宁一般比单体酚化合物难降解。木材和草类中的大分子原本木素在厌氧过程中不能够降解。由 2～7 个单体组成的较小的木素可以部分降解,也就是说木素单体间的键能够被厌氧细菌产生的酶水解。因此废水中的木素在厌氧处理中可部分降解。同样的,天然单宁也一样,天然单宁通常为寡聚物,因此可以部分降解,但天然的单宁可以氧化生成不能厌氧降解的深色高分子单宁。可水解单宁与木素和缩合单宁不同,它们的生物可降解性并不随相对分子质量的增大而降低。

3.4 有机物生物转化后的环境效应

有机物生物转化后会形成新的化学物质,即中间、最终代谢产物。有机污染物都有一定的污染指标,但当产生新的产物后,相应的污染指标会随之改变,但一般是低于原有的污染指标,这些指标会对废水的可排放性和排放的水环境产生不同的环境效应。

3.4.1 最终代谢产物的环境效应

基本营养型有机污染物质多种多样,主要的构成元素有碳、氢、硫、氮、氧、磷等,其最终转化产物也各不相同,环境效应自然也不一样。在好氧转化过程中,化学反应基本上是围绕细胞内溶解氧进行的,其中最直接的氧化产物是 H_2O,其次就是 SO_4^{2-}、PO_4^{3-} 等,在氧化产物中 CO_2 石油有机物脱羧作用和脱氢作用后的残基构成的;NH_3 则是由有机物脱氨基得到,进一步的硝化、氧化作用可使其氧化成 NO_2^- 和 NO_3^-。

那么我们从以下几个方面来分析一下最终代谢产物在污染指标和污染物浓度方面带来的变化，以及所产生的环境效应。

1. 硫的转化

硫的转化产物有两种：一种是厌氧下的 S^{2-}，另一种是好氧处理后产生的 SO_4^{2-}。

在进行厌氧生物处理时，有时会产生硫化物浓度上升的情况，导致原本能够到达排放标准的废水，经处理后反而无法达到排放标准。这种现象多发生在多含有硫酸盐及含硫有机物废水中，原因在于硫酸盐在厌氧条件下可被硫酸盐还原菌还原为硫化物，含硫有机物也可被还原为硫化物。但若原有废水中含有重金属离子，如 Hg、Pb 等，可与消化液中的 S^{2-}反应生成沉淀，能够同时去除重金属离子和硫化物，这种情况可保护接纳水体。

目前对水体中的 S^{2-}、硫酸盐都有明确的环境指标限制，如在《污水综合排放标准》中，对 S^{2-} 的质量浓度作了严格的限制，一级标准规定质量浓度不得大于 1 mg/L，二级标准规定不得大于 2 mg/L；还有《地面水环境质量标准》中，对水体中硫酸盐含量的规定指标为不大于 250 mg/L，而对其他硫化物浓度没有正规限定。

2. COD 值的变化

COD 是衡量有机污染物浓度指标的重要参数，在好氧生物处理和厌氧生物处理中，其值是不同的。

在好氧生物处理中，CO_2、SO_4^{2-}、H_2O 等最终氧化产物的 COD 值均为 0，这是因为这些产物都是氧化态的化合物。还有一点需要指出的是，NH_3 虽为还原态氧化物，但由于结构稳定，测定时并不显示 COD 值，只有在进行生物硝化消耗溶解氧时才有，但此时的好氧值并不在 BOD_5 范围内。由此，我们认为好氧过程是对有机物的彻底氧化，其最终产物的 COD 值为 0。所以，废水的 COD 值可随废水处理效率的提高而降低到很低的值。

在厌氧生物处理中，最终代谢产物 CO_2、NH_3、H_2O 等 COD 值为 0，原因同上，CH_4 的 COD 值不为 0，但由于其在水中的溶解度不高，属于气态化合物，所以当它从水中分离出时，留在水中的 CH_4 是极少的，其 COD 值不想而知；水中的含硫化合物经过消化作用形成 H_2S，H_2S 是酸性物质，且具有强还原性，有很难从正常发酵液中逸出，所以其 COD 值不可忽视。由此可看出厌氧消化生物处理的最终转化产物对环境造成一定的需氧性污染，而好氧生物处理的最终转化产物则无此效应。

3.4.2　中间代谢产物的影响

中间代谢产物多数为有机性中间代谢产物，在废水中可加剧需氧性污染进度，在好氧生物生物处理过程中转化产物多为稳定的无机物，除了水解产物外，一般没有有机性中间产物，而厌氧生物处理过程中通常存在大量的有机性中间产物，这些有机性中间产物若进一步进行好氧生物处理会提高有机物的去除效率。

在经过厌氧生物处理之后，大多数有机毒物会转化为无毒或微毒的有机中间代谢产物，这种情况对接纳水体质量是有好处的。比如废水中的汞离子，在经过生物转化过程中会形成一种毒性很强的甲基汞，但若发酵系统中含有浓度较高的硫化物时，会形成硫化汞沉淀，使接纳水体免遭毒化。

第4章 厌氧消化过程的控制条件

废水厌氧生物处理是环境工程与能源工程的一项重要技术,是有机废水强有力的处理方法之一。其中的厌氧生物处理是在无分子氧条件下通过厌氧微生物(包括兼氧微生物)的作用,将废水中的各种复杂有机物分解转化成甲烷和二氧化碳等物质的过程,也称为厌氧消化。厌氧生物处理是一个复杂的微生物化学过程,主要依靠三大微生物类群,即水解产酸细菌、产氢产乙酸细菌和产甲烷细菌的联合作用完成。厌氧消化过程分为水解酸化阶段、产氢产乙酸阶段和产甲烷阶段。

厌氧消化对环境条件的要求比好氧法更为严格。一般认为,控制厌氧处理效率的基本因素有两类:一类是基础因素,包括微生物量、营养比、混合接触状况、有机负荷等;另一类是环境因素,如温度、pH 值、氧化还原电位、有毒物质等。

4.1 厌氧消化过程的酸碱平衡及 pH 值控制

pH 值是厌氧生物处理过程中的一个重要控制参数,一般认为,厌氧反应器的 pH 值应控制在 6.5~7.5 之间。为了维持这样的 pH 值,在处理某些工业废水时,需要投加 pH 值调节剂,因而增加了运行费用。但是,我们知道,厌氧消化体系中的 pH 值是体系中 CO_2、H_2S 等在气液两相间的溶解平衡、液相内的酸碱平衡以及固液相间离子溶解平衡等综合作用的结果,而这些又与反应器内所发生的生化反应直接相关。因此,有必要对厌氧消化过程中生化反应与酸碱平衡之间的相互关系进行分析研究。

4.1.1 pH 值对厌氧消化过程的重要意义

在厌氧消化反应过程中,酸碱度影响消化系统的 pH 值和消化液的缓冲能力,因此消化系统中有一定的碱度要求。pH 值条件的改变首先会使产氢产乙酸作用和产甲烷作用受到抑制,使产酸过程形成的有机酸不能正常降解,从而使整个消化过程的平衡受到影响。改变 pH 值使其 pH 值降到 5 以下,则对产甲烷菌不利,同时产酸作用受到抑制,整个厌氧消化过程停滞;若 pH 值较高,只要恢复中性,产甲烷菌便能较快恢复活性。所以厌氧装置适宜在中性或稍偏碱性的状态下运行。

除受外界因素影响之外,pH 值的升降变化还取决于有机物代谢过程中某些产物的增减情况。产酸作用产物有机酸的增加,会使 pH 值下降,而含氮有机物分解产物氨的增加,会引起 pH 值的升高。具体的影响因素还包括进水 pH 值、代谢过程中自然建立的缓冲平衡(在 pH 值为 6~8 范围内,控制消化液 pH 值的主要化学系统是二氧化碳–重碳酸盐缓冲系统),以及挥发酸、碱度、CO_2、氨氮、氢之间的平衡。

由于消化液中存在氢氧化铵、碳酸氢盐等缓冲物质。pH 值难以判断消化液中的挥发酸积累程度,一旦挥发酸的积累量足以引起消化液 pH 值的下降时,系统中碱度的缓冲力已经丧失,系统工作已经相当紊乱。所以在生产运转中常把挥发酸浓度及碱度作为管理指标。

4.1.2　厌氧微生物的适宜 pH 值

厌氧处理要求的最佳 pH 值指的是反应器内混合液的 pH 值,而不是进水的 pH 值,因为生物化学过程和稀释作用可迅速改变进水的 pH 值。反应器出水的 pH 值一般等于或接近反应器内部的 pH 值。含有大量溶解性碳水化合物的废水进入厌氧反应器后,会因产生乙酸而引起 pH 值的迅速降低,而经过酸化的废水进入反应器后,pH 值将会上升。含有大量蛋白质或氨基酸的废水,由于氨的形成,pH 值可能会略有上升。因此,对不同特性的废水,可控制不同的进水 pH 值,可能低于或高于反应器所要求的 pH 值。

进水 pH 值条件失常首先表现在使产甲烷作用受到抑制,即使在产酸过程中形成的有机酸不能被正常代谢降解,从而使整个消化过程各个阶段的协调平衡丧失。如果 pH 值持续下降到 5 以下不仅对产甲烷菌形成毒害,对产酸菌的活动也产生抑制,进而可以使整个厌氧消化过程停滞。这样一来,即使将 pH 值调整恢复到 7 左右,厌氧处理系统的处理能力也很难在短时间内恢复。但如果因为进水水质变化或加碱量过大等原因,pH 值在短时间内升高超过 8,一般只要恢复中性,产甲烷菌就能很快恢复活性,整个厌氧处理系统也能恢复正常,所以厌氧处理装置适宜在中性或弱碱性的条件下运行。

每种微生物可在一定的 pH 值范围内活动,产酸细菌对酸碱度不及甲烷细菌敏感,其适宜的 pH 值范围较广,在 4.5 ~ 8.0。产甲烷菌要求环境介质 pH 值在中性附近,最适 pH 值为 7.0 ~ 7.2,pH 值 6.6 ~ 7.4 较为适宜。在厌氧法处理废水应用中,由于产酸和产甲烷大多在同一构筑物内进行,故为了维持平衡,避免过多的酸积累,常保持反应器内 pH 值在 6.5 ~ 7.5,最佳范围为 6.8 ~ 7.2。

在厌氧处理过程中,pH 值的升降除了受进水 pH 值的影响外,还取决于有机物代谢过程中某些产物的增减。比如厌氧处理中间产物有机酸的增加会使 pH 值下降,而含氮有机物的分解产物氨含量的增加会使 pH 值升高。因此,厌氧反应器内的 pH 值除了与进水 pH 值有关外,还受到其中挥发酸浓度、碱度、浓度、氨氮含量等因素的影响。

4.1.3　碳酸氢盐缓冲系统

在水和纯二氧化碳的密闭系统中,非离解的溶解碳酸的浓度值取决于分压而非 pH 值,因此反应器中 CO_2 浓度也是分压的影响,由于有机物组成和系统中强碱的量不同,二氧化碳分压占到了气相总压力的 0 ~ 50%,特定废水的产气组成在稳定操作下是相对固定的,因此,厌氧系统中的 pH 值是碳酸氢盐浓度的函数。

我们知道 pH 值的控制对于厌氧处理系统来说是很重要的,原因在于酸化阶段 VFA(弱酸)的形成与积累。当充足的碳酸氢盐碱度存在时,会有以下反应发生:

$$CH_3COOH + Na^+ + HCO_3^- \longrightarrow CH_3COO^- + Na^+ + CO_2 + H_2O$$

当所有碳酸氢盐碱度被形成的 VFA 中和后,pH 值急剧下降。在中性 pH 值范围内,其他的缓冲溶液会不同程度存在于溶液中,例如,H_2PO_4/HPO_4^{2-},$pK_1 = 7.2$;H_2S/HS^-,$pK_1 = 6.5$,这些缓冲物浓度不高,所以在保持 pH 值上没有起到关键性的作用。

有机物形成的挥发性脂肪酸对 pH 值的影响作用很大,比如酸化菌相对于产甲烷菌在低 pH 值环境下的高耐受力,甚至在 pH 值小于 5 时仍然相当活跃,也就是说产甲烷菌过程被抑制时,产酸过程没有停止,这一点在缓冲能力小的厌氧处理系统中很重要。这些系统中,pH 值的下降导致甲烷菌的活力降低和 pH 值的进一步下降,从而导致反应器操作失败,因此对于含碳水化合物的废水而言,酸化对 pH 值的影响需多加注意。

4.1.4　厌氧体系中的碱度

在调节厌氧反应体统缓冲能力时,可以通过添加增大缓冲能力的化学物品来提高缓冲能力,我们首先会想到的碱性添加剂比如苛性钠、石灰以及纯碱等可能会对实验有所帮助,事实上并非如此,这些添加剂在未同二氧化碳反应前不能增加溶液的碳酸氢盐碱度:

$$NaOH + CO_2 \longrightarrow NaHCO_3$$
$$Na_2CO_3 + H_2O + CO_2 \longrightarrow 2NaHCO_3$$
$$Ca(OH)_2 + 2CO_2 \longrightarrow Ca(HCO_3)_2$$

由此可见加入这些化学药品会使产气中二氧化碳的浓度降低,并不能起到作用。可以起到一定效果的化学药品有碳酸氢钠,它可以在不干扰微生物敏感的理化平衡的情况下平稳调节 pH 值至理想状态,因此是理想的化学药品,不过它也有一定的缺点,比如价格昂贵等。

4.1.5　厌氧体系中的生化反应及其对酸碱平衡的影响

在厌氧消化体系中, 发生着许多不同类型的生化反应,这些反应对反应系统内的酸碱平衡具有一定的影响。根据各种生化反应的性质可将其划分为 4 类:氨的产生与消耗,硫酸盐或亚硫酸盐的还原,脂肪酸的产生与消耗,以及中性含碳有机物的转化。

1. 氨的产生与消耗

厌氧消化过程中氨产生的途径有很多种,如氨基酸、蛋白质的发酵;含氨有机物的降解等,但其最终产物只有一种,即 NH_3,这种游离的 NH_3 是厌氧系统中的致碱物质,因此我们通常可以看到含氮有机物的降解导致厌氧反应系统中碱度升高的现象,这种碱度的变化决定于所释放的氨量:

$$\triangle A_N = E_N \cdot [N]_i$$

式中　$\triangle A_N$——由含氮有机物的降解而引起的碱性变化,mol/L;

　　　E_N——有机氮的去除率,%;

　　　$[N]_i$——进水中的总有机氮浓度,mol/L。

2. 硫酸盐或亚硫酸盐的还原

在厌氧反应器中硫酸盐或亚硫酸盐在厌氧反应器中能被硫酸盐还原菌还原成硫化物,其主要的反应方程式为

$$CH_3COO^- + SO_4^{2-} \longrightarrow 2HCO_3^- + HS^-$$
$$4CH_3CH_2COO^- + 3SO_4^{2-} \longrightarrow 4CH_3COO^- + 4HCO_3^- + 3HS^- + H^+$$
$$4H_2 + SO_4^{2-} + CO_2 \longrightarrow HS^- + HCO_3^- + 3H_2O$$
$$3CH_3COO^- + 4HSO_3^- \longrightarrow 3HCO_3^- + HS^- + 3H_2O + 3CO_2$$

由此通过计算分析可知,每 0.5 mol SO_4^{2-} 被还原,就会产生 1 mol 碱度。根据上面分析可得到下式:

$$\triangle A_{SO_4^{2-}} = 2E_{SO_4^{2-}} \cdot [SO_4^{2-}]_i$$

式中　　$\triangle A_{SO_4^{2-}}$——硫酸盐还原引起的碱性变化,mol/L;

　　　　$E_{SO_4^{2-}}$——硫酸盐的还原率,%;

　　　　$[SO_4^{2-}]_i$——进水中硫酸盐浓度,mol/L。

3. 脂肪酸的产生与消耗

当厌氧反应器超负荷运行或是承受不良条件冲击的时候,由于产酸菌的生长快且对环境条件不太敏感的特点会导致脂肪酸的积累,积累的同时,厌氧缓冲体系中的 HCO_3^-、HS^- 碱度会与脂肪酸发生反应从而转化为 Ac^- 碱度,这时反应体系的 pH 值会下降,但当另一种情况,如累积的脂肪酸被产甲烷菌转化为 CH_4 和 CO_2 时,那么这一变化会向反向进行。由此可知,脂肪酸的产生和消耗对厌氧体系的总碱度没有较大的影响,但当其累积时,会消耗较多的 HCO_3^- 而使体系 pH 值下降。

4. 中性含碳有机物的转化

当中性含碳有机物完全被转化为 CH_4 和 CO_2 时,不会产生、消耗碱度,但是 CO_2 的溶解会较大地影响缓冲体系的 pH 值,CO_2 的溶解度取决于温度和气相中 CO_2 的分压。

4.2　温度对厌氧生物处理的影响

温度是影响微生物生存及生物化学反应的最主要因素之一。各类微生物适应的温度范围是不同的,根据微生物生长的温度范围,习惯上将微生物分为 3 类:嗜冷微生物(5 ~ 20 ℃),嗜温微生物(20 ~ 42 ℃),嗜热微生物(42 ~ 75 ℃)。相应地,废水的厌氧处理工艺也分为低温、中温、高温三类。

4.2.1　温度对厌氧消化过程的影响

在厌氧生物处理工艺中,温度是影响工艺的重要因素,其主要影响有几个方面:温度可影响厌氧微生物细胞内的某些酶活性、微生物的生长速率和微生物对基质的代谢速率,进而影响废水厌氧生物处理工艺中的污泥的产量、反应器的处理负荷和有机物的去除速率;某些中间产物的形成、有机物在生化反应中的流向、各种物资在水中的溶解度都会受到温度的影响,并由此影响到沼气的产量和成分;剩余污泥成分,及其性状都可能受温度影响;在厌氧生物处理设备运行时,装置需要维持在一定的温度范围当中,这又与运行成本和能耗等有关。

各种微生物都有一定的温度范围,在厌氧消化系统中的微生物也是一样,分为嗜冷微生物、嗜温微生物、嗜热微生物 3 类。在不同的温度区间内运行的厌氧消化反应器内生长着不同类型的微生物,具有一定的专一性。

每一个温度区间内,随着温度的上升,细菌的生长速率也上升并在某个点上达到最大值,此时的温度称为最适生长温度,过此温度后细菌生长速率迅速下降。在每个区间的上限,细菌的死亡速率已经开始超过细菌的增值速率。

当温度高出细菌生长温度的上限时,会使细菌致死,如果这种情况持续的时间较长或是温度过高,会导致细菌的活性无法恢复。

当温度低于细菌生长温度下限时,细菌不会死亡,会使细菌代谢活性减弱,呈休眠状态,这种情况在一定时间范围内是可以恢复的,只需将反应温度上升至原温度就可恢复污泥活性。

所以说,温度太高相较于温度太低会带来较严重的影响。不过,在上限内,较高温度下的厌氧菌代谢活性较高,所以高温厌氧工艺较中温厌氧工艺、中温厌氧工艺较低温厌氧工艺反应速率要快很多,相应的反应器负荷和污泥活力也要高得多。

4.2.2　温度对厌氧微生物的影响

在厌氧生物反应中,需要一定的反应温度范围,也就是最适温度,最适温度是指在此温度附近参与消化的微生物所能达到其最大的生物活性,具体的衡量指标可以是产气速率,又或者是有机物的消耗速率。这是因为一般认为厌氧微生物的产气速率与其生化反应速率大致呈正相关,所以说最适温度就是厌氧微生物,或厌氧污泥具有最大产气速率时的反应温度。

一般来讲,厌氧生物反应可以在很宽的温度范围内运行,即 5~83 ℃,而产甲烷作用则可以在 4~100 ℃ 的温度范围内进行,由此厌氧消化过程的最适温度范围是有一定研究价值的问题。

许多的研究表明,好氧生物过程仅有一个最适温度范围,而厌氧消化过程却存在两个最适温度范围,主要表现在 5~35 ℃ 的温度范围内,好氧生化过程的产气量随温度的上升而直线上升。有相关研究者对实验资料得出结论,在上述温度范围内,温度每上升 10~15 ℃,生化速率增快 1~2 倍。在此温度范围内,厌氧生化反应也具有类似的规律。之所以会出现两个最适温度范围,是因为在甲烷发酵阶段,其参与者具有不同的最适温度。如布氏甲烷杆菌的最适温度在 37~39 ℃,而嗜热自养甲烷杆菌为 65~70 ℃,如果发酵温度控制在 32~40 ℃ 范围,上述中温菌的大量存在会导致反应出现一个产气高峰区。但在实际厌氧污泥实验中,利用混合细菌时所表现出来的最适温度范围与产甲烷菌所要求的温度范围不同,一般认为最适中温范围为 30~40 ℃,而最适高温范围为 50~55 ℃。这是因为厌氧消化过程是一个混合发酵过程,其总的生化速率取决于多种厌氧细菌,包括产甲烷菌、产酸菌等,只有这些厌氧菌都能处在良好的环境条件下时,才能创造出最佳条件。

对于连续运行的厌氧生物处理有机物时有机负荷和产气量与温度的关系的研究中,发现对于中温条件下培育的厌氧污泥,在 38~40 ℃ 时有机物去除有机负荷最高,其产气量与温度之间的关系与去除有机负荷的情况相似;而对于高温条件下培育的厌氧污泥,在 50 ℃ 左右可达到有机物去除负荷的高峰。

在厌氧生物工艺中,45 ℃ 左右的温度很不利于反应运行,因为它是处于中温和高温范围之内的,厌氧微生物如果处于这种温度范围下,其活性往往会很低,因此如果是在实际生产废水的温度在 45 ℃ 左右,就应将反应温度升高到 55 ℃ 的高温范围内,或者降低到 35℃ 的中温范围内,之后再对其进行厌氧处理。

4.2.3　温度对动力学参数的影响

以上是从宏观的角度来分析温度对厌氧微生物的影响,如果换个角度来看,比如从反应动力学的角度来看,在众多的反应参数当中,温度主要影响其中的两个参数,即最大比基质去除

速率 k 和半饱和常数 K_s。温度的变化会通过影响最大比基质去除速率 k，而影响整个系统对进水中有机物的去除速率，半饱和常数 K_s 也同样如此，温度的变化会影响厌氧微生物对相应基质的降解，因为，半饱和常数 K_s 越高，表示基质对微生物来说较难降解，反之，就易于降解。

研究表明，在厌氧过程中起着控制作用的动力学参数如产甲烷过程的半速常数 K_b 对温度的变化很敏感。在 1969 年，Lawerence 等曾经研究过几种不同温度下利用厌氧生物工艺处理复杂有机废弃物时反应动力学参数的变化，并制作了表 4.1。从表中可以看出，当温度从 35 ℃降至 25 ℃时，反应的 K_s 值会增加，即从 164 mg/L 增至 930 mg/L，当温度进一步下降时，反应的 K_s 值还会进一步升高，而且上升非常快，如此大的变化肯定会对出水水质和生活活性产生很大的影响。

表 4.1　不同温度下厌氧生物处理复杂有机物时的动力学参数

温度/℃	k/d^{-1}	$K_s/(mg \cdot L^{-1})$
35	6.67	164
25	4.65	930
20	3.85	2130

4.2.4　温度突变对厌氧消化过程的影响

大多数厌氧废水处理系统是在中温范围内运行的，且每升高 10 ℃，厌氧反应速率可增加一倍。温度的微小波动对于厌氧工艺的进行来说，不会有太大的影响，但当温度下降的幅度过大时，会由于污泥活力的降低、过负荷等影响导致反应器酸积累现象的产生。下面给出某实验中测得的温度突变与产气量关系图：

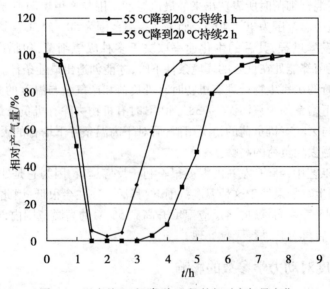

图 4.1　温度从 55 ℃降到 20 ℃的相对产气量变化

从图中可看出，当温度从 55 ℃降到 20 ℃时，由于持续时间不一样，导致产气量变化也不同。

从实验结果可以看出,温度突变会使得产气量下降甚至停止产气,但温度波动不会使得厌氧消化系统受到不可逆转的破坏,即温度瞬时波动对发酵的不利影响只是暂时的,温度一经恢复正常,发酵的效率也随之恢复。如温度波动时间较长时,效率的恢复所需时间也相应延长。

厌氧微生物对反应温度的突变十分敏感,温度的突降会对其生物活性产生显著的影响,降温幅度越大,低温持续的时间就越长,产气量的下降就更严重,升温后产气量的恢复更困难。一般认为,厌氧生物处理系统的每日温度波动以不大于 2~3 ℃ 为佳。有相关研究表明,厌氧生物处理对温度的敏感程度随有机负荷的增加而增加,因此当反应器在较高的负荷下运行时,应该注意温度的控制;当在较低负荷下运行时,温度的影响不大。

4.2.5　厌氧消化过程温度的选择与控制

厌氧消化过程分为低温、中温和高温 3 类,分别适宜不同种群微生物生长,其相应生长温度范围在上文中已经作了相应的介绍。

当温度过高时,会造成细菌代谢活力下降甚至死亡,所以应把握好最适温度的控制情况,不要超过温度上限;当温度过低时,同样会降低细胞活力,不过如果做到降低反应器负荷或者是停止进液,就不会产生较严重的问题,当温度恢复正常以后,反应器运行即可恢复正常。

目前多数厌氧处理系统多为中温反应系统,反应温度在 30~40 ℃ 内,最佳的处理温度为 35~40 ℃;高温处理工艺在 50~60 ℃ 范围内运行。低温厌氧处理工艺由于污泥活力低,其反应器负荷也相应较低,但某些情况下低温工艺也具有一定的优势,比如,对于某些温度较低的废水,低温处理工艺相对于其他处理工艺消耗的能量要小很多。

厌氧反应器的温度控制主要有 3 种方式:①采用热交换器对进水进行间接加热;②将蒸汽管直接安装到厌氧反应器内部,再通过温度传感器保证反应器内部温度处于适合的温度范围内,也就是直接在厌氧反应器内进行温度控制;③对厌氧反应器本身进行保温处理,将加热放在进入厌氧反应器之前的调节池中,对废水温度进行加热至略高于所需要的温度,最后将进水泵加热后的废水泵入厌氧反应器。

处理高浓度废水,不论温度高低都可以采用厌氧工艺进行处理,这是因为厌氧工艺在处理废水中有机物的时候,会产生甲烷,燃烧甲烷产生的热量可以用来加热废水,有研究表明,每 1 000 mg COD/L 甲烷燃烧后产生的热量大约可使进水温度升高 3 ℃。由此可以看出,在处理高浓度有机废水的同时,对进水加热的经济可行性是很明显的,但这种情况适于高浓度的废水,当废水浓度较低时,就不会达到这样的效果了。甲烷的回收利用需要另外的投资,因此,对于小规模的厌氧处理设施来说,回收利用甲烷未必会提高经济效益,一般多直接在废弃燃烧器中处理掉。

4.3　厌氧消化过程中的氧化还原电位

氧化还原电位(Oxidation Reduction Potential,ORP)作为控制参数能够反映许多有氧和厌氧微生物培养过程中发生的有价值的代谢信息。发酵体系的氧化还原电位值是 pH 值、平衡常数、溶解氧浓度和大量溶解培养基中物质的氧化还原电位的综合反映。胞外的氧化还原电位可以影响胞内的酶活、NADH/NAD⁺ 的比例,从而可以影响菌体的代谢。

4.3.1　厌氧环境中的氧化还原电位

厌氧环境,指的是隔断发酵系统与空气中氧的接触,使发酵液中尽可能地没有溶解氧存在。厌氧环境是厌氧消化过程赖以正常进行的最重要的条件。在实际运行当中,系统与空气的完全隔断能够保证发酵系统具有良好的厌氧环境。

其实,严格来讲,厌氧环境的主要标志是发酵液具有较低的氧化还原电位。某种化学物质的氧化还原电位是该物质由其还原态向其氧化态流动时的电位差,而一个体系的氧化还原电位是由该体系中所有能形成氧化还原电位的化学物质的存在状态决定的。体系中的氧化态物质占比例越大,其氧化还原电位就越高,形成的环境就越不适于厌氧微生物的生长,因为所形成的环境可能是好氧环境;反之同理。

发酵系统氧化还原电位升高的原因不仅有氧进入系统的关系,还有一些氧化剂或氧化态物质存在的关系,如一些工业废水中的铁离子、酸性废液中的氢离子等,当这些物质的浓度达到一定程度的时候,同样会危害厌氧消化过程的进行,因此,体系中的氧化还原电位更能够全面地反映发酵液所处的厌氧状态。

不同的厌氧消化系统要求的氧化还原电位的电位值不尽相同,同一系统中的不同细菌群所要求的氧化还原电位也不尽相同。至于厌氧细菌对氧化剂或氧化态物质的敏感原因,目前相关的研究还不是很透彻,不过根据研究结果分析,菌体内存在易被氧化剂破坏的化学物质,还有菌体缺乏的抗氧化酶系,很可能是重要的原因之一。比如,严格厌氧菌不具有超氧化物歧化酶和过氧化物酶,就无法保护各种强氧化态物质对菌体的破坏作用。

在厌氧消化处理系统中,产甲烷菌对氧和氧化剂非常敏感,原因是它不像好氧菌那样具有过氧化氢酶,对厌氧反应器内介质中氧的浓度可以由氧化还原电位来表达。相关研究表明,产甲烷菌初始繁殖时所需的环境条件为氧化还原电位不能高于 −330 mV。在厌氧消化过程中,不产甲烷阶段可在兼性条件下完成,此时的氧化还原电位为 +0.1 ～ −0.1 V;而在产甲烷阶段,氧化还原电位必须控制在 −0.3 ～ −0.35 V 与 −0.56 ～ −0.6 V,产甲烷阶段氧化还原电位的临界值为 −0.2 V。

厌氧菌的毒害过程可分为抑菌阶段和杀菌阶段。在抑菌阶段中,氧的介入会不断消耗菌体内为维持正常的生化反应而生成的还原力,使部分代谢功能受阻,ATP 等生物活性物质合成中断,这时氧的含量有限,当氧消耗殆尽的时候,抑菌过程会渐渐缓解直至消失;如果氧含量非常高时,反应阶段会转至杀菌阶段,大量的氧化剂将破坏菌体,使细菌大量死亡,最终导致厌氧消化系统无法运行。

4.3.2　氧化还原电位的计算和测定

水质的氧化还原电位都是采用现场测定的方法,即应用铂电极作为测量电极,饱和甘汞电极作为参比电极,电极与水样组成原电池,用电子毫伏计或 pH 计测定铂电极相对于甘汞电极的氧化还原电位。

我们知道,溶液的 pH 值反映测量氢离子的活度,由此可知,ORP 是由溶液中的电子活度所决定的。对于 OPR 的这种描述虽然无误,但这种表示方法却是十分抽象的,因为自由电子并不会在溶液中存在,那么具体来说 ORP 可定义为某种物质对电子结合或失去难易程

度的度量。如以氧化物为 Ox,还原物为 Red,电子为 e,电子数为 η,氧化还原反应为

$$Red \longrightarrow Ox + \eta e \tag{4.1}$$

氧化还原电位由能斯特方程式表示为

$$E_n = E_o + 2.3RT/nF \ln Ox/Red \tag{4.2}$$

式中　E_o——标准氧化还原电位;

　　　R——气体常数,$R = 8.314$ J/(K·mol);

　　　T——以 K 表示的绝对温度;

　　　F——法拉第常数,9.649×10^4 c/mol;

　　　n——参与反应的电子数。

ORP 测定时,只要将铂测量电极和甘汞参比电极浸入被测样水中,再以 pH 值测定两电极间的电位差即可。我们还可以根据能斯特定理,以及所涉及的氧化、还原过程,通过确切的方程式,计算氧化还原电位:

$$Fe^{2+} \longrightarrow Fe^{3+} + Ie^-$$

$$E = E^\Theta + 2.3RT/F \ln[Fe^{3+}/Fe^{2+}] \tag{4.3}$$

$$2I \longrightarrow I_2 + 2e^-$$

$$E = E^\Theta + 2.3RT/F \ln[I_2]/[I^-]^2 \tag{4.4}$$

根据以上计算过程以及测定方法可得出如下规律:

(1) 化学方程中的系数是氧化还原方程式中的指数,被氧化物质应列在最终分数的标称项中。

(2)所涉及的电子数表示为 F 的个数。

(3) pH 值与 ORP 间无关。

(4)ORP 通常可由被还原的组分间比例测得,因而不可能由 ORP 计算出一种单独组分的浓度。

在厌氧消化系统中,氧化还原电位的计算还需要考虑很多的影响因素,溶解氧就是其一,还有 pH 值对氧化还原电位的影响也很显著,当 pH 值每降低 1 个数值时,计算得到 E 值会升高 0.06 V,因此,酸性条件对甲烷细菌的生境颇为不利。

发酵系统中往往会存在很多影响氧化还原电位的化学物质,此时需要准确地计算氧化还原电位就会很复杂,因此,在实际工程当中,通常会采用非选择性电极来直接测定发酵液的氧化还原电位值。

4.4　废水特性

在废水的厌氧生物处理系统的研究当中,对废水特性的研究是必要的,尤其是化学成分复杂又难处理的复杂废水。复杂废水,是指含有容易引起污泥上浮、形成浮沫或浮渣层、引起沉淀的化合物以及含有有毒物质的废水。复杂废水的特性和其所含的化合物种类影响厌氧处理系统的设计和运行,因此,对于这类废水特性的研究是有效处理废水的必要手段。

4.4.1　废水 COD 和氮参数

1. 废水 COD

废水中 COD 是在一定的条件下,采用一定的强氧化剂处理水样时,所消耗的氧化剂量。

它是表示水中还原性物质多少的一个指标。水中的还原性物质有各种有机物、亚硝酸盐、硫化物、亚铁盐等，但主要的是有机物。因此，废水中 COD 是衡量水中有机物质含量多少的一个重要指标，COD 越大，说明水体受有机物的污染越严重。根据相关的生物处理条件及有机物类型，可将废水中的 COD 分为可生物降解 COD、可酸化 COD、生物抗性 COD、可溶解 COD、胶体 COD、可水解和已水解 COD 等。

可生物降解 COD，即 COD_{BD}，是指在厌氧条件下能够被厌氧菌消耗的 COD，由于它可表示作为底物被细菌加以利用的 COD，所以也可将其称为"底物 COD"。在总 COD 中，可生物降解 COD 所占的百分比称为生物可降解性，记为"$COD_{BD}(\%)$"，它的计算公式为

$$COD_{BD}(\%) = COD_{BD}/COD \times 100\%$$

可酸化 COD，即 COD_{acid}，是指在未酸化的废水中，除了被发酵菌转化的一部分 COD_{BD}，剩余的一部分可供甲烷菌利用的底物 COD 称为可酸化的 COD。COD_{acid} 最终可被转化为甲烷和 VFA（挥发性脂肪酸），其占总 COD 百分比的计算公式为

$$COD_{acid}(\%) = (COD_{CH_4} + COD_{VFA})/COD \times 100\%$$

式中　COD_{CH_4}——转化为甲烷的 COD；

COD_{VFA}——尚未转化为甲烷而以 VFA 存在的 COD。

生物抗性 COD，即 COD_{res}，是指污泥无法发酵的有机化合物 COD，生物抗性 COD 含在处理过程当中污泥来不及驯化因而未能降解的有机物和不可能降解的有机物类型，这种有机物称为惰性有机物。

有机物溶解性的划分可根据滤纸膜法进行划分，通过滤纸膜的废水 COD 即为可溶解 COD，记为 COD_{bol}，未通过的胶体废水的 COD 称为胶体 COD，记为 COD_{col}，在多数地区的处理系统中，应用于这类的滤纸膜的孔隙度多为 $0.45~\mu m$。

水解 COD 可分为可水解 COD 和已水解 COD，一般在废水处理当中，在发酵前需要对聚合物底物进行水解，在厌氧过程中被水解的聚合物 COD 就是可水解 COD，那么在某一阶段以非聚合物形式存在的 COD 就为以水解 COD，记为 COD_{hydr}。

2. 废水 COD 检测

对于废水，国家环保总局规定采用酸性重铬酸钾法测定 COD，即在强酸并加热的条件下，用过量重铬酸钾处理水样时所消耗氧化剂的量，以氧化剂消耗量（mg/L）表示。传统 COD 测定法，水样经回流氧化处理后，应用硫酸亚铁滴定剩余重铬酸钾，操作简单，测定结果重现性较好，但所需样品量较多，试剂用量较多，且试剂有毒，分析时间相对较长，能耗较大。下面简单介绍一下重铬酸钾的测定方法。

检测原理：在强酸性溶液中，一定量的重铬酸钾氧化水中还原物质，过量的重铬酸钾以试亚铁灵作指示剂，用硫酸亚铁铵回滴。根据用量，算出水中还原性物质消耗氧的量。酸性重铬酸钾氧化性很强，可氧化大部分有机物，加入硫酸银作催化剂时，直链脂肪族化合物可完全被氧化，而芳香族有机物却不易被氧化。对于氯离子的影响，采用在回流前向废水中加入硫酸汞，使氯离子成为络合物，从而消除氯离子的干扰。

检测试剂及溶液配制：重铬酸钾标准溶液（称取预先在 105 ~ 110 ℃烘干两个小时并冷却的基准或优级纯重铬酸钾 12.258 0 g 溶于水中移入 1 000 mL 容量瓶，稀释至标线，摇匀。）；试亚铁灵指示剂（称取 1.458 5 g 邻菲罗啉与 0.695 g 硫酸亚铁溶于水，稀释至400 mL，摇匀，贮于棕色瓶中）；硫酸亚铁铵标准溶液；硫酸－硫酸银溶液（于 2 500 mL 浓硫

酸中,加入 25 g 硫酸银放置 1~2 d,不时摇动,使之溶解);纯硫酸汞。

检测过程:取 20 mL 混合均匀的废水样于 250 mL 磨口的回流锥形瓶中,准确加入 10 mL 重铬酸钾标准溶液及数粒玻璃珠或沸石,慢慢加入 30 mL 硫酸 – 硫酸银溶液,轻轻摇动锥形瓶使溶液混匀,加热回流 2 h。

对于化学耗氧量高的废水样,可先取上述操作所需体积 1/10 的废水样和试剂,放入玻璃试管中摇匀,加热后观察是否成绿色。如溶液显绿,可适当减少废水样取用量,直至溶液不变绿色为止。从而确定废水分析时应取用的体积。稀释时,所取用废水样量不得少于 5 mL,如果化学耗氧量很高,则废水样应多次稀释。

如废水中氯离子质量浓度超过 30 mg/L 时,应按下述操作处理废水。先把 0.4 g 硫酸汞加入回流锥形瓶中,加入 20 mL 废水,摇匀。准确加入 10 mL 重铬酸钾标准溶液及数粒玻璃珠或沸石,慢慢加入 30 mL 硫酸 – 硫酸银溶液,轻轻摇动锥形瓶使溶液混匀,加热回流 2 h。

冷却后,用适量水冲洗冷凝管壁,取下锥形瓶,再用水稀释至 140 mL 左右。溶液总体积不得少于 140 mL,否则因酸度太大滴定终点不明显。当溶液再度冷却后,加 3 滴试亚铁灵指示剂,用硫酸亚铁铵标准溶液滴定,溶液的颜色由黄色经蓝色至褐色即为终点,记录硫酸亚铁铵标准溶液的用量。

最后测定废水样的同时,以 20 mL 蒸馏水按同样操作步骤作空白。记录空白滴定时,硫酸亚铁铵标准溶液的用量。

可按以下公式计算检测结果:
$$\mathrm{COD_{Cr}} = (V_0 - V_1) \times N \times 8 \times 1\,000 \div V$$

式中　$\mathrm{COD_{Cr}}$——水样中的化学需氧量,mg/L;

　　　V_0——空白滴定硫酸亚铁铵标准溶液的用量,mL;

　　　V_1——废水样滴定硫酸亚铁铵标准溶液的用量,mL;

　　　N——硫酸亚铁铵标准溶液的标准溶液浓度,mol/L;

　　　V——废水样的体积,mL。

废水样取样体积可变动于 10.0~50.0 mL 范围之间,但试剂用量及浓度,需按表进行相应调整。废水样取用量和试剂用量见表 4.2。

表 4.2　废水样取用量和试剂用量表格

废水样体积 /mL	0.250 0 mol/L 重铬酸钾溶液/mL	硫酸 – 硫酸银/mL	硫酸汞/g	硫酸亚铁铵标准溶液浓度/(mol·L⁻¹)	滴定前需体积/mL
10.0	5.0	15	0.2	0.050	70
20.0	10.0	30	0.4	0.100	140
30.0	15.0	45	0.6	0.150	210
40.0	20.0	60	0.8	0.200	280
50.0	25.0	75	1.0	0.250	350

3. 氮参数

含氮废水中的氮称为有机氮,这种氮多数以蛋白质和氨基酸的形式存在于废水中。在厌氧处理后,有机氮被降解为氨,即为氨氮,这个过程称为有机氮的无机化。在实验中,可

以通过测试进液和出液的总氮和氨氮的含量来确定无机化的程度,其所占百分比的计算公式可表示为

$$有机氮的无机化（\%）= 氨氮/总氮 \times 100\%$$

在厌氧过程中影响氨氮的浓度并非进液中氨氮的浓度,由于有机氮的分解会迅速改变这一浓度,因此明确厌氧过程中有机氮的无机化程度是非常重要的。假定有机氮主要为氨基酸与蛋白质,那么它的含量可用以下公式估算:

$$蛋白质质量浓度（g/L）= 有机氮质量浓度（g/L）\times 6.25$$
$$蛋白质质量浓度（gCOD/L）= 有机氮质量浓度（g/L）\times 7.81$$

4.4.2　废水的厌氧生物可降解性

生物可降解性是生物处理方法的重要影响因素,废水中厌氧生物可降解性研究可由厌氧生物可降解测试系统完成,厌氧的生物可降解性测试系统可测定废水中的有机污染物或特定的某化合物的生物可降解性能。多采用紫外吸光度法、VFA滴定法等分析方法。我们来探讨一下常见的有机物的生物可降解性,比如多糖。

废水中的多糖常常包含纤维素、半纤维素、淀粉、果胶等物质,其中在制浆造纸工业废水中含有相当多的纤维素、半纤维素和一定量的果胶;食品工业废水中含有较多的淀粉;在罐头加工废水中,则有较多的果胶。

纤维素能够由微生物所分泌的胞外纤维素酶水解为单糖和葡萄糖、纤维二糖;果胶和淀粉能够被淀粉酶和果胶酶水解。纤维素酶仅能由少数微生物产生,而绝大多数微生物能产生淀粉酶和果胶酶。淀粉和果胶的生物降解非常迅速,甚至接近于单糖的发酵速度,但纤维素的生物降解要缓慢得多。一般多糖都能被厌氧微生物所降解。

表4.3　多糖和单糖的厌氧比降解速率

	比降解速率/$(gCOD \cdot (gVSS \cdot d)^{-1})$	pH 值
纤维素	1.2	7.4
	3.3	6.6
淀粉	38.5	5.5
果胶	53.4	6.0
	4.4	3.3
葡萄糖	77.0	5.8

4.4.3　废水中常见的有毒物质

废水当中常常含有许多有毒物质,尤其是工业废水,这些毒性物质对生物处理过程的影响作用很大,为方便分类,我们将毒性物质分为无机毒性物质、天然有机物中的毒性物和生物异性化合物。

1. 无机毒性物质

在无机毒性化合物中常含有氨、无机硫化合物、盐类和重金属等毒性物质。

（1）氨在废水中主要是以氨氮的形式存在的,存在于蛋白质和氨基酸丰富的废水当中,厌氧过程中有机氮被转化为氨氮,其在废水中的存在方式对毒性的大小有很大影响,当 pH 值为 7 时,游离氨仅占总氨氮的 1%,但如果 pH 值上升至 8,其游离氨所占的比例可上升至 10 倍,对处理系统会造成一定的负担,此时可通过稀释的方法恢复产甲烷菌的活性,Koster 等人曾经观察到在高浓度的含氨氮废水被稀释时候,细菌的活性可立即得以恢复。产甲烷菌也可对氨的毒性逐渐适应而驯化,来自于粪肥消化物中的污泥不易受氨的抑制,因为驯化过程在粪肥消化过程中已自然发生。

抑制氨的作用有很多,主要可从质量浓度、温度和 pH 值方面抑制。在一定的浓度范围下,可促进反应进行,一般氨质量浓度在 200 mg/L 下有利于厌氧降解;温度会促使游离氨浓度升高,但同时也能促进微生物生长,所以需要适度调节温度,使反应顺利进行;我们知道 pH 值的升高可增加氨的抑制作用,这是因为 pH 值越高,氨转化为游离氨的可能性就越大,控制 pH 值在微生物生长的最适条件下,可降低氨的抑制作用。总之,具体的抑制方法有驯化、空气吹脱和化学沉淀,某些离子也可以拮抗氨的抑制作用,多离子作用效果明显。

（2）在废水中的无机硫化物常以硫酸根的形式存在,但在厌氧处理中,这些含硫化合物被微生物还原为硫化氢,这种毒性物质常以游离硫化氢的形式存在,其毒性在硫化物中最大,原因是硫化氢呈电中性,只有中性才能穿过带负电的菌体细胞膜,并破坏蛋白质。硫化物可对所有的厌氧菌有直接的毒害作用,少量的硫酸盐利于厌氧消化过程,但当其含量过高时,会对厌氧生物处理造成严重抑制作用。其实,硫酸盐本身无毒,硫酸盐的生物还原增加了硫的毒性,硫酸盐等的硫的含氧化合物的还原和有机物的厌氧氧化是同时进行的,所以当溶液中含有足够的可生物降解 COD 时,硫的含氧化合物才能被完全还原。因为亚硫酸盐比硫化氢毒性更大,所以亚硫酸盐的还原可减少硫的毒性。

降低硫化物抑制作用的方法主要有投加金属或者是金属盐、利用厌氧产酸阶段去除硫、利用两相厌氧的酸相去除硫化氢、通过驯化提高 MPB 适应高硫化物环境的能力等,都取得了较为理想的效果。

（3）废水中的高浓度盐类同样为重要的毒性物质,它往往存在于那些工艺中要添加盐的工业废水中。这些盐类通常用于中和 VFA 或增加废水的缓冲能力,但是不断的积累会抑制反应的进行,可通过更换培养液的方法除去盐类。以下是各种盐类的产甲烷毒性。

表 4.4　盐对消化污泥产甲烷活性的 50% IC

盐	50% IC/(mg · L^{-1})
Mg^{2+}	1 930
Ca^{2+}	4 700
K$^+$	6 100
Na$^+$	7 600

从表 4.4 中可看出,钠离子的毒性较高,有研究表明钠的毒性在 pH 值为 7～8 时比较高,上表表示的是 pH 值为 7 时的实验结果。除此之外,底物不同时,钠的毒性也不同,当底物为丙酸和丁酸时,钠盐的毒性比乙酸为底物时高很多。钠盐的去除可根据其可逆性来实

现,有研究得到,当钠盐抑制产甲烷活性达 80% 时,除去钠盐并加入新培养液后依然可几乎完全恢复活性。

铝盐对铁和锰的竞争作用或对微生物细胞膜和细胞壁的黏附性,可影响微生物的生长,废水中铝盐对厌氧污泥颗粒中微生物的产甲烷活性有相当大的影响,投加 100 mg/L 氯化铝,微生物活性就可降低 37%,连续投加,厌氧颗粒间可以驯化铝盐对厌氧微生物铝盐后,颗粒污泥残余活性受抑制比较明显,微生物活性可恢复。

钙离子对产甲烷菌也有一定影响,大量的钙离子会形成钙盐沉淀物析出,导致不良后果,如在反应器和管道上结垢,降低产甲烷菌活性,造成营养成分损失,降低厌氧系统缓冲能力。

镁离子可增强污泥产甲烷活性,Schmidt 等研究发现镁离子可增强上流式厌氧污泥床反应器中高温厌氧污泥的沉降性能,并减少被洗出反应器的污泥量,但这种作用并不明显。镁离子的这种作用可能是因为镁离子能催化甲烷合成过程的几步反应,还有可能会影响有机物与污泥的有效接触。除了可以增强活性,它还能影响高温厌氧污泥的微生物特征,比如影响污泥中各种微生物的相对数量,改变微生物当中的优势菌等。

在中温到高温范围内,低浓度的钾离子可促进厌氧消化,但在高温,且高浓度的钾离子的条件下,钾离子会进入细胞,中和细胞膜电位,影响厌氧反应过程。

(4)在废水中,最常见的毒性物质便是重金属,比如制革厂废水中常常含有重金属铬,重金属是导致厌氧降解过程失败的主要原因。这些重金属作为反应中的营养物质,应当注意其剂量的使用,因为其溶于水中的离子越多,毒性就越强,重金属取代了与蛋白质分子自然结合的金属,致使酶的结构和功能受到破坏。另一方面,重金属又是催化厌氧反应的重要酶的组成成分,所以,重金属对于厌氧反应的影响很关键,其对厌氧微生物是促进还是抑制主要取决于重金属离子浓度、重金属化学形态、pH 值以及氧化还原电位等。

重金属的化学形态非常复杂,它可能参与多种物理化学过程,并形成多种化学形态,比如形成硫化物沉淀、碳酸盐沉淀、吸附到固体颗粒上,或者与讲解产生的中间产物形成复合物等。重金属除了化学形态复杂以外,不同的底物、菌群和环境也是影响重金属毒性的重要原因,有实验比较产甲烷菌的 IC_{50},得到重金属的毒性大小的顺序为 $Cu > Zn > Cr > Cd > Ni > Pb$。

降低重金属毒性的方法有很多种,一般情况下,我们可以在废水中加入厌氧污泥,这时在厌氧过程中产生的 S_2 和碳酸根离子与金属离子反应,并生成沉淀。除此之外,pH 值对重金属的沉淀也有一定的影响。具体的方法主要有利用有机或无机配体使重金属沉淀、吸附、螯合等。常用沉淀作用在抑制重金属毒性,还可利用污泥、活性炭、高岭土等对重金属吸附,降低毒性。有机配体对重金属的螯合作用也对降低重金属毒性很有效。微生物与重金属的接触也会激活多种细胞内解毒机制,比如细胞表面的生物中和沉淀等作用。

2. 天然有机化合物中的毒性物质

天然有机化合物中毒性物质的毒性作用可根据其结构的不同,分为非极性毒性物质和含氢键毒性物质。

(1)非极性。

在废水中,非极性的有机化合物可能会损害细胞的膜系统,这些非极性的有机化合物包括挥发性脂肪酸(VFA)、长链脂肪酸、非极性酚化合物、树脂化合物。挥发性脂肪酸的毒性取决于 pH 值,因为只有非离子化的 VFA 是呈毒性的,pH 值越高,大于 7 时,挥发性脂肪酸是无毒,且就算浓度再高,也不会显示毒性,当 pH 值较低时,非离子化的挥发性脂肪酸就会抑制甲烷菌生长,但在一定数量值下,甲烷菌是不会致死的,因为挥发性脂肪酸 VFA 的毒性是可逆的,有实验表明,在 pH 值为 5 左右时,甲烷菌在含挥发性脂肪酸的废水中最多可停留两个月,pH 值恢复以后,甲烷菌的活性可根据低 pH 值维持时间的长短在几天或几个星期内恢复,甚至可立即恢复活性。

长链脂肪酸的毒性相比之下大于挥发性脂肪酸的毒性,其抑制作用主要是由于产甲烷菌的细胞壁与革兰氏阳性菌很相似,长链脂肪酸会吸附在其细胞壁或细胞膜上,干扰其运输或防御功能,从而导致抑制作用。长链脂肪酸的毒性与厌氧降解过程有直接联系,在厌氧降解过程中,长链脂肪酸发生降解时,可恢复受抑制的产甲烷活性,但如果 VEA 存在,就可抑制长链脂肪酸的这种降解作用。长链脂肪酸对生物质的表层吸附还会使活性污泥悬浮起来,导致活性污泥被冲走。通过驯化可提高生物膜对油酸盐的耐受性和生物降解能力。由于长链脂肪酸可与钙盐形成不溶性盐,所以加入钙盐可降低长链脂肪酸的抑制作用。Hanaki 等人研究发现,乙酸存在时,可增加长链脂肪酸的毒性。他们还发现在厌氧过程中,长链脂肪酸的不完全溶解会使其被吸附到厌氧污泥的表面,这时如果施以较低 pH 值,并投加钙离子会使长链脂肪酸沉淀,达到脱毒的效果。

非极性酚化合物:单体的酚化合物一般可以根据它们的非极性特征对其毒性进行估计。结构与官能团类似的酚化合物的非极性程度越高,其毒性越大,且酚类化合物在丙酸的降解时要比乙酸的降解时有更大毒性。较大非极性酚化合物如一些木素的单体衍生物——异丁子香酚等会强烈损伤细胞,其毒性很大,即使除去也无法恢复细菌活性。

木材中非极性的抽提物称为树脂化合物,树脂引起的产甲烷活性降低在树脂除去后是不能恢复的,且在质量浓度高于 280 mg/L 时可使细菌致死。

(2)氢键。

许多含有氢键的化合物质如单宁,可通过氢键被蛋白质吸附,如果这种吸附作用很强,会使酶失活。

单宁是树皮中含量较高的聚合酚类化合物,其分子结构如图 4.2 所示。极性的酚化合物与细胞的蛋白质形成氢键。由于聚合物形成的单宁可以和蛋白质形成多个氢键连接,因为这种氢键结合力非常强。如果单宁与细菌的酶形成很强的氢键,会使酶受到损害。因此单宁单体是相对无毒的而天然的寡聚物单宁毒性相对很强。更大相对分子质量的单宁则由于不能穿透细胞膜,因此对细菌毒性不是很大。

化合物的分子大小也是影响其毒性的重要因素,化合物分子大,就不能通过细菌的细胞壁和细胞膜,所以无法损害细胞组织。有研究表明,当化合物相对分子质量大于 3 000 时,不会抑制细菌。除此之外,这些有机毒物可以被驯化后的细菌适应,也就是厌氧污泥可在浓度较低的废水中先进行驯化,之后反应器就可以容纳含有较高有机毒物的废水。单宁的单体化合物毒性较低,较高的为单宁寡聚物,它是木材和造纸工业剥皮废水中的主要毒性物质,可分为水解单宁寡聚物和缩合单宁寡聚物,水解的单宁寡聚物在厌氧时可很快降解,缩合的单宁寡聚物不能很快降解,两种寡聚物在降解后,都不能使细菌的活性恢复。

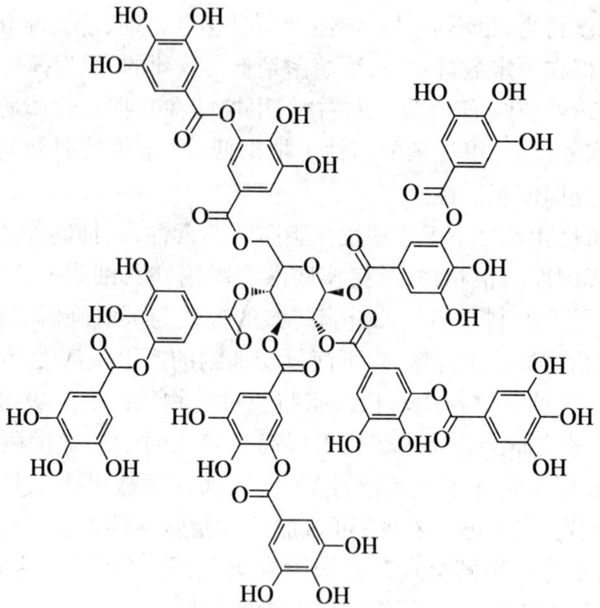

图 4.2　单宁的分子结构

除了非极性毒性物质和含氢键毒性物质，还有两种物质也很重要，即芳香族氨基酸和焦糖化合物。

在某些淀粉工业废水中常常含有酪氨酸等芳香族氨基酸，酪氨酸本身是无毒的，但在工业废水中，它就被氧化成有毒的多巴，同样的，当挥发性脂肪酸 VFA 存在时，其毒性更强。

焦糖化合物通过焦糖化形成，焦糖化即在高温工业下，水中的糖和氨基酸受热变为棕褐色的过程。糠醛类化合物是焦糖化的第一个产物，其毒性可随污泥的驯化而降低，具有生物降解性。

3. 生物异性化合物

生物异性化合物质是指人为制造且在自然环境中难以发现的有机化合物，这些化合物有：

（1）氯化烃。

某些氯化的碳氢化合物，如氯仿等可在小剂量浓度下使细菌致死，可通过驯化厌氧菌来降解这类有机物，使之生成甲烷和没有毒性的氯离子。

（2）甲醛。

常常存在于含有黏结剂的废水当中，一般情况下，达到 100 mg/L 就会对甲烷菌产生影响，可通过驯化甲烷菌来部分适应甲醛。

（3）氰化物。

存在于石油化工废水，也可存在于淀粉废水当中，对甲烷菌伤害极大，可驯化甲烷菌来抵抗这类毒性物。

（4）石油化学品。

常见的产甲烷菌的石油类毒性物有苯和乙基苯等，这些非极性的芳香族化合物在其结构上与树脂化合物类似。

（5）洗涤剂。

多存在于工厂废水中，非离子型洗涤剂和离子型洗涤剂的 50% 抑制质量浓度分别为 50 mg/L和20 mg/L。

（6）抗菌剂。

酿造厂在使用抗菌剂用来原料灭菌时可能会在废水中积累这类毒性物质，这类毒性物对驯化后细菌的影响不大，但某些抗菌素对未经驯化的厌氧污泥的毒性较大。

4.5　厌氧污泥的活性

在厌氧污泥中，厌氧微生物是处理废水的重要元素，厌氧微生物是厌氧消化过程的作用者。在厌氧消化系统中，微生物主要以群体的形式存在，以个体的形式存在的微生物不多，在系统中的作用不大，所以决定消化系统进程的主要是那些以群体的形式存在的微生物体，这种微生物体有两种形态，即泥粒状和泥膜状，泥粒状的微生物群体是肉眼可见的有机和无机絮凝体，它悬浮于消化液中；当这种絮凝体附着于特设的片状、丝状、粒状固体挂膜介质上时，就是泥膜状微生物体，这种泥膜又称为生物膜、固定膜或附着膜。泥粒和泥膜都是厌氧活性污泥，简称污泥。

4.5.1　厌氧活性污泥的性状

在厌氧生物处理中，污泥的性状主要由反应器中的污泥量、污泥浓度、有机负荷、污泥体积指数、比产甲烷活性、污泥停留时间等决定。

1. 反应器中的污泥量

反应器中的污泥量通常以总的悬浮物（TSS）或者挥发性悬浮物（VSS）的平均浓度来表示，可反映厌氧污泥的污泥活性。假定 TSS 经灼烧后的灰分为 Wash，则有：VSS = TSS − Wash，式中 VSS 可表示污泥中有机物的含量。在厌氧生物处理中，它可用来反映污泥中生物物质的量。另外，VSS 和 TSS 的比值可用来评价污泥的品质。比值越高，活性越高，如 VSS/SS = 0.65 ~ 0.8 是污泥的高活性区间，如果超过这个区间，表示微生物含量过高，且絮凝性差、易分散；比值过低，小于 0.4 时污泥的活性较低，也无法达到较高的效率。

2. 污泥浓度

污泥浓度，即污泥固体浓度，是表达生物量多少的参数，用单位有效容积 VSS 来表示，在间歇进料的消化池中，也可以用污泥沉降体积来间接表示污泥浓度，其测量方法为将混合均匀的污泥试样装于量筒中，经一定时间的静止沉降后，计量泥水分界面以下部分的总高度，其占整个污泥试样高度的百分比就是污泥沉降体积。

污泥浓度与消化系统的装置处理能力有直接联系，污泥浓度大，消化系统的处理能力就高，有机物的最大去除能力随污泥浓度的增加而提高，污泥浓度每增加 10%，反应器的单位容积的有机物去除能力大约就会增加一倍，但当污泥浓度超过某一限值后，单位容积所能去除的有机物量就会降低，也就是说这种增长效应是有限度的，超过一定限度，去除能力就不再增加。

3. 有机负荷

反应器中的有机负荷可分为容积负荷和污泥负荷。容积负荷（VLR）表示单位反应器容积每日接收的废水中有机污染物的量，单位为 KgCOD/（m³·d）或 KgBOD/（m³·d）。

4. 污泥体积指数

为防止悬浮态的厌氧活性污泥流失,需要使污泥具有良好的沉降性,而污泥体积指数是表示污泥沉降性能的重要参数,用 SVI 表示。

测量污泥体积指数需要先取质量浓度约为 2 gTSS/L 的污泥悬浮液,将它均匀混合后,置于 1 000 mL 的带有刻度的锥形的量筒中,经 30 min 完全沉降后,污泥和上清液就出现了明显的界面。

假定这时的污泥体积为 V mL,精确质量为 m gTSS,则有

$$SVI = V/m(\text{mL}/\text{gTSS})$$

试样质量浓度若大于或者小于 2 g TSS/L ,则需稀释或浓缩样品至 2 g TSS/L。SVI 值越高,表示污泥越松散、活性越高,但是容易漂浮流失;其值越低,表示污泥越密、活性越低,但是污泥不易流失。在上流式污泥床反应器中,最佳的 SVI 值应保持在 15 ~ 20 mL/g 范围内,这样可以保持污泥良好的沉降性。

5. 比产甲烷活性

污泥的比产甲烷活性是指在一定条件下,单位质量厌氧污泥产甲烷的最大速率,是污泥性状的重要参数,其单位为 $\text{gCOD}_{\text{CH}_4}/(\text{gVSS} \cdot \text{d})$。

比产甲烷活性的测定需要专门的方法,它表示的是污泥的潜在产甲烷能力,而非反应器中污泥实际产甲烷速率。由于比产甲烷活性受很多因素的影响,包括底物浓度、温度等,所以在不同条件下测得的比产甲烷活性也不同。

反应器的负荷取决于反应器内污泥量、比产甲烷活性以及污泥和废水的混合情况。因此,比产甲烷活性是反应器负荷和处理效率的重要参数。

6. 污泥停留时间

污泥停留时间也叫作污泥龄,是反应器赋予污泥的一种重要特性,用 SRT 表示,因为厌氧微生物的繁殖较慢、世代期长,所以高 SRT 是厌氧反应器高速高效运行的基本保证。以下是连续运行的反应器的 SRT 计算公式:

$$SRT = 反应器内污泥总量(\text{kg})/污泥排出反应器的量(\text{kg}/\text{d})$$

还可以表示为

$$SRT = V \cdot \rho_s / Q \cdot \rho_s'$$

式中　ρ_s——反应器中的污泥平均质量浓度,kgTSS/m³ 或 kgVSS/m³;

ρ_s'——水中污泥的平均浓度,单位同上;

V——反应器容积,m³;

Q——日处理废水量,m³/d。

在系统中,保持尽可能长的固体停留时间是很重要的,为了保持较长的污泥龄可以在上流式污泥床反应器内培养沉降性能较好的颗粒污泥,或者在一些高效反应器内将微生物固定在挂膜介质上,又或者在厌氧生物接触工艺中经泥水分离后将污泥回流于反应器。

4.5.2　厌氧污泥活性的测试原理

厌氧污泥的活性实际上是指单位质量的厌氧污泥(以 VSS 计)在单位时间内最多能产生的甲烷量,或者是指单位质量的厌氧污泥(以 VSS 计)在单位时间内最多能去除的有机物(以 COD 计)。因此,厌氧污泥活性一般可以用两个参数测量,即最大比产甲烷速率(单位

质量的厌氧污泥在单位时间内的最大产甲烷量)和最大比 COD 去除率(单位质量的厌氧污泥在单位时间内的最大的 COD 降解量)。

厌氧生物处理过程中的有机物降解速率或甲烷生成速率可用 Monod 公式来描述:

$$-\frac{dS}{dt} = -\frac{U_{max} \cdot S \cdot X}{K_s + S}$$

式中　S ——基质质量浓度(gCOD 或 BOD/L);
　　　t ——时间,d;
　　　U_{max} ——最大比基质降解速度,d^{-1};
　　　X ——微生物或污泥质量浓度,gVSS/L;
　　　K_s ——饱和常数。

$$\frac{dV_{CH_4}}{dt} = Y_g \cdot V_r \cdot \left(-\frac{dS}{dt}\right)$$

式中　V_{CH_4} ——间歇反应开始后的积累甲烷产量,mL;
　　　Y_g ——基质的甲烷转化系数(mLCH$_4$/gCOD);
　　　V_r ——间歇反应器的反应区容积,L。

由以上两式可得

$$\frac{dV_{CH_4}}{dt} = \frac{Y_g \cdot V_r \cdot U_{max} \cdot S \cdot X}{K_s + S}$$

因为厌氧细菌的世代周期较长、合成量较少,在短期内可认为厌氧微生物的生物量没有变化,也就是说上式中的 X 可以认为是一个常数;同时,由于在反应初期基质浓度很高,即可以认为 $S \gg K_s$,此时上式就可简化为

$$\frac{1}{V_r \cdot X} \cdot \frac{dV_{CH_4}}{dt} = U_{max \cdot CH_4}$$

式中　$U_{max \cdot CH_4}$ ——单位质量厌氧污泥在单位时间内的最大产甲烷量(mLCH$_4$/gVSS·d);

从上式中可以看出,如果通过试验求得某种污泥的产甲烷速率 $\frac{dV_{CH_4}}{dt}$,就可求得污泥的最大比产甲烷速率,也就是活性。

最大比产甲烷速率求出后,还可用其来推算最大比 COD 去除速率($U_{max \cdot COD}$),先求出 COD 对 CH$_4$ 的转化系数 Y_g,再由 Y_g 和 $U_{max \cdot CH_4}$ 计算 $U_{max \cdot COD}$:

$$Y_g = \frac{V_{CH_4}(t)}{(S_0 - S)V_r} \cdot \frac{T_0}{T_1}$$

得到

$$U_{max} \cdot COD = \frac{U_{max} \cdot CH_4}{Y_g}$$

式中　$V_{CH_4}(t)$ ——间歇培养结束时的累积甲烷产量,mL;
　　　S_0 ——培养瓶内初始 COD 质量浓度,g/L;
　　　T_0 ——标志绝对温度,273 K;
　　　T_1 ——测试时室温绝对温度,K。

4.5.3　厌氧污泥活性测试的装置及方法

1. 测试装置

厌氧污泥活性的测试可采用间歇式的试验方法,其试验装置如图4.3所示。

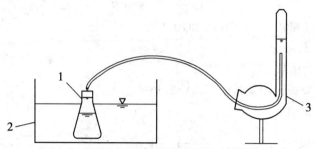

图4.3　厌氧污泥活性测试的间歇试验装置图
1—锥形瓶;2—恒温水浴槽;3—史氏发酵管

正如图4.3所示,装有一定量受试厌氧污泥的100 mL锥形反应瓶被放置在可以控温的恒温水浴槽内,反应瓶内装有一定浓度的受试的某种有机废水,反应瓶用橡胶塞密封并通过细小的乳胶管与25 mL史氏发酵管相连,这样可以保证反应瓶内产生的沼气能够以小气泡的形式进入到史氏发酵管内,并在通过浓度为2 mol/L的NaOH的NaCl饱和溶液的过程中,保证沼气中的酸性气体可以被碱液吸收,而余下的气体可认为是完全是甲烷气体。

2. 试验条件

(1)pH值:产甲烷细菌的最佳pH值一般在6.8～7.2的范围之间,但对于普通的厌氧污泥,产甲烷菌的pH值范围可以达到6.5～7.5的范围,因此,在厌氧污泥活性的测试中一般通过在反应瓶中加入$NaHCO_3$,并将其pH值调节到7.0左右。

(2)温度:我们知道温度对污泥活性有很大的影响,一般在试验中选取中温(35 ± 1 ℃)或常温(20～25 ± 1 ℃)进行测试,也可以根据需要选择其他温度。

(3)基质浓度、污泥浓度:在试验中基质质量浓度一般设为5 000 mg COD/L,而污泥质量浓度设为3～7 gVSS/L,稀释时可用去氧水进行稀释,保证二者的比值达到0.7～1.6,基质中还必须加入适量的N、P等营养元素,必要时还需要加入微量金属元素和酵母浸出膏或某些特殊的维生素等。

3. 测试步骤

(1)首先在锥形瓶容积为100 mL处作好标记,再加入质量浓度为10 000 mg COD/L的营养母液50 mL,再加入一定量的受试厌氧污泥,并用去氧水稀释至100 mL。

(2)调节温度,把恒温水浴槽调至反应所需的反应温度,将锥形瓶、橡胶管、史氏发酵管等连接好,并利用N_2将锥形瓶上部的空气驱除。

(3)将锥形瓶摇匀并放置在水浴槽内开始试验,每小时读取史氏发酵管内的产甲烷气体量一次,每次读数后都需要再次将锥形瓶轻轻摇动以使基质与污泥充分接触以及基质浓度分布均匀,一般情况下反应过程需要约10 h。

(4)当反应瓶内的污泥不再大量产气后,反应基本结束,此时,需要将锥形瓶内的混合液进行离心分离后测量其VSS量。

（5）数据整理，计算 $U_{\text{max. CH}_4}$ 和 $U_{\text{max. COD}}$。

（6）一般要求每个试验需有 2 ~ 3 个平行样，用来保证试验结果的可靠性。

4. 试验数据处理

反应初期进入史氏发酵管的沼气中的空气体积分数可用下式表示：

$$E_{\text{a}} = \exp\left(-\frac{V_{g(t)}}{V_{\text{a}}}\right)$$

式中　E_{a}——培养瓶的出气中，空气（或 N_2）的体积分数；

　　　$V_{g(t)}$——反应开始后到 t 时的累计出气量，mL；

　　　V_{a}——培养瓶中气室的容积，mL。

由上式计算可知，当 $\frac{V_{g(t)}}{V_{\text{a}}}$ 为 3.5 时，E_{a} 为 0.03，也就是说当累计出气量为气室容积的 3.5 倍时，进入史氏发酵管的气体中的空气体积分数只占到了 3%，此时我们可以近似认为气室内的空气已基本排完。

5. $U_{\text{max. CH}_4}$ 与 $U_{\text{max. COD}}$ **的计算**

试验中将厌氧污泥和底物放入培养瓶后，经过一定时间的培养，通过一定的数据统计，可得如图 4.4 所示的累计甲烷产量（V_{CH_4}）曲线：

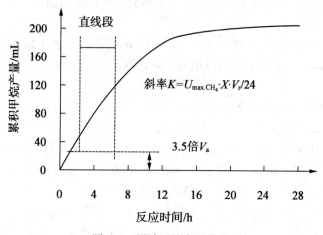

图 4.4　累计甲烷产量曲线

如图 4.4，在反应初期，由于反应瓶内的底物浓度相对较高，累积甲烷产量 V_{CH_4} 会以较为恒定的速度增加，即产甲烷过程呈零级反应；经过一段时间的反应后，由于不断地被降解使得反应瓶内的基质浓度迅速下降，使产甲烷过程表现为 V_{CH_4} 随时间呈非线性变化。为了计算最大比产甲烷速率，需要采用一元线性回归的方法求出 V_{CH_4} - t 曲线上的直线段的斜率 K，再通过一些计算就可得到受试污泥在试验条件下的最大比产甲烷速率 $U_{\text{max. CH}_4}$，计算中，一般可忽略试验环境的大气压与标准状态下的大气压的偏差，并可忽略史氏发酵管集气段气压与外界大气压的偏差，此时的偏差不得超过 1.2%，可用下式近似计算 $U_{\text{max. CH}_4}$：

$$U_{\text{max. CH}_4} = \frac{24K}{X \cdot V_{\text{r}}} \cdot \frac{T_0}{T_1}$$

式中　K——累积 V_{CH_4} - t 曲线上直线段的斜率，mLCH$_4$/h。

之后再根据原理部分所述过程,求出 COD 去除速率(取 V_{CH_4} 值为 3.5 V_a 以后的数据点作为直线段的起点求斜率 K)。

这种测试方法实用性很强,适用于对活性较高的厌氧污泥进行测试,而对于从自然环境中提取的活性较低的污泥,不易采用上述测定方法,因为较小的反应瓶容积限制了有机基质的量,所以,为了使测定的范围更广,有许多研究者提出了与上述方法类似的测定方法,采用培养瓶容积为 2～10 L 的带有搅拌装置的反应瓶,将带有底物的消化物和污泥置于反应瓶中,产生的气体通过碱液将其中的二氧化碳和酸性气体吸收后计量甲烷的产量。

其实,除了上述的测定方法以外,还有研究者提出了多种间接测定厌氧污泥活性的方法,主要有脱氢酶法、辅酶 F_{420} 法,还有氢化酶法。

脱氢酶法是测定厌氧污泥的脱氢酶含量来判断厌氧污泥的产甲烷活性的方法,主要在好氧活性污泥的活性测定中应用,也可应用于厌氧污泥的活性测定。其采用的方法也分很多种,较多采用的方法为氯化三苯基四氮唑法,即 TTC 法,该法主要用 TTC 作为人为受氢体,受氢后根据生产的三苯基甲潜的颜色深浅来判断活性。以下为具体的测定方法:

(1)测定原理。

脱氢酶是生物体内的一种非常重要的氢化酶,它可以使被氧化的有机物中的氢原子活化并将其传递给特定的受氢体,因此其在微生物体内或污泥样品内的含量可以用来衡量样品中活性微生物量的大小以及该污泥样品对某种有机物的降解活性。

(2)样品处理方法。

取一定量的活性污泥,经 3 000 r/min 离心 10 min,之后弃去上清液,称量污泥的湿重,用蒸馏水配成质量浓度为 33 g/L 的待用污泥悬浮液。

(3)测定程序。

分别取定量的待测污泥悬浮液,各加入 Tris – HCL 缓冲溶液 2 mL 和 INT 溶液 1 mL,置于 37 ℃ 恒温水浴摇床中。反应一定时间后,滴入浓硫酸 3 滴,以终止酶的反应。加入丙酮 5 mL,在常温下进行振荡萃取。放置片刻,待溶液分层后移取上清液于 1 cm 比色皿中,以试剂为空白作对照,用 722 型分光光度计在 485 nm 处测定吸光度(A)值。在一定条件下,吸光度值的大小表示了活性污泥脱氢酶活性的高低。

以上是脱氢酶法的实验步骤,接下来我们来了解一下辅酶 F_{420} 法。

辅酶 F_{420} 法是通过测定厌氧污泥中辅酶 F_{420} 的含量来测定活性的方法,辅酶 F_{420} 多数存在于产甲烷菌当中,且多数产甲烷菌含有较多的辅酶 F_{420},所以其含量是评价厌氧消化器中产甲烷菌活性的重要指标,测定辅酶 F_{420} 的含量时,通常采用紫外 – 可见分光光度法、氢化酶系统法和荧光法。

氢化酶法是测定厌氧污泥中氢化酶含量的方法。在产甲烷菌产生甲烷的过程中,二氧化碳被氢还原成甲烷的初始步骤是分子氢的激活,在此过程中,就需要有氢化酶的参与。测定产甲烷氢化酶活性的最常用的方法是同位素跟踪技术。

4.6　负荷率与发酵

在厌氧生物发酵时期,反应过程需要一定的控制条件,包括生物量以及负荷率,其中,负荷率是表示消化装置处理能力的一个重要参数。负荷率主要有 3 种表示方法,即容积负荷率、污泥负荷率和投配率。负荷率与发酵状态之间存在一定的联系,不同的负荷率存在不同的发酵状态。

4.6.1　负荷率

负荷率是表示消化装置处理能力的一个参数。负荷率有 3 种表示方法:容积负荷率、污泥负荷率、投配率。

(1)容积负荷率。

反应器单位有效容积在单位时间内接纳的有机物量,称为容积负荷率,单位为 $kg/(m^3 \cdot d)$ 或 $g/(L \cdot d)$。有机物量可用 COD、BOD、SS 和 VSS 表示。

(2)污泥负荷率。

反应器内单位重量的污泥在单位时间内接纳的有机物量,称为污泥负荷率,单位为 $kg/(kg \cdot d)$ 或 $g/(g \cdot d)$。

(3)投配率。

每天向单位有效容积投加的新料的体积,称为投配率,单位为 $m^3/(m^3 \cdot d)$。投配率的倒数为平均停留时间或消化时间,单位为 d。投配率有时也用百分数表示,例如,$0.07\ m^3/(m^3 \cdot d)$ 的投配率也可表示为 7%。

其实,厌氧消化池的容积的选择与负荷率有直接的关系,负荷率的表达方式是容积负荷和有机物负荷。按容积负荷计算的生物处理构筑物的尺寸科学性不强,污泥的特性会造成个体差异性大。有机负荷率一般为挥发性固体负荷,即每天加入到消化池中的挥发性固体的质量除以消化池的有效容积,设计中一般采用持久的负荷条件,通常 VSS 的负荷设计峰值是 $1.9 \sim 2.5\ kg/(m^3 \cdot d)$,最高限值是 $3.2\ kg/(m^3 \cdot d)$,但是也不应过低,如果小于 $1.3\ kg/(m^3 \cdot d)$,就会导致基建投资和操作费用增加。

增加负荷率可以明显减少水力停留时间,使有机容积负荷率大大提高,这时就不得不提到厌氧接触工艺,厌氧接触工艺是仿照好氧活性污泥法,在厌氧消化池外加了一个沉淀池,使沉淀的污泥回流到消化池,使污泥停留时间和废水停留时间分离,这样可以维持较高的污泥浓度。厌氧接触工艺与传统的消化池相比,负荷明显提高,使有机容积负荷率提高了,可有效地用于工业废水处理,它在处理具有中等浓度的废水方面取得了显著成功,瑞典糖业公司为瑞典和其他国家建造了 20 多座大型废水处理厂均采用该工艺。

4.6.2　负荷率与发酵状态的关系

在厌氧消化装置中,负荷率的确定需要一定的原则,即在酸化和气化的两个转化速率保持稳定平衡的条件下,求得最大的处理目标。一般来讲,若厌氧消化微生物在进行酸化转化时,能力强且速率快,那么对环境条件的适应能力也强;而若进行气化转化的能力相对较弱时,速率也较慢,对环境的适应能力会较脆弱。这种现象使得两个转化速率要想保持稳定平衡显得尤为困难,由此便形成了以下 3 种发酵状态:

(1)当有机物负荷率很高时,由于供给产酸菌的食物相当充分,致使作为其代谢产物的有机物酸产量很大,超过了甲烷细菌的吸收利用能力,导致有机酸在消化液中的积累和 pH 值下降,其结果是使消化液显酸性。这种在酸性条件下进行的厌氧消化过程称为酸性发酵状态,它是一种低效而又不稳定的发酵状态,应尽量避免。

（2）当有机负荷率适中时，产酸细菌代谢产物中的有机酸基本上能被甲烷细菌及时地吸收利用，并转化为沼气，此时溶液中残存的有机酸量一般为每升数百毫克。这种状态下消化液中 pH 值维持在 7～7.5 之间，溶液呈弱碱性。这种在弱碱性条件下进行的厌氧消化过程称之为弱碱性发酵状态，它是一种高效而又稳定的发酵状态，最佳负荷率应达此状态。

（3）当有机物负荷率偏小时，供给产酸细菌的食物不足，产酸量偏少，不能满足甲烷细菌的需要。此时，消化液中的有机酸残存量很少，pH 值偏高，可达到 7.5 以上，这种条件下进行的厌氧消化过程，称为碱性发酵状态。由于负荷偏低，因而是一种虽稳定但低效的厌氧消化状态。

4.7　接　触　方　式

厌氧消化过程的控制因素很多，主要有 HRT，SRT，氧化还原电位 Eh，pH 值及酸碱度，温度，厌氧活性污泥，废水成分，负荷率与发酵状态，接触和营养元素等，还有废水中所含污染物是否易于降解，污泥负荷是否合适，都是消化过程中必须考虑的因素。基质和污泥之间的接触情况也是厌氧消化中的关键影响因素，因为接触状况直接决定着传质过程和传质效率，而传质过程及传质效率又决定了厌氧消化反应能否顺畅进行，所以，只有实现基质与微生物之间充分而又有效的接触才能最大限度地发挥反应器的处理效率。厌氧反应器的接触方式主要有 3 种：搅拌接触、流动接触和气泡搅动接触。

4.7.1　搅拌接触

在厌氧接触工艺里，搅拌接触是比较常用的方式，在这种搅拌式的反应器中，废水进入其中，反应器开始搅拌，在搅拌的作用下可使废水与厌氧污泥充分混合，处理后的水与厌氧污泥的混合液从上部流出。

搅拌的目的是使消化池内的物料混合、循环以保持温度，达到 pH 值均匀，气体溢出、中间代谢产物的分别均匀。适度的搅拌可提升沼气的产量，可提高传质的效果，使可降解的有机物和微生物之间发生紧密接触，从而提高有机物的降解和转化效率；可均匀物理、化学和生物学性状，使污泥浓度、pH 值、微生物种群等保持一致；可降低有害物质抑制作用，降低并消除微量抑制物的影响；可提高消化池的有效容积使浮渣层和底部沉积物积累的量减少；可使中间产物的积累减少，使碳酸氢盐形成的碱度和低浓度总挥发酸之间始终保持平衡。搅拌系统的设计方法主要有输入功率法、速度梯度法和周转时间。目前常用的搅拌方式是机械搅拌和沼气搅拌。

机械搅拌主要是螺旋桨搅拌，它构造简单，易于操作，适用于锥底圆柱形消化池和卵形消化池。通过技术引进和国内研究已经使这种搅拌系统达到使用要求，如正反旋转，叶轮抗缠绕能力强、抗震动和噪声，可以通过竖管向上或向下两个方向推动污泥，在固定污泥液面的前提下能够有效地消除浮渣层。但若池内遇到机械故障，消化池需要打开，消化和搅拌就会停止运行。

Jose、A. D. Rodrigues 等人在以 COD 质量浓度为 500 mg/L 的人工合成废水为消化原料的实验中，研究了一定搅拌强度对厌氧序批式系统消化效果的影响，发现在搅拌速度为

50 r/min时,反应器对过滤和非过滤物料的去除率分别为80%和88%,这时的反应器拥有良好的固体停留期且没有颗粒污泥破碎情况的出现。

在 ASBR 中,当机械搅拌速度从 500 r/min 增至 900 r/min 时,总的厌氧消化转化率也随之增加。有效的机械搅拌可以改善颗粒有机物的悬浮状态并加速这些悬浮颗粒有机物的溶解过程,这个过程可分步骤进行:机械搅拌通过剪切作用将大的颗粒物变成粒径更小的;促进有机固体和微生物的接触,甚至可将这种接触扩展到有机固体和胞外酶之间;有助于降低水解固体周围的溶解物浓度,使水解过程受到的抑制解除。

沼气搅拌主要有悬挂喷嘴式、约束管式、底部吹管式。悬挂喷嘴式一般利用池内顶部收集气体,池体外顶部设加压装置对多处穿入池体的悬挂喷杆输运沼气,沼气在接近池体的喷嘴释放出,此种搅拌方式适用于矩形消化池,池体及液面对其影响较小。另外它还具有维修、维护方便的特点。约束管式的束管进口在池体顶部的中央,这种系统操作和构造都很简单,但容易堵塞,而且只是用于小的底部锥形池。底部吹管式和约束管式搅拌器类似,只是输气管的进入口在池体侧面。

秦峰对污泥厌氧消化过程中的沼气射流搅拌进行了相关研究,得到的实验结果表明,沼气射流搅拌比污泥循环搅拌的效果好,在搅拌时,每4 h 进行一次搅拌时效果好。但这种搅拌方式对污泥消化产生的沼气仅起到部分的搅拌作用,并不能维持消化过程的稳定,而且当废水浓度较低时,会由于产生较少的沼气量而导致沼气搅拌的作用不明显。很多研究者也都表明在沼气量不足时,反应器中停滞期的体积和传质不会得到相应的改善,有人还认为增加回流气体的压力可以达到较好的搅拌效果,但其对微生物活性的影响并没有深入的研究,有资料表明,当线性增加回流搅拌的压力时,池容产气率依然维持在1.25 L/(d·L)左右。

反应器内污泥和废水的混合多数通过连续的或间歇的机械搅拌来实现。搅拌器的功率根据经验,反应器容积通常为 0.005 kW/m³。

还有一种搅拌方式就是出水回流搅拌,以上升流污泥床反应器和固定生物膜反应器结合的混合厌氧反应器处理废水为例,有相关研究表明,当有机负荷为10.8 kg COD/(m³·d)时,出水回流搅拌在回流比例为 6.4∶1 时达到最优的 COD 去除率。虽然沼气搅拌对改善反应器死区有较好的效果,但对流体流动的形态不会产生较大影响,相对来说,出水回流搅拌与沼气搅拌相比,更能发挥较好的作用。

上述 3 种搅拌方式,其方式的不同必然会带来不同的搅拌效果,Khursheed Karim 等人曾经比较了几种搅拌方式的搅拌效果,发现在固体质量分数低于5%时,3 种搅拌方式没有明显的产气差别,而当固体质量分数大于10%以后,回流搅拌、机械搅拌和气体回流搅拌的沼气产量分别为29%、22%和15%,这是因为在低固体浓度下,厌氧消化过程本身产生的沼气就能达到有效混合反应器内物质的效果,固体浓度的升高会导致反应器有效容积的利用系数降低。实验显示的结果表明,机械搅拌是最有效的混合方式,但它也存在一些弊端,如长期运行的不稳定性。虽说搅拌可以达到很好的效果,但启动阶段的持续搅拌会导致反应器内 pH 值较低、反应器不稳定运行,使得反应器的启动时间延长。

采用搅拌方式的反应器有完全混合厌氧反应器(CSTR),传统的完全混合厌氧反应器是借助消化池内厌氧活性污泥来净化有机污染物。有机污染物进入池内,经过搅拌与池内原有的厌氧活性污泥充分接触后,通过厌氧微生物的吸附、吸收和生物降解,使废水中的有机污染物转化为沼气。完全混合厌氧反应器池体体积较大，负荷较低，其污泥停留时间等于水力停留时间，因此不能在反应器内积累起足够浓度的污泥，一般仅用于城市污水处理厂的剩余好氧污泥以及粪便的厌氧消化处理。

4.7.2　流动接触

有时厌氧接触反应器的混合装置也可以采用其他的方式，比如在反应器内装设射流泵，它的原理类似于文丘里管，即进液在高压下通过射流泵，在泵的收缩部分由于流速的快速增加将反应器内的液体与污泥吸入，同时与进液混合；还有一些工艺采用低压泵从反应器内抽走液体进行循环，或者同构所产生的沼气的回流来达到搅拌的目的，这些接触过程就为流动接触。

目前厌氧接触工艺较少采用搅拌接触，这是因为搅拌接触需要消耗动力，且运行成本高。而流动接触不需要耗能，让进水以某种方式流过厌氧污泥层或厌氧生物膜，即可实现基质与微生物的接触。采用这种接触方式的反应器有厌氧滤器（AF），厌氧滤器是采用填充材料作为微生物载体的一种高速厌氧反应器，厌氧菌在填充材料上附着生长并形成一种生物膜。生成的生物膜与填充材料一起形成固定的滤床。这种固定的厌氧滤床可分为两种，即上流式厌氧滤床和下流式厌氧滤床。污水在流动过程中生长并保持与充满厌氧细菌的填料接触，因为细菌生长在填料上将不随出水流失，在短的水力停留时间下可取得较长的污泥泥龄。厌氧滤器的缺点是填料载体价格较贵，反应器建造费用较高，此外，当污水中 SS 含量较高时，容易发生短路和堵塞。

4.7.3　气泡搅动接触

气泡搅动接触是一种新型的工艺装置，它的原理为当厌氧反应器内部有沼气产生时，生化反应中产生的气体会以分子态排出细胞并溶于水中，当溶解达到饱和后，这些气体便会以气泡的形式析出，并就近附着于疏水性污泥固体表面，在气泡的浮力作用下，污泥颗粒上下漂浮移动，起到了与水交替接触的效果。

如上流式厌氧污泥床反应器（UASB）就是采用这种接触方式，待处理的废水被引入 UASB 反应器底部，向上流过絮状或颗粒状厌氧污泥的污泥床，污水与污泥相接触发生厌氧反应，反应产生沼气，这些在污泥床产生的沼气有一部分附着在污泥颗粒上，自由气泡和附着在污泥颗粒上的气泡上升至反应器的上部。之后污泥颗粒上升至撞击到三相分离器挡板的下部，这将会引起附着气泡的释放，同时脱气的污泥颗粒沉淀回到污泥层的表面。这时自由状态下的沼气和由污泥颗粒释放的气体被收集在三相分离器顶部的集气室之中。反应的液体中包含的部分剩余固体物、生物颗粒进入到三相分离器的沉淀区内，剩余固体物和生物颗粒从液体中分离并通过三相分离器的锥板间隙后回到污泥层。UASB 反应器的优势在于可维持较高的污泥浓度、较长的污泥泥龄、较高的进水容积负荷率，而大大提高了厌氧反应器单位体积的处理能力。

第5章 厌氧生物反应器

5.1 基质降解和微生物增长表达式

基质降解和微生物增长都是一系列酶促反应的结果,有学者曾推导出米－门酶促反应如下:

$$v = \frac{v_{max}s}{k_m + s}$$

(5.1)

式中 v——以浓度表示的酶促反应速度;

s——作为限制步骤的基质的浓度;

v_{max}——最大酶促反应速度;

k_m——米氏常数,其值等于 $v = \frac{1}{2}v_{max}$ 时的基质的浓度。

1942 年,莫诺特(Monod)将米－门关系式应用到了微生物细胞的增长上,提出了一个与米－门酶促反应式相似的微生物增长表达式。莫诺特关系式如下:

$$\mu = \frac{\mu_{max}s}{k_s + s}$$

(5.2)

式中 μ——微生物比增长速度(d^{-1}),即单位时间内单位质量微生物的增长量,若用 X 表示微生物的浓度,则 $\mu = \frac{1}{X} \cdot \frac{\mathrm{d}x}{\mathrm{d}t}$;

s——基质的质量浓度,mg/L;

μ_{max}——在饱和浓度中的微生物最大比增长速度,d^{-1};

k_s——饱和常数,其值等于 $v = \frac{1}{2}v_{max}$ 时的基质浓度。

一般认为,微生物的比增长速度(μ)和基质的比降解速度(v)成正比,即

$$\mu = Yv$$

(5.3)

式中 Y——微生物生长常数或产率,即吸收利用单位质量的基质所形成的微生物增长(mg 微生物/mg 基质)。

在最大比增长速度下,当有 $\mu_{max} = Yv_{max}$,将其与公式(5.3)代入公式(5.2),得到基质比降解速度如下:

$$v = \frac{v_{max}s}{k_s + s}$$

(5.4)

式中　v——基质比降解速度(d^{-1}),即单位时间内单位微生物量所降解的基质量,$v = -\dfrac{1}{X} \cdot \dfrac{ds}{dt}$;

　　　　s——基质质量浓度,mg/L;

　　　　v_{max}——基质最大降解速度,d^{-1};

　　　　k_s——饱和常数,其值等于 $v = \dfrac{1}{2} v_{max}$ 时的基质浓度。

从公式(5.2)和(5.4)可以看出,无论是微生物增长关系式还是基质降解关系式都具有以下特性(图5.1),图5.1表示了基质比降解速度与基质浓度的关系曲线。

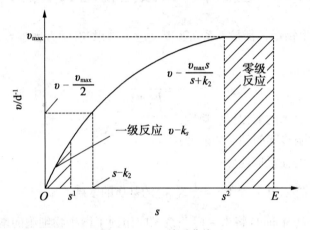

图5.1　$v - s$ 关系曲线

(1)当基质浓度很大时(或营养物质十分丰富时),即 $s \gg k_s$ 时,分母中的 k_s 可忽略不计,从而得

$$\mu = \mu_{max} \tag{5.5}$$

$$v = v_{max} \tag{5.6}$$

上式表明,在营养物质丰富的情况下,微生物的比增长速度和基质的比降解速度都是一常数,且为最大值,与基质的浓度无关。或者说比增长速度和比降解速度与基质浓度成零级反应。

(2)当基质浓度很小时(或者说营养物质十分匮乏时),即 $s \ll k_s$ 时,分母中的 s 可略去不计,从而得到

$$\mu = \frac{\mu_{max}}{k_s} \cdot s \tag{5.7}$$

$$v = \frac{v_{max}}{k_m} \cdot s \tag{5.8}$$

上式表明,在营养物质贫乏的情况下,微生物的比增长速度与基质的比降解速度都与基质的浓度成正比,即严格受基质浓度的制约。或者说比增长速度与比降解速度都与基质浓度成一级反应。

(3)当基质浓度介于以上两种情况之间时,可得到以下关系式:

$$\mu = k_1 s_1^n \tag{5.9}$$

$$v = k_2 s_2^n \tag{5.10}$$

式中　k_1、k_2、n_1、n_2——常数,且 $0 < n_1(n_2) < 1$,表明比增长速度和比降解速度与基质浓度成半反应。

以上公式均是在单一酶促反应方程的基础上演变而来的。当基质浓度采取 BOD_5 或 COD 表示,而且进行混合发酵时会出现误差。因此,使用时必须根据试验资料加以修正,建立实用模式。

公式(5.4)中的常数 k_s 和 v_{max} 可通过小型试验予以确定。具体步骤如下:

(1)首先建立试验用基质比降解速度公式:

$$v = \frac{d(s_0 - s)}{Xdt} = \frac{1}{X}\frac{ds}{dt} \tag{5.11}$$

式中　s_0——起始基质质量浓度或进水基质质量浓度,mg/L;

s——t 时的基质质量浓度,当 t 等于水力停留时间(d)时,s 即为出水质量浓度,mg/L;

X——微生物质量浓度,或为厌氧活性污泥质量浓度,mg/L。

当试验系统为连续运行的放映器且处于稳态运行(即在 s_0 和 X 保持不变,且在给定的水力停留时间下,出水水质基本稳定不变),基质比降解速度还可简化表示为

$$v = \frac{s_0 - s}{Xt} \tag{5.12}$$

式中　t——水力停留时间,d。

(2)建立小型试验系统,在保持 s_0 和 X 不变的条件下,对应于一定的水力停留时间 t(通过变动进水流量实现),可得到相应的出水浓度 s,利用公式(5.12)求出相应的基质比降解速度 v,由此可得到一组 v 和 s 相应的数据。

(3)将求得的数据绘成如图 5.1 所示的曲线,则曲线的渐近线即为 v_{max} 值。与 $\frac{1}{2}v_{max}$ 相对应的 s 值即为 k_s。但是,要精确绘制 v-s 曲线,需要较多的试验资料(如 $8 \sim 10$ 组对应点),且从曲线交汇点上求 k_s,也难以精确。

公式(5.4)也可写成如下的直线形式:

$$\frac{1}{v} = \frac{k_s}{v_{max}} \cdot \frac{1}{s} + \frac{1}{v_{max}} \tag{5.13}$$

以 $\frac{1}{v}$ 和 $\frac{1}{s}$ 为变数,可以得到如图 5.2 所示的直线。直线在横坐标上的截距是 $\frac{1}{k_s}$,在纵坐标上的截距为 $\frac{1}{v_{max}}$,从而求出 k_s 和 v_{max}。

$\frac{1}{v}$ 和 $\frac{1}{s}$ 关系线可用较少的试验资料($5 \sim 6$ 个点)绘制,且取值较为精确(与曲线相比),得到广泛的应用。

至于 μ_{max} 的求定,方法和步骤与前述相同,只是在一定的水力停留时间下要同时测定 s 和 μ,最后绘制 $\frac{1}{s}$ 和 $\frac{1}{\mu}$ 直线,求得 k_s 和 μ_{max}。必须指出,μ 的测定难度很大,要求试验时必须

仔细操作。

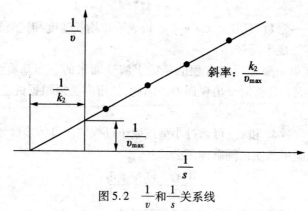

图 5.2　$\dfrac{1}{v}$ 和 $\dfrac{1}{s}$ 关系线

当进水浓度 s_0 含有一定浓度 (s_n) 非生物降解物时,则比降解速度如下:

$$v = \frac{v_{\max}(s - s_n)}{k_s + (s - s_n)} \tag{5.14}$$

通过前述试验步骤,也可绘制类似于如图 5.1 所示的 $v - (s - s_n)$ 曲线,不同的是曲线的原点坐标是 $(s_n, 0)$,而不是 $(0,0)$。

当进水中含有一定量的抑制物时,基质的降解速度和微生物的增长速度都会受到一定的影响。若抑制物质一直存在于进水中,则 $v - s$ 曲线将会低于未含抑制物质的 $v - s$ 曲线。抑制物质浓度越大,曲线位置越低。当抑制物质浓度达到一定的极限值时,$v - s$ 曲线将与横坐标重合,表明生物处理过程遭到彻底破坏。

当进水中偶有抑制物质进入时,则 $v - s$ 曲线在抑制物质进入的试验点开始下滑,即相应的 v 值开始变小。当抑制物质达某一极限值时,微生物被彻底抑制,曲线在此点垂直下滑至横坐标。

5.2　动力学基本方程

在连续运行的稳态生物处理系统中,同时进行着 3 个过程:①有机基质的不断氧化分解(降解);②微生物细胞物质的不断合成;③微生物老细胞物质的不断自身氧化衰亡。将这 3 个过程综合起来,形成如下基本方程:

$$\frac{\mathrm{d}X}{\mathrm{d}t} = Y\left(-\frac{\mathrm{d}S}{\mathrm{d}t}\right) - bX \tag{5.15}$$

式中　$\dfrac{\mathrm{d}X}{\mathrm{d}t}$——以浓度表示的微生物净增长速度,[mg 微生物/(L·d)];

　　　$\dfrac{\mathrm{d}s}{\mathrm{d}t}$——以浓度表示的基质降解速度,[mg 基质/(L·d)];

　　　Y——微生物增长常数,即产率,mg 微生物/mg 基质;

　　　b——微生物自身氧化分解率,亦即衰减系数,d^{-1};

　　　X——微生物质量浓度,mg/L。

将公式(5.15)两边各除以 X,得

$$\mu' = \frac{\frac{dx}{dt}}{X} = Y\left(-\frac{\frac{ds}{dt}}{X}\right) - b \tag{5.16}$$

式中　$\mu' = \dfrac{\frac{dx}{dt}}{X}$——微生物的(净)比增长速度;

　　　　$\dfrac{\frac{ds}{dt}}{X}$——单位微生物量在单位时间内降解有机物的量,亦即基质的比降解速度。

将公式(5.16)变换后可写成

$$\frac{\frac{1}{VX}}{\frac{1}{V}\frac{dx}{dt}} = -Y\frac{\frac{ds}{dt}}{VX} - b$$

$$\frac{\frac{1}{X_0}}{\Delta X_0} = Y\frac{\Delta s_0}{X_0} - b \tag{5.17}$$

$$\frac{1}{\theta_\tau} = YU_s - b \tag{5.18}$$

式中　V——生物反应器容积,L;

　　　X_0——生物反应器内微生物总量,$X_0 = VX$,mg;

　　　ΔX_0——生物反应器内微生物净增长总量,$\Delta X_0 = V\dfrac{dx}{dt}$,mg/d;

　　　ΔS_0——生物反应器内降解的基质总量,$\Delta s_0 = -V\dfrac{ds}{dt}$,mg/L;

　　　U_s——生物反应器内单位质量微生物降解的基质量,$U_s = \dfrac{\Delta s_0}{X_0}$,mg/(mg·d);

　　　θ_τ——细胞平均停留时间(MCRT),在废水生物处理系统中,习惯称为污泥停留时间(SRT)或泥龄(Sludge Age),单位为 d。

　　公式(5.18)把污泥停留时间 θ_τ 和污泥负荷联系在一起,给实际运行和设计带来了新的控制因素。

　　在特定条件下运行的生物处理系统,其中微生物的增长率是有一定限度的,而且与污泥负荷有关。如每天增长 20%,则倍增时间是 5 d。如果污泥停留时间为 5 d,则每天污泥排出量是 20%,此排出量与微生物增长量相等,从而保证了处理系统的污泥总量保持不变。如果污泥停留时间小于微生物的倍增时间,则每天的污泥排出量大于增长量,其结果将使污泥总量逐渐减少,无法完成处理任务。如果停留时间大于微生物的倍增时间,则每天排出污泥量小于微生物增长量,从而保证处理系统有多余的污泥量以备排出。这种情况是设计和运行必须保证的。

　　厌氧消化系统的微生物生长很慢,倍增时间很长。因此,在一些新一代的高效处理装置中,为了保证有足够的厌氧活性污泥,都采用了一些延长污泥停留时间的措施,如在完全混合式厌氧消化池后设立沉淀池,以截留和回流污泥;在上流式厌氧污泥床反应器内培养不易漂浮的颗粒污泥,并在出水端设三相分离器;在反应器内设置挂膜介质,以生物膜的形式将微生物固定起来,不使流失。

5.3　升流式厌氧污泥层反应器(UASB)

升流式厌氧污泥床(Upflow Anaerobic Sludge Blanket,UASB)反应器,最早是由荷兰学者Lettinga等人在20世纪70年代初开发的。这种新型的厌氧反应器由于其结构简单,不需要填料,没有悬浮物堵塞等问题,所以,这种仪器一出现便立即引起了广大废水处理工作者的极大兴趣,并很快被广泛应用于工业废水和生活污水的处理当中。UASB反应器在处理各种有机废水时,反应器内一般情况下均能形成厌氧颗粒污泥,而厌氧颗粒污泥不仅具有良好的沉降性能,而且具有较高的比产甲烷活性。UASB反应器内设置三相分离器,因此污泥不易流失,反应器内能维持很高的生物量,一般可达80 GSS/L左右。同时,反应器SRT很大,HRT很小,这使得反应器内具有很高的容积负荷率和处理效率,以及稳定运行性。

5.3.1　UASB反应器的构造

UASB反应器的正常运行必须具备3个重要前提:
①反应器内形成沉降性能良好的颗粒污泥或絮状污泥。
②由产气和进水的均匀分布所形成的良好的自然搅拌作用。
③设计合理的三相分离器使污泥能够保留在反应器内。

因此,UASB在构造上主要由进水配水系统、反应区、三相分离器、气室和处理水排出装置等组成,如图5.3所示。

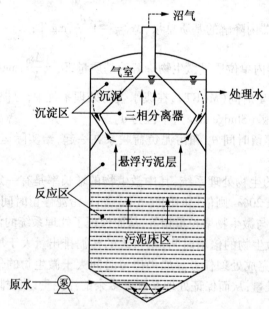

图5.3　升流式厌氧污泥床(UASB)的组成

反应区是UASB内有机污染物被微生物分解氧化的主要部位,其内存留大量厌氧污泥,这些具有良好的絮凝和沉淀性能的污泥在底部形成颗粒污泥层,而颗粒污泥层的上面则是由于沼气在上升过程中搅动而形成的污泥浓度较小的悬浮污泥层。

　　三相分离器(图5.4)是UASB中进行水、气、泥三相分离,保证污泥床正常运行和获得良好出水水质的关键部位,废水从厌氧污泥床底部流入与颗粒污泥层和悬浮污泥层进行混合接触。污泥中厌氧微生物分解有机物的同时产生大量微小沼气气泡,该气泡在上升过程中逐渐增大并携带着污泥随水一起上升进入三相分离器。当沼气碰到分离器下部的反射板时,折向反射板的四周,穿过水层进入气室;泥水混合液经过反射板后进入三相分离器的沉淀区,废水中的污泥发生絮凝作用,在重力作用下沉降;沉降到斜壁上的污泥沿着斜壁滑回反应区,使污泥床内积累起大量的污泥;与污泥分离后的处理水则从沉淀区溢流堰上部溢出,然后排出UASB反应器外。

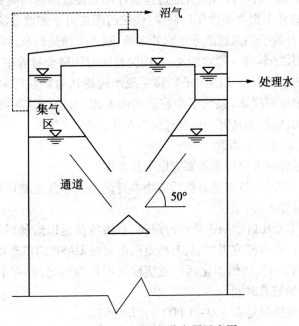

图 5.4　UASB 三相分离器示意图

5.3.2　UASB 反应器厌氧颗粒污泥的形成及其性质

1. 污泥颗粒化的意义

　　在厌氧反应器内颗粒污泥的形成过程称之为污泥颗粒化。由于颗粒污泥具有特别好的沉降性能,能在很高产气量和上向流速度下保留在反应器内。因而污泥颗粒化可以使UASB内保留高浓度的厌氧污泥,并可以使UASB能够承受更高的有机物容积负荷和水力负荷。

　　污泥颗粒化还具有以下的优点(Hulshoff Pol,1989):细菌形成的污泥颗粒状聚集体是一个微生态系统,其中不同类型的种群形成了共生或互生体系,有利于形成细菌生长的生理生化条件;颗粒污泥的形成利于其中的细菌对营养的吸收,利于有机物的降解;颗粒污泥使诸如产乙酸菌和利用氢的细菌等发酵菌的中间产物的扩散距离大大缩短;在诸如pH值和毒性物质浓度等废水性质骤变时,颗粒污泥能维持一个相对稳定的微环境而使代谢过程继续进行。

2. 颗粒污泥的形成机理与主要因素

（1）颗粒污泥的形成机理。

颗粒污泥的形成机理尚处于研究阶段，但根据观察颗粒污泥在培养过程中所出现的现象已初步形成如下的有代表性的假说：

①Lettinga 等人的晶核假说：颗粒污泥的形成类似于结晶过程，晶核来源于接种污泥或运行过程中产生的诸如 $CaCO_3$ 等颗粒物质的无机盐，在晶核的基础上不断发育形成成熟的颗粒污泥。此假说已为一些实验所证实，如测得一些成熟颗粒污泥中确有 $CaCO_3$ 颗粒存在，还有在颗粒污泥的培养过程中投加颗粒污泥能促进颗粒污泥形成等。

②Mahoney 电中和作用假说：在厌氧污泥颗粒化过程中，Ca^{2+} 能中和细菌细胞表面的负电荷，能削弱细胞间的电荷斥力作用，并通过盐桥作用而促进细胞的凝聚反应。

③Samson 等人胞外多聚物架桥作用假说：颗粒污泥是由于细菌分泌的胞外多糖将细菌黏结起来而形成的，有的甲烷菌就能分泌胞外多糖，胞外多糖是颗粒污泥形成的关键。

④Tay 等人细胞质子转移－脱水理论：在细胞自固定和聚合过程中，大量研究表明细胞表面憎水性是主要的亲和力。细胞质子转移－脱水理论认为颗粒污泥形成的第一步是细胞质子转移引起细胞表面脱水，强化了细胞表面的憎水性，进而诱导细胞间的聚合。聚合的微生物再经过熟化，成长为具有一定粒径的颗粒化污泥。

（2）颗粒污泥形成的主要因素。

影响颗粒污泥形成的主要因素主要有以下几方面：

①废水性质：废水特性，特别是有机污染物本身的热力学及生物降解性质，直接影响到颗粒化污泥形成的速度。

②有机负荷：在 UASB 启动到正常运行期间，有机负荷是以阶梯增加的方式，逐步达到设计负荷标准。目前，也有研究表明，高有机负荷能缩短 UASB 的启动周期。

③接种污泥：可以用絮状的消化污泥或活性污泥作为种泥，如有条件采用颗粒污泥更佳，可缩短颗粒污泥的培养时间。

④碱度：进水碱度应保持在 750 ~ 1 000 mg/L 之间。

⑤温度：以中温或高温操作为宜（一般为 35 ℃左右）。

⑥水力剪切力：一般认为，在水力剪切力较低的环境下有利于颗粒化污泥的形成，但是近期大量研究并不支持这一观点。UASB 反应器中一定程度的水力剪切力对于微生物具有筛选作用，加速了污泥颗粒化速度。

⑦毒性物质：在污泥颗粒化初期，如果废水中含有大量毒性或抑制性物质将直接影响颗粒污泥的形成，甚至造成 UASB 反应器启动失败。

3. 颗粒污泥的特征

颗粒污泥的特征可以从其物理、化学和生物学等特性方面加以描述，详见表 5.1。

表 5.1 UASB 中颗粒污泥的特征

颗粒污泥特征	特征描述	备注
物理特性：		
形状	相对规则的球形或椭球形	边界清晰
颜色	黑色或深浅不同的黑灰色	有时也发现呈白色
大小	多在 0.5~5.0 mm	可能大于5.0 mm，但大于7.0 mm少见
密度	约在 1 025~1 080 kg/m³	
沉降性能	SVI 多在 10~20 mL/g 沉降速度约在 20.9~98.9 m/h	
强度	$(0.82~2.50) \times 10^5$ Pa	处理工业废水
孔隙率	40%~80%	有的也低至10%或高达95%
化学特性：		
有机物(细胞)量	多数情况下 VSS/SS 可在 50%~90%	灰分质量分数也可能在8%~65%之间
CaCO₃ 等沉降物	可能含有	其量随废水中 Ca²⁺ 等浓度升高而上升
Fe、Ni、Zn 等金属硫化物	如 FeS	颗粒污泥的黑色源
生物特性：		
细菌构成	类似产甲烷丝菌属占相当大比例。微小菌落主要由产甲烷丝菌和产甲烷杆菌为主的互生菌组成，同一菌落中产酸菌和产甲烷菌错落地呈"格子"状分布	也有报道在稀麦芽汁和啤酒废水中培养的颗粒污泥以甲烷八叠球菌为主，同时存在产甲烷丝菌
产甲烷活性	0.5~2.0 gCODCH₄/gVSS/d	30 ℃
	7.1 gCODCH₄/gVSS/d	38 ℃

注:表中数据根据文献(贺延龄,1998)整理

5.3.3 UASB 反应器的启动与运行

UASB 反应器建成之后,如何快速启动达到设计负荷率和出水水质指标要求是很重要的。UASB 反应器启动成功的关键是培养出活性高、沉降性能好的厌氧颗粒污泥,使反应器内能维持足够的生物量,污泥平均质量浓度达到 40~50 g SS/L(30~40 VSS/L)。这时,反应器会具有很高的进水容积负荷率和较高的有机物去除率。

1. UASB 反应器的初次启动

初次启动(First Start-up 或 Primary Start-up)通常指对一个新建的 UASB 系统以未经驯化的非颗粒污泥(如污水厂污泥消化池的消化污泥)接种,使反应器达到设计负荷和有机物去除效率的过程,通常这一过程伴随着颗粒化的完成,因此也称之为污泥的颗粒化。

由于厌氧微生物,特别是甲烷菌增殖很慢,厌氧反应器的启动需要较长的时间,这被认为是高速厌氧反应器的一个缺点,但是,一旦启动成功,在停止运行后的再次启动可以迅速完成。同时,当使用现有废水处理系统的厌氧颗粒污泥启动时,它要比其他任何高速厌氧

反应器的启动都要快得多。

很多学者对厌氧污泥的颗粒化和 UASB 的初次启动都进行了多年的深入研究,总结出了一些成功经验,关于 UASB 初次启动的若干要点见表 5.2。

表 5.2　UASB 初次启动的若干要点

Ⅰ. 接种
　①可供细菌附着的载体物质微粒对刺激和发动细胞的聚集是有益的
　②种泥的比产甲烷活性对启动的影响不大,尽管质量浓度大于 60 g TSS/L 的稠消化污泥的产甲烷活性小于较稀的消化污泥,前者却更利于 UASB 的初次启动
　③添加部分颗粒污泥或破碎的颗粒污泥,也可提高颗粒化过程

Ⅱ. 启动过程的操作模式
　启动中必须相当充分地洗出接种污泥中较轻的污泥,保存较重的污泥,以推动颗粒污泥在其中形成。推荐的要点如下:
　①洗出的污泥不再返回反应器
　②当进液 COD 质量浓度大于 5 000 mg/L 时采用出水循环或稀释进液
　③逐步增加有机负荷。有机负荷的增加应当在可降解 COD 能被去除 80% 后再进行
　④保持乙酸质量浓度始终低于 1 000 mg/L
　⑤启动时稠型污泥的接种量为大约 10 ~ 15 kg VSS/m³,质量浓度小于 40 kgTSS/L 的稀消化污泥接种量可以略小些

Ⅲ. 废水特征
　①废水浓度。低浓度水有利于颗粒化的快速形成,但浓度也应当足够维持良好的细菌生长条件。最小的 COD 质量浓度应为 1 000 mg/L
　②污染物性质。过量的悬浮物阻碍颗粒化的形成
　③废水成分
　——溶解性碳水化合物为主要底物的废水比以 VFA 为主的废水颗粒化过程快
　——当废水中含有蛋白质时,应使蛋白质尽可能被降解
　④高的离子浓度(Ca^{2+}、Mg^{2+})会引起化学沉淀($CaCO_3$、$CaHPO_4$、$MgHPO_4$),由此导致形成灰分含量高的颗粒污泥

Ⅳ. 环境因素
　①在中温范围,最佳温度为 38 ~ 40 ℃,高温范围为 50 ~ 60 ℃
　②反应器内 pH 值应始终保持在 6.2 以上
　③N、P、S 等营养物质和微量元素(Fe、Ni、Co 等)应当满足微生物的生长需要
　④毒性化合物应当低于抑制浓度或应给予污泥足够的驯化时间

表 5.2 总结了 20 世纪 80 年代中期以前的一些经验,结合一些新老经验,我们对 UASB 的初次启动可以作如下讨论:

(1)关于种泥,应用最多的是废水处理厂污泥消化池的消化污泥,此外还有牛粪、各类粪肥和下水道污泥等,一些废水沟的污泥和沉淀物或富含微生物的河泥也可以被用于接种。污泥的接种质量浓度至少不低于 10 kgVSS/m³,填充量不超过反应器容积的 60%。一般来说,稠的消化污泥对污泥颗粒化有利;广泛存在于各类种泥中、作为细胞最初形成聚集体内核的物质(有机或无机的或细胞本身菌胶团的物质)对形成初期颗粒污泥有益;部分破

裂的颗粒污泥碎片亦会成为新生的颗粒污泥载体。启动中还必须充分冲刷出种泥中较轻的污泥且不再返回反应器,以促进颗粒污泥的形成。

(2)关于废水水质,应尽量少含阻碍污泥颗粒化进行的悬浮物。富含溶解性碳水化合物的废水颗粒化进程较快,若含有蛋白质时应使其预先降解。较高的 Ca^{2+} 和 Mg^{2+} 等浓度会形成 $CaCO_3$、$CaHPO_4$ 和 $MgHPO_4$ 等沉淀,由此导致颗粒污泥中的灰分可能太高。低有机物浓度利于污泥的颗粒化,但为维持细菌的良好生长,COD 的质量浓度应不小于 1 000 mg/L,超过 5 000 mg/L 时可采用出水循环或稀释进水的办法。

(3)关于负荷,启动初始阶段负荷较低,一般控制在 0.5 ~ 1.5 kg COD/$(m^3 \cdot d)$ 或 0.05 ~ 0.1 kg COD/$(kgVSS \cdot d)$,种泥中非常细小的分散污泥将因水的上升流速和逐渐产生的少量沼气被冲刷出反应器。当负荷上升至 2 ~ 5 kg COD/$(m^3 \cdot d)$ 时,由于水的上流速度和产气增加使絮状污泥的冲刷流失量增大,在留下的污泥中开始产生颗粒污泥,从启动开始到 40 d 左右便可明显地观察到(Lettinga,1984)。当负荷超过 5 kg COD/$(m^3 \cdot d)$ 以后,颗粒污泥加速形成,而絮状污泥迅速减少直到反应器内不再存在。当反应器大部分为颗粒污泥所充满时,其最大负荷可以达到 50 kg COD/$(m^3 \cdot d)$。应当说明,有机负荷的逐步增加,一般应在各负荷阶段使可降解 COD 能被去除 80% 后再进行。

(4)关于环境条件,在中温操作范围内的最佳温度为 30 ~ 38 ℃,而在高温操作范围内的最佳温度为 53 ~ 58 ℃;反应器内的 pH 值应保持在 6.8 ~ 7.5;N、P 与 S 等营养物质和 Fe、Ni 与 Co 等微量元素应满足微生物生长的需要;控制毒性物质低于其对微生物的抑制浓度或给予污泥以足够的驯化时间,如保持乙酸质量浓度始终低于 1 000 mg/L 等。

完成初次启动的时间一般为 4 ~ 16 周(Lettinga,1984)。

2. UASB 的二次启动

如前面所述,初次启动是指用颗粒污泥以外的其他污泥作为种泥启动一个 UASB 反应器的过程。当越来越多的 UASB 反应器投入生产运行后,人们有可能得到足够的颗粒污泥来启动一个 UASB 反应器。使用颗粒污泥作为种泥对 UASB 反应器的启动即称为二次启动(Secondary Start-up)。颗粒污泥是 UASB 启动的理想种泥,使用颗粒污泥的二次启动大大缩短了启动时间。即使对于性质相当不同的废水,颗粒污泥也能很快适应。

使用颗粒污泥接种允许有较大的接种量,较大的接种量可缩短启动的时间。启动时间的长短很大程度上取决于颗粒污泥的来源,即颗粒污泥在原反应器中的培养条件(温度、pH 值等)以及原来处理的废水种类。新启动的反应器在选择种泥时应尽量使种泥的原处理废水种类和拟处理的废水种类一致,废水种类与性质越接近,则由于驯化所需时间较少而可以大大缩短启动时间。不同温度范围内的种泥会延长启动时间,例如高温种泥不利于中温反应器的启动,而中温种泥启动高温反应器也较慢,因此应尽量使用同一温度范围内的种泥。

在难以得到同种废水、同种条件培养的颗粒污泥时,尽管启动时间会略有延长,但二次启动也会很快完成。

由于二次启动采用较大的接种量,同时颗粒污泥的活性比其他种泥高得多,所以二次启动的初始负荷可以较高。Lettinga 推荐初始负荷可以为 3 kgCOD/$(m^3 \cdot d)$。负荷与浓度的增加模式亦与初次启动相当,但相对容易。在二次启动中,应注意经常监测产气、出水 VFA、COD 去除率和 pH 值等重要指标。

二次启动在原则上如上所述,但启动中不免遇到某些意外的问题或现象,这些问题如果处理得当,会有利于新的污泥颗粒化和加快启动过程。常见的问题和解决方法见表5.3。

表5.3　UASB 二次启动中可能出现的问题及解决方法

问题与现象	原因	解决方法
1. 污泥生长过于缓慢	a. 营养与微量元素不足 b. 进液预酸化程度过高 c. 污泥负荷过低 d. 颗粒污泥洗出 e. 颗粒污泥的破裂	a. 增加进液营养与微量元素浓度 b. 减少预酸化程度 c. 增加反应器负荷
2. 反应器过负荷	a. 反应器中污泥量不足 b. 污泥产甲烷活性不高	a. 降低负荷;提高污泥量增加种泥量或促进污泥生长;适当减少污泥洗出 b. 减少污泥负荷,增加污泥活性
3. 污泥产甲烷活性不足	a. 营养与微量元素不足 b. 产酸菌生长过于旺盛 c. 有机悬浮物在反应器内积累 d. 反应器中温度降低 e. 废水中存在着毒物或形成抑制活性的环境条件 f. 无机物(如 Ca^{2+} 等)引起沉淀	a. 添加营养或微量元素 b. 增加废水预酸化程度降低反应器负荷 c. 降低进液悬浮物浓度 d. 增加温度 f. 减少进液中 Ca^{2+} 浓度;在 UASB 前采用沉淀池
4. 颗粒污泥洗出	a. 气体聚集于中空的颗粒中,在低温、低负荷、低进液浓度下易形成大而中空的颗粒污泥 b. 由于颗粒形成分层结构,产酸菌在颗粒污泥外大量覆盖使产气聚集在颗粒内 c. 颗粒污泥因废水中含大量蛋白质和脂肪面有上浮趋势	a. 增大污泥负荷,采用内部水循环以增大水对颗粒的剪切力,使颗粒尺寸减小 b. 应用更稳定的工艺条件,增加废水预酸化的程度 c. 采用预处理(沉淀或化学絮凝)去除蛋白质和脂肪
5. 絮状的污泥或表面松散,"起毛"的颗粒污泥形成并洗出	a. 由于进液中的悬浮的产酸细菌的作用,颗粒污泥聚集在一起 b. 在颗粒表面或以悬浮状态大量地生长产酸菌 c. 表面"起毛"的颗粒形成,大量产酸菌附着在颗粒表面	a. 从进液中去除悬浮物,减少预酸化程度 b. 增加预酸化程度,加强废水与污泥混合的强度 c. 增加预酸化程度,降低污泥负荷
6. 颗粒污泥破裂分散	a. 负荷或进液浓度的突然变化 b. 预酸化程度突然增加,使产酸菌呈"饥饿"状态 c. 有毒物质存在于废水中 d. 过强的机械力作用 e. 由于选择压过小而形成絮状污泥	a. 采用更稳定的工艺 b. 应用更稳定的预酸化条件 c. 废水脱毒预处理;延长驯化时间;稀释进液 d. 降低负荷和上流速度,以降低水流的剪切力 e. 采用出水循环以增大选择压力,使絮状污泥洗出

3. UASB 启动后的运行

在 UASB 完成其启动以后,即可投入正常的运行状态。在实际运行中,应控制反应器的操作条件满足微生物的最佳生长条件,力求避免大的波动。

实际运行中需经常监测的指标有:流量 Q,进出水 COD 浓度,进水、出水与反应器内的 pH 值,产气量及其组成,出水的 VFA 浓度与组成,反应器内的温度等。

出水中 VFA 的浓度是 UASB 运行中需要监测的最为重要的参数,这不仅是因为 VFA 由于其分析迅速和灵敏可尽快反映出反应器内的微小变化,还因为 VFA 的去除程度可直接反映出反应器的运行状况,负荷的突然加大、温度的突然降低或升高、pH 值的波动、毒性物质浓度的增加等,都会由出水中 VFA 的升高反映出来。因此,监测出水中 VFA 的浓度,将有利于操作过程的及时调节。一般来讲,过高的出水 VFA 浓度表明反应器内 VFA 大量累积,当 VFA 的质量浓度超过 800 mgCOD/L 时,反应器即面临酸化危险,应立即降低负荷或停止进水,并检查其他操作条件有无改变。在正常运行中,应保持出水 VFA 质量浓度在 400 mgCOD/L 以下。以在 200 mgCOD/L 以下为最佳;出水中 VFA 的组成应以乙酸为主,占 VFA 总量的 90% 以上。

产气量是 UASB 运行中需要监测的另一重要参数,这是因为产气量能够迅速反映出反应器运行状态且容易测量。当产气量突然减少而负荷未变时,表明可能存在温度的降低、pH 值的波动、毒性物质浓度的增加等不正常运行情况致使产甲烷菌活性降低。废水组成变化,也会导致产气量的变化。在正常运行时,不仅产气量相对稳定,气体组成中 CH$_4$ 一般也在 60% ~ 80%,具体比例取决于废水的成分。

UASB 是目前应用最为广泛的高效厌氧反应器,几乎可用来处理所有以有机物为主的废水,几乎分布在世界各国。在全球范围内已经有 900 个以上的生产 UASB 在运行,其中最大的是荷兰 Paques 公司为加拿大建造的用于造纸废水处理的 UASB,反应器容积为 15 600 m^3,处理 COD 能力为 185 t/d。目前 UASB 反应器的应用仍呈迅速增加趋势。以 UASB 为基础的高效厌氧反应器(如厌氧内循环反应器、UASB + 厌氧滤池)也在研究、开发与应用中。

5.4　连续流式混合搅拌反应器(CSTR)

单个的连续流式混合搅拌反应器(CSTR)是生物处理中最简单的反应器,用于活性污泥、好氧塘、好氧消化、厌氧消化和生物法去除营养物等。这种反应器在微生物和环境工程研究中也得到了广泛应用。许多有关微生物生长的知识都是从这种反应器得到的。

CSTR 可能是最简单的连续流悬浮生长式生物反应器。反应器由一个能充分搅拌的容器、含有污染物的入水和含有微生物的出水组成。反应器体积恒定,混合充分,所有组分的浓度均匀一致,并且等于出水浓度。因此,这种反应器又称为完全混合式反应器。均匀的条件使微生物保持稳定正常的生理状态。只要增加一个物理单元操作,例如增加一个能分离微生物的沉淀池,就可获得相当高的运行灵活性。沉淀池的溢流出水中几乎不含微生物,而底流中含有浓缩的污泥。大部分浓缩的污泥被回流到生物反应器,一部分被废弃。因为被废弃的细胞是有机性的,所以在排放到环境之前必须采用适当工艺进行处理。

将几个 CSTR 串联可增加灵活性,因为可以将进水加入到任何一个或所有 CSTR 中。

而且,污泥回流可以在整个系列或者其中任何部分进行。这样,系统行为更加复杂,因为微生物通过一个个反应器时,其生理状态也在改变。尽管如此,许多通用的废水处理系统分别使用进水和污泥回流。多级系统的一个优点是不同层级可以调整到不同的状态,因而可以达到多重目标。这类系统在生物法去除营养物中非常普遍。

5.4.1　CSTR 反应器的构造特点

CSTR 反应器被广泛地应用于有机废水两相厌氧生物处理系统的产酸相和发酵制氢的实践中,也可作为甲烷的发酵装置。图 5.5 为 CSTR 装置图。

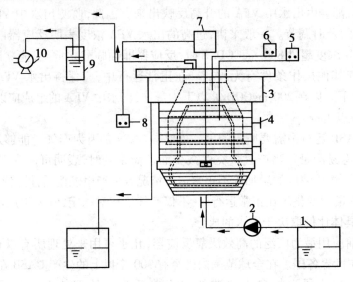

图 5.5 CSTR 装置图

1—进水箱;2—蠕动泵;3—反应器;4—取样口;5—温控仪;
6—ORP 测定仪;7—搅拌机;8—出水口;9—水封;10—湿式气体流量计

实验室用 CSTR 反应器一般由有机玻璃制成,内设气 – 液 – 固三相分离装置,为反应区和沉淀区一体化结构。反应器内设有搅拌装置,使泥水充分混合接触,提高传质效率。同时通过水封和轴封保证反应系统微生物生长所需要的厌氧环境。反应器运行过程中,采用将电热丝缠扰在反应器外壁上的方式加热,并通过温控仪将反应系统的温度控制在 (35 ± 1)℃。

进水从配水箱经蠕动泵泵入反应器,通过调节蠕动泵的转速来保证进水恒定。反应器内的厌氧环境可通过 ORP 测定仪来测定,进入稳定运行状态后,ORP 值一般为 – 450 ～ – 460 mV。反应器设有取样口和集气管,发酵气体经过水封装置,采用湿式气体流量计来计量气体体积。

5.4.2　生产性 CSTR 反应器的设计

生产性装置的设计对启动和运行十分重要,系统的设计应以实验室所获得的数据为依据。

1. 有机负荷率的确定

由实验室中所获得的最大的负荷率常常要比生产性装置中所得到的负荷率大。这主要是因为实验室中的设备比较容易调节,水质、温度波动小,反应区死角少。所以在生产性装置的设计不应以实验室所得到的最大负荷率作为设计负荷率,从实际经验来看,设计负荷率一般取实验室数据的 50% ~67% 进行计算,即

$$N_a = (0.5 \sim 0.67) N_{am}$$

式中　N_a——生产性装置设计的有机容积负荷,$kgCOD/(m^3 \cdot d)$;

　　　N_{am}——实验室所达到的最大的有机负荷,$kgCOD/(m^3 \cdot d)$。

2. 应器容积的确定

(1)根据 HRT 进行计算:

$$V_1 = Q \cdot HRT$$

式中　Q——连续进水流量,m^3/h;

　　　V_1——由 HRT 所得反应池体有效容积,m^3。

(2)根据有机容积负荷进行计算

$$N_a = \frac{Q \cdot s_0}{V^2}$$

$$V_2 = Q \cdot s_0 / N_a = Q \cdot s_0 / (0.5 \sim 0.67) N_{am}$$

式中　v_2——由 N_a 所得反应池体有效容积,m^3;

　　　s_0——进水中有机物质量浓度,$kgCOD/m^3$。

取最终有效容积 $V = Max(V_1, V_2)$。像 CSTR 这种悬浮型厌氧反应器容积可直接取上述计算的容积,而对于附着型厌氧反应器,生产性装置的容积还应考虑填料或载体所占的容积。

计算和生产运行表明,对于低质量浓度进水(<1 000 mg COD/L)和中温或高温的操作环境,反应器的容积一般取决于 HRT。这是由于对一定量的污泥来说,低浓度的进水使得分配到单位重量上的污泥的有机物量相对较低。为达到一定的有机物去除率,水力停留时间将起到更重要的作用。

当反应器体积大于 400 m^3 时,最好能将反应器分成几个相互联系的处理单元,这样易于配水均匀。在反应器启动初期,接种污泥量有限时,各单元可分开启动,比较灵活,这样的设计也利于运行中的检修。

3. 反应器的高度

$$H = q \cdot HRT$$

式中　H——反应器高度,m;

　　　q——最大允许表面负荷率,$m^3/(m^2 \cdot h)$。

一般讲,当处理溶解性废水时 q 值可略大一些,为利于配水均匀,反应器高度应增高。

当污染物以非溶解性有机物为主时,往往水解时间较长,q 值也就较小,即为了保证出水水质应延长 HRT,减少单位体积反应器的进水量。此时综合考虑反应器的高度可取得小一些。

4. 反应器进水系统

为保证进入系统的水能在整个反应器断面均匀分布,避免短流或死角,配水系统应保证在配水断面有 95% 以上的均匀率。

5.4.3　CSTR 反应器颗粒污泥的形成及其性质

在废水的 CSTR 生物处理过程中,进水基质与微生物之间的关系最为密切。一个成功的反应器必须首先具备良好的截留污泥的性能,以保证拥有足够的生物量,较高的生物量是厌氧反应器顺利启动、高效运行的先决条件。

污泥颗粒化可提高反应器中有效生物量、改进污泥沉降性能、改善工艺运行稳定性、提高处理效果及强化处理功能等。

1. 颗粒污泥的形成

温度控制在 (35 ± 1)℃,保持最佳的营养配比,微量无机营养物质,以污水处理厂消化池污泥为种子污泥。根据连续流 CSTR 反应器运行过程中反应器的运行状况、颗粒污泥形成及其特性变化的进程,可分为 3 个阶段,即第 1~20 天为启动运行阶段,第 21~29 天为污泥颗粒形态出现阶段,第 31~60 天为颗粒污泥的成熟阶段。在整个运行期间,CSTR 反应器始终稳定运行。运行 20 d 后对污泥进行镜检分析表明,污泥的形态发生明显变化,由原来的絮状污泥逐步向结构较为松散、肉眼可见表面较多丝状体的小颗粒污泥转变,此后至第 60 天逐步相互黏合成长为结构较为紧密、尺寸为 1~5 mm 的淡金黄色成熟颗粒污泥。

2. 颗粒污泥及其特性分析

(1)颗粒污泥的形成过程。

反应器运行 30 d 后,出现外观为淡黄色、颗粒粒径为 1~5 mm(平均为 2~3 mm)的颗粒污泥。通过肉眼直观、光学生物显微镜及扫描电镜观察表明,污泥颗粒化过程由 EPS 作用下的自絮凝、大量丝状菌的缠裹及细颗粒间的黏附结合等作用产生,经过絮凝核的形成、絮凝核的黏附、颗粒的形成和颗粒的成熟等几个阶段,并逐步从大块絮体结构中脱离而实现。图 5.6 所示为颗粒污泥的形成过程的光学生物显微镜照片。

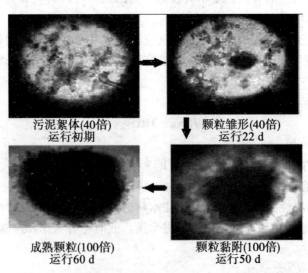

图 5.6　颗粒污泥的形成过程(光学生物显微镜照片)

运行过程中,随反应器 COD 容积负荷由低至高 $[1.0 \sim 3.0 \text{ kg/}(\text{m}^3 \cdot \text{d})]$,再由高至低 $[1.0 \sim 4.24 \text{ kg/}(\text{m}^3 \cdot \text{d})]$ 地运行,反应器中污泥由深灰色逐步向淡(金)黄色转变,并产生较多具有较强黏性、呈羽毛状的大块絮体。镜检表明,污泥中含有大量球衣(丝状)菌,并导致污泥沉降性能的下降,使其 SV 由运行初期的 20% 左右增高至 60% ~ 70%,甚至高达 90%(随负荷的提高而增高)。运行 20 d 后,在上述大块絮体中出现小粒径颗粒污泥并逐步与其脱离。运行至 50 d 后,颗粒污泥尺寸增大,至 60 d 颗粒污泥基本成熟,粒径增大至 3 ~ 5 mm(图 5.7)。竺建荣等的研究亦表明,这一过程是由较大的水力剪切作用和污泥颗粒化过程的选择作用实现的,而其中丝状菌则起到重要的黏附架桥作用,通过将不同的细颗粒相互黏结形成尺寸更大的颗粒的污泥。运行过程中,当进水 COD 容积负荷达到 2.0 ~ 3.0 kg/(m³·d)时,有利于在大块絮体中通过上述作用形成颗粒污泥,并逐步与其分离而成为独立的个体,并逐步成熟。

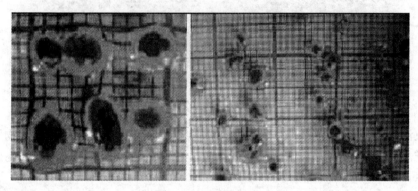

图 5.7　颗粒污泥照片

(2)颗粒污泥的特征。

图 5.8 和图 5.9 所示为 CSTR 反应器中所形成颗粒污泥的光学生物显微镜和扫描电镜照片。由图可见,颗粒污泥表面除有大量的丝状菌(如贝氏硫菌属 Beggiatea 和球衣细菌 Sphaerotilus natans 等)外,同时有较多的纤毛类原生动物(如钟虫 Vorticella 等)。而在颗粒污泥的内部,则有大量的长、短杆菌。竺建荣等的研究亦发现,较大的颗粒污泥表面和周围有大量的原生动物和后生动物,附着生长着大量的钟虫等,周围液相中则有很多的草履虫、变形虫、水蚤、线虫和衣藻等。

颗粒污泥内部具有大量的孔隙作为其营养物和代谢产物的传输的通道,大量以杆状为主的细菌生长在其内部,具有明显的分层现象,形成不同微生物各司其职地由不同微生物组成的食物网。同时,颗粒污泥内部微生物群落化分布明显,但未见球菌及其群落。

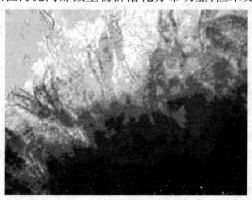

图 5.8　颗粒污泥的表面特征

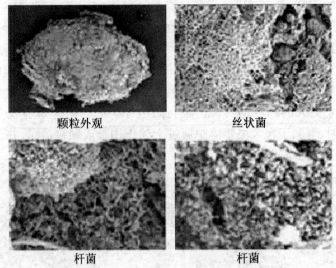

颗粒外观　　　　　　　　　丝状菌

杆菌　　　　　　　　　杆菌

图 5.9　颗粒污泥 SEM 照片

　　颗粒污泥结构较为紧密,具有明显的分层现象,形成不同微生物组成的食物网;其内部微生物群落化分布明显,但未见球菌及其群落。颗粒污泥具有极好的沉降性能,沉降速度达 30～58 m/h。

5.4.4　CSTR 反应器的启动与运行

1. CSTR 反应器启动的影响因素

　　因为 CSTR 反应器生物降解有机废水本身是一个生物化学过程,因而反应器的启动受到许多生物、化学和物理等因素的影响,其主要因素有以下几点:

　　(1)废水性质,包括废水的组成和浓度的大小。

　　(2)环境条件,包括工艺运行时的温度、pH 值、营养配比、微量无机元素的种类和数量等。

　　(3)接种污泥,包括接种污泥的数量、活性和污泥性质。

　　(4)启动运行条件,包括初始负荷、负荷提高的方法、水力停留时间及混合程度等。

　　(5)反应器方面,包括反应器形式、构造、几何尺寸等。

　　以上的这些因素在实际中是相互联系、密不可分的。也就是说,对于一种特定成分的废水,启动时间的长短不仅受反应器形式和结构的制约,也受到接种污泥的性质和数量以及环境条件、运行参数等的影响。

　　为了保障厌氧微生物快速生长,必须创造最佳的环境条件。反应器通常采用的温度范围为 33～37 ℃;反应系统的 pH 值应保持在 7.2～7.6,以保证微生物最大活性。营养平衡也很重要,一般而言 COD:N:P 约为 100:(1～10):(1～5)比较理想,试验表明进水中氨氮的质量浓度不应超过 1 000 mg/L。在营养物不足时,启动阶段必须适量加入氮、磷等营养物质。无机微量元素,如铁、镍、钴、钼等对启动时间的长短也有影响,因为这些元素成分是微生物菌中生长所必需的。

　　2. 污泥接种

　　污泥接种主要完成种泥的选择和污泥接种量的选择工作,这是 CSTR 反应器启动的第一步工作。

（1）种泥的选择必须考虑接种前后污泥所作用的底物的差异、浓度的变化等条件，一般来说处理同类性质污水的污泥作为种泥的成功率较高，可缩短启动时间。所以，在选择种泥时应尽可能采用相同或类似性质污水处理厂的污泥。

（2）污泥接种量的选择应当适中。任南琪和周雪飞等人的研究表明，适当的生物量是CSTR 反应器顺利启动、发挥作用的先决条件，而适当的污泥负荷率是反应器稳定运行的基础。任何系统的污泥负荷率 N_s 都是有一定范围的，如果系统中生物量即污泥浓度较低，那么污泥负荷率就升高，有可能引起污泥的过负荷现象，从而影响到有机物的去除率和系统运行的稳定性；反之，如果接种的污泥量过高（大于反应器容积的 2/3），将会影响到微生物处理能力的有效发挥，甚至可能会出现微生物"自溶"的现象。

3. 反应器的启动和污泥驯化

厌氧反应器的启动方式一般可以分为两种：一种是当进水有机物浓度高时，采用间歇进水启动方式，控制适宜的启动负荷；另一种是对于低浓度有机废水，采用连续进水启动方式。前者进水负荷较小，反应器难以在适当时间内达到最佳控制温度而影响启动进程；后者则因为进水负荷较大，而导致启动过程中污泥流失严重。

在实际的工作中，启动一般采用进水有机负荷和水力负荷逐渐升高的方法进行，通过对出水有机物浓度和挥发酸浓度的检测来判断负荷是否提高。在启动阶段有几个问题要特别注意：

（1）进水浓度。实际的进水浓度和组成常随时间发生变化，启动阶段最好通过调节池将进水浓度稳定在一个范围内，如 COD 控制在 5 000 ~ 10 000 mg/L 之间，实际运行中也希望进水浓度比较稳定。

（2）接种污泥。从启动角度来讲，直接用处理相同或相近成分污水的厌氧污泥作为种子污泥接种进行启切最为快速。从目前我国的具体情况来看，常用的接种材料是城市污水处理厂消化池污泥，也可用河（湖）底积泥、好氧活性污泥等。用消化池污泥作种子污泥，初始运行负荷控制在 0.5 ~ 1.0 kgCOD/（m³·d），污泥质量浓度为 6 ~ 8 kgVSS/m³。

（3）用出水挥发酸（VFA）浓度和 COD 作为负荷提高的依据。出水 VFA 只要维持在2 000 mg/L（以乙酸计）以下，COD 去除率在 80% 以上，厌氧系统工作就算正常。VFA 质量浓度最好不要超过 800 ~ 1 000 mg/L，因为过高的 VFA 质量浓度会造成产氢产乙酸菌和产甲烷菌代谢的不平衡，而厌氧体系对氢分压和 pH 值的要求严格，加之体系的缓冲能力有限，一旦 VFA 升高过，补救措施往往难见成效，所以最好是以 VFA 小于 800 ~ 1 000 mg/L为界。超过此范围应及时分析原因。常见的原因有有机负荷过高、抑制物的存在、营养平衡失调以及驯化程度不够等。在启动阶段当 VFA 小于 1 000 mg/L，且 COD 去除率大于80% 时，可加大有机负荷，增加的幅度为 0.4 ~ 0.6 kgCOD/（m³·d）。

（4）启动阶段结束的判断。启动成功的实质就是在一定的污泥负荷条件下，系统内各菌群间食料平衡状态恰好处于最佳点。此时有机污泥负荷的增加将会超过生物浓度增加的速度，也即污泥的负荷率大于最大比基质降解速率，这样会产生酸化现象，造成挥发酸的积累。启动结束的判断由于水质浓度组分的不同而不同，最好是以试验室工作的结果为依据，确定系统工作的最佳污泥浓度和最佳的运行负荷。也可参考同类反应器运行时的工作情况，处理易降解有机废水，COD 去除率在 80% 以上的一些厌氧反应器通常能达到的负荷。

4. 实例分析

以任南琪研究的 CSTR 的两种启动方式为例进行启动与运行的分析,即对一定负荷条件下的一步启动和按废水浓度梯度逐步提高负荷的分步启动两种启动方式进行探讨。两次启动,均采用连续流方式运行,重点考察在 CSTR 中是否可以培养出具有完整厌氧消化体系的微生物系统。

(1)启动方式。

CSTR 的第一次启动为一定负荷条件下的一步启动,启动运行的控制条件为:进水 COD 质量浓度为 4 000 mg/L,水力停留时间(HRT)控制为 18 h,容积负荷为 5.43 kgCOD/(m³·d);通过添加小苏打调节进水 pH 值,使反应系统的 pH 值维持在 6.5～7.0,反应温度控制在(35±1)℃。污泥接种采用当地某啤酒厂生物处理系统中二沉池排放并经脱水后的剩余污泥。污泥经淘洗稀释后直接作为种泥接入反应器。污泥接种量 MLVSS 为 5.018 g/L,表征污泥活性的 MVSS/MLSS 值为 0.444。

CSTR 的第二次启动为按废水浓度梯度逐步提高负荷的分步启动,即在较低有机负荷条件下对接种污泥进行驯化,之后,保持 HRT、温度等参数不变的情况下,逐步提高进水 COD 浓度,最终完成具有完整甲烷发酵功能厌氧生物处理系统的启动。反应器在为期126 d 的运行过程中,按照进水 COD 浓度的不同,可分为 3 个阶段:第 1～41 天为第一阶段,为反应器启动和污泥驯化期,控制条件为:进水 COD 质量浓度为 2 000 mg/L,HRT 控制为 18 h,容积负荷为 2.71 kgCOD/(m³·d);通过添加小苏打调节进水 pH 值,使反应系统的 pH 值维持在 6.5～7.0 之间,反应温度控制在(35±1)℃。第二阶段(第 42～88 天),维持 HRT 18 h、pH 6.5～7.0、温度(35±1)℃等参数不变,将进水 COD 质量浓度提高到 4 000 mg/L左右,即容积负荷为 5.43 kgCOD/(m³·d)。第三阶段(第 89～125 天),仍然维持 HRT 18 h、pH 值 6.5～7.0、温度(35±1)℃等参数不变,将进水 COD 质量浓度进一步提高到7 000 mg/L左右,即容积负荷为 9.5 kgCOD/(m³·d)。其中污泥接种量 MLVSS 为5.474 g/L,表征污泥活性的 MVSS/MLSS 值为 0.407。

(2)结果分析。

实验结果表明:

①第一种启动方式的 CSTR 系统在较高负荷下启动时,经过 121 d 的驯化,污泥活性仍然不高,对 COD 去除效果只达到了 31.2%。分步启动反应器经历了一个 COD 去除率不断升高的过程,COD 去除效率达到 51.37%。

②一步启动的反应器出水液相末端产物以乙酸和丙酸为主,占挥发酸总量的 70% 以上,呈现丙酸型发酵的特点。分步启动的反应器,低负荷启动后的出水挥发酸仍表现出丙酸型发酵特点,液相末端产物以乙酸和丙酸为主,戊酸、丁酸、乳酸含量较少。进水负荷提高后,反应器的运行进入到第二阶段,各种挥发性脂肪酸和总 VFAs 的浓度均表现出一个较大的波动,总 VFAs 在第 43 天上升到了 2 406 mg/L。第 47 天开始出水中各种挥发性脂肪酸含量迅速下降,并在随后的运行时间中一直保持减少的趋势。进水 COD 质量浓度提高至 7 000 mg/L,反应器运行到第三阶段,反应体系出现酸化现象。

③一步启动过程中,产气量低,CO₂ 含量高,CH₄ 含量较低。而分步启动的反应器,从运行阶段的整体来看,反应体系的产气速率基本上是随着有机负荷率的提高而增加的。

④一步启动反应器,在整个运行阶段出水的 pH 值一直比较稳定,保持在 7.0 ~ 7.5。分步启动尽管进水的 pH 值变化幅度比较大,在 7.33 ~ 9.5,出水的 pH 值一直比较稳定,保持在 7.32 ~ 8,系统内 pH 值在 7.0 ~ 7.1。

⑤一步启动的系统内的微生物快速增长,代表生物含量的 MLSS 和 MLVSS 都大幅度增加,微生物活性随着运行时间的延续而不断增强。污泥系统结构松散,污泥中惰性物质很多,多数细菌都被包裹在惰性物质中难于观察,污泥中微生物由杆菌和丝状菌组成,产甲烷菌群数量极少(图 5.10、图 5.11)。

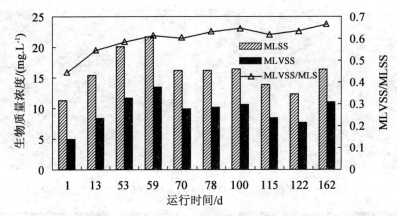

图 5.10　CSTR 第一次启动过程生物量的变化

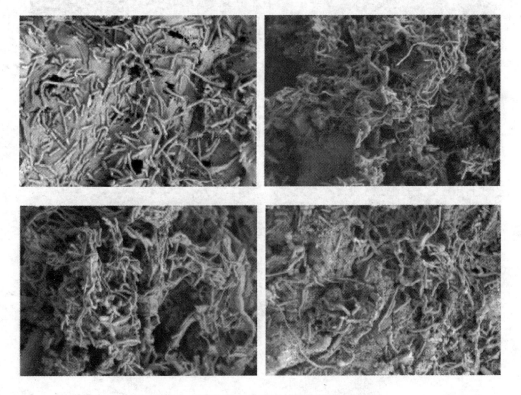

图 5.11　CSTR 第一次启动过程污泥电镜照片

分步启动,在反应器启动后的第一运行阶段前期,生物量有一定上升。运行到第二阶段,生物量呈现不断上升的趋势,随着进水负荷的进一步提高,进入第三阶段生物量却一定下降,MLSS 和 MLVSS 基本稳定在 12 g/L、7.7 g/L,生物活性保持在 0.639。

从图 5.12、图 5.13、图 5.14 各个阶段稳定期生物电镜扫描照片可以观察到,第一阶段微生物以丝状菌为主,存在一定数目的八叠产甲烷球菌,主要以团聚的形式存在;第二阶段微生物种群丰富,数量巨大,丝状菌仍占主导地位,夹杂着短杆菌和螺旋丝菌、链球菌;第三阶段却发现生物的多样性下降,仅看到数量巨大的丝状菌。从生物相可以看出随着负荷的提高,生物种群活性提高,多样性增大。

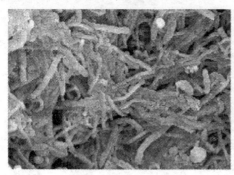

图 5.12　进水 COD =2 000 mg /L 时 CSTR 污泥电镜扫描照片

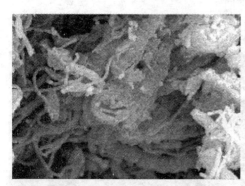

图 5.13　进水 COD =4 000 mg /L 时 CSTR 污泥电镜扫描照片

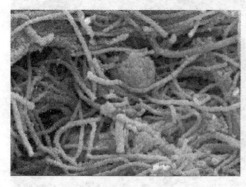

图 5.14　进水 COD =7 000 mg /L 时 CSTR 污泥电镜扫描照片

5.5　厌氧生物膜法

厌氧生物膜法是利用附着于载体表面的厌氧微生物所形成的生物膜净化废水中有机物的一种生物处理方法。

当载体浸没于含有营养物质及微生物的有机废水中,在废水流动的条件下,载体表面附着的细菌细胞生长繁殖而形成一种充满微生物的生物膜,吸收废水中的有机营养物质,达到净化有机废水的目的,其过程如图 5.15 所示。

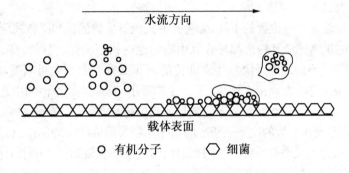

图 5.15　生物膜形成示意图

废水中的有机物被吸附在载体表面,一些有机悬浮物也沉积在载体表面形成有机物薄层,这个过程瞬时可完成。接着微生物向载体表面迁移。当悬浮物本身生长着细菌时,就会出现同体着陆现象。在静止或层流液体中,其迁移速率主要取决于布朗运动和细菌本身的运动;在紊流条件下,则主要由涡流效应决定其迁移速率。随着不断迁移,微生物在载体表面逐渐形成生物膜。

生物膜可在塑料、金属、陶瓷和其他惰性材料的表面形成,并不断脱落、再生、更新。生物膜的脱落是由于生物膜内的微生物老化或环境条件发生变化而导致的,但有时水力剪切力过大也可使部分生物脱落。生物膜脱落后裸露的新表面可以形成新的生物膜。

同好氧生物膜一样,厌氧生物膜也对废水中的有机物起到吸附、降解作用。无论哪种厌氧生物膜工艺,其净化有机废水的过程都如图 5.16 所示,包括了有机物的传质、有机物的厌氧降解和产物的传质 3 个过程。

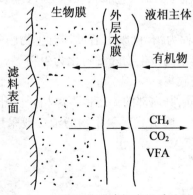

图 5.16　厌氧生物膜降解有机质过程

目前已开发的厌氧生物膜法包括厌氧生物滤池、厌氧生物转盘、厌氧附着膜膨胀床及厌氧流化床。有的已成功用于生产,有的还处于研究开发阶段。

5.5.1　厌氧生物滤池

厌氧生物滤池(Anaerobic Biological Filtration Process,AF)是采用填充材料作为微生物载体的一种高速厌氧反应器,厌氧菌在填充材料上附着生长,形成生物膜。生物膜与填充材料一起形成固定的滤床。因此,其结构和原理类似于好氧生物滤床,是厌氧生物膜法的代表工艺之一。

1.厌氧生物滤池的构造

目前根据滤池进水点位置的不同,分为升流式厌氧生物滤池和降流式厌氧生物滤池两种。无论哪种类型的生物滤池其构造都与好氧生物滤池的构造类似,包括池体、滤料、布水设备及排水(泥)设备等。不同之处是厌氧生物滤池的池顶必须密封。也可以按功能不同将滤池分为布水区、反应区(滤料去)、出水区、集气区等4部分。厌氧生物滤池的中心构造是滤料,滤料的形态、性质及其装填方式对滤池的净化效果及其运行都有着重要的影响。滤料不但要求质量坚固、耐腐蚀,而且要求有大的比表面积。滤料是生物膜形成固着的部位,因此要求滤料表面应当比较粗糙便于挂膜,又要有一定的孔隙率以便于废水均匀流动。近年来大型厌氧生物滤池的运行结果还表明,滤料的形状和其在生物滤池中的装填方式等也会对运行效果产生很大的影响。

最早使用的滤料是石料(碎石或砾石),其后出现了其他各种类型的滤料,按其材质分有塑料、陶土、聚酯纤维等,从形状上看有块状、板状、波纹管等,如图5.17所示。

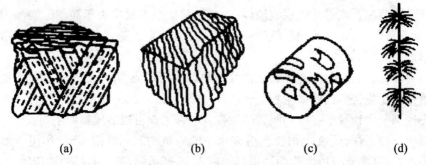

（a）　　　　　　（b）　　　　　　（c）　　　　　（d）

图5.17　厌氧生物滤池常用的滤料

(a)—交叉流管式滤料;(b)—包尔环;(c)—波纹式滤料;(d)—软性填料

2.工作原理

厌氧生物滤池的工作过程为:有机废水通过挂有生物膜的滤料时,废水中的有机物扩散到生物膜表面,并被生物膜中的微生物降解转化为生物气。净化后的废水通过排水设备排至池外,所产生的生物气被收集。

由于生物滤池的种类不同,其内部的流态也不尽相同。升流式厌氧生物滤池的流态接近于平推流,纵向混合不明显。降流式厌氧生物滤池一般采用较大回流比操作,因此其流态接近于完全混合状态。

3.厌氧生物滤池中的微生物

(1)微生物存在的形态。

厌氧微生物以附着于滤料表面的生物膜和生息于滤料空隙之间的悬浮聚合物两种形

态存在于厌氧生物滤池中。在降流式厌氧生物滤池内,厌氧微生物几乎全部以附着于反应器边壁和滤料表面的生物膜生长,也有一小部分以截留于滤料之间空隙内的悬浮凝聚物形态生息。升流式厌氧生物滤池两种生息状态都存在,一般附着于滤料表面的生物膜量约占生物滤池中总生物量的 1/4 ~ 1/2。

(2)微生物相。

在厌氧生物滤池中存在着大量兼性厌氧菌和专性厌氧菌。除此之外还出现不少厌氧原生动物。在厌氧生物滤池中出现的原生动物主要有 Metpous、Saprodinium、Urozona、Trimyema 及微小的鞭毛虫等。根据研究结果表明,厌氧原生动物约占厌氧生物滤池中生物总量的 20%。厌氧原生动物的作用主要是捕食分散细菌,这样不但可以提高出水水质,而且能够减少污泥量。

(3)厌氧生物滤池内的生物量。

厌氧生物滤池运行方式不同,其生物量的分布也不尽相同。在升流式厌氧生物滤池中,反应器内有较明显的有机物浓度梯度,有明显的微生物分层现象,即在反应器内不同高度有不同的生物相和生物浓度。

降流式厌氧生物滤池由于其流态接近于完全混合状态,滤池内生物量在上、中、下部基本相近。

大量研究表明,当生物膜的厚度在 1.1 mm 以下时,有机物的比生物膜去除率随生物膜厚度的增加而增加;生物膜厚度增加至 2.4 mm 时,有机物的比生物膜去除速率增至最大值。生物膜的厚度大致在 1 ~ 4 mm 内。

4.厌氧生物滤池的运行

厌氧滤池启动是通过反应器内污泥在填料上成功挂膜,同时通过驯化并达到预定的污泥浓度和活性,从而使反应器在设计负荷下正常运行的过程。厌氧生物滤池启动可以采用投加接种污泥(接种现有污水处理厂消化污泥)。在投加前可以与一定量待处理污水混合,加入反应器中停留 3 ~ 5 d,然后开始连续进水。启动初期,反应器的容积负荷率一般在 1.0 kgCOD/(m³·d)。可以通过先少量进水,延长污水在反应器中的停留时间来达到该有机容积负荷率。随着厌氧微生物对处理污水的适应,逐步提高负荷。一般认为当污水中可生物降解的 COD 去除率达到 80%,即可适当增加负荷,直到达到设计负荷为止。对于高浓度和有毒有害污水的处理,在启动时要进行适当稀释,当厌氧微生物适应后逐渐减少稀释倍数,最终达到设计能力。

5.运行过程中的影响因素

(1)温度。

温度是影响生化处理效果的一个重要因素。经验表明,在 25 ~ 38 ℃之间,厌氧生物滤池的运行效果良好;在 50 ~ 60 ℃范围内也能取得较好的处理效果。

(2)有机负荷率。

在废水生物处理中,系统的有机负荷率与系统中存在的微生物量成正比关系。微生物量越多,可以承受的 COD 负荷率越高。由于厌氧生物滤池具有较高的 COD 负荷率,因而也提高了对有机负荷变化的适应性。

(3)HRT。

水力停留时间是厌氧生物滤池设计和运行中最主要的控制参数之一。水力停留时间

（HRT）过长时,则会影响生物滤池反应器处理效能的发挥;水力停留时间过短,有机质降解过程进行得又不充分。所以说,如何确定水力停留时间(HRT)是决定反应器处理效果的一个关键性因素。

（4）进水 COD、SS。

进水中有机物质量浓度在 3 000～12 000 mg/L 范围以内对升流式厌氧生物滤池的处理效果影响不大;在 COD 低于 3 000 mg/L 时,若采用比较低的负荷(即较长的水力停留时间)也能取得较好的 COD 去除率。对于 COD 在 12 000 mg/L 以上的有机废水,应当采用回流措施。

为防止过高的 SS 造成滤池堵塞,如果进水中 SS 浓度较高,应考虑预处理措施。

（5）其他。

厌氧生物滤池要求 pH 值在 6.5 以上运行。如果碱度不够,往往导致运行失败,因此在碱度不够的情况下要投加碱性物质以维持 pH 值在 6.5 以上。

在厌氧生物滤池中,必须要有足够的营养物质来维持微生物的正常代谢。如果废水中缺乏 N、P 等基本营养物质时,可以投加农用化肥予以补充。S 及其他微量元素(Fe、Ni、Se等)的需要量与废水的种类有关。

废水中的有毒物质对厌氧微生物有害,将严重影响厌氧生物处理的正常运行。为此对于含有有毒物质的废水,在选择厌氧生物滤池处理前必须进行毒性试验。

5.5.2　厌氧生物转盘

厌氧生物转盘(Anaerobic Rotating Biological Contactor Process)最早是由 Pretorius 等人在进行废水的反硝化脱氮处理过程中提出来的。1980 年 Tati 等人首先开展了应用厌氧生物转盘处理有机废水的实验研究工作。厌氧生物转盘具有生物量大、高效、能耗少和不易堵塞、运行稳定可靠等特点,应用于有机废水发酵处理,正日益受到人们的关注。当前在我国,对厌氧生物转盘的开发应用亦开始重视,开展着试验研究。

1.厌氧生物转盘的构造和工作原理

厌氧生物转盘在构造上类似于好氧生物转盘,即主要由盘片、转动轴和驱动装置、反应槽等部分组成,其结构示意图如图 5.18 所示。在结构上它利用一根水平轴装上一系列圆盘,若干圆盘为一组,成为一级。厌氧微生物附着在转盘表面,并在其上生长。附着在盘板表面的厌氧生物膜,代谢污水中的有机物,并保持较长的污泥停留时间。不同之处是反应器是密封的,而且圆盘全部浸没于水中。

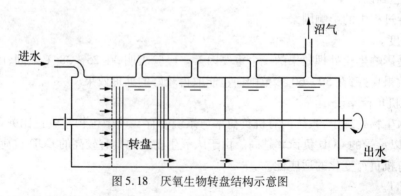

图 5.18　厌氧生物转盘结构示意图

其净化机理与厌氧生物滤池基本相同。在转动的圆盘上附着厌氧活性生物膜,同时反应器内还有悬浮的厌氧活性污泥。

　　厌氧生物转盘与其他厌氧生物膜工艺相比,其最大的优点就是转盘缓慢地转动产生了搅拌混合反应,使其流态接近于完全混合反应器;反应器的进出水是水平流向不致形成沟流、短流以及引起堵塞等问题。

　　厌氧生物转盘的盘片要求质轻、耐腐蚀,具有一定的强度,且表面粗糙以便于挂膜。目前常用的盘片材料有聚乙烯和聚丙烯等,盘片厚度约为 3 ~ 5 mm,盘片直径在 60 ~ 260 mm 之间。盘片之间的间距直接影响着厌氧生物转盘的工作容量和生物量。一般要求盘片之间的间距适当小一些,以增多片数。增大厌氧微生物附着的总表面积,加大单位容积反应器的生物量,提高处理能力,但是间距过小也可能引起堵塞。目前试验研究中所采用的盘片间距大致为 8 mm 或更大。

　　为了防止盘片上的生物膜生长过厚,单独靠水力冲刷剪切难以使生物膜脱落,使得生物膜过度生长,过厚的生物膜会影响基质和产物的传递,限制微生物的活性发挥,也会造成盘片间被微生物堵塞,导致废水与生物膜的面积减少。有研究者将转盘分为固定盘片和转动盘片相间布置,两种盘片相对运动,避免了盘片间生物膜黏结和堵塞的情况发生。

　　厌氧生物转盘可以是一级也可以是几级串联。一般认为多级串联可以提高系统的稳定性,增强系统运行的灵活性。目前试验研究多用多级串联,级数一般为 4 ~ 10。

　　在生物转盘运行过程中,水力停留时间(HRT)、有机负荷率、进水水质以及转盘串联级数都对其处理效果产生影响,在处理过程中需探索出最佳的工艺参数。

　　2. 厌氧生物转盘的研究及应用前景

　　从大多数的试验研究结果来看,厌氧生物转盘用以处理高浓度、低浓度、高悬浮固体含量的有机废水都能取得较好的效果。它不仅使用的处理范围很宽,而且在操作运行上比较灵活,是一种很有前景的厌氧生物膜处理工艺。

5.5.3　厌氧附着膜膨胀床及流化床(AAFEB、AFB)

　　厌氧附着膜膨胀床(Anaerobic Attached Film Expanded Bed,AAFEB),是由美国的 Jewell 等人最早在 20 世纪 70 年代中期,将化工流态化技术引进废水生物处理工艺,开发出的一种新型高效的厌氧生物反应器。20 世纪 70 年代末,Bowker 在厌氧附着膜膨胀床的基础上采用较高的膨胀率成功地研制了厌氧流化床(Anaerobic Fluidised Bed,AFB)。AAFEB 和 AFB 的工作原理完全相同,操作方法也一样,只不过 AFB 的膨胀率更高。

　　1. AAFEB 的工作原理及特性

　　图 5.19 为 AAFEB 装置示意图。在 AAFEB 内填充粒径很小的固体颗粒介质(粒径小于 0.5 ~ 1 mm),在介质表面附着厌氧生物膜,形成了生物颗粒。废水以升流方式通过床层时,在浮力和摩擦力作用下使生物颗粒处于悬浮状态,废水与生物颗粒不断接触而完成厌氧生物降解过程。净化后的水从上部溢出,同时产生的气体由上部排出。

　　AAFEB 采用小颗粒的固体颗粒作为介质,流态化后的介质与废水之间有最大的接触,为微生物的附着生长提供了巨大的表面积,远远超过了厌氧生物滤池和厌氧生物转盘。这样不但可以使附着生物量维持很高(平均高达 60 kgVSS/m^3),而且相对疏散。生物膜的厚度和结构也因流化时不停地运动和相互摩擦而处于最佳状态,能够有效地避免因有机物向生物膜内扩散困难而引起的微生物活性下降。AAFEB 的膨胀率为 10% ~ 20%,这样能够有效地防止污泥堵塞,消除反应器中的短流和气体滞留现象。

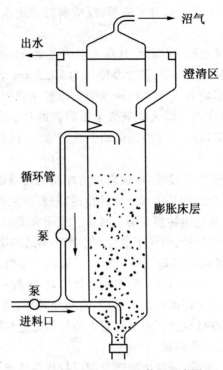

图 5.19　AAFEB 装置示意图

附着生物膜的固体颗粒由于流态化,可促进生物膜与废水界面的不断更新,提高了传质推动力,强化了传质过程,同时也增强了对有机物负荷和毒物负荷冲击的承受能力。

2. 生物颗粒的生物特性

AAFEB 反应器上部和中部的厌氧微生物基本上以附着于固体颗粒表面的生物膜形态存在,仅在其上部出现悬浮性的厌氧微生物絮体。

生物颗粒表面光滑,其外层是由细胞分泌的多糖物质所组成的黏性物包裹。经乙酰脱水处理后,可发现生物膜表面凹凸不平,有明显沟槽,其结构主要是由丝状菌所组成的网状结构,其他形状的细菌镶嵌于此结构中。

在生物膜内充满着由细胞分泌物多糖组成的间质,其内生息着各种形态的微生物,主要有球菌、螺菌、杆菌和丝状菌。生物颗粒中存在着各种形状的产甲烷菌。各种细菌之间的共生关系有助于提高和稳定反应器的运行效率。

据测定,AAFEB 中的生物膜厚度一般不超过 2 mm。在稳定运行的 AAFEB 反应器中,生物相存在着相的差异,一般底部生物颗粒的微生物群体以产酸菌为主,同时也有一定数量的产甲烷菌,而在中部和上部以产甲烷为优势菌。这种相分离现象有助于稳定、高效地去除有机质。

3. 影响因素

影响 AAFEB 性能的主要因素有 COD 容积负荷、水力停留时间、温度、进水水质、固体颗粒性能及膨胀率等。

（1）COD 容积负荷的影响。

AAFEB 的容积负荷在某一限值内对 COD 去除率影响不大，而 COD 的去除能力却随容积负荷率的增加而增加。超过这一限值后，COD 去除率将随容积负荷率的增加而显著下降，但这时单位容积的 COD 取出能力仍然呈增加趋势。

上述限值取决于反应器内的活性生物体浓度及其活性。一般来说反应器内活性生物体浓度和活性越高，这一限值也越大。超过某一限值后，COD 去除率下降的原因主要是有机性挥发酸的积累对产甲烷菌存在的抑制。此外，AAFEB 内的生物量亦有随有机物容积负荷逐渐增大接近一个最大限值的趋势。

（2）HRT 的影响。

容积产气率随 HRT 的缩短而增大，但是缩短到一定值后，COD 去除率开始显著下降，因此，可认为以 HRT 的限值作为控制参数比较好。

（3）温度的影响。

温度对厌氧生物处理工艺的影响主要表现为对基质降解速度常数 K 的影响，K 值的大小取决于生物气活化能的 E 值，而活化能的大小取决于厌氧生物反应器内生物体内酶活性的大小。反应器的类型不同，其生物体内的活化能亦不同。研究表明，AAFEB 对温度的敏感性接近于好氧活性污泥，远远低于厌氧污泥消化。这点说明，AAFEB 对温度的冲击与其他厌氧生物处理方法相比有很高的承受能力。

（4）进水水质的影响。

进水中有机物浓度对 COD 去除率影响不大，当进水中有机物浓度降低时，出水中的 COD 及 SS 也随之降低，这说明 AAFEB 工艺既能处理高浓度的有机废水，也能处理低浓度的有机废水。

碱度是维持废水中有机物质厌氧消化过程稳定运行的必要条件。一般认为消化液碱度应保持在 1 500 mg $CaCO_3$/L 以上，2 500～5 000 mg $CaCO_3$/L 为反应器正常运行的碱度。

（5）固体颗粒的特性及床层膨胀率的影响。

AAFEB 常用的固体颗粒有砂粒、陶粒、活性炭、氧化铝、合成树脂、无烟煤等。颗粒的尺寸和密度影响着操作水流速度和从液体中分离的效果。另外还对启动时的挂膜、运行过程中生物膜性能、传质过程等都有很大的影响。一般认为颗粒粒径要小，一般要求不大于 0.5～1 mm。

床层膨胀率低时，去除率也较低。这是由于膨胀率低时，搅拌状况不好，沼气易以气泡的形式滞留在床层内，它们的析出有较大的脉冲性，挂膜后的生物颗粒容易被顶出反应器，出现生物体流失现象，导致处理效果下降。此外，生物颗粒外表面黏附的小气泡也不同程度地阻碍了传质。

一般认为 AAFEB 的床层膨胀率必须维持在 10% 以上。如果水力负荷低，保证不了 10% 的膨胀率，可以采用回流。

近些年来，国外利用 AAFEB 工艺处理高、低浓度的有机废水都得到了很好的效果。国内也开展了一些应用 AAFEB 处理高浓度有机废水和低浓度有机废水的试验研究，但仍处于试验研究阶段，尚未见到有关生产性运行的报导。

5.6 其他厌氧生物反应器

5.6.1 内循环厌氧反应器

内循环(Internal Circulation, IC)厌氧反应器,简称 IC 反应器。IC 反应器的基本构造如图 5.20 所示。IC 反应器的构造特点是具有很大的高径比,一般可达 4~8,反应器的高度可达 16~25 m。所以在外形上看,IC 反应器实际上是个厌氧生化反应塔。

由图 5.20 可知,进水 1 用泵由反应器底部进入第一反应室,与该室内的厌氧颗粒污泥均匀混合。废水中所含的大部分有机物被转化为沼气,被第一厌氧反应室集气罩 2 收集,沼气将沿着提升管 3 上升。沼气上升的同时,把第一反应室的混合液提升至设在反应器顶部上的气液分离器 4,被分离出的沼气由气液分离器顶部的沼气排出管 5 排走。分离出的泥水混合液将沿回流管 6 回到第一反应室的底部,并与底部的颗粒污泥和

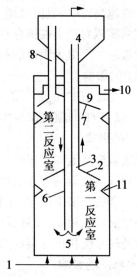

图 5.20 IC 反应器的基本构造
1—进水;2—第一反应室集气罩;3—沼气提升管;
4—气液分离器;5—沼气排出管;6—回流管;
7—第二反应室集气罩;8—集气管;9—沉淀区;
10—出水管;11—气封

进水充分混合,实现了第一反应室混合液的内部循环。IC 反应器的命名就是这样得来的。内循环的结果,第一厌氧反应室不仅有很高的生物量、很长的污泥龄,并具有很大的升流速度,使该室内的颗粒污泥完全达到流化状态,有很高的传质速率,使生化反应速率提高,从而大大提高第一反应室的去除有机物能力。

经过第一厌氧反应室处理过的废水,会自动进入第二厌氧反应室被继续进行处理。废水中的剩余有机物可被第二反应室内的厌氧颗粒污泥进一步降解,使废水得到更好地净化,提高了出水水质。产生的沼气由第二厌氧反应室的集气罩 7 收集,通过集气管 8 进入气液分离器 4。第二反应室的泥水混合液进入沉淀区 9 进行固液分离,处理过的上清液由出水管 10 排走,沉淀下来的污泥可自动返回第二反应室。这样,废水就完成了在 IC 反应器内处理的全过程。

综上所述可以看出,IC 反应器实际上是由两个上下重叠的 UASB 反应器串联所组成。由下面第一个 UASB 反应器产生的沼气作为提升的内动力,使升流管与回流管的混合液产生一个密度差,实现了下部混合液的内循环,使废水获得强化预处理。上面的第二个 UASB 反应器对废水继续进行后处理,使出水达到预期的处理要求。

与 UASB 反应器相比,在获得相同处理效率的条件下,IC 反应器具有更高的进水容积负荷率和污泥负荷率,IC 反应器的平均升流速度可达处理同类废水 UASB 反应器的 20 倍

左右。在处理低浓度废水时,HRT 可缩短至 2.0 ~ 2.5 h。使反应器的容积更加小型化。在处理同类废水时,IC 反应器的高度为 UASB 反应器高的 3 ~ 4 倍,进水容积负荷率约为 UASB 反应器的 4 倍左右,污泥负荷率为 UASB 反应器的 3 ~ 9 倍。由此可见 IC 反应器是一种非常高效能的厌氧反应器。

5.6.2　膨胀颗粒污泥床

膨胀颗粒污泥床(Expanded Granular Sludge Bed,EGSB)反应器是 UASB 反应器的变型,是厌氧流化床与 UASB 反应器两种技术的结合。EGSB 反应器可通过颗粒污泥床的膨胀以改善废水与微生物之间的接触,强化传质效果,以提高反应器的生化反应速率。可处理低浓度的废水,具有其他大部分厌氧反应器处理低浓度废水所不可替代的效能。

EGSB 反应器通过采用出水循环回流获得较高的表面液体升流速度。它的典型特征是具有较高的高径比,较大的高径比也是提高升流速度所必需的。EGSB 反应器液体的升流速度可达 5 ~ 10 m/h,比 UASB 反应器的升流速度(一般为 1.0 m/h 左右)高很多。

1. EGSB 反应器的构造特点

EGSB 反应器的基本构造与流化床类似,如图 5.21 所示。如前所述,其特点是具有较大的高径比,一般可达 3 ~ 5,生产性装置反应器的高可达 15 ~ 20 m。

EGSB 反应器的顶部可以是敞开的,也可是封闭的,封闭的优点是可防止臭味外溢,如在压力下工作,甚至可替代气柜作用。EGSB 反应器一般做成圆形,废水由底部配水管系统进入反应器,向上升流通过膨胀颗粒污泥床区,使废水中的有机物与颗粒污泥均匀接触被转化为甲烷和二氧化碳等。混合液升流至反应器上部,通过设在反应器上部的三相分离器,进行气、固、液分离。分离出来的沼气通过反应器顶或机器上的导管排出,沉淀下来的污泥自动返回膨胀床区,上清液通过出水渠排出反应器外。

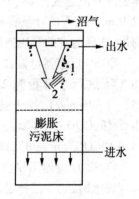

图 5.21　EGSB 反应器构造图
1—泥水混合液;2—沉淀污泥

由于 EGSB 反应器的上升流速很高,为了防止污泥流失,对三相分离器的固液分离要求特别高。

为了达到颗粒污泥的膨胀,必须提高液体升流速度,一般要求达到液体表面速度为 5 ~ 10 m/h。要达到这样的升流速度,即使是低浓度废水也难于达到,必须采取出水回流的方法,使混合后液体表面升流速度达到预期的要求。虽然 EGSB 反应器液体表面流速很大,但颗粒污泥的沉降速度也很大,并有专门设计的三相分离器,所以颗粒污泥不会流失,使反应器内仍可维持很高的生物量。

2. EGSB 反应器的运行性能

M. T. Kato 和 G. Lettinga 等(1994)以乙醇为基质进行了 EGSB 反应器处理低浓度废水的试验。容积为 5.2 L、温度 30 ℃、进水 COD 为 100 ~ 700 mg/L,进水有机负荷率达 12 kg COD/(m^3·d),COD 去除率可达80% ~ 97%。证明 EGSB 反应器适用于处理低浓度废水。他们的试验结果表明,当液体表面升流速度大于 2.5 m/h 时,可获得液体中基质与生物的充分接触和良好混合,并使污泥床有足够的膨胀。当升流速度小于等于 2.5 m/h,得到最大比 COD 去除率和表现饱和常数 k_s 分别为 1.28 gCOD/(gVSS·d)和 28.3 mgCOD/L。当升流速度 >2.5 m/h,动力学常数分别为 1.16 gCOD/(gVSS·d)和 9.8 mgCOD/L。由此可知,k_s 值较低说明污泥床的足够膨胀和混合强度具有正效应。

该试验结果表明,升流速度在 2.55~5 m/h 范围内,EGSB 反应器可获得高的 COD 去除率,当升流速度超过 5.5 m/h,COD 去除率不再增加。

该试验的接种污泥取自生产性处理酒精废水 UASB 反应器的颗粒污泥,平均粒径为 1.3 mm,随着 EGSB 反应器试验的进展,颗粒直径由起初的 1.3 mm 逐渐增加至平均为 5 mm。反应器底部平均可达 4~5 mm,而反应器上部的颗粒平均粒径为 2~3 mm。此外,由于较高的升流速度产生的剪切力,使颗粒的表面更为光滑,颗粒的机械强度可达 3.2×10^{-4} N/m^2,与启动时污泥的机械强度 4×10^{-4} N/m^2 相比,降低了约 20%,但颗粒污泥仍保持良好的机械稳定性。

EGSB 反应器运行的可行性在很大程度上取决于反应器在高的液体表面升流速度下的污泥滞留。当颗粒的沉降速度小于液体升流速度时,颗粒污泥被冲刷,而且相应的沼气升流,也会促使颗粒污泥流失。Lettinga 等人的试验表明,当污泥床的膨胀率达到 400% 时液体表面升流速度为 28 m/h,反应器污泥质量浓度可达 10 gVSS/L。升流速度为 25.5 m/h 和 22.9 m/h 污泥的存量将分别小于 20 gVSS/L 和 30 gVSS/L。为了使反应器内维持足够的生物量,选择适宜的升流速度非常重要。

EGSB 反应器可以在较低的温度下处理浓度较低的废水。S. Rebac 等在温度为 13~20 ℃ 下进行了容积为 225.5LEGSB 反应器处理麦芽废水的中试研究。当进水 COD 为 282~1 436 mg/L,操作温度为 16 ℃,进水有机负荷率在 4.4~8.8 kg COD/(m^3·d),HRT 为 2.4 h,COD 的去除率平均可达 56%。在温度为 20 ℃ 时,当进水有机负荷率为 8.8~14.6 kgCOD/(m^3·d),HRT 5.6 h,COD 去除率分别为 66% 和 72%。

EGSB 反应器不仅适用处理低浓度废水,而且也可处理高浓度有机废水。但在处理高浓度废水时,为了维持足够的液体升流速度,使污泥床有足够大的膨胀率,必须加大出水的回流量,其回流比大小与进水浓度有关。一般进水 COD 越高,所需回流比越大。

EGSB 反应器通过出水回流,使其具有抗冲击负荷的能力,使进水中的毒物浓度被稀释至对微生物不再具有毒害作用,所以 EGSB 反应器可处理含有有毒物质的高浓度有机废水。出水回流可充分利用厌氧降解过程通过致碱物质(如有机氮和硫酸盐等)产生的碱度提高进水的碱度和 pH 值,保持反应器内 pH 值的稳定,减少为了调整 pH 值的投碱量,从而有助于降低运行费用。

EGSB 反应器启动的接种污泥通常采用现有 UASB 反应器的颗粒污泥,接种污泥量以 30 gVSS/L 左右为宜。为减少启动初期反应器细小污泥的流失,可对种泥在接种前进行必要的淘洗,先去除絮状的和细小污泥,提高污泥的沉降性能,提高出水水质。

在国内尚未见到有关采用 EGSB 反应器处理废水的应用实例报道,但在欧洲已利用 EGSB 反应器处理甲醛废水和啤酒废水取得了较好的效果。

5.6.3　厌氧流化床反应器

厌氧流化床反应器(Anaerobic Film Bed Reactor,AFBR)如图 5.22 所示。

AFBR 反应器采用微粒状(如沙粒)作为微生物固定化的材料,厌氧微生物附着在这些微粒上形成生物膜。由于这些微粒粒径较小,反应器内采用一定高的上流速度,因此在反应器内这些微粒形成流态化。为维持较高的上流速度,反应器高度与直径的比例要比同类的反应器比例大。同时,必须采用较大的回流比(出水回流量与原废水进液量之比)。

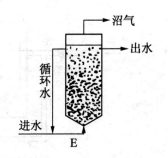

图 5.22　厌氧流化床反应器
装置图

流化床反应器的主要特点可归纳如下:

①流态化能最大限度地使厌氧污泥与被处理的废水接触。

②由于颗粒与液体相对运动速度高,液膜扩散阻力小,且由于形成的生物膜较薄,传质作用强,因此生物化学过程进行较快,允许废水在反应器内有较短的水力停留时间。

③克服了厌氧滤器堵塞和沟流问题。

④高的反应器容积负荷可减少反应器体积,同时由于其高度与直径的比例大于其他厌氧反应器,因此可以减少占地面积。

厌氧流化床反应器由于使用较小的微粒,因此可以形成比表面积很大的生物膜,流态化又充分地改善了有机质向生物膜传递的传质速率,同时它也克服了厌氧滤器中可能出现的短路或堵塞。在该工艺中,流化态形成是前提条件,较轻的颗粒或絮状污泥将会从反应器中连续冲出,流化态的真正形成必须依赖于所形成的生物膜在厚度、密度、强度等方面相对均一或形成颗粒的均一。且实际上,生物膜的形成与脱落是难于控制的,在反应器内将会有各种大小和密度不同的颗粒。在一定流速下,没有形成生物膜或生物膜脱落的颗粒会沉淀于反应器底部,而轻的、附着有絮状污泥的颗粒会存在于反应器上部甚至被冲出反应器。在操作过程中,不同密度和大小的颗粒必然会不断形成,因此不少研究者认为真正的流化床系统在实践上是不可行的。

5.6.4　厌氧折流板反应器(ABR)

厌氧折流板反应器(Amacrobic Baffed Reactor,ABR)是 P. L. McCarly 等在 1982 年研制的新型厌氧生物处理装置,是一种厌氧污泥层工艺,可以处理各种有机废水。它具有很高的处理稳定性和容积利用率,不会发生堵塞和污泥床膨胀而引起的污泥(微生物)流失,可省去气固液三相分离器。该反应器能保持很高的生物量,同时能承受很高的有机负荷。小型试验结果表明,当反应器进水容积负荷率达到 36 kg COD/(m^3 · d)时,COD 的去除负荷率可达 24 kgCOD/(m^3 · d)以上,产甲烷速率超过 6 m^3/(m^3 · d)。

ABR 内由若干垂直折流板把长条形整个反应器分隔成若干个串联的反应室。迫使废水水流以上下折流的形式通过反应器,如图 5.23 所示。

反应器内各室积累着较多的厌氧污泥。当废水通过 ABR 时,要自下而上流动与大量的活性生物量发生多次接触,大大提高了反应器的容积利用率。就一个反应室而言,因沼气的搅拌作用,水流流态基本上是完全混合的,但各反应室之间是串联的具有塞流流态。整个 ABR 是由若干个完全混合反应器串联在一起的反应器,所以理论上比单一的完全混合状态的反应器处理效能高。

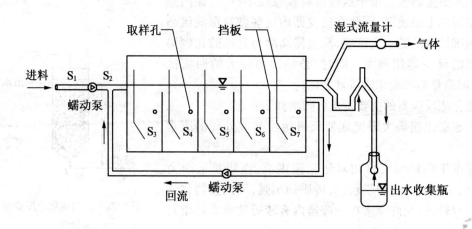

图 5.23　ABR 的构造及流程

　　ABR 中的每个反应室都有一个厌氧污泥层,其功能与 UASB 反应区是相似的,所不同的是上部没有专设的三相分离器。沼气上升至液面进入反应器上部的集气室,并一起由导管排出反应器外。ABR 的升流条件使厌氧污泥可形成颗粒污泥。

　　由于有机物厌氧生化反应过程存在产酸和产甲烷两个阶段,所以在 ANR 的第一室往往是厌氧过程的产酸阶段,pH 值易于下降。采用出水回流,可缓解 pH 值的下降程度,回流的结果使得塞流系统作用将向一个完全混合的系统过度。

　　综上所述,ABR 具有以下特点:

　　①上下多次折流,使废水中有机物与厌氧微生物充分接触,有利于有机物的分解。

　　②不需要设三相分离器,没有填料,不设搅拌设备,反应器构造较为简单。

　　③由于进水污泥负荷逐段降低,沼气搅动也逐段减小,不会发生因厌氧污泥床膨胀而大量流失污泥的现象,出水 SS 往往较低。

　　④反应器内可形成沉淀性能良好、活性高的厌氧颗粒污泥,可维持较多的生物量。

　　⑤因反应器内没有填料,不会发生堵塞。

　　国外学者已经对 ABR 的运行特性和动力学进行了深入的研究,ABR 的动力学模型可用生物膜模型和悬浮生长模型两种方法进行推导。进水的基质浓度、有机负荷率、HRT,以及微量元素(Fe、Co、Ni 等)和不同的回流比这些运行特性都会对 ABR 反应器产生一定的影响。我国采用 ABR 处理粪便废水,作为好氧前的预处理,获得了较好的处理效果。但是,目前还缺乏具体的数据报道。

第6章 废水厌氧处理的后处理工艺

6.1 后处理工艺概述

研究表明,废水厌氧处理工艺对有机物的处理效果很好,有比其他方法更为独特的一些优势。但是,厌氧方法仅能除去一小部分病源微生物,而且在去除营养物(氮、磷)等方面效果不明显。此外,残存的 BOD、悬浮物或还原性物质可能影响到出水水质。如果出水水质达不到排放标准,就必须采取一些后处理措施。

后处理工艺可以采取生物的、化学的、物理的、物化的方法,或者多种方法结合使用。表6.1 标出了一些可能采用的后处理方法、原理及主要的去除物。

表6.1 UASB 工艺出水的后处理

后处理工艺	去除污染物	机理或方法
A.生物法 活性污泥法	BOD 和 TSS 氮 磷	好氧生物法机理 硝化或反硝化
稳定塘	BOD 和 TSS 氮 磷 病源微生物	好氧－厌氧生物法机理 氨的气提 沉淀 高 pH 值、溶解氧和光照下的杀灭作用
B.物理化学法 石灰处理	BOD 和 TSS 氮 磷 病源微生物	絮凝 氨的气提 沉淀 高 pH 值下的杀灭作用
用 Fe^{3+} 絮凝	BOD 和 TSS 磷	絮凝 形成 $Fe_3(PO_4)_2$
C.物理法 砂滤	BOD 和 TSS 病源微生物	过滤 微生物的过滤
辐射	病源微生物	紫外光消毒

续表 6.1

后处理工艺	去除污染物	机理或方法
D. 化学法 用 Cl$_2$ 或 O$_3$ 消毒	BOD 和 TSS	氧化
	氮	氧化
	病源微生物	消毒

由此可见,后处理的一般目标可归纳如下:

①除去参与有机物(包括胶体物质)和悬浮物。

②除去氮、磷。

③除去病源微生物。

④除去硫酸盐废水中的硫。

病源微生物常存在于生活污水中,有时也存在于某些工业废水中。在第三世界国家,污水或厌氧处理后的出水常用于农业灌溉或水产养殖,而病源微生物带来的危害非常大,因此除去病源微生物十分重要。

6.2　废水中病原微生物和营养物的浓度

为了能更明确地定义后处理的目标,我们必须先确定废水中病源微生物和营养物浓度的定量参数。如果这些浓度能以实验室的方法测定并且在环境法规中能够规定其排放标准,那么后处理需要的去除效率就能计算出来。

6.2.1　病源微生物的浓度

废水的种类不同,所含有的生物也多种多样,其中包括病毒、细菌、真菌及原生动物等。它们当中的一些能够传播疾病。对所有的这些微生物进行定量分析是很难的。因此,最常用的一个指标是检测耐热的、在肠道中大量存在的大肠杆菌,其中最大量存在的是大肠埃希氏杆菌(*Escherichia coli*,简写 *E. coli*),也是各国检测废水中病源微生物常用的标准方法。虽然有些细菌有时也被检测,但不普遍。

关于大肠杆菌的检测方法可以参照我国或国际上的标准方法。检测的方法是将稀释的废水样品在培养皿中选择,在鉴定培养基上培养,通过形成菌落的数目计算原样品中大肠杆菌的数量。

世界卫生组织(WHO)已就废水处理厂排水的水域及用于灌溉的废水的卫生提出了原则性的建议。其中,地中海地区经治理的废水暂定标准为取样量为 100 mL,其中 50% 的样品大肠杆菌和粪链球菌数量不超过 100 个/100 mL,90% 的样品以上两种菌不超过 1 000 个/100 mL。当废水处理厂的出水直接用于灌溉农作物,且考虑到农作物在未烹调的情况下直接食用或废水直接用于喷淋公共草坪,标准又规定废水中大肠杆菌数量不超过 1 000 个/100 mL,同时每升样品中肠道寄生虫卵不超过一个。我国农田水质灌溉标准(GB 5084—92)也规定粪大肠杆菌群数不超过 1 万个/L,蛔虫卵不超过 2 个/L。

6.2.2　营养物的浓度

废水中最重要的营养物质是氮和磷,这些物质以有机化合物和离子形成 NH^{4+} 和磷酸盐形式($H_2PO_4^-$ 和 HPO_4^{2-})存在。经厌氧处理后,有机物被无机化,只存在无机物的形式。少数情况下也存在氮的氧化物(亚硝酸盐 NO_2^- 和硝酸盐 NO_3^-)。无论是处理前还是处理后的废水,其营养物的浓度都会因废水的性质不同区别很大。经过厌氧处理后,废水中总氮和磷与 COD 的比例将变化(以 TKN/COD 和 P/COD 表示),因为在厌氧过程中 COD 降低的幅度一般远大于氮和磷降低的幅度,所以厌氧出水中的 TKN/COD 和 P/COD 将会增大。

6.3　稳定塘的后处理

稳定塘就是大而浅的池塘,废水在稳定塘内因自发产生的生物作用而得到处理。主要用于气候比较温和、土地费用低、污染物负荷波动大而又缺乏熟练操作人员的地区。

稳定塘处理废水的主要缺点是水力停留时间太长,而且需要相当大的占地面积。所以,在人口密集的地区,仅可能作为一种后处理的手段。

6.3.1　稳定塘的分类

稳定塘的设计在传统上是以去除有机物为标准。有机物在稳定塘中被去除的机理很复杂,既有好氧过程,又有厌氧过程。一般情况下,空气中的氧从液面溶入水中,但在藻类存在时,主要的溶解氧来源是光合作用。很多情况下,光合作用产生的溶解氧远远大于从空气中溶解的氧。稳定塘的特征主要是由水中溶解氧产生速率与细菌氧化作用消耗的速度的比值决定的。主要的类型有厌氧糖、兼性塘和好氧塘三类。

1. 厌氧糖

如果有机物浓度非常高,那么溶解氧的消耗就相当地快,此时仅在液面很薄的表面能检测到溶解氧的存在,这样的稳定塘称为厌氧塘。有机物的去除几乎全部是厌氧菌消耗的。

2. 兼性塘

兼性塘是这样的一种稳定塘,稳定塘的表面是一个明显的好氧层,或者说是至少在白天由于藻类的光合作用形成显著的好氧层,而其余部分仍是厌氧条件。在兼性塘中,藻类和细菌营共生生活。细菌利用藻类光合作用产生的氧来生长繁殖并降解废水中的有机物,而藻类利用细菌形成的 CO_2 进行光合作用。在兼性塘的上层好氧区,细菌与藻类的协同作用并不是直接去除有机物,而是将有机物转化为藻类物质,这种转化最终还是提高了有机物的去除率;藻类物质沉降于兼性塘的下部被那里的厌氧菌降解或转化为惰性污泥。

3. 好氧塘

好氧塘中氧的产生量大于氧的消耗量,只能容纳低浓度的废水。在好氧塘中,水层的绝大部分处于好氧区。在白天日光照射下,好氧塘的上层甚至是氧过饱和状态,因而会自发地向空气中释放溶解氧。

通常一个稳定塘的性质与其负荷有关,因此稳定塘的有机负荷(以每 m^2 塘面每日接受的 BOD 或 COD 计,记作 $gBOD/(m^2 \cdot d^{-1})$,是设计的主要参数。表 6.2 列出了不同稳定塘的有机负荷。在实践中,为了更好地去除有机物,经常将几种稳定塘同时应用于同一个系统。例如,使用一个厌氧塘、一个兼性塘再接一个或多个好氧塘。

表6.2　不同类型稳定塘的有机负荷

稳定塘的类型	有机负荷 gBOD/$(m^2 \cdot d)^{-1}$
厌氧唐	100 ~ 1 000
兼性塘	15 ~ 50
好氧塘	5 ~ 15

注:鱼塘的有机负荷为 1 ~ 10 gBOD/$(m^2 \cdot d^{-1})$

6.3.2　去除病原微生物

如果稳定塘用于 UASB 出水的后处理,其有机负荷通常较低,以便取得必要的好氧条件。这些塘的主要目的不是去除 BOD 和 TSS,而是去除病源微生物和营养物,其去除率取决于进水特征和最终出水要求达到的浓度。在处理生活污水的 UASB 反应器出水中,大肠杆菌 *E. coli* 的数量通常在 10^7 ~ 10^8 个/100 mL 数量级,要达到世界卫生组织(WHO)10^4 个/100 mL数量级,则后处理的去除率应当在 99.9% ~ 99.99%。

为了确定如此高的技术是否能在技术上达到,必须采用 *E. coli* 死亡速率的动力学方程。Marais 最早提出在汤中细菌死亡速率符合下面的方程:

$$\frac{dN}{dt} = -K_b N \tag{6.1}$$

式中　N——*E. coli* 的数目;

　　　t——时间,即指废水在塘中的停留时间;

　　　K_b——细菌死亡速率常数。

假定水在塘中的流动状态为塞流(也叫推流,即 plug flow),则上式可表示为

$$\frac{N_e}{N_i} = e^{-K_b t} \tag{6.2}$$

式中　N_e、N_i——塘的出水和进水中细菌的浓度(个/100 mL)。

若塘中水是完全混合状态,式(6.1)可表示为

$$\frac{N_e}{N_i} = \frac{1}{1 + K_b \cdot t} \tag{6.3}$$

但是,实际上以上两种形式的方程都不能准确地描述塘中的状况,因为塘中的流动状态既非塞流也非完全混合。实践上常用式(6.2)计算常数 K_b。

K_b 的大小与温度关系密切,一些研究人员研究了 K_b 与温度的关系,得到了稳定塘中 K_b 计算的经验式。但这些经验式的计算结果不尽相同。这些公式分别如下:

$$K_b = 2.6 \times 1.19^{t-20} \tag{6.4}$$

$$K_b = 1.5 \times 1.06^{t-20} \tag{6.5}$$

$$K_b = 1.1 \times 1.07^{t-20} \tag{6.6}$$

$$K_b = 0.84 \times 1.07^{t-20} \tag{6.7}$$

注:t 为温度($℃$)。

当把连续排列的稳定塘看作完全混合的流动状态时,当每个塘的水力停留时间相同时可取得最高的病源微生物去除效率。也就是说,如果塘的数目是 M 个,每个塘的水力停留时间为 t_m,全部塘的水力停留时间为 t_{tot},那么,$t_m = t_{tot}/M$。因此病源微生物的去除率可按下式计算估计:

$$E = 1 - N_e/N_i = 1 - 1/(1 + K_b \cdot t_{tot}/M)^M \tag{6.8}$$

有一点应当了解,许多串联排列的完全混合的稳定塘,其流动状态实际上可以按照塞流状态来对待。也就是说,M 个完全混合的塘串联时,当 M 趋于无穷大时,其流动状态实际上等于塞流。图6.1是当 M 变化时,去除效率随 $K_b \cdot t_{tot}$ 变化的曲线。

由图6.1可以看出,死亡常数 K_b 和塘的个数 M 都会直接影响到 $E. coli$ 的去除效率。而且,在一定的 K_b 和水力停留时间 t_{tot} 时,流动状态越接近于塞流时,去除效率越高。由此可见,把塘划分为多个小的区间以便使流动状态接近于塞流是增加细菌去除率和减少稳定塘占地面积的有效方法。也就是说,在同一水力停留时间里,串联塘的数目越多越好。

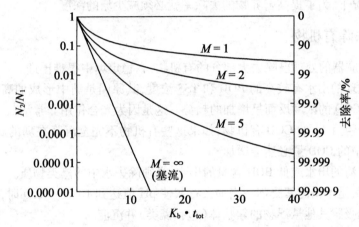

图 6.1　$E. coli$ 的去除效率随 $K_b \cdot t_{tot}$ 变化的曲线

为了提高稳定塘对病源微生物的去除效率,对死亡速率常数和其影响因素进行大量研究后得出,除了温度外,还有大量的因素影响 K_b 的大小。这些因素主要包括:①藻类的存在;②高的 pH 值;③高的溶解氧浓度;④光的照射。上述四个因素都会增大 K_b 的值,因为这些因素或产生不利于病源微生物生存的环境会有利于能遏制病源微生物的其他生物生长。尤其是高的 pH 值下(pH 值 >9),藻类的光合作用可以迅速使大肠杆菌群死亡。

塘的深度对病源微生物的去除有很大的影响,浅的塘能使阳光到达接近其底部的深度,因此光合作用可以在整个塘内进行。在强烈的光合作用下,藻类的浓度、溶解氧的浓度和 pH 值都会增高,所以,浅的塘中病源微生物死亡更快。但是,从另一方面考虑,同样的占地面积时,深塘中废水停留时间要高于浅塘,较长的水力停留时间也影响到去除率。但总体考虑,浅塘中更高的 K_b 值完全补偿甚至超过了停留时间的不足。

在巴西的 Pedregal 用两组中试规模的塘处理 UASB 反应器的出水,以这两组塘相互对比以研究塘深度对光合作用及病源微生物去除的影响。后来,为了估计除去 UASB 出水病源微生物时稳定塘的最佳深度,又进行了一些试验和估算。得到了以下结论:

①细菌死亡速率随塘深度的降低明显增大。

②把塘分割成更小的多个串联的塘以使流动状态接近塞流,可以明显增加细菌去除率并因此减少塘的尺寸。

值得提出的是,即使在气候温和的地区,稳定塘也要占用很大的土地面积。该缺点限制了稳定塘的使用,因为在大多数地区很难找到大面积空闲的土地。

6.3.3　去除营养物

光合作用较好的浅塘除去营养物质的效果同样优于深塘。浅塘中较高的 pH 值有利于氮和磷的去除。20℃,pH > 9.3(或 30 ℃,pH > 8.6)时,氮主要以 NH_3 的形式存在,此时能以解吸的原理将其去除。当光合作用产生过饱和的氧形成气泡从水中逸出时,也加速了 NH_3 的解吸作用而从水中进入空气中。磷酸盐可以被沉淀,在不同操作和环境条件下,它可能以 $Ca_5(OH)(PO_4)_3$ 或 $Mg(NH_4)PO_4$ 的形式沉淀。实验表明由这种物理化学过程可以有效地去除营养物。在巴西的中试规模的研究中,经浅水塘处理的氮的去除率达到95% ~ 96%,磷的去除率为77% ~ 87%。但稳定塘的 pH 值如果较低,则营养物的去除率不会较高,在这样的情况下,为了提高营养物的去除率就必须减少塘的深度。

6.3.4　去除有机物

经 UASB 反应器的处理已除去大部分的有机物,在稳定塘中很难再进一步降低 COD 浓度。经稳定塘处理的出水有较高的 BOD 和 TSS 浓度,其原因是塘中形成的高浓度的藻类。同时,有的塘中 COD 的浓度反而呈增加的趋势。这是因为光合作用非常活跃,理论上,每产生 1 kg 氧气将产生 1 kg 的 COD 有机物,如果这些有机物不完全沉降在塘的底部并在那里被消化,则液相中的 COD 量必然会增加。

要想获得澄清的出水或低 BOD 含量的出水,必须除去水中的藻类物质。一种方法就是添加絮凝剂,石灰是不错的絮凝剂。当加入石灰使 pH 值达到10.8 ~ 11.0 时,$Mg(OH)_2$ 将会沉淀并形成能吸附其他悬浮物的絮状体(包括藻类)并沉淀。

除去藻类最好的方法还是生物法。例如,引入漂浮生长的水生植物。这些水生植物(例如浮萍)可以种植于一组稳定塘的最后一个塘,浮萍遮挡阳光可以抑制藻类的生长从而使之死亡,出水中将基本不存在藻类。

6.4　活性污泥法后处理

6.4.1　活性污泥法后处理概述

活性污泥法是应用比较广泛的一种废水处理方法。经活性污泥处理后,废水中的可生物降解的有机质、悬浮物和营养物的浓度都很低。而且其水力停留时间比稳定塘低(一般为 8 ~ 24 h),因此,活性污泥法比稳定塘占地面积要少。但是,利用活性污泥法的投资和操作费用高、能耗大,同时产生的剩余污泥也需要稳定化处理。

下面列出了一些比较常用的活性污泥工艺流程,其中,最简单的工艺由一个反应器(曝气池)和一个沉淀池(图6.2)构成。

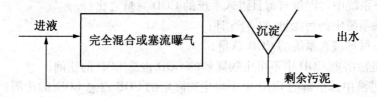

图 6.2　除去有机物的完全混合式工艺

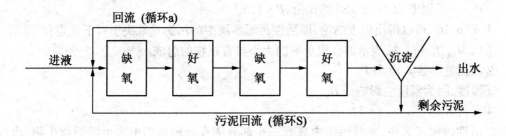

图 6.3　增加除氮能力的 Bardenpho 工艺

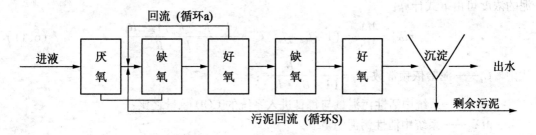

图 6.4　增加氮和磷去除能力的 UCT 工艺

在反应器中,废水中的有机物被好氧微生物的代谢作用分解,这一过程所需要的氧气需通过曝气提供给废水和污泥混合物。曝气使絮状污泥均匀地悬浮于液体中。在沉淀池中,悬浮的污泥通过重力作用沉降于底部,因此,基本不含有有机物的废水和悬浮物得以分离。沉降下来的污泥一部分回流到反应器中,另一部分则作为剩余污泥排放。

剩余污泥的排放量是活性污泥工艺的关键操作参数,它不仅决定了氧气的需求量而且也决定了排放污泥的量和组成。泥龄,是指存在于系统中的污泥量与每日排放污泥量之比。在操作中,常把它作为最重要的工艺变量加以控制,其计算公式为

$$R_s = MX_v / ME_v \qquad (6.9)$$

式中　R_s——泥龄,d;

　　　MX_v——系统中的污泥量;

　　　ME_v——每日排出的剩余污泥量。

Maraies 和 Ekama 以下式分析活性污泥系统中污泥量与泥龄等因素的关系:

$$mX_v = \frac{MX_v}{MS_{ti}} = \frac{(1 - f_{us} - f_{up})(1 + f \cdot B_h \cdot R_s)}{1 + B_h \cdot R_s} + \frac{R_s \cdot f_{up}}{P} \qquad (6.10)$$

式中　mX_v——系统中污泥量与每日进入系统的 COD 总量之比；

　　　　MX_v——系统中的污泥量,以 VSS 计；

　　　　MS_{ti}——每日进入系统的 COD 总量；

　　　　f_{us}——进液溶解 COD 中不可生物降解的 COD 占总 COD 的比例；

　　　　f_{up}——进液中部溶解的 COD 中不可生物降解的 COD 占总 COD 的比例；

　　　　f——污泥消化后仍具有活性的污泥所占的比例,一般可取 $f = 0.2$；

　　　　B_h——细菌死亡速率,$B_h = 0.24 \times 1.04^{t-20}$,其中 t 为温度,℃；

　　　　Y_a——污泥产率系数,$Y_a = 0.45$；

　　　　P——污泥中 COD 与 VSS 的比值,$P = 1.5$。

从式(6.10)可以得出以下结论,即活性污泥系统中的污泥量取决于以下几点：

①以 M_{Sti}、f_{us} 和 f_{up} 所表示的有机负荷的大小与有机物的组成。

②污泥量参数 f、Y_a 和 P。

③温度,因为温度会影响到 B_h。

④泥龄 R_s。

在活性污泥工艺中,絮状污泥中只有一小部分能在处理过程中产生活的微生物,也即这部分污泥在代谢活动中具有活性,叫作活性污泥。污泥中无生物活性的污泥是由进液中进入污泥絮聚物的不可生物降解的有机物和污泥中细胞死亡后的残余物组成的。活性污泥的浓度可由下式计算：

$$mX_a = \frac{MX_a}{MS_{ti}} = (1 - f_{us} - f_{up}) C_r = \frac{(1 - f_{us} - f_{up}) Y_a \cdot R_s}{1 + B_h \cdot R_s} \qquad (6.11)$$

式中　C_r——泥龄依赖常数,$C_r = \dfrac{Y_a \cdot R_s}{(1 + B_h \cdot R_s)}$；

　　　　mX_a——系统中活性污泥量与每日进入系统的 COD 总量之比；

　　　　MX_a——系统中活性污泥的量。

活性污泥系统的最小容积(反应器与沉淀池之和)可以通过污泥的浓度来确定,反应器的容积与这一浓度成反比,但沉淀池的容积随浓度的增加而增大。在正常情况下,基建投资最小的最佳污泥浓度是 2～3 gVSS/L(3～5 gTSS/L)。活性污泥工艺的水力停留时间对出水的质量和系统的基本动力学行为并不是十分重要。

6.4.2　生物除氮

在活性污泥工艺中,还原性的氮(氨化合物)可通过硝化 – 反硝化过程除去。硝化是氨氧化为硝酸盐的过程,其反应可表示为

$$NH_4^+ + 1.5O_2 \xrightarrow{\text{亚硝化细菌}} NO_2^- + H_2O + 2H^+$$

$$NO_2^- + 0.5O_2 \xrightarrow{\text{硝化细菌}} NO_3^-$$

总反应为

$$NH_4^+ + 2O_2 \longrightarrow NO_3^- + 2H^+ + H_2O \qquad (6.12)$$

在反硝化过程中,硝酸盐将有机物氧化而自身被还原为氮气,其反应可表示为

$$0.2NO_3^- + 1/(4x + y - 2z)C_xH_yO_z + (4x - 2z)/(4x + y - 2z)H_2O + 0.2H^+$$
$$\longrightarrow 0.1N_2 + 1/(4x + y - 2z)CO_2 + 0.6H_2O \qquad (6.13)$$

　　从式(6.12)可以看出,废水中的氨只有当水中有溶解氧存在时才能被氧化,也就是说消化过程只能在好氧反应器(曝气池)中进行。另一方面,反硝化只能在缺氧的环境中发生。因此,硝化和反硝化反应在不同的反应器中发生,即硝化在曝气池(好氧环境)中进行而反硝化在缺氧反应器中进行。

　　除氮的活性污泥的典型工艺是 Bardenpho 工艺,如图 6.3 所示。Bardenpho 工艺由顺序排列的四个反应器和一个沉淀池组成。污泥与废水的混合物依次通过这四个反应器进入沉淀池,然后污泥再部分返回到第一个反应器。其中第二和第四个反应器是好氧的,第一、三反应器是缺氧的。第二个好氧反应器为主要的好氧反应器,在第二个反应器内,除了降解有机物外,也在此进行硝化作用。第四个反应器很小(仅相当于总反应器容积的 5% ~ 10%),它仅用于对污泥与废水混合液快速曝气以保证废水在进入沉淀池时的好氧条件。第一个缺氧反应器称作预反硝化反应器,它接受进液、沉淀池返回的污泥和由第二个反应器返回的已硝化的污泥废水悬浮液。在第一个反应器中有机物浓度很高,其中溶解性的有机物可直接被细菌消化利用。因此,第一反应器的代谢速度与反硝化速度较高。第三个反应器也叫后反硝化反应器,其中有机物浓度较低,反硝化作用也较慢。

　　Van Haandel 等得到了在与反硝化反应器和后硝化反应器中反硝化的经验公式,反硝化反应器的反硝化能力定义为有机物中能够除去的最大硝酸盐浓度,公式表达如下:

$$D_{pr} = S_{bi} \left[\frac{f_{bs}(1 - PY_a)}{2.86} + K_2 C_r f_{x1} \right] \tag{6.14}$$

$$D_{po} = K_3 C_r f_{x3} S_{bi} \tag{6.15}$$

　　由以上两式又得到

$$D_{tot} = D_{pr} + D_{po} = S_{ti}(1 - f_{us} - f_{up}) \left[\frac{f_{bs}(1 - PY_a)}{2.86} + K_2 C_r f_{x1} + K_3 C_r f_{x3} \right] \tag{6.16}$$

式中　D_{tot}——整个系统的反硝化能力;

　　　　D_{pr}——预反硝化反应器的反硝化能力(mgN/L 进液);

　　　　D_{po}——后反硝化反应器的反硝化能力(mgN/L 进液);

　　　　K_2、K_3——反硝化速率的经验常数;

　　　　$K_2 = 0.1 \times 1.08^{t-20}$ mgN/(mgVSS · d);

　　　　$K_3 = 0.08 \times 1.03^{t-20}$ mgN/(mgVSS · d);

　　　　f_{bs}——进液中易生物降解的 COD 占总 COD 的分数;

　　　　f_{x1}、f_{x3}——在预反硝化和后反硝化反应器中污泥量占全系统中污泥量的分数;

　　　　S_{bi}——进液中可生物降解的 COD 浓度;

　　　　S_{ti}——进液总 COD 浓度(包括悬浮物和不可生物降解的 COD)。

　　系统出水中氮浓度要降低到很低的水平,这要求硝化和反硝化反应器的效率都必须非常高,这样才能使氨和硝酸盐浓度均达到很低的水平。为了保证硝化过程高效进行,必须在好氧反应器中保持一定的污泥量,假定莫诺德(Monod)方程适用于硝化反应,则所需的最小污泥量可通过下式计算:

$$f_{min} = \left(1 + \frac{K_n}{N_{ad}}\right) \left(b_n + \frac{1}{R_s}\right) \frac{1}{\mu_m} \tag{6.17}$$

式中　f_{min}——在好氧反应器中有效脱氮所需的最小污泥量占全系统污泥量的分数;

N_{ad}——所要求的出水氨浓度；

μ_m、b_n 和 K_n——硝化过程的莫诺德常数（最大比生长速率、死亡速率和半饱和常数）；

R_s——泥龄。

当 f_{min} 值很低时，污泥长时间不曝气会使污泥性质（沉降性与活性）改变，并因此造成操作问题。在实践中，好氧反应器中的污泥量一般不低于 50%，虽然实验室研究证明可以在好氧反应器中采用低得多的污泥量。Arkley 证明在好氧反应器中仅有 20% 污泥量时，整个系统效果仍很好，污泥的活性与沉降性能依然很好，但在生产性的系统中尚未得到证实。

自然，相对于不曝气的反应器（缺氧反应器）有一个允许的最大污泥量：

$$f_{x1} + f_{x3} \leqslant f_M = 1 - f_{min} \tag{6.18}$$

式中　f_M——在缺氧反应器（反硝化反应器）中允许的最大污泥量占全系统污泥量的分数。

为使 Bardenpho 工艺最大限度地除去硝酸盐，应当使预反硝化反应器足够大，这样才能允许它最大限度地接受好氧反应器和沉淀器的回流，由好氧反应器的回流将更多的硝酸盐引入预反硝化反应器。在预反硝化反应器最大限度地除去硝酸盐后，后反硝化反应器可以除去好氧反应器产生的其余部分的硝酸盐，但这也与废水的性质和操作条件有关。从废水的性质角度看，Van Haandel 等得出了有效的硝化和完全的除去硝酸盐所允许的最大 TKN 与 COD 比值，这一比值是废水性质和操作条件的函数，可表示如下：

$$(N_{ti}/S_{ti})_{max} = \frac{(1 - f_{us} - f_{up})(\partial f_{hs} + K_2 C_r f_M)(\alpha + s + 1)}{\alpha + \dfrac{K_2}{K_3}(s + 1)} + \frac{N_s + N_{ad}}{S_{ti}} \tag{6.19}$$

式中　$(N_{ti}/S_{ti})_{max}$——有效的硝化和完全去除硝酸盐所允许的最大 TKN/COD 比值；

∂——硝酸盐 – COD 转换因子，$\partial = \dfrac{1 - PY_a}{2.86}$；

α——好氧反应器回流到预反硝化反应器的循环因子（即回流比或回循环比）；

S——沉淀池污泥回流到预反硝化反应器的循环因子；

$N_s + N_{ad}$——用于产生污泥的氮浓度（N_s）和出水中残存的氮浓度（N_{ad}）。

式(6.19)是使用生活污水时得到的经验式，已经被证明能相当可靠地预测在各种不同条件下完全脱氮所允许的 TKN/COD 的最大比值。它所适用的不同条件范围为：泥龄 R_s 6 ~ 20 d；温度 14 ~ 25 ℃；循环比 α 为 0 ~ 4；循环因子 s 为 0.5 ~ 2。从式中可以看出最大 TKN/COD 比值取决于下列因素：

①硝化菌的最大生长速率 μ_m 是决定硝化所需的好氧反应器最小污泥量的主要因素，因而也是决定反硝化的缺氧反应器所需最大污泥量的主要因素。

②进液中有机物的浓度和性质决定反硝化的速率。

③泥龄除了对活性污泥浓度有影响外，也影响到好氧反应器的最小污泥量。

④进液总凯氏氮（TKN）浓度决定硝酸盐的产生的浓度。

⑤废水温度影响硝化与反硝化动力学常数的大小。

⑥硝酸盐回流到预反硝化反应器的量决定能以较高速率在这个反应器除去的硝酸盐的比例。

荷兰将 Bardenpho 工艺去掉第四个反应器即最后一个好氧反应器后，用于处理 UASB

出水,进行了中试规模的研究。结果,在处理中,沉淀器中产生了严重的污泥上浮,这是因为反硝化在沉淀器中进行的缘故。这个问题的根本原因是因为太高的 TKN/COD 比值使反硝化在反应器中不能完全进行。当进液中添加 1/3 的生活废水后,污泥上浮的问题即得以解决,但由于有机负荷的增加,剩余污泥量自然也随之上升。

表 6.3　Bardenpho 工艺中试研究的结果

参数	进液	预反硝化反应器	好氧反应器	后反硝化反应器	出水	
					未过滤	过滤
BOD 质量浓度/$(mg \cdot L^{-1})$	166	—	—	—	22	4
COD 质量浓度/$(mg \cdot L^{-1})$	401	62	46	46	48	35
TSS 质量浓度/$(mg \cdot L^{-1})$	167	—	—	—	34	12
TKN 质量浓度/$(mg \cdot L^{-1})$	57	12.3	2.8	3.4	3.7	—
NH_3 质量浓度/$(mg \cdot L^{-1})$	42	96	<1	1.2	1.4	—
NO_3^- 质量浓度/$(mg \cdot L^{-1})$	<1	17	9.5	4.8	4.2	—
P 质量浓度/$(mg \cdot L^{-1})$	9.1	12.0	3.2	6.4	4.8	—
碱度质量浓度/$(mg \cdot L^{-1})$	8.6	5.5	4.9	6.1	6.2	—
VSS 质量浓度/$(mg \cdot L^{-1})$	—	—	2 080	—	—	—
耗氧/$[mg \cdot (L \cdot h)^{-1}]$	—	—	128	—	—	—

这个中试试验结果表明,实际得出的 D_{pr} 和 D_{po} 比理论值都略高,但差别很小,这种差别也可能是由试验误差引起的。由试验结果可以得出结论,用活性污泥法作为后处理时的脱氮能力并不因废水已经过厌氧处理而降低。

比较未经厌氧处理的废水和已经 UASB 处理废水完全除去氮所要求的最大 TKN/COD 值小于 $(N_{ti}/S_{ti})_{max}$,则具备了完全除氮的条件。如果不能完全除去硝酸盐,则在温暖的气候条件下操作一个活性污泥工艺是十分困难的。如果硝酸盐引入沉淀池,则由于反硝化过程在其中进行以致氮气形成气泡并吸附到絮状污泥上,导致污泥上浮至液面形成污泥浮层并随出水一起排出。这样,由于污泥流失,不仅会恶化出水水质而且使反应器中的污泥量降低,TSS、有机物以及氮的去除率也下降。因此,必须保持进液的 TKN/COD 值在允许的最大值以下,通常可以通过维持 COD 高于某一最小浓度来保证较小的 TKN/COD 值。

另外,如果废水要求必须除去氮,则在厌氧处理阶段应当限制 COD 去除率或者将一部分原废水直接引入活性污泥工艺而不通过 UASB 反应器。第一种解决方法在建设投资上可能比较节省,但第二种解决办法在实践中更容易操作而且当全年气温变化较大时,工艺在操作上更具有灵活性。

6.4.3　生物除磷

从上述的描述可以看出,生物除氮可保证操作上的稳定性(反硝化避免了沉淀池中的污泥上浮)并能降低操作成本(硝酸盐代替了部分氧气)。但从出水质量的要求看,除磷更为重要。这是因为在很多水域中磷酸盐是水生生物生长的限制性营养物,而氮一般可以由水中的微生物从分子氮合成。

磷可以通过物化方法—磷酸盐沉淀或通过生物法与污泥结合而除去。生物法具有更大的优势,因为生物法不需要添加化学品,同时不需要从液相分离沉淀器沉淀。

磷在活性污泥中的质量分数约为 6%,在惰性污泥中约含 2.5%,但在活性污泥工艺中采用合适的工艺条件可以提高污泥中磷的含量,方法是使污泥先置于厌氧环境中然后再置于好氧环境中。在厌氧环境中,微生物会首先释放出磷,但紧跟着在好氧环境中微生物将吸收比正常好氧工艺(即没有厌氧部分的活性污泥工艺)更多的磷酸盐,这被称为过量吸收(Luxury uptake)。通过这种方法,污泥中磷的质量分数可增加 35%。

厌氧反应器可以方便地置于一个除氮的活性污泥工艺前而形成同时除磷除氮的新工艺,就是 UCT 工艺(图 6.4)。厌氧反应器接受来自预反硝化反应器的污泥,在预反硝化反应器中通过控制循环 a 和循环 s 的循环比使其硝酸盐浓度很低,因此,几乎没有硝酸盐进入反应器。从而使第一个反应器是真正厌氧的,而不是像预反硝化和后反硝化反应器是缺氧的。

Wentzel 等提出了在第一个厌氧反应器中溶解性可生物降解的有机物以及厌氧反应器中的污泥占系统污泥总量的分数与活性污泥中磷积累的量有关。如果除磷的好氧工艺用作 UASB 出水的后处理,出水中挥发性脂肪酸(VFA)的浓度(通常为 $1 \sim 2$ mmol/L,即大约 $60 \sim 100$ mg COD/L)足以激发磷的释放–吸收过程。但是否超量吸收能除去 UASB 出水中全部的磷,则要看它的 P/COD 比值。通常 UASB 出水 P/COD 比值很低,能满足完全除磷的需要。当处理生活污水时,如果 UASB 处理效果更高(VFA 小于 $1 \sim 2$ mmol/L),则 P/COD 比值上升,磷的去除会比较困难。

上述介绍的 Bardenpho 工艺试验中,除磷的效果也被研究,但是去除率不高(仅有 50%),该试验主要着眼于除氮效果的研究,因此在工艺系统前未设专门的厌氧反应器。实验结果表明,该工艺同样也有磷的超量吸收。应值得提出的一点是,在剩余污泥的厌氧稳定化过程中,一些磷可能会从污泥中再释放至液相。

6.4.4　厌氧好氧结合工艺特点

如前所述,用好氧的活性污泥工艺可以有效地除去 UASB 反应器出水中的营养物,但其条件是操作温度应足够高以便反硝化反应器能达到较大的脱氮能力。在很多情况下必须人为控制厌氧处理阶段的去除效率以便有足够的有机物保证出水的反硝化作用正常进行。只要厌氧处理出水有机物浓度足够高,则经活性污泥后处理的最终出水质量可以等于或高于单独地除去营养物的活性污泥出水。根据表 6.3 的数据,厌氧–好氧工艺的出水比没有厌氧的好氧工艺出水 COD 浓度更低,很明显,厌氧工艺可以除去一些好氧方法不能降解的有机物。

总地来说,一个厌氧–好氧工艺可能比没有厌氧的单独好氧工艺有一些特别的优势。现以一个 UASB 反应器加一个活性污泥工艺(UCT 或 Bardenpho)来分析厌氧–好氧工艺的特点(图 6.5)。

①由于 UASB 反应器会除去大量有机物和悬浮物,其后的好氧工艺的污泥量会少得多,因此其容积也会小得多。在实践中,厌氧–好氧工艺的总容积比单独的好氧工艺的一半还少。

②厌氧反应器可以省掉污泥稳定所需的操作单元;好氧部分的剩余污泥可以循环至 UASB 反应器并在那里消化和增浓。

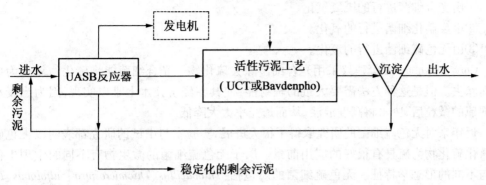

图 6.5　厌氧 – 好氧工艺处理污水的工艺流程示意图

③剩余污泥量比单独好氧工艺少得多,因为厌氧环境下污泥产率远小于好氧。此外 UASB 反应器的污泥浓度要高得多,因此更易处理。

④由于厌氧反应器已除去部分有机物,所以在好氧部分的需氧量大为减少,因此可节约能源,而且所需的能量有可能从产生的沼气得到补偿。同时由于 UASB 反应器实际起到一种均衡作用,它减少了好氧部分负荷的波动,因此好氧部分需氧量稳定,这也会使能耗下降,在设计上需氧的峰值更接近于平均值。

综上所述,厌氧 – 好氧工艺是一种比较有潜力和吸引力的工艺。

6.5　硫化物的生物氧化方法

6.5.1　硫循环与硫化物的生物氧化

硫循环的示意图如图 6.6 所示。这种循环可以完全由微生物完成,可以在没有高等生物的参与情况下完成,也就是说,如果使用恰当的微生物和相应的环境条件,各种含硫化合物在生物反应器里相互转化是可能的。

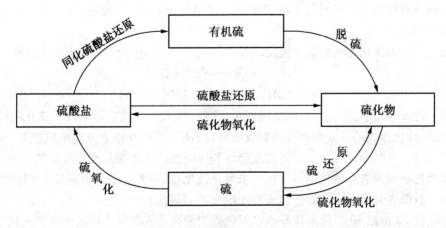

图 6.6　硫循环示意图

自然界的硫化物可以被微生物以 3 种方式氧化:

①由光合细菌进行的厌氧氧化。

②由反硝化细菌进行的氧化。

③由无色硫细菌进行的氧化。

Cork 和 Kobayshi 等建议采用光合细菌除去硫化物。光合细菌能将硫化物氧化为单质硫而除去。但是这种方法需要大量的辐射能,使其在经济技术上难以实现,因为当废水中出现硫的微粒后,废水将高度混浊,从而透光率大大降低。

近年来对无色硫细菌的研究取得了很大进展,实验室与中试的研究都表明以无色硫细菌氧化硫化物为硫具有很好的应用前景。属于无色硫细菌的微生物有不同的生理生化特性与不同的形态学特征。无色硫细菌的属包括: *Thiobacillus*、*Thiomicrospira*、*Sulfolobus*、*Thermothrix*、*Pseudomonas*、*Thiovulum*、*Beggiatoa*、*Thiothrix*、*Thiothrix*、*Thiospira* 和 *Thioploca*。

并非所有的无色硫细菌都能用于把硫化物转化为硫的工艺,一个重要的因素是由细菌产生的硫是积累在细胞内还是在细胞外。*Beggiatoa*、*Thiothrix* 和 *Thiospira* 将产生的硫积累于细胞内,如果用这几个属的细菌除去硫化氢,就必然产生大量含硫的细胞,这样硫的分离将会十分麻烦。因此,必须选择在细胞外形成硫的细菌,*Thiobacillus*(硫杆菌)就是具有这种特征的菌属。

硫细菌大多不需要特殊的环境因素,从 pH 值 0.5~10 范围内都有不同种的硫细菌,其最适生长温度为 20~75 ℃。大多数硫细菌能以自养方式生长,但也有一些以兼性或异养方式生长。它们在自然界的分布相当地广泛,在土壤、淡水、海洋、温泉和酸性污水中都能发现它们的踪迹。这些细菌能由硫化物、单质硫、硫代硫酸盐、连多硫酸盐和亚硫酸盐的氧化中获得能源,氧化的末端产物是硫酸盐,但是在一定条件下硫和连多硫酸盐可作为中间产物积累。

在含硫化物的废水处理中,硫化物除去的方式应当是使硫化物转化为硫而不是硫酸盐,硫杆菌(*Thiobacillus*)氧化硫化物时存在以下途径:

$$HS \longrightarrow 与细胞膜结合的 S^0 \Longleftrightarrow S^0$$
$$与细胞膜结合的 S^0 \longrightarrow SO_3^{2-} \longrightarrow SO_4^{2-}$$

由硫化物转变为硫酸盐的生物氧化过程分为两个阶段:第一阶段进行得较快,这一阶段硫化物释放出两个电子而与生物膜结合为多硫化合物;第二阶段,这些硫先后被氧化为亚硫酸盐和硫酸盐。

在一个除去硫化物的好氧生物反应器中,完整的生物化学反应可以表示如下:

$$2HS^- + O_2 \longrightarrow 2S^0 + 2OH^-$$
$$2S^0 + 2OH^- + 3O_2 \longrightarrow 2SO_4^{2-} + 2H^+$$

在生物反应器中,第二个反应应当避免,此外,技术能否成功还取决于硫化物的转化速率、硫化物转化为硫的百分率和硫的有效沉淀(以便不断从液相中分离单质硫)。从经济角度考虑,能耗与化学药品消耗、工艺的复杂性和反应器的大小都是至关重要的。

以无色硫细菌去除硫化物是以氧气来氧化硫化物,与光合细菌和反硝化细菌的去除过程不同。后两者分别以光和硝酸盐来实现硫化物的氧化。

荷兰自 20 世纪 80 年代末就开始以无色硫细菌在通入空气的情况下氧化硫化物的工艺与理论研究。1993 年,荷兰的 Paques 公司首次在 Thiopaq 的工艺中采用无色硫细菌以生产规模去除经厌氧处理的造纸工业含硫化物废水。Buisman 比较了以无色硫细菌(即用氧气的生物方法)和其他方法的效果,见表6.4。

表6.4　以无色硫细菌有氧氧化硫化物与其他方法的比较

方法	硫化物去除速率 /[mg · (L · h)⁻¹]	HRT/h	去除率/%
生物方法			
用 NO₃⁻	104	0.09	>99
用光	15	24	95
用 O₂	415	0.22	>99
采用空气的化学法			
以 KMnO₄ 催化	116	间歇	90
(1 mg/L)			
以活性炭催化	237	间歇	74
(53 mg/L)			

6.5.2　硫化物的有氧生物氧化工艺

Buisman 等介绍了3种形式的以无色硫细菌除去废水中硫化物的反应器,它们是完全混合的连续搅拌槽反应器(CSTR)、类似生物转盘的生物回转式反应器和一个上流式生物反应器(图6.7、6.8、6.9)。

3个反应器中都以聚氨基甲酸乙酯(PUR)泡沫橡胶为载体材料,每个 PUR 颗粒大小为 $1.5 \text{ cm} \times 1.5 \text{ cm} \times 1.5 \text{ cm}$,比表面积为 $1\,375 \text{ m}^2/\text{m}^3$。

在初次启动中,反应器以含硫化物的塘泥接种,在控制氧量、pH 值及负荷情况下操作,反应器逐渐形成硫杆菌的优势生长,硫化物被硫杆菌在氧气限制的情况下氧化为单质硫。由于硫形成的同时 pH 值上升,所以需要以 CO_2 或 HCl 控制反应器内的 pH 值。出水中含有的硫在沉淀器中加以分离。

Buisman 等研究了以上反应器的操作条件。发现最佳的 pH 值在 8.0 ~ 8.5,在 pH 值 6.5 ~ 9.0 之间硫化物都能正常除去。实验的最佳温度为 25 ~ 35 ℃。硫化物氧化速率随进液硫化物浓度增大而上升。实验表明即使在 100 mg/L 的硫化物质量浓度下,细菌活性不受到任何抑制。

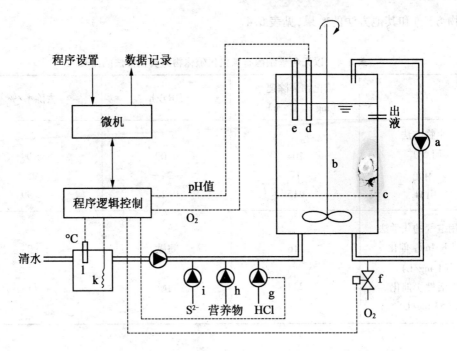

图 6.7 连续进液的实验室硫化物氧化 CSTR 反应器系统

a——气相循环泵；b——搅拌器；c——搅拌区与反应区之间的隔离网（保护填料颗粒）；
d——pH 值测量；e——溶解氧测量；f——氧气输入阀；g——盐酸溶液输入泵；
h——营养物和微量元素输入泵；i——硫化物溶液输入泵；
j——清水泵；k——加热器；l——温度测量

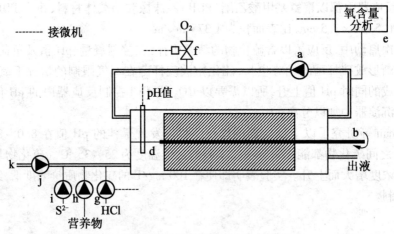

图 6.8 硫化物氧化的回转式生物反应器

a——气相循环泵；b——回转轴；c——带有 PUR 载体的回转笼；d——pH 计；
e——溶解氧测量；f——氧气输入阀；g——盐酸溶液输入泵；h——营养物和微量元素输入泵；
i——硫化物溶液输入泵；j——清水泵；k——恒温清水

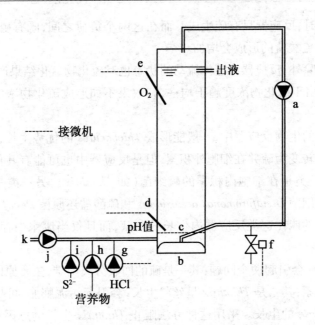

图 6.9　上流式硫化物氧化反应器

a—气相循环泵；b—回转轴；c—带有 PUR 载体的回转笼；d—pH 计；e—溶解氧测量；
f—氧气输入阀；g—盐酸溶液输入泵；h—营养物和微量元素输入泵；
i—硫化物溶液输入泵；j—清水泵；k—恒温清水

用 CSTR 反应器试验，接种 5 d 后，反应器可在水力停留时间（HRT）22 min 的情况下使进水硫化物质量浓度由 80 mg/L 降至 2 mg/L 以下，出水中除了单质硫以外，有少量硫酸盐，其他硫化合物几乎没有。

在反应器中硫酸盐的形成应当加以限制，但是当硫化物氧化为硫酸盐时每个硫提供 8 个电子，而当硫化物氧化为单质硫时每个硫仅提供 2 个电子，因此细菌的生化过程倾向于生成硫酸而获得更多的能。为了使硫化物氧化产物中尽量含有较少的硫酸盐，必须在操作条件下对硫化物的氧化加以控制。影响硫化物氧化最终产物的因素主要有 3 个，即硫化物与氧的比例、硫化物浓度和硫化物的污泥负荷。

硫化物浓度对硫酸盐或硫的形成影响很大。在 CSTR 反应器中，使用未固定化的游离细菌悬浮液时发现当硫化物质量浓度在 5 mg/L 以上时，几乎没有硫酸盐形成，其原因大概是细菌优先利用硫化物而不是单质硫或者由于硫化物的毒性不利于硫酸盐还原菌生长。在以聚氨基甲酸乙酯（PUR）材料为载体的 CSTR 反应器中，硫化物质量浓度超过 20 mg/L 才不再有硫酸盐产生。

降低氧浓度使硫酸盐的形成减少。但当硫化物负荷较高时，由于产生硫酸盐的细菌活性受到某种程度的抑制，这一因素的重要性降低。此外，Buisman 等证实了在氧浓度降低时，产生硫酸盐细菌的活力下降。

污泥负荷也对硫化物氧化结果有重要的影响，在没有填料的 CSTR 反应器内，当硫化物的污泥负荷低于 240 gS/（gN · d）时，反应器中只有硫酸盐生成，当负荷高于

1 200 gS/(gN·d)时,反应器只有硫生成。而在这两个负荷之间,既有硫生成,又有硫酸盐生成。添加填料后硫酸盐的形成会增加。

上述3个原因除外,反应器中液体流动的状态也对硫化物氧化结果产生影响,完全混合的 CSTR 反应器中由于硫化物浓度趋于均一,其效果不如形成硫化物浓度梯度的回转式和上流式反应器。

在除去硫化物的生物反应器中,一般能形成 Thiobacillus 的优势生长,如前所述,这个属的细菌能使硫化物转变为硫并在细胞外积累,但是反应器中也可能有其他杂菌生长。这类杂菌多分为两类:一类是在细胞内积累的硫细菌(如 Thiothrix),另一类是产生硫化物的细菌,例如,还原硫的细菌 Desulfuromonas acetoxidans 和硫酸盐还原菌 Desulfobulbus propionicus。这两类细菌是仅有的能在这类反应器内生长的杂菌,而且仅当废水中存在有机物时,这两类杂菌才能生长。

Thiothrix 的存在会引起两个问题:其一是硫的回收分离困难,主要原因是 Thiothrix 能将硫在细菌细胞内积累;其二是 Thiothrix 呈丝状生长,会引起污泥膨胀,可提高硫化物生物容积负荷,防止 Thiothrix 的生长。采用这种方法阻止 Thiothrix 生长的原因尚不清楚,Buisman 等假定这是因为在高负荷下 Thiothrix 在与产硫的 Thiobacillus 的竞争中处于劣势。Thiothrix 生长的 pH 值在 7.0 ~ 8.5 之间,水流的剪力、载体材料、进液的硫化物浓度和 HRT 等对 Thiothrix 的生长几乎没有影响。

在纸厂,废水除去硫化物的反应器中,Buisman 等发现硫和硫酸盐还原菌使除硫效果大大降低。当有乙酸存在时,反应器污泥中可发现有硫还原菌存在,但是丙酸存在时会有硫酸盐还原菌存在。在适当控制下,不带载体的反应器中产生的硫化物仅是被氧化的硫化物的 0.6% ,而在带载体材料的反应器中,这一比例为 2% ~ 4% 。由硫或硫酸盐在反应器中产生硫化物的最佳温度和 pH 值分别为 30℃ 和 8.0。

硫化物氧化为硫的生物化学过程可以用动力学方程表示:

$$R_i = k[\rho_S]^m[\rho_O]^{n \lg[\rho_O]}$$

式中　　R_i——硫化物氧化速度;

$\quad\quad$ k——反应速度常数;

$\quad\quad$ $[\rho_S]$——硫化物质量浓度,mg/L;

$\quad\quad$ $[\rho_O]$——氧质量浓度,mg/L。

式中,k、m、n 均为常数。当硫化物质量浓度在 2 ~ 600 mg/L、氧质量浓度在 0.1 ~ 0.85 mg/L时,m、n、k 的值分别为 0.408、0.391 和 0.566。

综上所述,由于 CSTR 反应器出水硫化物浓度较高,它在应用上不如回转式和上流式反应器。在反应器中应当采用相对高的负荷,这样才能取得较高的硫化物 – 硫转化率并防止 Thiothrix 生长。当负荷较高时,CSTR 反应器出水硫化物浓度达不到荷兰的废水排放标准(2 mg/L)以下。表 6.5 是 3 种反应器处理结果的比较。

表 6.5 3 种硫化物氧化反应器处理结果比较

反应器类型	HRT/h	S^0 负荷 /[mg·(L·h)$^{-1}$]	出水 S^0 质量浓度 /(mg·L^{-1})	S^0 去除率/%
CSTR	0.37	375	39	70
回转式	0.22	417	1	99.5
上流式	0.22	454	2	98

表 6.6 是用回转式硫化物氧化反应器处理经过厌氧处理的造纸废水的工艺条件与处理效果。

表 6.6 采用回流式硫化物氧化反应器处理经厌氧处理的造纸废水结果

pH	温度 /℃	HRT /min	转速 r/min	空气通入量/(m³·h^{-1})	进液 S^{2-} 浓度/(mg·L^{-1})	去除率 /%	去除速率/ [mg·(L·h)$^{-1}$]	出液 SO_4^{2-} 质量分数/%
8.0	27	13	46	1.32	140	95	620	8

目前,以无色硫细菌氧化除去硫化物的工艺尚在发展中,一些工艺与理论问题有待于进一步研究。

第7章 两相厌氧生物处理工艺

7.1 两相厌氧工艺概述

7.1.1 两相厌氧工艺特点

厌氧消化是一个复杂的生物学过程。复杂有机物的厌氧消化一般经历产酸发酵细菌、产氢产乙酸细菌、产甲烷细菌这3类细菌群的接替转化。

从生物学角度,我们把产酸发酵菌划为产酸相,把产氢产乙酸细菌和产甲烷细菌划为产甲烷相。

产酸发酵细菌的微生物学、生物化学、生态学及运行控制对策等项研究,无疑对厌氧处理系统的成败起着关键作用。一方面,产酸速率要快,并尽可能消除由于有机酸的大量产生从而抑制或阻遏了产酸细菌的代谢活性;另一方面,由于产酸细菌的产物作为产甲烷细菌的基质,所以提供易于被产甲烷细菌利用的产物,是保证产甲烷阶段高效、稳定运行的重要因素。

就单相厌氧生物处理反应器而言,产甲烷细菌比产酸发酵细菌的种群水平和数量水平均小得多,底物利用率有限,繁殖速率慢,世代时间最长可达 4 ~ 6 d,而且对环境因素如温度、pH 值、有毒物质影响十分敏感。由于这两大类群微生物对环境条件的要求有很大差异,在一个反应器中维持它们的协调和平衡是十分不容易的。当平衡失调时,对产酸发酵细菌活性的负影响很小,甚至有可能活性提高,而对产甲烷细菌活性的负影响将很大,导致反应器处理能力大大降低,并且易于造成有机酸积累,发生"酸化"现象,导致整个工艺处理过程失效。

表 7.1 几种废水两相和单相厌氧生物处理工艺的结果对比

废水来源	Anodek 工艺			单相 UASB 反应器		
	进水 COD /(mg·L^{-1})	COD 去除率/%	UASB 负荷 /[kgCOD·(m^3·d)$^{-1}$]	进水 COD /(mg·L^{-1})	COD 去除率/%	UASB 负荷 /[kgCOD·(m^3·d)$^{-1}$]
浸、沤麻	6 500	85 ~ 90	9 ~ 12	6 000	80	2.5 ~ 3
甜菜加工	7 000	92	20	7 500	86	12
酵母、乙醇	28 200	67	21	27 000	90 ~ 7	6 ~ 7
霉和乙醇	7 500	84	14	5 300	90	10

续表7.1

废水来源	Anodek 工艺			单相 UASB 反应器		
	进水 COD /(mg·L⁻¹)	COD 去 除率/%	UASB 负荷 /[kgCOD·(m³·d)⁻¹]	进水 COD /(mg·L⁻¹)	COD 去 除率/%	UASB 负荷 /[kgCOD·(m³·d)⁻¹]
啤酒	2 500	80	10 ~ 15	2 500	86	14
软饮料加工	31 800	94				
纸浆生产	16 600	70	17	15 300	63	2 ~ 2.5
纸木加工	11 400	76	11			
豆浆生产	5 500	70 ~ 75	20 ~ 30			
柠檬酸生产	42 574	70 ~ 80	15 ~ 20			
动物残渣	23 250	50 ~ 60	6 ~ 7			
麦芽蒸馏	45 300	70	30			

由表7.1两相和单相厌氧生物处理对几种废水的结果可以总结出两相厌氧工艺的优势：

（1）由于产酸菌和产甲烷菌是两类代谢特性及功能截然不同的微生物，将他们分开培养有利于创造适宜于这两类菌生长的最适条件，从而提高了活性即处理能力，因此两相厌氧消化工艺较之传统的厌氧消化工艺的处理效率提高。

（2）两相分离后，各反应器的分工更明确，产酸反应器对污水进行预处理，不仅为产甲烷反应器提供了更适宜的基质，还能够解除或降低水中的有害物质，如硫酸根、重金属离子的毒性，改变难降解有机物的结构，减少对产甲烷菌的毒害作用和影响，增强了系统运行的稳定性。

（3）为了抑制产酸相中的产甲烷菌的生长而有意识地提高产酸相的有机负荷率，提高了产酸相的处理能力。产酸菌的缓冲能力较强，因而冲击负荷造成的酸积累不会对产酸相有明显的影响，也不会对后续的产甲烷相造成危害，能够有效地预防在单相厌氧消化工艺中常出现的酸败现象，出现后易于调整与恢复，提高了系统的抗冲击能力。

（4）产酸菌的世代时间远远短于产甲烷菌，产酸菌的产酸速度高于产甲烷菌降解酸的速率，在两相厌氧消化工艺中产酸反应器的体积总是小于产甲烷反应器的体积，对于不同水质的污水，体积比有所不同。同单相厌氧消化工艺相比，对于高浓度有机污水、悬浮物浓度很高的污水、含有毒物质及难降解物质的工业废水和污泥。两相厌氧消化工艺具有很大的优势，能够得到满意的处理效果。

（5）同单相厌氧消化工艺相比，对于高浓度有机污水、悬浮物浓度很高的污水、含有毒物质及难降解物质工业废水和污泥，两相厌氧消化工艺具有很大的优势，能够得到满意的处理效果。

由上述可以总结出两相厌氧工艺的主要的优点是：①总容积小；②加热耗热量少，搅拌能耗少；③处理效率高。主要的缺点是两相厌氧消化工艺须将一个消化反应器分为两个反应器，使得构筑物增加，特别是要进行相分离，带来运行管理的复杂化。

由于两相厌氧具有一系列优点，使它具有更广泛的适用范围，主要有以下几种：

（1）适用于处理富含碳水化合物而有机氨浓度低的高浓度有机废水。

如制糖、酿酒、淀粉加工及柠檬酸等工业废水。在单相厌氧反应器中，产酸菌和产甲烷菌的数量大体相等,但两者的生长速率相差悬殊(通常产酸速率为产甲烷速率的 14 倍),单相工艺中往往易在高进水负荷下因过快的产酸速率使产甲烷菌完全处于低 pH 值环境,而使产甲烷菌受到抑制出现需要较长时间才能恢复的"酸败"问题,但在两相工艺中,因产酸和产甲烷菌分别处于反应器或同一反应器的不同空间,因而一旦负荷升高,产酸阶段出水 pH 值较低并含有高浓度的 VFA,但由于产甲烷阶段主体溶液的 pH 值较高而 VFA 相对较低,因而具有良好的缓冲能力,必要时也可采取将产甲烷段出水回流至其进水等措施在短期内得到恢复,而不至于发生"酸败"现象。

(2)适用于处理含高浓度悬浮固体的废水。

由于产酸菌的水解酸化作用,废水中的悬浮固体浓度大大降低,解决了悬浮物质引起的厌氧反应器的堵塞问题,有利于废水在产甲烷反应器中的进一步处理。采用两相工艺处理这类废水时,废水中的 SS 一方面经污泥床的截留作用并在产酸相的水解和酸化作用下,使其浓度大大降低,从而可保证其后产甲烷相的正常运行。

(3)适用于处理含难降解有机物的废水。

造纸、焦化工业废水及城市垃圾卫生填埋场渗滤液中含有难于被生物降解的芳香族物质,这些大分子物质在单相反应器中易积累,到一定浓度时对产甲烷菌会产生抑制作用;采用相分离工艺处理这些废水时,可通过水解产酸菌的作用使这些物质裂解为易降解的小分子有机物并从中获得能源和碳源,便于后续产甲烷菌的代谢。一些大分子物质在单相厌氧反应器中易积累,到一定浓度时对产甲烷菌会产生抑制作用。但在两相厌氧生物处理系统中,产酸菌可以将这些大分子物质水解成小分子物质,便于产甲烷菌进一步的代谢。

(4)适用于处理有毒有害工业废水。

工业废水中常含有如硫酸盐、苯甲酸、氰、酚、重金属、吲哚、萘等对产甲烷菌有毒害作用的物质,若直接进入单相反应器处理,则会因这些物质直接与产甲烷菌的接触而使其中毒,抑制其功能的发挥。在两相工艺中,废水首先与产酸菌接触,而有很多种类的产酸菌本身或通过其产生的产物具有通过多种途径改变毒物结构或将其分解并削弱或消除毒性的功能。如产酸反应的产物 H_2S 可以与废水中的重金属离子形成不溶性的金属硫化物沉淀,解除重金属离子对产甲烷菌的毒害作用。

7.1.2　两相厌氧工艺的微生物学

对沼气发酵中微生物生态学的认识,经历了漫长的岁月,直到 1988 年,S. H. Zinder 在第五届国际厌氧消化讨论会上提出的厌氧消化器中由复杂有机物形成甲烷的碳素流及五群菌模式,才为大家所公认(图 7.1)。不溶性有机物,如多糖、蛋白质脂类,必须由发酵性细菌(Fermen-tative bacteria)(类群 1)的作用,水解成可溶性物质如寡糖和单糖,多肽如氨基酸和游离脂肪酸。然后这些可溶性产物被发酵性细菌吸入细胞内,并将其发酵,主要产物为有机酸及氢和二氧化碳等多于 2 个碳(乙酸)的脂肪酸,以及其他一些有机酸和醇类,由产氢(质子还原)产乙酸菌(Hytrogen-producing(Proton-reducing)acetogenic bacteria)(类群 2)转化为乙酸、氢和二氧化碳。这两菌群作用是转化复杂有机物为甲烷的前体物质的主要菌群。耗氢产乙酸菌(Hydrogne-Cunsurming acetogens)(类群 3)的作用还未被广泛研究。$H_2 - CO_2$ 为食氢产甲烷菌(Hydrogenotrophic methanogens)(类群 4)所消耗;乙酸为食乙酸产甲烷菌(Acedotrophic methanogens)(类群 5)裂解为 CH_4 和 CO_2。

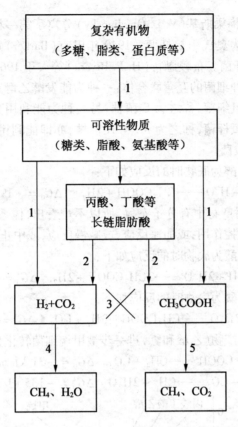

图 7.1　沼气发酵过程中的碳素流及五群菌模式

厌氧消化过程的 5 种细菌,构成一条食物链,从它们的生理代谢产物来看,前 3 种细菌的主要代谢产物为有机酸和氢及二氧化碳。后两种细菌利用前 3 种细菌代谢的终产物乙酸和氢及二氧化碳生成甲烷。所以称前 3 种细菌为不产甲烷菌,或称酸化菌群,后两群菌为产甲烷菌,或称甲烷化菌群。

1. 不产甲烷菌

不产甲烷菌主要包括发酵性细菌、产氢产乙酸菌和耗氢产乙酸菌 3 类,下面将它们的生理代谢特点及其在厌氧消化中的作用分别加以介绍:

(1)发酵性细菌。

厌氧消化器里的发酵性细菌,是指在厌氧条件下将多种复杂有机物水解为可溶性物质,并将可溶性有机物发酵主要生成乙酸、丙酸、丁酸、氢和二氧化碳的菌类,所以也有人称其为水解发酵性细菌或产氢产酸菌。

厌氧处理污水中的有机物种类繁多,生物大分子物质包括碳水化合物(淀粉、纤维素、半纤维素和木质素等)、脂类、蛋白质和其他含氮化合物。因此,发酵性细菌也是一个复杂的混合菌群。已研究过的就有几百种,在中温厌氧消化过程中,有梭状芽孢杆菌属(*Clostridium*)、拟杆菌属(*Bacteriodes*)、丁酸弧菌属(*Butyrivibrio*)、真细菌属(*Eubacterium*)、双歧杆菌属(*Bifidbcterium*)和螺旋体等属的细菌。在高温厌氧消化器中,有梭菌属和无芽孢的革兰氏阴性杆菌。其他也存在一些链球菌和肠道菌等的兼性厌氧细菌。

（2）产氢产乙酸菌。

1916 年,俄国学者奥梅梁斯基（V. L. Omeliansky）分离了第一株不产生孢子、能发酵乙醇产生甲烷的细菌,称之为奥氏甲烷杆菌。1940 年巴克（Barker）发现这种细菌具有芽孢,又改名为奥氏甲烷芽孢杆菌。布赖恩特（H. P. Bryant）等人于 1967 年发表的论文中指出,所谓奥氏甲烷菌,实为两种细菌的互营联合体:一种为能发酵乙醇产生乙酸和分子氢的、能运动的、革兰氏阴性的厌氧细菌,称之为 S 菌株;另一种为能利用分子氢产生甲烷、不能运动、革兰氏染色不定的厌氧杆菌,称之为 M. O. H 菌株,亦即能利用氢产生甲烷的细菌。其中,S 菌株属于产氢产乙酸菌。

产氢产乙酸菌在以乙醇为底物时的反应如下:

$$CH_3CH_2OH + H_2O \longrightarrow CH_3COOH + 2H_2 \quad \Delta G'_0 = +19.2 \text{ kJ/反应}$$

产氢产乙酸菌的代谢产物中有分子态氢,所以不难看出,体系中氢分压的高低对代谢反应的进行起着重要的调控作用;或加速反应,或减慢反应,或中止反应。

产氢产乙酸菌在以丁酸为底物时的反应如下:

$$CH_3CH_2CH_2COOH + 2H_2O \longrightarrow 2CH_3COOH + 2H_2 \quad \Delta G'_0 = +48.1 \text{ kJ/反应}$$

产氢产乙酸菌在以丙酸为底物时的反应如下:

$$CH_3CH_2COOH + 2H_2O \longrightarrow CH_3COOH + 3H_2 + CO_2 \quad \Delta G'_0 = +76.1 \text{ kJ/反应}$$

以上 3 种细菌的代谢产物（乙酸和氢）进一步被甲烷细菌转化为甲烷:

$$CH_3COOH \longrightarrow CH_4 + CO_2 \quad \Delta G'_0 = -31 \text{ kJ/mol}$$

$$4H_2 + CO_2 \longrightarrow CH_4 + 2H_2O \quad \Delta G'_0 = -135 \text{ kJ/mol}$$

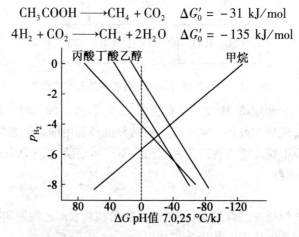

图 7.2　p_{H_2} 对有机物降解和形成甲烷的自由能的影响,其中乙醇、丁酸和丙酸反应物的浓度各为 1 mmol/L,HCO_3^- 的浓度为 50 mmol/L,甲烷的分压（p_{CH_4}）为 $0.5 \times 1.01 \times 10^5$ Pa

由以上 3 种反应可以看出,由于各反应所需自由能不同,进行反应的难易程度也就不一样。由表 7.2 知,以大气压为单位时,当氢分压小于 0.15 时,乙醇即能自动进行产氢产乙酸反应,而丁酸则必须在氢分压小于 2×10^{-3} 下进行,而丙酸则要求更低的氢分压（9×10^{-5}）。在厌氧消化系统中,降低氢分压的工作必须依靠甲烷细菌来完成。由此可见,通过甲烷细菌利用分子态氢以降低氢分压,对产氢产乙酸细菌的生化反应起着何等重要的调控作用。

一旦甲烷细菌因受环境条件的影响而放慢对分子态氢的利用速率,其结果必须是放慢产氢产乙酸细菌对丙酸的利用,接着依次是丁酸和乙醇。因此,厌氧消化系统一旦发生故障时,经常出现丙酸的积累。

(3)耗氢产乙酸菌。

耗氢产乙酸菌又称同型产乙酸菌,该类菌在发酵糖类时乙酸是主要产物或唯一产物,能利用 CO_2 作为末端电子受体形成乙酸,所以该类菌为混合营养型,既能代谢 CO_2 自养生活,又能代谢糖异养生活。

近 20 年来已分离到包括 4 个属的 10 多种同型产乙酸菌。作为一个类群来说,同型产乙酸菌可以利用己糖、戊糖、多元醇、糖醛酸、三羧酸循环中各种酸、丝氨酸、谷氨酸、3 - 羧基丁酮、乳酸、乙醇等形成乙酸。

在厌氧消化器中,该类菌的确切作用还不十分清楚。有人认为在肠道中产甲烷菌利用氢的能力可能胜过耗氢产乙酸菌,所以它们更重要的作用可能在于发酵多碳化合物。有人认为耗氢产乙酸菌能利用 H_2,因而对消化器中有机物的分解并不重要,由于这些细菌能代谢 H_2/CO_2 为乙酸,为食乙酸产甲烷菌提供了生成甲烷的基质,又由于代谢分了氢,使厌氧消化系统中保持低的氢分压,有利于沼气发酵的正常进行。有人估计这些菌形成的乙酸在中温消化器中占 1% ~4%,在高温消化器中占 3% ~4%。

常见的耗氢产乙酸菌有以下几种:

①伍德乙酸杆菌。该菌是由贝尔奇(Balch)等人发现的,属于典型的混合营养型同型产乙酸菌。既利用有机物(葡萄糖、果糖、乳酸、丙酮酸、甘油、甲酸等),又可以利用无机物(H_2/CO_2)。以果糖为发酵基质时,约有 92% ~95% 的果糖转化为乙酸,菌体生长较快,倍增时间为 6 h;以 H_2/CO_2 为基质时也能产生乙酸,生长相对较慢,倍增时间为 25 h。若和产甲烷菌共同培养,比单独培养时生长得好。以 H_2/CO_2 为底物和巴氏甲烷八叠球菌共同培养时,由于巴氏甲烷叠球菌既可利用乙酸也可利用 H_2/CO_2 生成甲烷,共培养的终产物主要为甲烷和二氧化碳。和嗜树木甲烷短杆菌共同培养时,由于该产甲烷菌只能利用 H_2/CO_2 生成甲烷,所以终产物为乙酸、甲烷和二氧化碳。

②威林格氏乙酸杆菌。该菌与伍德氏乙酸杆菌类似,为中温性无孢子的短杆菌,有时呈链状,侧生鞭毛,革兰氏染色阳性。在没有酵母膏的培养基上能利用 H_2/CO_2 自养生长,最适生长温度为 30 ℃,最适 pH 值为 7.2 ~7.8。该菌不能利用葡萄糖,但能利用 D - 果糖、DL - 乳酸盐。对密二糖、甘油和甲酸仅能少量利用。

③乙酸梭菌。该菌能够在含有碳酸氢钠河泥浸出液的无机培养基上利用 H_2/CO_2 产生乙酸,也能利用某些糖类形成乙酸。

④基维产乙酸菌,该菌能利用葡萄糖、果糖、甘露糖、丙酮酸、甲酸、H_2/CO_2 形成乙酸。该菌为嗜热性细菌,生长温度范围为 50 ~72 ℃,最适生长温度为 66 ℃。生长 pH 值范围为 5.3 ~7.3,最适生长 pH 值为 6.4。

以上 3 类不产甲烷菌的微生物学过程说明,各种复杂有机物,经过上述 3 类细菌的发酵作用,最终生成乙酸、H_2 和 CO_2,这为产甲烷菌的生长创造了条件。当有产甲烷菌存在时不产甲烷菌群代谢的终产物被最后分解发酵为 CH_4 和 CO_2。在此发酵过程中若发生游离氢的积累,则有机物的进一步分解受阻。因此游离氢的氧化,不仅为产甲烷菌提供能源,而且也为除去发酵过程中的末端电子提供了条件,能够保证代谢产物一直进行到产乙酸阶段。也就是说不产甲烷菌的生长代谢顺利进行,有赖于产甲烷菌的产甲烷过程的顺利进行。

2. 产甲烷菌

(1)产甲烷菌的概念及分类。

产甲烷菌是一群形态多样,具有特殊细胞成分,可代谢 H_2 和 CO_2 及少数几种简单有机物生成甲烷的严格厌氧的古细菌。产甲烷菌包括食氢产甲烷菌和食乙酸产甲烷菌两个生理类群,它们是厌氧食物链中的最后一组成员。尽管它们具有各种各样的形态,但它们在食物链中的地位使它们具有相同的生理特性。它们在严格厌氧条件下,将发酵性细菌、产氢产乙酸菌和耗氢产乙酸菌的终产物,在没有外源电子受体的情况下,把乙酸 H_2 和 CO_2 转化为甲烷、CO_2 和水。使有机物在厌氧条件下的分解作用得以顺利进行。

利用比较两种产甲烷细菌细胞内 16SrRNA 经酶解后各寡核苷酸中碱基排列顺序的相似性(即同源性)的大小即 S_{AB} 值,来确定比较两个菌株或菌种在分类上目科属种菌株的相近性。可以将产甲烷菌分为 3 个目、4 个科、7 个属、13 个种(见表7.3)。

表7.2　产甲烷菌分类系统(Balch 等,1979 年)

目	科	属	种
甲烷杆菌目 (methanobacrerteriales)	甲烷杆菌科 (methanobacteriaceae)	甲烷杆菌属 (*methanobacterium*)	甲酸甲烷杆菌(*Mb. formicicum*) 布氏甲烷杆菌(*Mb. bryantii*) 嗜热自养产甲烷杆菌 (*Mb. thermoautotrophicum*)
		甲烷短杆菌属 (*Methanobrevibacter*)	嗜树甲烷短杆菌 (*Mbr. arboriphilicus*) 瘤胃甲烷短杆菌 (*Mbr. ruminatium*) 史氏甲烷短杆菌(*Mbr. smithii*)
甲烷球菌目 (Methanococcales)	甲烷球菌科 (Methanococcaceae)	甲烷球菌属 (*Methanococcus*)	万氏甲烷球菌(*Mc. vannielii*) 沃氏甲烷球菌(*Mc. voltae*)
甲烷微球菌目 (Methanomicrobiales)	甲烷微球科 (Methanomicrobiaceae)	甲烷微菌属 (*Methanomicrobium*)	运动甲烷微菌 (*Mm. mobile*)
		产甲烷菌属 (*methanogenium*)	卡里亚萨产甲烷菌(*Mg·cariaci*) 黑海产甲烷菌(*Mg·marisnigri*)
		甲烷螺菌属 (*Methanospirillum*)	享氏甲烷螺菌(*Msp·hungatei*)
	甲烷八叠球菌科 (Methanosarcinaceae)	甲烷八叠球菌属 (*Methanosarcina*)	巴氏甲烷八叠球菌(*Ms. Barkeri*)
$S_{AB} = 0.22 \sim 0.28$	$S_{AB} = 0.34 \sim 0.36$	$S_{AB} = 0.46 \sim 0.5$	$S_{AB} = 0.55 \sim 0.65$

(2)产甲烷菌的代表菌种。

①甲酸甲烷杆菌(图7.3)。甲酸甲烷杆菌一般呈长杆状,宽 $0.4 \sim 0.8$ μm,长度可变,从几 μm 到长丝或链状,为革兰氏染色阳性或阴性。在液体培养基中老龄菌丝常互相缠绕成聚集体。在滚管中形成的菌落呈圆形,具有丝状边缘,淡色。用 H_2/CO_2 为基质,37 ℃培养,3 ~ 7 d 形成菌落。利用 H_2/CO_2、甲酸盐生长并产生甲烷,可在无机培养基上自养生长。最适生长温度 37 ~ 45 ℃,最适 pH 值为6.6 ~ 7.8。$G + C$ 为$(40.7 \sim 42)$mol%。甲酸甲烷杆菌一般分布在污水沉积物、瘤胃液和消化器中。

②布氏甲烷杆菌(图7.4)。该菌是 1967 年 Bryant 等从奥氏甲烷杆菌这个混合菌培养

物中分离到的,杆状,单生或形成链。革兰氏染色阳性或可变,不运动,具有纤毛。表面菌落直径可达 1 ~ 5 mm,扁平,边缘呈丝状扩散,一般在一周内出现菌落。深层菌落粗糙,丝状,在液体培养基中趋向于形成聚集体。

图7.3　甲酸甲烷杆菌

图7.4　布氏甲烷杆菌

利用 H_2/CO_2 生长并产生甲烷,不利用甲酸,以氨态氮为氮源,要求维生素 B 和半胱氨酸、乙酸刺激生长。最适温度 37 ~ 39 ℃,最适 pH 值为 6.9 ~ 7.2,DNA 的 G + C = 32.7mol%。分布于淡水及海洋的沉积物、污水及曲酒窖泥。

③嗜热自养甲烷杆菌(图7.5)。长杆或丝状,丝状体可超过数百 μm,革兰氏染色阳性,不运动,形态受生长条件特别是温度所影响,在 40 ℃以下或 75 ℃以上时,丝状体变为紧密的卷曲状。菌落圆形,灰白、黄褐色,粗糙,边缘呈丝状扩散。只利用 H_2/CO_2 生成甲烷,需要微量元素 Ni、Co、Mo 和 Fe,不需有机生长素。该菌生长迅速,倍增时间为 2 ~ 5 h,液体培养物可在 24 h 完成生长,最适生长温度为 65 ~ 70 ℃,在 40 ℃以下不生长,最适 pH 值为 7.2 ~ 7.6,DNA 的 G + C = (49.7 ~ 52)mol%。可分离自污水、热泉及消化器中。

④瘤胃甲烷短杆菌(图7.6)。呈短杆或刺血针状球形,端部稍尖,常成对或链状,似链球菌,革兰氏染色阳性,不运动或微弱运动。菌落淡黄、半透明、圆形、突起,边缘整齐。一般在 37 ℃3 天出现菌落,3 周后菌落直径可达3 ~ 4 mm,利用 H_2/CO_2 及甲酸生长并产生甲烷,在甲酸上生长较慢。要求乙酸及氨氮为碳源和氮源,还要求氨基酸、甲基丁酸和辅酶 M。最适生长温度为 37 ~ 39 ℃,最适 pH 值为6.3 ~ 6.8,G + C = (3.0 ~ 6)mol%。分离自动物消化道、污水。

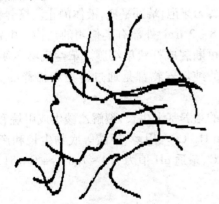

图7.5　嗜热自养甲烷杆菌

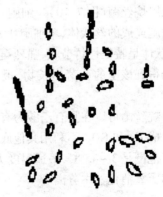

图7.6　瘤胃甲烷短杆菌

⑤万氏甲烷球菌(图7.7)。规则到不规则的球菌,直径 0.5 ~ 4 μm,单生、成对,革兰氏

染色阴性,丛生鞭毛,活跃运动,细胞极易破坏。深层菌落淡褐色,凸透镜状,直径 0.5 ~
1 mm。利用 H_2/CO_2 和甲酸生长并产生甲烷,以甲酸为底物最适生长 pH 值为 8.0 ~ 8.5;以
H_2/CO_2 为底物,最适 pH 值为 6.5 ~ 7.5。机械作用易使细胞破坏,但不易被渗透压破坏。
最适温度为 36 ~ 40 ℃,G + C = 31.1mol%。可分离自海湾污泥。

⑥亨氏甲烷螺菌(图7.8)。细胞呈弯杆状或长度不等的波形丝状体,菌体长度受营养
条件的影响,革兰氏染色阴性,具极生鞭毛,缓慢运动。表面菌落淡黄色、圆形、突起、边缘
裂叶状,表面菌落具有间隔为 16 μm 的特征性羽毛状浅蓝色条纹。利用 H_2/CO_2 和甲酸生
长并产生甲烷,最适生长温度 30 ~ 40 ℃,最适 pH 值为 6.8 ~ 7.5,G + C = (45 ~
46.5)mol%。分离自污水污泥及厌氧反应器。亨氏甲烷螺菌是迄今为止在产甲烷菌中发现
的唯一一种螺旋状细菌。

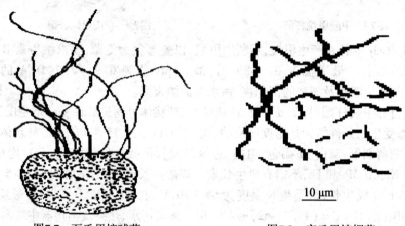

图7.7　万氏甲烷球菌　　　　　　　　　　图7.8　亨氏甲烷螺菌

⑦巴氏甲烷八叠球菌(图7.9)。细胞形态为不对称的球形,通常形成拟八叠球菌状的
细胞聚体。革兰氏染色阳性。不运动,细胞内可能有气泡。在以 H_2/CO_2 为底物时,3 ~ 7 d
可形成菌落;以乙酸为底物时生长较慢,以甲醇为底物时生长较快。菌落往往形成具有桑
葚状表面结构的特征性菌落。最适生长温度 35 ~ 40 ℃,最适 pH 值为 6.7 ~ 7.2,G + C =
(40 ~ 43)mol%。

⑧索氏甲烷丝菌(图7.10)。细胞呈杆状,无芽孢,端部平齐,液体静止。培养物可形成
由上百个细胞连成的丝状体,单细胞 0.8 × 1.8 ~ 2 μm,外部有类似鞘的结钩。电镜扫描可
以发现,丝状体呈特征性竹节状,强烈震荡时可断裂成杆状单细胞。革兰氏染色阴性,不运
动。至今未得到该菌的菌落生长物,报导过的纯培养物都是通过富集和稀释的方法获得
的。

索氏甲烷丝菌可以在只有乙酸为有机物的培养基上生长,裂解乙酸生成甲烷和 CO_2,能
分解甲酸生成 H_2 和 CO_2,不利用其他底物,如 H_2/CO_2、甲醇、甲胺等底物生长和产生甲烷。
生长的温度范围是 3 ~ 45 ℃,最适温度为 37 ℃,最适 pH 值为 7.4 ~ 7.8,G + C = 51.8mol%。
可自污泥和厌氧消化器中分离。

图7.9　巴氏甲烷八叠球菌　　　　　　图7.10　索氏甲烷丝菌

甲烷丝菌是继甲烷八叠球菌属后发现的仅有的另一个裂解乙酸的产甲烷菌属。沼气中的甲烷 70% 以上来自乙酸的裂解,足以说明这两种细菌在厌氧消化器中的重要性。甲烷丝菌大量存在于厌氧消化器的污泥中,是构成附着膜和颗粒污泥的首要产甲烷菌类。甲烷丝菌适宜生长的乙酸浓度要求较低,其 K_m 值为 0.7 mmol/L,当消化器稳定运行时,消化器中的乙酸浓度一般很低,因而更适宜甲烷丝菌的生长,经长期运行,甲烷丝菌就会成为消化器内乙酸裂解的优势产甲烷菌。

(3)产甲烷菌的结构特征。

根据近年来的研究,产甲烷菌、嗜盐细菌和耐热嗜酸细菌一起被划分为古细菌部分。古细菌与所有已知的统归为真细菌的其他细菌有显著的差别,古细菌都存在于相当极端的生态环境下,这种极端环境条件相当于人们假定的地球发展最早的时期(太古时期),古细菌有许多共同的特征,但是均与真细菌有所不同;即使在此类群细菌内,细胞形态、结构和生理方面也存在显著差异。

①细胞壁。产甲烷菌的细胞壁并不含肽聚糖骨架,而仅含蛋白质和多糖,有些产甲烷菌含有"假细胞壁质";而真细菌中革兰氏染色阳性菌的细胞壁内含有 40% ~50% 的肽聚糖,在革兰氏染色阴性细菌中,肽聚糖大约占 5% ~10% 。

②细胞膜。微生物的细胞膜主要由脂类和蛋白质构成,脂类包括中性脂和极性脂。

在产甲烷细菌的总脂类中,中性脂占 70% ~80% 。细胞膜中的极性脂主要为植烷基甘油醚,即含有 C_{20} 植烷基甘油二醚与 C_{40} 双植烷基甘油四醚,而不是脂肪酸甘油酯。细胞膜中的中性脂以游离 C_{15} 和 C_{30} 聚类异戊二烯碳氢化合物的形式存在,如图 7.11 所示。由表 7.4 可以看出产甲烷菌的脂类性质很稳定,缺乏可以皂化的脂键,一般条件下不易被水解。

真细菌中的脂类与此不同,甘油上结合的是饱和的脂肪酸,且以脂键连接,可以皂化,易被水解。在真核生物的细胞中,甘油上结合的都为不饱和脂肪酸,也以脂键连接。

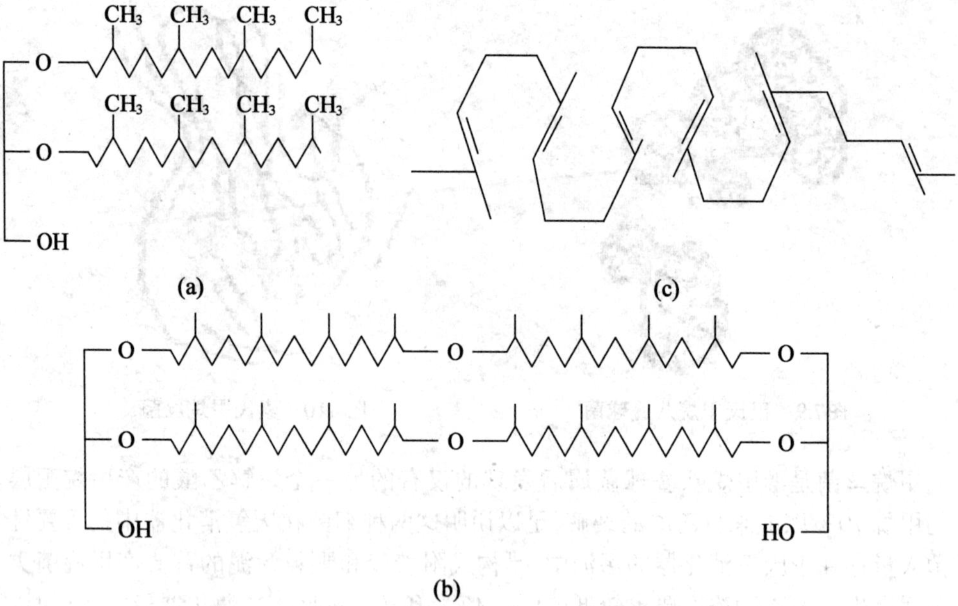

图 7.11　产甲烷菌细胞膜中的脂类分子结构

（a）C$_{20}$植烷基甘油二醚；（b）C$_{40}$双植烷基甘油四醚；（c）C$_{30}$聚类异戊二烯碳氢化合物

表 7.4　古细菌、真细菌和其核生物细胞壁和细胞膜膜成分比较

成分	古细菌	真细菌	真核生物（动物）
细胞壁	+	+	−
细胞壁特征	不含有典型原核生物的细胞壁	有典型原核	
	缺乏肽聚糖	有肽聚糖	
N-乙酰胞壁酸	−	+	−
脂类	疏水基为植烷醇醚键连接	疏水基为磷脂键连接	疏水基为磷脂键连接
	完全饱和并分支的C$_{20}$化合物	饱和脂肪酸和不饱和脂肪酸各一	均为不饱和脂肪酸

（4）产甲烷菌的生理特性。

产甲烷细菌具有许多与其他微生物不同的生理特性。

①营养特性。一些与厌氧生物处理有较密切关系的产甲烷细菌的营养要求见表 7.5。

表7.5　产甲烷菌的营养与环境条件

名称	能源及碳源	其他营养条件	最适温度/℃	最适 pH 值	倍增时间/h	来源
甲酸甲烷杆菌	H_2/CO_2，HCOOH		35～40	6.7～7.2	8～10.5	消化污泥
布氏甲烷杆菌	H_2/CO_2	维生素 B，半胱氨酸	37～39	5.9～7.2		消化污泥
嗜热自养甲烷杆菌	H_2/CO_2	Ni、Co、Mo、Fe	65～70	7.2～7.6	2～5	消化污泥
沼泽甲烷杆菌	H_2/CO_2		37～40	6.0～8.5		沼泽土
沃氏甲烷杆菌	H_2/CO_2	W，酵母提取物	55～65	7.0～7.5		污泥
热嗜碱甲烷杆菌	H_2/CO_2	Se，酵母提取物	58～62	7.5～8.5	4	粪便消化污泥
斯氏甲烷球形菌	H_2/CH_3OH	CO_2，乙酸,亮氨酸，维生素 B，异亮氨酸	37	6.5～6.9		人粪
嗜热甲烷产生菌	H_2/CO_2，HCOOH	胰解酶酪蛋白胨，维生素，酵母提取物	55	7.0	2.5	
巴氏甲烷八叠球菌	H_2/CO_2，CH_3OH，CH_3COOH，CH_3NH_2，$(CH_3)_2NH$，$(CH_3)_3N$，$CH_3N(CH_3CH_2)_2$	酵母提取物	30～40	7.0	①8～12(H_2/CO_2,CH_3OH) ②>24 (CH_3NH_2,CH_3COOH)	消化污泥
聚集甲烷产生菌	$H_2/HCOOH$	乙酸，酵母提取物	35	6.5～7.1		消化污泥
孙氏甲烷丝菌	CH_3COOH		37	7.4～7.8	82	消化污泥
康氏甲烷丝菌	$CH_3COOH(CO_2)$		35～40	7.1～7.5	24	消化污泥

产甲烷菌只能利用简单的碳素化合物,这与其他微生物用于生长和代谢的能源和碳源明显不同。常见的基质包括 H_2/CO_2、甲酸、乙酸、甲醇、甲胺类等。有些种能利用 CO 为基质但生长差,有的种能生长于异丙醇和 CO_2 上。绝大多数产甲烷菌可利用 H_2,但食乙酸的索氏甲烷丝菌、嗜热甲烷八叠球菌等不能利用 H_2,能利用氢的产甲烷菌多数可利用甲酸,有些只能利用氢。甲烷八叠球菌在产甲烷菌中是能代谢底物种类最多的细菌,一般可利用 H_2/CO_2、甲醇、乙酸、甲胺、二甲胺、三甲胺,有的还可利用 CO 生长。

根据碳源物质的不同,可以把产甲烷细菌分为无机营养型、有机营养型和混合营养型 3 类。无机营养型仅利用 H_2/CO_2,有机营养型仅利用有机物,混合营养型既能利用 H_2/CO_2,又能利用 CH_3COOH、CH_3NH_2 和 CH_3OH 等有机物。

产甲烷菌均能利用氨态氮为氮源,但对氨基酸的利用能力差。瘤胃甲烷短杆菌的生长要求氨基酸。酪蛋白胰酶水解物可以刺激某些产甲烷菌和布氏甲烷杆菌的生长。一般来说,培养基中加入氨基酸,可以明显缩短世代时间,且可增加细胞产量。

某些产甲烷菌必需某些维生素类才能生长,或有刺激作用,尤其是 B 族维生素培养基配制维生素溶液配方见表 7.6;所有产甲烷菌的生长均需要 Ni、Co 和 Fe,有些产甲烷菌需要其他金属元素,如 Mo 能刺激嗜热自养甲烷杆菌和巴氏甲烷八叠球菌的生长并在细胞内积累。有些产甲烷菌的生长需要较高浓度 Mg 的存在。培养基配制常用微量元素溶液配方见表 7.7。

表 7.6　维生素溶液配方(mg/L 蒸馏水)

生物素	2	叶酸	2
盐酸吡哆醇	10	核黄素	5
硫胺素	5	烟酸	5
泛酸	5	维生素 B_{12}	0.1
对 - 氨基苯甲酸	5	硫辛酸	5

表 7.7　常用微量元素溶液配方(g/L 蒸馏水)

氨基三乙酸	1.5	$MgSO_4 \cdot 7H_2O$	3.0
$MnSO_4 \cdot 7H_2O$	0.5	NaCl	1.0
$CoCl_2 \cdot 6H_2O$	0.1	$CaCl_2 \cdot 2H_2O$	0.1
$FeSO_4 \cdot 7H_2O$	0.1	$ZnSO_4 \cdot 7H_2O$	0.1
$CuSO_4 \cdot 5H_2O$	0.01	$AlK(SO_4)_2$	0.01
H_3BO_3	0.01	Na_2MoO_4	0.01
$NiCl_2 \cdot 6H_2O$	0.02		

②特殊辅酶。产甲烷菌的生理特性与其细胞内存在的许多特殊辅酶有密切关系。这些辅酶包括 F_{420}、CoM 等。

F_{420} 是黄素单核苷酸的类似物,相对分子质量为 630 的低相对分子质量荧光化合物。它是产甲烷菌特有的辅酶,在形成甲烷过程中起着重要作用。

F_{350}(辅酶350)是一种含镍的具有毗咯结构的化合物,在紫外光(波长350 nm)的照射下,会发生蓝白色荧光。研究表明,它很可能在甲基辅酶M还原酶的反应中起作用。

CoM(CoM – SH,辅酶 M)为2 – 硫基乙烷磺酸($HS – CH_2 – CH_2 – SO_3^-$),是所有已知辅酶中相对分子质量最小、含硫量高、具有渗透性和对酸及热均稳定的辅助因子。CoM 有3个特点:是产甲烷菌独有的辅酶,可鉴定产甲烷菌的存在;在甲烷形成过程中,CoM 起着转移甲基的功能;CoM 中的 $CH_3 – S – CoM$ 具有促进 CO_2 还原为 CH_4 的效应,它作为活性甲基的载体,在 ATP 的激活下,迅速形成甲烷:

$$CH_3 – S – CoM \xrightarrow{H_2, ATP} CH_4 + HS – CoM$$

(5)产甲烷菌的生长繁殖所需的环境条件。

产甲烷菌采用二分裂殖法进行繁殖。一般认为,产甲烷菌生长繁殖得很慢,倍增时间长达几小时至几十小时,还有报道长达100 h 左右,而好氧细菌的倍增时间仅需数十分钟。

细胞得率是用于对细胞反应过程中碳源等物质生成细胞或其产物的潜力进行定量评价的量。产甲烷菌的细胞得率 Y_{CH_4} 随生长基质的不同而不同,以巴氏甲烷八叠球菌为例(表7.8)。

表7.8　巴氏甲烷八叠球菌的细胞得率 Y_{CH_4}

生长基质	反应	$\Delta G^{\theta}/(kJ \cdot mol^{-1})$	$Y_{CH_4}/(mg \cdot mmol^{-1})$
CH_3COOH	$CH_3COOH \longrightarrow CH_4 + CO_2$	− 31	2.1
CH_3OH	$4CH_3OH \longrightarrow 3CH_4 + CO_2 + 2H_2O$	− 105.5	5.1
H_2/CO_2	$4H_2 + CO_2 \longrightarrow CH_4 + 2H_2O$	− 135.7	8.7 ± 0.8

除了生长基质对产甲烷菌的生长繁殖有重要影响外,环境条件的作用也是不容忽视的,比较重要的环境条件主要包括温度、氧化还原电位、pH 值。

①温度。产甲烷菌广泛分布于各种不同温度的生境中,从长期处于2 ℃的海洋沉积物到温度高达100 ℃以上的地热区,已分离到多种多样的嗜温产甲烷菌和嗜热产甲烷菌。

根据产甲烷菌对温度的适应范围,可将产甲烷菌分为3 类:低温菌、中温菌和高温菌。低温菌的适应范围为20 ~ 25 ℃,中温菌为30 ~ 45 ℃,高温菌为45 ~ 75 ℃。经鉴定的产甲烷菌中,大多数为中温菌,低温菌较少,而高温菌的种类也较多。

一般来说,产甲烷菌要求的最适温度范围和厌氧消化系统要求维持的最佳温度范围经常是不一致的。例如,嗜热自养甲烷杆菌的最适温度范围为65 ~ 70 ℃,而高温消化系统维持的最佳温度范围则为50 ~ 55 ℃。其之所以存在差异,原因在于厌氧消化系统是一个混合菌种共生的生态系统,必须照顾到各菌种的协调适应性,以保持最佳的生化代谢之间的平衡。如果为了满足嗜热自养甲烷杆菌,把温度升至65 ~ 70 ℃,则在此高温下,大部分厌氧的产酸发酵细菌就很难正常生活。

②氧化还原电位。厌氧消化系统中氧化还原电位的高低,对产甲烷菌的影响极为明显。产甲烷菌细胞内具有许多低氧化还原电位的酶系。当体系中氧化态物质的标准电位高和浓度大时(亦即体系的氧化还原电位高时),这些酶系将被高电位不可逆转地氧化破

坏,使产甲烷菌的生长受到抑制,甚至死亡。例如,产甲烷菌产能代谢中重要的辅酶因子 F_{420} 受到氧化时,即与蛋白质分离而失去活性。

一般认为,参与中温消化的产甲烷菌要求环境中应维持的氧化还原电位应低于 -350 mV;对参与高温消化的产甲烷菌则应低于 $-500 \sim -600$ mV。产甲烷菌应该生活在氧低至 $2 \sim 5$ μL/L 的环境中。

③pH 值。pH 值对产甲烷菌的影响主要表现在以下几个方面:影响菌体及酶系统的生理功能和活性;影响环境的氧化还原电位;影响基质的可利用性。一般来说大多数中温产甲烷菌的最适 pH 值范围约在 $6.8 \sim 7.2$。但各种产甲烷菌的最适 pH 值也是相差比较大的,从 $6.0 \sim 8.5$ 各不相同。据研究索氏甲烷杆菌对 pH 值最为敏感,而马氏甲烷球菌则表现迟缓。图 7.12 表示的是 pH 值对反应器中产甲烷菌活性的影响。

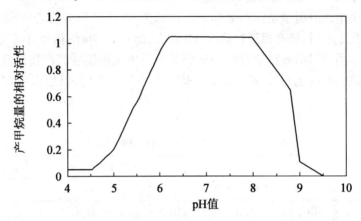

图 7.12　pH 值对反应器中产甲烷菌活性的影响

在培养产甲烷菌的过程中,随着基质的不断吸收利用,环境中的 pH 值也会随之变化,或逐渐升高,或逐渐降低。pH 值的变化速率基本上和基质的利用速率成正比。一旦基质消耗殆尽,pH 值就趋于某一稳定值。基质为 CH_3COOH 或 H_2/CO_2 时,pH 值会逐渐升高;基质为 CH_3OH 时,pH 值则会逐渐降低。由于 pH 值的变化逐渐偏离了最适值或试验规定值,将影响试验的准确性。为克服这一缺点,需要向培养基质内添加一些缓冲物质,如 K_2HPO_4 和 KH_2PO_4,或 CO_2 和 $NaHCO_3$ 等。

3. 不产甲烷菌与产甲烷菌之间的相互作用

无论是在自然界还是在消化器内,产甲烷菌是有机物厌氧降解食物链中的最后一组成员,其所能利用的基质只有少数几种 C_1、C_2 化合物,所以必须要求不产甲烷菌将复杂有机物分解为简单化合物。由于不产甲烷菌的发酵产物主要为有机酸、氢和二氧化碳,所以统称其为产酸(发酵)菌,它们所进行的发酵作用统称为产酸阶段。如果没有产甲烷菌分解有机酸产生甲烷的平衡作用,必然导致有机酸的积累使发酵环境酸化,不产甲烷菌和产甲烷菌相互依存又相互制约。它们之间的相互关系可以分为协同作用和竞争作用。

(1)协同作用。

①不产甲烷菌为产甲烷菌提供生长和产甲烷所必需的基质。不产甲烷菌把各种复杂有机物如碳水化合物、脂肪、蛋白质进行降解,生成游离氢、二氧化碳、氨、乙酸、甲酸、丙酸、丁酸、甲醇、乙醇等产物。其中丙酸、丁酸、乙醇等又可被产氢产乙酸菌转化为氢、二氧化碳

和乙酸等。这样,不产甲烷菌通过其生命活动为产甲烷菌提供了合成细胞物质和产甲烷所需的碳前体和电子供体、氢供体和氮源。产甲烷菌则依赖不产甲烷菌所提供的食物而生存,同时通过降低氢分压使得不产甲烷菌的反应顺利进行。

②不产甲烷菌为产甲烷菌创造适宜的厌氧环境。产甲烷菌为严格厌氧微生物,只能生活在氧气不能到达的地方。厌氧微生物之所以要如此低的氧化还原电位,一是因为厌氧微生物的细胞中无高电位的细胞色素和细胞色素氧化酶,因而不能推动发生和完成那些只有在高电位下才能发生的生物化学反应;二是因为对厌氧微生物生长所必需的一个或多个酶的 –SH,只有在完全还原以后这些酶才能活化或活跃地起酶学功能。严格厌氧微生物在有氧环境中会极快被杀死,但它们并不是被气态的氧所杀死,而是不能解除某些氧代谢产物而死亡。在氧还原成水的过程中,可形成某些有毒的中间产物,例如,过氧化氢(H_2O_2)、超氧阴离子(O_2^-)和羟自由基(OH^-)等。好氧微生物具有降解这些产物的酶,如过氧化氢酶、过氧化物酶、超氧化物歧化酶(SOD)等,而严格厌氧微生物则缺乏这些酶。超氧阴离子(O_2^-)由某些氧化酶催化产生,超氧化物歧化酶可将 O_2^- 转化为 O_2 和 H_2O_2。H_2O_2 可被过氧化氢酶转化为水和氧。

③不产甲烷菌为产甲烷菌清除有毒物质。在处理工业废水时,其中可能含有酚类、苯甲酸、抗菌素、氰化物、重金属等对于产甲烷菌有害的物质。不产甲烷菌中有许多种类能裂解苯环,并从中获得能量和碳源,有些能以氰化物为碳源。这些作用不仅解除了对产甲烷菌的毒害,而且给产甲烷菌提供了养分。此外不产甲烷菌代谢所生成的硫化氢,可与重金属离子作用生成不溶性的金属硫化物沉淀,从而解除一些重金属的毒害作用。如:

$$H_2S + Cu^{2+} \longrightarrow CuS\downarrow + 2H^+$$
$$H_2S + Pb^{2+} \longrightarrow PbS + 2H^+$$

(2)竞争作用。

①基质的竞争。在天然生境中,产甲烷细菌厌氧代谢存在着 3 个主要竞争基质的对象:硫酸盐还原细菌、产乙酸细菌和三价铁(Fe^{3+})还原细菌。

大多数硫酸盐还原细菌为革兰氏阴性蛋白细菌(*Proteobacteria*),其中脱硫肠状菌属(*Desulfotomaculum*)为真细菌的革兰氏阳性分支,而极端嗜热的古生球菌属(*Archaeoglobus*)为古细菌。它们都能够利用硫酸盐或硫的其他氧化形式(硫代硫酸盐、亚硫酸盐和元素硫)作为电子受体生成硫化物作为主要的还原性产物(Widdel,1988)。作为一个细菌类群,它们能够利用的电子供体比产甲烷细菌要宽得多,包括有机酸、醇类、氨基酸和芳香族化合物。

产乙酸细菌(又称为耗 H_2 产乙酸细菌或同型产乙酸细菌)属真细菌的革兰氏阳性分支,作为一个类群,它们能够利用基质的种类更多,包括糖类、嘌呤和甲氧基化芳香族化合物的甲氧基(Ljungdahl,1986)。

Fe^{3+} 还原细菌最近才有研究报道。有一种叫作 GS – 15 的 Fe^{3+} 还原细菌,能够利用乙酸或芳香族化合物作为电子供体(Lovley 和 Lonergan,1990;Lovley 等人,1987),而腐败希瓦氏菌(*Shewanella putrifaciens*)能够利用 H_2、甲酸或有机化合物作为电子供体还原三价铁离子(Lovley 等人,1989)。

②H_2 的竞争。一种可以表示微生物的氢气竞争能力的量是细菌利用 H_2 的表观 K_m 值。产甲烷细菌和产甲烷生境利用 H_2 的表观 K_m 值为 4~8 $\mu molH_2$(550~1 100 Pa),而硫

酸盐还原细菌的 K_m 值要低一些,约为 2 μmol;白蚁鼠孢菌,一种产乙酸细菌,其 K_m 值为 6 μmol。一些厌氧细菌的 K_m 值见表7.9。

表7.9　纯菌培养物和产甲烷生境利用 H_2 的表观 K_m 值

细菌或生境	表观 K_m 值	
	μmol	Pa
亨氏甲烷螺菌	5	670
巴氏甲烷八叠球菌	13	1 000
热自养甲烷杆菌	8	1 100
甲酸甲烷杆菌	6	800
普通脱硫弧菌	2	250
脱硫脱硫弧菌	2	270
白蚁鼠孢菌	6	800
瘤胃液	4 ~ 9	860
污水污泥	4 ~ 7	740

另外可以表示氢气竞争能力的值为基质利用的最低临界值,该值可以用来描述厌氧氢营养型细菌之间的相互作用。一些厌氧细菌的最低临界值见表7.10。

表7.10　氢营养型厌氧细菌的临界值

细菌	电子接受反应	ΔG^0 /(KJ · mol^{-1} H_2)	H_2 临界值	
			/Pa	/nmol
伍氏醋酸杆菌	$CO_2 \rightarrow$ 乙酸	-26.1	52	390
亨氏甲烷螺菌	$CO_2 \rightarrow CH_4$	-33.9	3.0	23
史氏甲烷短杆菌	$CO_2 \rightarrow CH_4$	-33.9	10	75
脱硫脱硫弧菌	$SO_4^{2-} \rightarrow H_2S$	-38.9	0.9	6.8
伍氏醋酸杆菌	咖啡酸→氢化咖啡酸	-85.0	0.3	2.3
产琥珀酸沃林氏菌	延胡索酸→琥珀酸	-86.0	0.002	0.015
产琥珀酸沃林氏菌	$NO_3^- \rightarrow NH_4^+$	-149.0	0.002	0.015

③乙酸的竞争。甲烷丝菌被认为只能够利用乙酸,消耗乙酸缓慢,细胞产量低,而且能够在非常低的浓度下利用乙酸。另一方面,甲烷八叠球菌利用基质的范围要宽得多,能够利用几种基质生长,利用这些基质的速度快,而且有较高的细胞产量。

TAM 有机体是一种嗜热的乙酸营养型产甲烷细菌,它除了利用乙酸外,还能够利用 $H_2 - CO_2$ 和甲酸(Ahring 和 Westermann,1985)。TAM 有机体利用乙酸的倍增时间是 4 d,比典型的嗜热甲烷八叠球菌的倍增时间(约0.5 d)或甲烷丝菌的倍增时间(约1 d)要长得多。

其他乙酸营养型厌氧细菌,包括硫酸盐还原细菌和 Fe^{3+} 还原细菌。正如利用 H_2 产甲烷作用一样,高浓度的硫酸盐和 Fe^{3+} 都会明显抑制沉积物中利用乙酸的产甲烷作用。乙酸营养型厌氧培养物进行乙酸代谢的表观 K_m 值和最低临界值见表7.11。

表 7.11　乙酸营养型厌氧培养物进行乙酸代谢的表观 K_m 值和最低临界值

细菌	表观 K_m 值	临界值
巴氏甲烷八叠球菌 Fusaro 菌株	3.0[b]	0.62[b]
巴氏甲烷八叠球菌 227 菌株	4.5	1.2
甲烷丝菌	—	0.069
索氏甲烷丝菌 Opfikon 菌株	0.8	0.005
索氏甲烷丝菌 CALS - 1 菌株	>0.1	0.012
索氏甲烷丝菌 GP1 菌株	0.86	—
索氏甲烷丝菌 MT - 1 菌株	0.49	—
TAM 有机体	0.8 mmol	0.075
乙酸氧化互营培养物	—	>0.2 mmol
波氏脱硫菌	0.23	—

④其他产甲烷基质的竞争。硫酸盐含量高的海洋和港湾沉积物中,产甲烷速率都很低。San Francisco Bay 沉积物中加入 $H_2 - CO_2$ 和乙酸的产甲烷作用会被硫酸盐抑制,但硫酸盐不能抑制甲醇、三甲胺和蛋氨酸的产甲烷作用,因为这些基质能够转化成甲硫醇和二甲硫(Oremland 和 Polcin,1982)。此外,在沉积物中加入产甲烷抑制剂溴乙烷硫酸,会引起甲醇的积累,而 ^{14}C - 甲醇在这些沉积物中会被转化成甲烷(Oremland 和 Polcin,1982)。因此人们假定,这些甲基化合物为"非竞争性"(Noncompetitive)基质,硫酸盐还原细菌对它们的利用能力极差。但是,King(1984)获得了海洋沉积物中的硫酸盐还原细菌氧化甲醇的研究结果,以及一些甲胺的氧化作用,然而目前尚不清楚的是,什么环境条件有利于甲基化基质的产甲烷作用而不利于利用甲基化基质的硫酸盐还原作用(Kiene,1991)。

7.2　相 的 分 离

7.2.1　相的分离方法

所有生物相分离的方法都是根据两大类菌群的生理生化特性差异来实现的,见表7.12。目前,主要的相分离的技术可以分为物理化学法、半透膜法和动力学控制法3种。

表 7.12　产酸相细菌和产甲烷相细菌的特性

参数	产甲烷菌	产酸菌
种类	相对较少	多
生长速率	慢	快

续表 7.12

参数	产甲烷菌	产酸菌
对 pH 值的敏感性	敏感,最佳 pH 值:6.8 ~ 7.2	不太敏感,最佳 pH 值:5.5 ~ 7.0
氧化还原电位 Eh	低于 −350 mV(中温) 低于 −560 mV(高温)	一般低于 −150 ~ 200 mV
对温度的敏感性	最佳温度:30 ~ 38 ℃(中温) 50 ~ 55 ℃(高温)	一般性敏感,最佳温度:20 ~ 35 ℃
对毒物的敏感性	敏感	一般性敏感
对中间产物 H_2 的敏感性	相对不太敏感	敏感
特殊辅酶	含有特殊辅酶	不含特殊辅酶

(1)物理化学法。

在产酸相反应器中投加产甲烷细菌的选择性抑制剂(如氯仿和四氯化碳等)来抑制产甲烷细菌的生长;或者向产酸相反应器中供给一定量的氧气,调整反应器内的氧化还原电位,利用产甲烷细菌对溶解氧和氧化还原电位比较敏感的特点来抑制其在产酸相反应器中的生长;或者调整产酸相反应器的 pH 值在较低水平(如 5.5 ~ 6.5),利用产甲烷细菌要求中性偏碱的 pH 值的特点,来保证在产酸相反应器中产酸细菌能占优势,而产甲烷细菌则会受到抑制。但这种方法对产甲烷相中的产甲烷菌的生长发育会产生抑制作用,所以不推荐使用该种方法。

(2)半透膜法。

采用可通透有机酸的选择性半透膜,使得产酸相反应器出水中的多种有机物中只有有机酸才能进入后续的产甲烷相反应器,从而实现产酸相和产甲烷相分离。

(3)动力学控制法。

动力学控制法是最简便、最有效,也是应用最普遍的方法。该方法是利用产酸细菌和产甲烷细菌在生长速率上存在的差异(一般来说,产酸细菌的生长速率很快,其世代时间较短,一般在 10 ~ 30 min 的范围内;产甲烷细菌的生长很缓慢,其世代时间相当长,一般在 4 ~ 6 d),因此,在产酸相反应器中控制其水力停留时间(HRT)、有机负荷率等使生长速度慢、世代时间长的产甲烷菌不可能在停留时间短的产酸相中存活,可以达到相分离的目的。一般来说,高的有机负荷可以促进产酸菌的生长繁殖,有机酸浓度高可以提高对产甲烷菌的抑制作用。

目前,在实验室研究和实际工程中应用最为广泛的实现相分离的方法,是将第二种动力学控制法与第一种物理化学法中调控产酸相反应器 pH 值相结合的方法,即通过将产酸相反应器的 pH 值调控在偏酸性的范围内(5.0 ~ 6.5),同时又将其 HRT 调控在相对较短的范围内(对于可溶性易降解的有机废水,其 HRT 一般仅为 0.5 ~ 1.0 h),这样一方面通过较低的 pH 值对产甲烷细菌产生一定的抑制性,同时在该反应器内 HRT 很短,相应的 SRT 也较短,使得世代时间较长的产甲烷细菌难以在其中生长起来。

许多研究结果表明,在产酸相反应器中简单地通过控制水力停留时间就能够成功地实现相的分离,而相分离的成功,能提高整个系统的运行性能。

但必须说明的是,两相的彻底分离是很难实现的,只是在产酸相中产酸菌成为优势菌种,而在产甲烷相中产甲烷菌成为优势菌种。

7.2.2　相分离对中间代谢产物的影响

在传统的单相厌氧反应器中,废水或废物中的有机物首先会在发酵和产酸细菌的作用下,完成第一阶段反应,而产生以小分子有机酸(如乙酸)和醇类(如乙醇)等为主的中间代谢产物;这些产物会较为迅速地被与产酸发酵细菌共存于一个反应器中的产氢产乙酸细菌进一步利用,并将其转化成以乙酸和 H_2/CO_2 为主的二次中间代谢产物;最后再由与产氢产乙酸细菌共生的产甲烷细菌最终转化为 CH_4/CO_2。

因此在这样的一个传统的单相厌氧反应器中,参与整个厌氧消化过程的几大类细菌都是较紧密地生长在一起的,前几阶段的细菌为后续的细菌提供生长基质,而后续的细菌则负责迅速、充分地将前阶段细菌的产物消耗掉,以减轻其所产生的产物抑制作用,同时也有利于消除某些中间产物对反应器内环境可能产生的不利影响,如有些挥发性有机酸如果发生积累就会造成反应器内 pH 值的下降并进而抑制产甲烷细菌的活性等,因此后续产甲烷细菌的作用对于维持系统的稳定运行具有很重要的作用,或者可以说传统的单相厌氧反应器在一定程度上对于一个完整的厌氧消化过程的顺利进行是具有一定好处的。

但当采用两个分建的厌氧反应器分别作为产酸相和产甲烷相反应器后,由于在产酸相反应器中不再存在着可以利用产酸细菌产物的产氢产乙酸细菌和产甲烷细菌,因此产酸细菌的产物如有机酸和醇等就不再会被立即利用,而是要等到进入后续产甲烷相反应器中才能被其中的产氢产乙酸细菌和产甲烷细菌利用,因此在产酸相反应器中产酸细菌的中间产物的种类和形式会由于相的分离而发生变化。因此,有必要研究两相分离对产酸阶段的中间产物的影响。

随着其中优势菌种的不同而发生变化。由于不同的细菌所要求的最佳生长环境条件不同,因此反应器运行条件(温度、pH 值、HRT、负荷等)的变化,就会影响其中优势菌群的生长,并因此也会影响发酵中间产物。从传统的单相厌氧发酵产物反应器转变为两相厌氧反应器后,由于产酸相反应器的运行条件与原来的单相厌氧反应器相比发生了很大的变化,因此在产酸相反应器中的细菌种类与单相反应器相比也发生了很大的变化,即由原来的能够完成整个完整的厌氧过程的四大类群细菌转变成为以发酵和产酸细菌为主的产酸相菌群,因此产酸相反应器的出水中主要以发酵产物为主,而且由于在产酸相反应器中不再存在可以利用发酵产物的产氢产乙酸细菌和产甲烷细菌,就不可避免地会出现某些发酵产物(如氢或其他有机酸或有机醇等)的积累,而这些物质的积累又会进一步影响其他发酵产物的生成,这种情况在原来的单相反应器中由于有产氢产乙酸细菌和产甲烷细菌的存在,一般是不会出现的。因此,由于相的分离,必然会导致产酸和发酵细菌中间产物的变化。

这里,我们主要讨论相分离后,在产酸相反应器中出现的氢的累积在热力学上对发酵和产酸细菌的中间代谢产物所产生的影响。图 7.13 所示为发酵细菌在将糖酵解时,会由于环境中氢分压的不同而导致不同产物的生成。糖类最初按 EMP 途径将己糖转化成丙酮酸,并释放氢,氢传递给 NAD^+ 载体而成为 NADH,厌氧条件下 NADH 通过生成分子氢而恢复成 NAD^+,即 $NADH + H^+ \rightleftharpoons NAD^+ + H_2$,但是这一反应在标准状态下的反应自由能为 $+18$ kJ/反应 >0,所以该反应只有降低氢分压到一定程度才能向右进行。计算可知,当氢

分压下降到 $10^{-4} \times 1.01 \times 10^5$ Pa 时,上述反应的反应自由能才会小于零,此时反应才有可能向右进行。因此当氢分压较小时,上述的反应容易向右进行,发酵较彻底,中间产物主要是乙酸(图中虚线左侧所示)。传统单相厌氧反应器就属这种情况,由于发酵所产生的氢可以很快被嗜氢产甲烷菌利用并转化成 CH_4,因此系统内可保持很低的氢浓度,使得发酵的中间产物主要以乙酸为主。但是,当氢分压较高时,上述反应就不能向右进行,在糖酵解过程中产生的电子会沉积在中间产物中,从而形成还原性的发酵产物如丁酸、丙酸及乙醇等,导致发酵不彻底。在两相厌氧生物系统中的产酸相正常运行时就属这种情况,由于在产酸相中没有能利用氢的产甲烷细菌的存在而导致氢的累积,使产物向高级脂肪酸和醇类的方向进行。

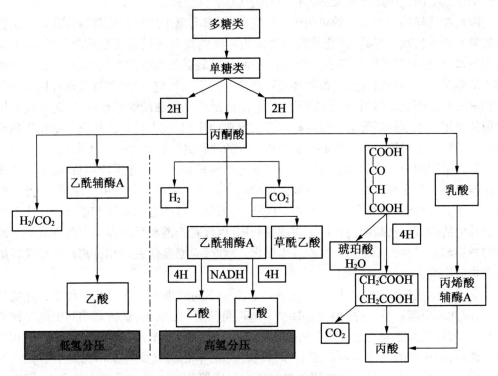

图 7.13　氢分压对糖酵解产物的影响

两相厌氧系统中产酸相中间代谢产物——有机酸的分布见表 7.13。

表 7.13　两相厌氧系统中有机酸的分布

反应器类型	基质	运行条件				有机酸			
		$COD/(g \cdot L^{-1})$	HRT/h	pH 值	温度/℃	乙酸	丙酸	丁酸	其他
UASB	葡萄糖	23.3	5.5	5.0	35	37.3	4.2	44.7	13.8
UASB	葡萄糖	16.5	3.1	4.6	35	32.0	5.3	45.9	16.8
CSTR	葡萄糖	10.7	10.0	6.0	30	35.0	9.0	56.0	—
下向流滤池	甜菜酒糟	70	8.0	6.8	30	35.0	9.0	56.0	—
UASB	甜菜酒糟	70	7.5	6.2	30	29.0	8.0	62.0	—

从表 7.13 中可以看出,不论是采用 UASB、CSTR 还是厌氧滤池作为产酸相反应器,也不论所处理的基质是简单易降解的葡萄糖还是难降解的甜菜酒糟,产酸相反应器的出水中有机酸的组成都是以丁酸为主要产物,其次是乙酸,而丙酸则最少。这与典型的传统单相厌氧生物反应器的出水中有机酸的组成主要以乙酸为主有着明显的区别。

Coben 和 Zoetemeyer 等以葡萄糖为基质的两相厌氧消化进行了比较细致的研究。产酸相的产物以丁酸为主,其次是乙酸,丙酸和乳酸等的量很少。在 pH 值为 4.5~6.0 时,产酸反应器出水的有机酸分布的变化不大。改变水力停留时间(3~12 h),乙酸含量不变,丁酸的含量有波动;pH 值为 5.8 时,温度在 20~30 ℃以内变化对产物的分布影响很小,35 ℃左右时乙酸的含量上升至最多,丙酸量增加,而丁酸量下降。

相分离后产甲烷相的运行性能大大提高,特别是最大比污泥负荷和比产气率显著增加。经受冲击负荷时,单相反应器的丙酸迅速积累,恢复正常运行后降解缓慢;而两相工艺的产甲烷相反应器虽然也出现丙酸的积累,但恢复正常运行后很快得到降解,因此,两相厌氧消化工艺的稳定性较好。Gil-Pena 对糖蜜废水的产酸相研究也发现丁酸占优势,乙酸次之,其他有机酸很少。但 Roy 和 Jones 的试验结果有些不同,他们也以葡萄糖为基质,得到的产酸相有机酸产物却以乙酸为主,丙酸其次,丁酸第三。pH 值和水力停留时间的改变对产物的分布均影响不大。但是,从表中的数据也可以看出,在上述几个试验的产酸相反应器中并没有实现绝对的相分离,即在产酸相反应器中仍然存在一定数量的嗜氢产甲烷细菌,使得在某些微环境中的氢分压达到了较低的水平,并形成了较多的乙酸作为发酵产物。

7.2.3　相分离对工艺的影响

由于实现了相的分离,进入产甲烷相反应器的废水是经过产酸相反应器预处理过的出水,其中的有机物主要是有机酸,而且主要以乙酸和丁酸等为主,见表 7.13,这些有机物为产甲烷相反应器中的产氢产乙酸细菌和产甲烷细菌提供了良好的基质;同时由于相的分离,可以将产甲烷相反应器的运行条件控制在更适宜于产甲烷细菌生长的环境条件下,因此可以使得产甲烷相反应器中的污泥的产甲烷活性得到明显提高。

Cohen 用 1% 葡萄糖作为基质进行了单相厌氧反应器和两相厌氧系统中产甲烷相反应器中的污泥活性的对比研究,见表 7.14,试验结果表明两相厌氧系统中产甲烷相反应器中污泥的活性有显著提高(提高了 2~3 倍),而且还认为产酸相反应器中酸化反应进行得越完全,产甲烷相反应器中污泥的产甲烷活性就相应越高。

由于辅酶 F_{420} 与污泥的产甲烷活性存在着非线性正相关的关系,即可以简单地说污泥中辅酶的含量越高,说明污泥的活性也越高;所以他们还测定了单相反应器和两相厌氧系统的产甲烷相反应器中污泥的辅酶 F_{420} 的含量,结果发现两相厌氧系统中产甲烷相反应器中污泥的 F_{420} 含量明显比单相反应器中的高。也有研究者对单相厌氧反应器及两相工艺中产甲烷相反应器中的主要菌群数量进行了测定,结果发现两相工艺中产甲烷相反应器中的产甲烷细菌的数量比单相反应器中的高 20 多倍。这些都说明实现相分离后污泥的活性得到了强化。

表7.14　一相和两相厌氧消化对比试验结果

活性污泥	连续进水			冲击负荷		
	一相	两相	两相/一相	一相	两相	两相/一相
最大比污泥负荷 /[kgCOD·(kgVSS·d)$^{-1}$]	0.49	1.49	3	0.57	1.96	3.4
最大比气体产率 /[L·(kgVSS·d)$^{-1}$]	0.18	0.74	4	—	—	—

一般两相分离对整个工艺可以带来两方面的好处：

(1)可以提高产甲烷反应器中污泥的产甲烷活性。由于实现了相的分离,进入产甲烷相反应器的污水是经过产酸相反应器预处理的出水,其中的有机物主要是有机酸,而且主要是乙酸和丁酸,这些有机物为产甲烷相反应器中的产氢产乙酸菌和产甲烷菌提供了良好的基质;同时由于相的分离,可以将产甲烷相反应器的运行条件控制在更适合产甲烷菌生长发育的环境条件下,可以使产甲烷菌的活性得到明显提高。

(2)可以提高整个处理系统的稳定性和处理效果。厌氧发酵过程中产生的氢不仅能够调节中间代谢产物的形成,还能够促进中间产物的进一步降解。实现相的分离后,在产酸相反应器中由于发酵和产酸过程而产生大量的氢而不会进入到后续的产甲烷相中,减少了产甲烷相中的氢分压,同时产酸相反应器还能给产甲烷相中的产甲烷菌提供更适合的基质,有利提高产甲烷菌的活性。同时产酸相还能有效地去除某些毒性物质、抑制物质等,可以减少这些物质对产甲烷菌的不利影响,从而可以达到增加整个系统的运行稳定性,提高系统的处理能力的目的。

虽然两相厌氧消化能够达到更高的厌氧消化效率,但从不产甲烷菌和产甲烷菌的紧密关系来看,将二者分离未必是有利的。

7.2.4　两相反应器的关系

实现相的分离后,很有必要研究什么是产甲烷相微生物的最适中间产物以及在什么条件下可以从产酸相得到最大比例的这种最适中间产物? Pipyn 和 Verstracte 对此进行了研究。研究表明:如果不考虑产酸相所产生的气体的回收与利用,单从热力学的角度来考虑,乳酸和乙醇是进入产甲烷相反应器的最适中间产物,因为从它们出发可以回收更多的能量即甲烷的产量会更高。此外,他们还提出了各种中间产物的形成条件(表7.15)。但是,在实际产酸反应器中,由于乙醇和乳酸形成的运行条件比较苛刻,而且受到厌氧条件下细菌生长特性的限制,产物往往以乙酸或丁酸为主,加上乙酸又是产甲烷菌的直接利用基质,所以产酸相以乙酸最合适。

表 7.15 中间代谢产物的热力学参数和形成条件

	中间代谢产物				
	乳酸	乙醇	丁酸	丙酸	乙酸
生成 CH_4 的释放能量 /$(kJ \cdot mol^{-1})$	68.8	59.5	32.7	32.3	31.0
占起始反应物能量的 百分比/%	51.1	44.1	20.2	11.3	15.4
形成条件　pH 值		4.0~5.0	<7.0	7.0	5.2~5.5
SRT	—	几天	短	几周	HRT

对于两相厌氧消化系统的研究,除了产酸相外,更关心的问题是产甲烷相反应器的运行特性。厌氧流化床的实验结果表明,两相工艺比单相工艺的稳定性有所提高。比利时的 Ghent 大学,根据两相厌氧消化的原理,提出了一种 Anodek 的工艺,其特点是:采用完全混合式反应器作为产酸相,同时进行污泥回流;产甲烷相则采用 UASB 反应器。在对这种工艺的研究中,现有的实验结果不尽一致。在 UASB 反应器的开发初期,产酸相的存在对颗粒污泥的形成有促进作用。但在中试和生产性试验中发现,用单相反应器处理未经酸化的马铃薯废水,同样可以培养出较好的颗粒污泥。Hulshoff 等人用人工配水做试验,也可以发现蔗糖为主要成分的配水,比全部是挥发性有机酸的配水更加有利于颗粒污泥的形成,所需时间更短,而且颗粒粒径也较大。因此,对产酸相给颗粒污泥过程所带来的确切影响尚待进一步研究。

7.3　工艺的研究与应用

7.3.1　国内外两相厌氧工艺的研究现状及未来的发展方向

1. 国内外两相厌氧工艺的研究现状

从微生物学角度来看,厌氧过程中所发生的这一系列反应主要是由两大类相互共生的细菌完成的,依靠两者之间的共生关系来维持系统的最佳效果。如前所述,VFA 的产生者(发酵和产酸细菌)与消耗者(产甲烷细菌)之间的平衡关系十分精细和脆弱,一旦被破坏后,生长速率快的发酵和产酸菌的生长,就会超过生长速率较慢且更敏感的产甲烷菌的生长,达到一定程度后,系统的内部环境就会进入一个恶性循环,而最终导致运行失败。在传统单相反应器内,两相反应都是在一个单独的反应器内进行的,而反应器的条件几乎全部都是根据生长速率较慢的产甲烷菌的要求来设计和调控的,有机负荷较低,HRT 较长,往往造成反应器的投资很大。

在 1978 年,Massey 和 Pohland 鉴于当时厌氧生物处理在应用于污泥处理时虽已有很多成功应用的实例,但仍会时常遇到运行不稳定和难于控制运行等方面的问题。他们认为这主要是由于在污泥的厌氧消化过程中,污泥中复杂有机物逐渐分解直至最终转化为甲烷和二氧化碳等气体的这一复杂过程实际上是一个多相过程,在整个反应过程中会有很多小分子的中间产物的产生和转化。由于挥发性有机酸是一种较易测定的中间产物,所以传统上将这样一个顺序反应过程简化为两个阶段:即第一相——酸性发酵,主要产生以 VFA 为主的中间产物;第二相——甲烷发酵,主要将这些中间产物转化为稳定的最终产物——甲烷和二氧化碳。在上述两相概念的启发下,他们将厌氧过程分开成为两个独立的反应器进行反应,生污泥或经过简单预处理后的生污泥直接进入第一相反应器,而其出水则可以经过一定调节和调整或者直接进入第二相反应器;这样就可以针对各自微生物种群所要求的最佳环境条件,在各自的反应器中进行设定和调控。对于每一个反应器,其有机负荷和是否需要回流都是可以单独控制的,以提高整个工艺的效率;而且还可以通过对产酸相出水进行监测来保护产甲烷相反应器中的产甲烷细菌,即可以提前采取预防措施。

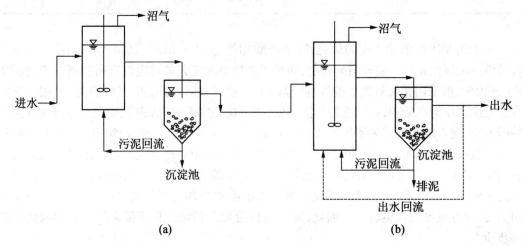

图 7.14　两相厌氧消化的流程图
(a)产酸相;(b)产甲烷相

　　图 7.14 是他们试验所采用的两相厌氧系统的工艺流程图。在第一相即产酸相反应器中通过选择较短的 HRT,在保证产酸菌生长的同时,抑制产甲烷细菌的生长。第一相的出水直接进入第二相即产甲烷相反应器,通过控制 HRT 和污泥回流可以保证产甲烷菌的最优生长条件。在两相间还可以通过加酸或加碱来调整产甲烷相反应器进水 pH 值。在产甲烷相中产酸细菌的生长会由于缺少合适的基质而受到抑制。从流程图中可以看出,两相反应器分别具有污泥回流系统,可以优化各自的微生物种群,因此可以在两相反应器中分别富集出各自所需的微生物种群。两个用有机玻璃制成的反应器的体积均为 10 L,其内均设有搅拌装置,可以使其达到完全混合的状态,其后均设有重力沉淀池,运行温度为中温,整个系统的 HRT 为 170 h 左右。

　　此后,两相厌氧工艺在德国和比利时等国得到进一步发展。1982 年,德国已有日处理 32 tCOD 规模的两相厌氧消化装置投产。表 7.16 为国外一些两相厌氧消化工艺的小试和生产性装置的情况,从表中可以看出其运行效果良好。例如,柠檬酸生产废水,在进水 COD 质量浓度高达 42 574 mg/L 情况下仍取得 COD 去除率为 70% ~80% 的效果。

表 7.16　国外两相厌氧消化工艺的运行参数

废水来源	进水 COD 质量浓度/(mg·L⁻¹)	去除率/%		UASB 负荷/[kgCOD·(m³·d)⁻¹]
		COD	BOD₅	
浸、沤麻	6 500	85 ~ 90	90 ~ 95	9 ~ 12
甜菜加工	7 000	92	—	20
酵母和酒精生产	28 200	50 ~ 60	—	21
造纸	11 400	76	—	11
啤酒生产	2 500	80	85 ~ 90	10 ~ 15
纸浆生产	16 600	70	—	17
柠檬酸生产	42 574	70 ~ 80	—	15 ~ 20

1979 年中国科学院成都生物研究所开始采用两相厌氧消化工艺进行猪粪厌氧发酵试验。同济大学环境工程系于 1987 年开始进行了酿酒废水两相厌氧消化工艺的生产性试验，其工艺流程如图 7.15 所示。其试验进水 COD 质量浓度为 20 g/L，有机负荷率为 7.5 ~ 10.0 kgCOD/(m³·d)，采用的消化温度为 35 ℃，去除率为 75% ~ 85%。

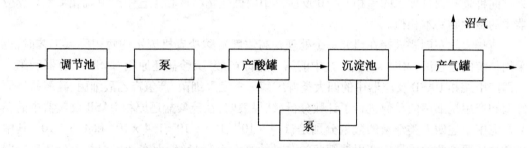

图 7.15　同济大学环境工程系酿酒废水两相厌氧消化工艺的工艺流程

表 7.17 列出了国内部分两相厌氧消化工艺处理高浓度有机废水的试验数据。从表中可以看出两相厌氧消化工艺处理高浓度有机废水时，不但有机负荷率高，COD 去除效果好，而且由于将不同种群微生物分开培养，使得产酸相和产甲烷相两相的水力停留时间缩短，而且产甲烷相的 pH 值比较稳定，适宜于产甲烷菌的环境条件，使得系统的运行更加稳定。

表 7.17　国内部分两相厌氧消化处理高浓度有机废水试验资料

废水种类	试验温度/(℃)	进水 COD 质量浓度/(g·L⁻¹)	COD 去除率/%	COD 容积负荷率/[kg·(m³·d)⁻¹]	HRT/d		pH 值		研究单位
					产酸相	产甲烷相	产酸相	产甲烷相	
糖蜜酒精废水	30	30	63.2	50	3.6	10.8	5.1	7.3	广州能源所
	35	35	76.6	12	1.0	1.8	5.3	7.7	广州能源所
	32 ~ 33	34	81.1	13.66	0.58	1.92	5.0	7.5	广州能源所

续表 7.17

废水种类	试验温度/(℃)	进水 COD 质量浓度/(g·L⁻¹)	COD 去除率/%	COD 容积负荷率/[kg·(m³·d)⁻¹]	HRT/d		pH 值		研究单位
					产酸相	产甲烷相	产酸相	产甲烷相	
味精废水	30	25	82.7	7.3	1	2.4	5.0	7.4	广州能源所
	32 ~ 33	17.15	88.5	5.44	0.55	0.26	5.5	7.5	广州能源所
	35 ~ 37	2 ~ 3	85 ~ 95	25 ~ 35	0.55 ~ 0.67	1.2 ~ 2.08	5	7	广州能源所

竺建荣利用传统的微生物研究手段对比研究了单相 UASB 反应器和两相厌氧工艺中产甲烷相 UASB 反应器中的微生物学,对其颗粒污泥的细菌进行了计数分析,并进行了电子显微镜的微生物观察。结果发现,在颗粒化过程中,发酵细菌、产氢产乙酸细菌、产甲烷细菌三大类群细菌在单相 UASB 反应器中的颗粒污泥中的数量分别为 $9.3 \times 10^8 \sim 4.3 \times 10^9$、$4.3 \times 10^7 \sim 4.3 \times 10^8$、$2.0 \times 10^8 \sim 4.3 \times 10^8$。而两相工艺的产甲烷相 UASB 反应器中的颗粒污泥中的三大类群细菌的数量与单相 UASB 反应器中的类似。这样的一个研究结果说明,处理同种葡萄糖自配水的单相 UASB 反应器中的微生物与两相工艺中产甲烷相 UASB 反应器中的微生物基本相似。

清华大学左剑恶教授在研究一个处理含高浓度硫酸盐有机废水的两相厌氧工艺时,也采用传统的三管法(MPN)对其工艺中的第一相即产酸、硫酸盐还原相 UASB 反应器和第二相即产甲烷相 UASB 反应器中的四大类群细菌——发酵细菌、产氢产乙酸细菌、硫酸盐还原细菌和产甲烷细菌的总数进行了计数分析,结果表明:在硫酸盐还原相 UASB 反应器中的颗粒污泥中上述四大类细菌的数量分别是:1.4×10^{11}、1.4×10^9、1.4×10^9 和 4.5×10^6,其中硫酸盐还原细菌的数量比产甲烷细菌的数量约高 3 个数量级;而在产甲烷相 UASB 反应器中的颗粒污泥中上述四大类细菌的数量分别是:1.5×10^9、4.5×10^9、7.5×10^7 和 1.1×10^9,其中产甲烷细菌的数量比硫酸盐还原细菌的数量约高 2 个数量级。由以上结果可以看出,不管在硫酸盐还原相还是在产甲烷相反应器中,发酵细菌和产氢产乙酸细菌都有相当的数量;但对于硫酸盐还原细菌和产甲烷细菌来说,它们的数量则直接与反应器的功能类型相关,即在硫酸盐还原相反应器中,硫酸盐还原细菌占优势,比产甲烷细菌高出约 2 ~ 3 个数量级;而在产甲烷相反应器中,则是产甲烷细菌明显占优势,约高出硫酸盐还原细菌 2 个数量级。

但是,Raskin 等人利用产甲烷细菌和硫酸盐还原细菌的基因探针对 21 个单相和 1 个两相生产性规模的厌氧污泥消化器中的细菌组成进行了研究,并将该结果与传统的化学分析和代谢分析的结果进行了对比。结果发现,在运行良好的中温单相消化器中,产甲烷菌的数量占细菌总数的 8% ~ 12%;而产甲烷八叠球菌和产甲烷微菌则是两种最主要的产甲烷菌,产甲烷杆菌和产甲烷球菌在消化器中的作用相对较小。在所有的消化器中都存在着一定数量的中温、革兰氏阴性的硫酸盐还原菌。他们认为,之所以在单相厌氧反应器中存在着大量硫酸盐还原菌,是因为硫酸盐还原菌可以给产甲烷菌提供基质,因而有利于产甲烷过程的顺利进行。对两相厌氧消化器的研究表明,实际上它并没有达到真正意义上的相分离,在产酸相反应器中,存在着明显的产甲烷活性;但在产甲烷相反应器中主要的细菌种类与单相消化器中的有很大不同。

由以上研究可以看出,虽然对两相厌氧反应器的研究已经进行了许多年,但是研究并不深入,特别是对产酸相反应器中的发酵和产酸细菌还缺乏系统的研究。由于产甲烷菌在厌氧生物处理过程中的不可替代作用,众多研究者对其进行了深入的研究,因此人们对产甲烷菌的了解比发酵和产酸细菌的了解要深入得多。但产甲烷菌可利用的基质只有有限的几种,废水或废弃物中大量复杂的有机物的完全降解更多的是依靠处在代谢过程前端的发酵和产酸细菌的作用。因此,开展对发酵和产酸细菌的深入研究,对于扩大厌氧生物处理的应用范围,提高两相厌氧工艺的处理效果具有十分重要的意义。

两相厌氧消化工艺与其他厌氧反应器不同的是,它并不着重于反应器结构的改造,而是着重于工艺的变革。由于其能承受较高的负荷率,反应器容积较小,运行稳定,日益受到人们的重视。采用两相厌氧消化工艺处理废水的前景广阔,可以利用各种高效反应器设备对现有的处理系统进行改造和升级,提高稳定性,以获得比现有的单相厌氧处理系统更高的负荷率和效率。目前国内的两相厌氧消化工艺仍处于试验研究阶段。这表明:虽然两相厌氧消化工艺是一种高效的厌氧生物处理新工艺,但仍有许多问题有待于研究,如对两相不同种群厌氧微生物的研究、两相不同反应器大小匹配的研究等。

从目前的试验研究结果看,相分离后虽然中间产物发生了变化,但对甲烷相没有产生不利的影响,相反为甲烷菌提供了更适宜的环境条件。但从微生物学角度出发,有些人认为厌氧消化是由多种菌群参与作用的生物过程,这些微生物种群的有效代谢相互联结、制约和促进,达到一定程度的平衡。而两相厌氧消化过程将这一有机联系的过程分开,势必会改变稳定的中间代谢产物形成,对消化过程产生一定的影响。对于这方面的问题也有待于进一步的研究。

尽管两相厌氧消化工艺在实验室和实际工程中得到了广泛的应用。但是人们对两相厌氧消化工艺的看法仍不尽一致。有研究者认为,从微生物的角度来看厌氧发酵过程是由多种菌群参与的生物过程。这些微生物种群之间通过代谢的相互连贯、制约和促进,最终达到一定的平衡。在厌氧发酵最优化的条件下不能分开,否则就不符合最优化条件。而两相厌氧过程势必会改变稳定的中间代谢产物水平,有可能对某些特殊营养型的细菌产生抑制作用,甚至造成热力学上不适于中间产物继续降解的条件。从实际生产的角度,两相厌氧工艺虽可以提高处理效果,但按两相工艺的总容积计算,其提高的幅度并不是太大,基建投资和运行费用不会有大幅度的节省,因此有人认为两相厌氧工艺并不经济。然而从目前的研究成果来看,虽然相分离后中间代谢产物发生了变化,但相的分离基本上是不完全的。所以产甲烷相中的污泥仍是多种菌群组成的,可以适应变化了的中间产物,因此相分离后中间产物的变化对产甲烷相没有不利的影响,相反,由于产酸相去除了大量的氢及其某些抑制物,可以为后一段的产甲烷菌提供更适宜的底物及环境条件,因此产甲烷相中的污泥活性得到了提高,处理效果及运行稳定性也相应得到了提高。因此,两相厌氧消化工艺又是值得推广和应用的,这也得到了许多实验的验证。

2. 国内外两相厌氧工艺未来的发展方向

两相厌氧工艺的发展方向主要有以下几个:

(1)根据要处理的废水种类的不同选择不同的厌氧反应器来进行产酸相和产甲烷相的

组合。

从国内外两相厌氧系统研究所采用的工艺形式看,主要有两种:第一种是两相均采用同一类型的反应器,如 UASB 反应器、UBF 反应器、ASBR 反应器,其中 UASB 反应器较常用。第二种是称作 ANODEK 的工艺,其特点是产酸相为接触式反应器(即完全式反应器后设沉淀池,同时进行污泥回流),产甲烷相则采用其他类型的反应器。

目前常用的组合及适用水质主要有:填充床酸化反应器 + UASB 甲烷化反应器来处理啤酒废水和抗生素废水、水解反应器 HUSB 和颗粒污泥膨胀床 EGSB 处理悬浮性固体含量高的废水。

(2)新型厌氧工艺。

温度两相厌氧工艺是最近在 Iowa 州立大学开发出来的一种新的两相厌氧工艺,它将高温厌氧消化和中温厌氧消化组合成一个处理工艺,可以充分发挥高温发酵速率快和去除致病菌的能力强以及中温发酵所具有的能量需求低和出水水质好的优势。尽管这样,与前述的传统的两相厌氧工艺相比,温度两相厌氧工艺仅仅处于试验研究阶段。

Kaiser 等人认为温度两相厌氧生物滤池(TPAB)工艺是一种新的高速厌氧处理系统,它由一个高温厌氧生物滤池与一个中温厌氧滤池串联组成,能够形成一个具有两个温度段和两相的厌氧生物处理系统。他们研究 3 个两相反应器的体积比分别为 1:7、1:3 和 1:1 的温度两相工艺,系统的 HRT 分别是 24 h、36 h、48 h,其中的高温相的温度是 56 ℃,中温相的温度是 35 ℃。当处理一种合成牛奶废水,系统的进水负荷在 2~6 gCOD/(L·d)的范围内,3 个 TPAB 系统对溶解性和总 COD 的去除率分别达到 97% 和 90%。运行结果表明,虽然 3 个系统的高温相和低温相的体积比有较大差别,但系统的运行效果并没有很大的差别,说明可以选择较小的高温相反应器的体积。当系统的 HRT 为 48 h,高温相的 HRT 为 6 h,高温相达到了其最高的 COD 负荷,为 48 gCOD/(L·d);如果此时再继续提高负荷,高温相的甲烷产率就会下降,而相应的中温相的甲烷产率会增加,同时出水中异戊酸和丁酸也会明显增加。可以认为在较高的有机负荷和较短的 HRT 下,在高温相反应器中发生了微生物种群的变化。虽然发现在高温相反应器中的甲烷产率下降,但从两个厌氧滤池的总的系统来看,其处理效果并没有下降。在相同的 HRT 和有机负荷下,温度两相系统的运行效果要比单级的厌氧滤池好。

尽管两相厌氧工艺已经在实验室和实际工程中得到了广泛应用,但是人们对两相厌氧工艺的看法仍然不尽一致。有研究者认为,从微生物学的角度来看厌氧发酵过程是由多种菌群参与的生物过程,这些微生物种群之间通过代谢的相互联贯、制约和促进,最终达到一定的平衡,在厌氧发酵最优化的条件下不能分开,否则不符合最优化条件,而两相厌氧过程势必会改变稳定的中间代谢产物水平。有可能对某些特殊营养型的细菌产生抑制作用,甚至造成热力学上不适于中间产物继续降解的条件。从实际生产的角度,两相厌氧工艺虽可提高处理效果,但按两相工艺的总容积计算,其提高的幅度并不是很大,基建投资及运行费用不会有大幅度的节省,因此有人认为两相厌氧工艺并不经济。然而从目前的研究结果来看,虽然相分离后中间代谢产物发生了变化,但相的分离基本上都是不完全的,所以产甲烷相中的污泥仍是由多种菌群组成的,可以适应变化了的各种中间产物,因此相分离后中间产物的变化对产甲烷相没有不利影响,相反,由于产酸相去除了大量的氢及某些抑制物,可以为后一阶段的产甲烷菌提供了更适宜的底物及环境条件,因此产甲烷相中的污泥活性得到了提高,处理效果及运行稳定性也相应得到了提高,因此,两相厌氧工艺又是可以推广应用的,这也得到了许多试验的验证。

(3)两相厌氧工艺的一体化。

由于两相厌氧工艺是由两个反应器组合而成,占地面积比较大,能源利用也较多,可以通过反应器的设计来实现在同一反应器内形成产酸相和产甲烷相,达到两相分离的目的;并且能够在消除两者之间制约的基础上,增强两者之间的互补和协同的作用。

目前国内常见的一体化两相厌氧反应器有以下几种:

①处理低浓度有机负荷的一体化两相厌氧反应器(图7.16):

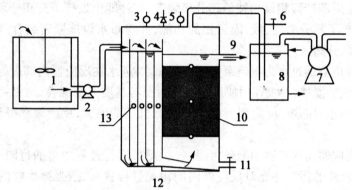

图 7.16　一体化两相厌氧反应器示意图

1—调节池;2—水泵;3—温控仪;4—安全阀;5—压力表;6—气体取样点;7—湿式气体流量计;

8—水封瓶;9—出水口;10—填料;11—排泥口;12—一体化两相反应器;13—取样点

②哈尔滨工业大学用来处理抗生素废水的 CUBF 一体化两相厌氧反应器(图7.17):

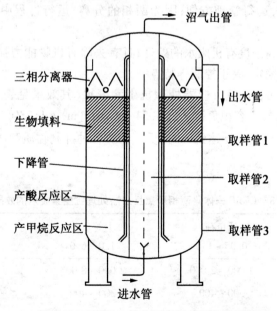

图 7.17　CUBF 一体化两相厌氧反应器示意图

CUBF 一体化两相厌氧反应器是两相厌氧消化反应器。该反应器集产酸发酵、产甲烷两相为一体,它通过内部结构的优化实现了两相的分离,使产酸和产甲烷两大类细菌在各自的最佳环境条件下顺利完成自己的阶段性降解作用,增强了两相之间的协同作用,从而极大地提高了厌氧生物系统的处理能力和运行的稳定性。

CUBF一体化两相厌氧反应器具有下列特点:

a. CUBF反应器通过内部结构的精密设计,首次在同一反应器内形成产酸相、产甲烷相的合理搭配,在实现两相分离、消除二者之间制约作用的基础上,增强二者之间的互补、协同作用。

b. CUBF反应器是膜生物反应器,反应器产甲烷相内安装特殊填料,形成生物膜对有机物进行进一步的降解,同时固定微生物,优化出水水质,发挥膜工艺技术的优势。

c. CUBF反应器产酸相设独特的相分离装置,在性能上发挥了三相分离器的优点,在结构上进一步完善了其分离气、液、固三相的功能,并与布水设施紧密结合,构成完整有序的反应区、悬浮区、分离区。

d. CUBF反应器通过水力射流泵高压喷射布水,进水在反应器内部进行紊流扩散,通过进水射流和回流的搅拌、卷吸作用使反应器内污泥与基质充分混合,增大接触反应面积,使得厌氧处理时间相对缩短,反应器所能承受的有机负荷增大,反应效率得到极大程度的提高。

e. CUBF反应器内的产酸相配备污泥回流装置,运行过程中可通过同一工艺的活性污泥回流或系统以外的污泥补充对反应器内的污泥进行置换,增强微生物的活性,提高反应器的自由度。

f. CUBF反应器配有功能完善、敏感度强、自动化程度高的温控包,通过该温度包可以严格控制反应器内各部位的温度,从而为厌氧微生物提供最适的温度条件,提高反应速率。

g. CUBF反应器一体化的设计使得设备投资减少,节省工程占地;反应器启动时间比一般厌氧反应器相对缩短,运行管理方便;因为两相的分离,运行过程中基本上不需投加药剂,减少了运行费用。

反应器特别适用于高浓度有机废水的处理,具有去除有机物能力强、启动时间较短、节省占地、降低能耗、运行稳定、易于控制等特点。

采用CUBF一体化两相厌氧反应器处理抗生素废水(其效果见表7.18),当最大进水COD达到 26 347 mg/L,最大容积负荷达到 8.54 kgCOD/($m^3 \cdot d$);SO_4^{2-} 绝对值质量浓度为1 325 mg/L,COD/SO_4^{2-} 比值最低达到 3 时,反应器对各种抑制物质和冲击负荷均表现出很好的适应性。

表 7.18　CUBF 一体化两相厌氧反应器处理抗生素废水的效果

进水负荷 /[kgCOD · (m^3 · d)$^{-1}$]	低负荷 0.05~1.0	中等负荷 1.0~6.0	高负荷 6.0~11.0
进水 COD/(mg · L^{-1})	1 000~2 000	2 000~8 000	8 000~15 000
出水 COD/(mg · L^{-1})	300~400	300~400	200~400
去除率/%	85~90	90~95	95~99

实践证明,CUBF一体化两相厌氧反应器是一新型高效的污水处理设备,特别适用于高

浓度难降解有机废水的处理。反应器两相分离、水力射流泵进水方式、安装特殊填料、污泥回流等结构特点及运行中形成的颗粒污泥决定了该反应器的高效性,使其具有处理负荷高、防止系统"酸化"、抗冲击能力强、启动时间短、运行稳定、易于管理等特点。

③华南理工大学自主研制的一体化两相厌氧反应器如图7.18所示。

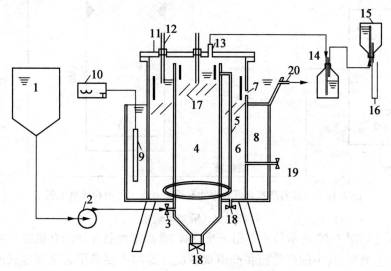

图7.18 一体化两相厌氧反应器示意图

1—水箱;2—恒流泵;3—进水口;4—产酸相;5—布水管;6—产甲烷相;7—水封;
8—水浴层;9—电热棒;10—温控仪;11—取样管;12—温度计;13—集气口;14—水封;
15—排水瓶;16—量筒;17—挡板;18—排泥口;19—取样口;20—出水口

通过采用动力学控制与pH值调节相结合的方法对产酸相和产甲烷相进行分相,经过68 d的运行,系统的容积负荷(VLR)达到8.84 kg/$(m^3 \cdot d)$,HRT为20.95 h,产酸相的COD去除率基本维持在20%~30%,系统的COD去除率稳定在80%以上。其中产酸相的VLR和HRT分别为31.11 kg/$(m^3 \cdot d)$和5.95 h,产甲烷相的VLR和HRT分别为9.39 kg/$(m^3 \cdot d)$和15.00 h,出水悬浮固体(SS)质量浓度均在400 mg/L以下,去除率最高可达92.8%,沼气的容积产气率达到2.57 $m^3/(m^3 \cdot d)$。

7.3.2 两相厌氧工艺的应用

1. 两相厌氧工艺流程及装置的选择

两相厌氧工艺流程及装置的选择主要取决于所处理基质的理化性质及其生物降解性能,在实际工程和实验室的研究中经常采用的基本的工艺主要有以下3种,下面将分别进行简单地介绍。

第一种两相厌氧工艺的流程如图7.19所示,它主要用来处理易降解的、含低悬浮物的有机工业废水,其中的产酸相反应器一般可以是完全混合式的CSTR或者是UASB、AF、AAFEB等不同形式的厌氧反应器,产甲烷相反应器则主要是UASB反应器,也可以是UBF(污泥床滤池)、AF、AAFEB等。

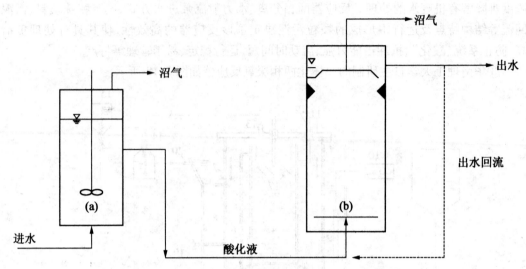

图 7.19　处理易降解含低悬浮物有机工业废水的两相厌氧工艺

(a)产酸相;(b)产甲烷相

第二种则是如图 7.20 所示的主要用于难降解、含高浓度悬浮物的有机废水或有机污泥的两相厌氧工艺流程,其中的产酸相和产甲烷相反应器均主要采用完全混合式的 CSTR 反应器,产甲烷相反应器的出水是否回流则需要根据实际运行的情况而定。

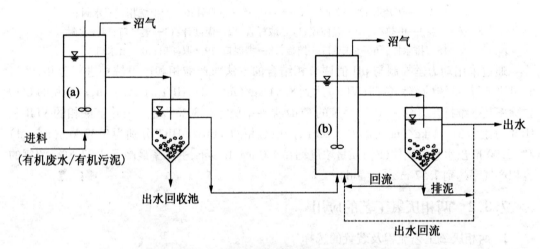

图 7.20　处理难降解含高悬浮物有机工业废水或污泥的两相厌氧工艺

(a)产酸相;(b)产甲烷相

第三种是如图 7.21 所示的两相厌氧工艺则主要用于处理固体含量很高的农业有机废弃物或城市有机垃圾,其中的产酸相反应器主要采用浸出床反应器,而产甲烷相反应器则可以采用 UASB、UBF(污泥床滤池)、AF、CSTR 等反应器,产甲烷相反应器的部分出水回流到产酸相反应器,这样可以提高产酸相反应器的运行效果。

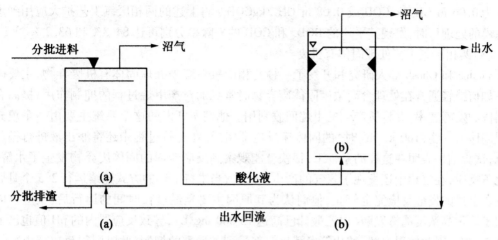

图 7.21　处理固体含量很高的农业有机废弃物或城市有机垃圾的两相厌氧工艺

（a）产酸相；（b）产甲烷相

2. 两相厌氧工艺的应用实例

（1）两相厌氧工艺处理普通的有机废水。

1984 年,Eeckhaut 等人报道了比利时一家啤酒厂采用两相厌氧生物处理工艺来处理其废水,结果发现两相厌氧系统特别适合于处理 840 m³/d 但变化很大(pH 值为 7 ~ 12,2 500 ~ 4 000 mgCOD/L)的废水。废水首先进入一个 550 m³ 的酸化调节池,产甲烷过程发生在一个 400 m³ 的 CASB 反应器———一种装填有 130 m³ 高效载体的杂合厌氧反应器。但是反应器内未能形成稳定的高活性污泥床,反应器的绝大部分活性都集中在小部分附着有生物膜的载体上。对于这种较低浓度的废水,反应器的去除负荷达到 5 ~ 8 kgCDD/(m³(载体) · d),对溶解性 COD 的去除率达到 58%,这主要是由于反应器内的活性污泥量不足,当减少进水量时,溶解性 COD 的去除率可以达到 93% 。

Guo 等人用一个固定床生物膜反应器作为产酸相反应器,UASB 作为产甲烷相反应器,研究了两相厌氧工艺处理高浓度啤酒废水和人工合成废水的情况,结果发现整个系统的最高负荷可以达到 32 ~ 35 kgCDD/(m³(载体) · d)。他们还发现当进水质量浓度为 5 000 mgCOD/L,进水负荷为 30 kgCOD/(m³ · d)时,为保证两相系统正常运行所需要的最小酸化率是 28% 。两相厌氧系统对 COD 去除率的最主要影响因素是进水容积负荷、产酸相的酸化率以及进水碱度。

（2）两相厌氧工艺处理含高悬浮物的有机废水。

Yeoh 等人利用高温两相厌氧工艺处理蔗糖糖蜜酒精蒸馏废水,并与单相工艺的运行情况进行了对比。

在试验中,单相工艺的 HRT 控制在 36.0 ~ 9.0 d,相应的有机负荷在 3.45 ~ 14.49 kg-COD/(m³ · d);两相工艺的 HRT 为 32.7 ~ 5.6 d,相应的有机负荷为 4.65 ~ 20.02 kgCOD/(m³ · d),结果发现,两相工艺对 BOD_5 和 COD 的去除率分别大于 85% 和 65%,其中的产酸相反应器可以很好地将原水中的有机物转化为 VFA,酸化率可以达到 15.6% 。两个系统中产甲烷反应器的 pH 值均维持在 7.4 ~ 7.8 。两相工艺产生的沼气中的甲烷含量都会下降。两相工艺中的产甲烷相反应器的甲烷产率为 0.17 m³CH₄/kgCOD 或 0.29 m³CH₄/kgCOD,而单相反应器仅为 0.06 m^3CH_4/kgCOD 或 0.08 m^3CH_4/kgCOD。将上述的两相厌氧工艺扩大应用到生产规模的处理厂时,发现其平均的 BOD_5 和 COD 的去除率分别可达84.3%和63.2%。

(3)两相厌氧工艺处理固体有机废弃物。

Vieitez 和 Ghosh 等人研究和开发了一种两相厌氧系统来处理固体有机废弃物,主要研究了如何减轻通常在处理含高浓度固体废弃物时常见的对产甲烷过程的抑制作用,提高有机固体的发酵速率,并将所产生的甲烷回收利用。他们所开发的这个系统主要由一个填充模拟固体废弃物(160 kg/m^3 时)的固体床反应器组成,在运行过程中还将滤出液进行循环回流,试验结果表明在这样的条件下,很快就能观察到反应器内的固体废弃物发生了水解、酸化等反应,在气相中还发现了氢气的产生。但是,当维持上述的方式连续运行2.5个月后却发现上述的发酵反应完全停止,他们认为其原因主要是经过长时间的运行后,反应器内积累了非常高浓度的挥发酸(以乙酸计已高达 13 000 mg/L),导致反应器内的 pH 值也已下降到5左右,因此使得水解、酸化等发酵反应都受到了严重的抑制,此时测得反应器上部气室内的气体组成以 CO_2 为主,CH_4 含量非常少,其组成为:75% CO_2、20% N_2、2% H_2、3% CH_4。随后的2.5个月没有对反应器作较大调整,结果发现该反应器中的挥发酸浓度和气体组成基本上没有变化,说明水解和产酸过程已经受到了严重抑制。最后,他们又在该酸化固体床反应器之后增加一个产甲烷反应器,将产酸相反应器的滤出液引入产甲烷相反应器,经过在产甲烷相反应器内的产甲烷反应后再将其出水(pH 值已经上升为7.5)回流到产酸相固体床反应器,这样一个两相厌氧反应系统连续运行了4.5个月,结果表明该系统能将含高浓度固体有机废弃物中有机固体的30%转化为甲烷。

Dinsdale 等人利用两相厌氧工艺处理剩余活性污泥和水果/蔬莱下脚料的混合物,其产酸相反应器是 CSTR 反应器,而产甲烷相反应器则是一个斜管式消化器,反应温度为30 ℃,整个系统运行稳定,有机负荷(VS)达到了 5.7 kgVS/($m^3 \cdot$ d),总的 HRT 为 13 d,其中产酸相反应器的 HRT 为 3 d,产甲烷相反应器的 HRT 为 10 d,有机固体的去除率为40%,沼气产率为 0.37 m^3/kgVS$_{(进料)}$,其中甲烷含量为68%。

Fongsatitkal 等人也研究了两相 UASB 系统处理模拟市政污泥的效果和可行性。

Janvis 等人则研究了两相厌氧系统处理青饲料的情况。Ikbal 等人为了提高两相厌氧消化处理咖啡生产废弃物时的沼气产量,他们对液化过程和气化过程分别进行了研究。

(4)两相厌氧工艺处理其他废水。

Yilmazer 等采用两相厌氧系统研究来处理乳清废水,以 CSTR 反应器作为酸相反应器,上流式厌氧滤池(UFAF)作为产甲烷相反应器。乳清废水的进水水质为:COD = 20 000 mg/L,BOD_5 = 12 000 mg/L,SS = 1 750 mg/L。研究结果表明,在有机负荷为 0.5 ~ 2.0 gCOD/(gMLSS·d)的范围内,酸相反应器的最佳 HRT 为 24 h,此时其酸化率可达50%,出水中 VFA 的组成为乙酸52%、丙酸14%、丁酸27%、异戊酸7%。酸相反应器的出水直接进入产甲烷相反应器即 UFAF、HRT 控制在 3 ~ 6 d,当 HRT 为 4 d 时,溶解性 COD 的去除率可达90%,表观产气率为 0.55 m^3/kgCOD$_{(去除)}$。

Strydom 等人对利用两相厌氧消化工艺处理3种不同的乳制品废水进行了研究。其产酸相反应器为一个预酸化反应器,产甲烷相反应器则是一个杂合反应器,试验温度为中温。结果表明,利用两相厌氧工艺来处理乳制品废水是完全可行的,当有机负荷在 0.97 ~ 2.82 kgCOD/($m^3 \cdot$ d)之间时,对3种废水的 COD 去除率均在91% ~97%,相应的甲烷产率为 0.29 ~ 0.36 m³CH₄/kgCOD(去除)。

Ince 等人也利用小规模的两相厌氧系统研究了处理乳制品废水的情况。9 个月的试验结果表明,对于整个系统来说,当 HRT 为 2 d,有机负荷为 5 kgCOD/(m³·d)时,系统对 COD 和 BOD 的去除率分别为 90% 和 95%。产酸相反应器是一个完全混合式反应器,其有机负荷为 23 kgCOD/(m³·d),HRT 为 0.5 d;而产甲烷相反应器则是一个上流式厌氧滤池,其负荷达到 7 kgCOD/(m³·d),HRT 约为 1.5 d。在预酸化反应器中,当负荷达到 12 kgCOD/(m³·d)时,约有 60% 的 COD 被转化为脂肪酸;而在此之后,该转化率保持得很稳定。

Tanaka 等人则研究了两相厌氧系统处理稀释后的牛奶废水(质量浓度为 1 500 mg-COD/L)的情况,系统中产酸相反应器是完全混合式反应器,上流式厌氧滤池则用作产甲烷相反应器。在总 HRT 为 4.4 d 时,系统的 COD 去除率达到 92%。进一步的分析表明进水中的碳水化合物降解得最为彻底(85%),其次是蛋白质(50%),脂类则虽然在产酸相中很快就被水解为长链脂肪酸,但进一步降解就比较困难。在产酸相反应器中污泥产率为 0.257 mgVS/mgCOD(利用),而在产甲烷相反应器中为 0.043 mgVS/mgCOD(利用),因此产甲烷相厌氧滤池可以很长时间无需排放剩余污泥。他们还对系统承受冲击负荷的能力进行了考察,结果发现,该系统可以承受高达 3 倍于原进水 COD 浓度的冲击。

Beccari 等研究了两相厌氧工艺处理橄榄油厂废水的可行性,主要研究了这种废水中的各主要物质在产酸相和产甲烷相反应器中的降解情况。

Stephenson 等人利用两相厌氧工艺在 35 ℃ 和 55 ℃ 下研究了处理造纸废水的情况,主要研究了废水中的硫对工艺运行的影响。

第8章　污泥厌氧消化处理

8.1　污泥的分类及性质

污泥是一种由有机残片、细菌体、无机颗粒和胶体等组成的非均质体。它很难通过沉降进行彻底的固液分离。城市污水或一些工业废水处理厂的生物处理工艺中会产生大量的污泥,其数量约占处理水量的 0.3% ~0.5%(以含水率为 97% 计)。

8.1.1　污泥的分类

污泥的种类很多,分类也比较复杂,目前一般可按以下方法分类。

1. 按来源分

按来源分大致可分为给水污泥、生活污水污泥和工业废水污泥 3 类。

工业废水污泥可以按其来源分类:

食品加工、印染工业废水等污泥:挥发性物质、蛋白质、病原体、植物和动物废物、动物脂肪、金属氢氧化铝、其他碳氢化合物;

金属加工、无机化工、染料等废水污泥:金属氢氧化物、挥发性物质、动物脂肪和少量其他有机物;

钢铁加工工业废水污泥:氧化铁(大部分)、矿物油油脂;

钢铁工业等废水污泥:疏水性物质(大部分)、亲水性金属氢氧化物、挥发性物质;

造纸工业废水污泥:纤维、亲水性金属氢氧化物、生物处理构筑物中的挥发性物质。

2. 按污泥成分及性质分

以有机物为主要成分的污泥可称为有机污泥,其主要特性是有机物含量高,容易腐化发臭,颗粒较细,密度较小,含水率高且不易脱水,呈胶状结构的亲水性物质,便于用管道输送。

生活污水处理产生的混合污泥和工业废水产生的生物处理污泥是典型的有机污泥,其特性是有机物含量高(60% ~ 80%),颗粒细(0.02 ~ 0.2 mm),密度小(1 002 ~ 1 006 kg/m³),呈胶体结构,是一种亲水性污泥,容易管道送,但脱水性能差。

以无机物为主要成分的污泥常称为无机污泥或沉渣,沉渣的特性是颗粒较粗,密度较大,含水率较低且易于脱水,污泥烘干快但流动性较差,不易用管道输送。给水处理沉砂池以及某些工业废水物理、化学处理过程中的沉淀物均属沉渣,无机污泥一般是疏水性污泥。

3. 按污泥从污水中分离的过程分

(1)初沉污泥。初沉污泥指污水一级处理过程中产生的沉淀物,污泥干燥机其性质随污水的成分,特别是混入的工业废水性质而发生变化。

(2)活性污泥。活性污泥指活性污泥处理工艺二次沉淀池产生的沉淀物,扣除回流到曝气池的那部分后,剩余的部分称为剩余活性污泥。

(3)腐殖污泥。腐殖污泥指生物膜法(如生物滤池、生物转盘、部分生物接触氧化池等)污水处理工艺中二次沉淀池产生的沉淀物。

(4)化学污泥。化学污泥指化学强化一级处理(或三级处理)后产生的污泥。

4.按污泥的来源分

(1)原污泥。

原污泥指未经污泥处理的初沉淀污泥,二沉剩余污泥或两者的混合污泥。

(2)初沉污泥。

初沉污泥指经初步絮凝,再以重力沉降或溶气浮除等初级废水处理程序分离所得的污泥,如来自净水厂胶凝沉淀池的铝盐污,都市废水处理厂初沉池的下水污泥,溶解气体浮除槽的浮渣污泥等,成分多为悬浮固体、油脂、溶解性有机物、表面活性剂、色度物质、微生物、无机盐类、絮凝剂等。但其悬浮固体与多数溶解性有机物并未经微生物消化分解,污泥胶羽颗粒的形成主要是由于外加化学药剂的絮凝聚集等化学处理而产生,因此称为"化学污泥"。典型的初沉污泥的性质与图片见表8.1与图8.1。

表 8.1　初沉污泥的性质

指标	数值范围
来源	造纸厂初沉池,未加混凝剂
干固体质量浓度	$6\ 800 \sim 7\ 200$ mg/L
pH 值	$6.3 \sim 6.7$
粒径	$20 \sim 30$ μm
电位	$-18 \sim -15$ mV
SVI	$40 \sim 60$

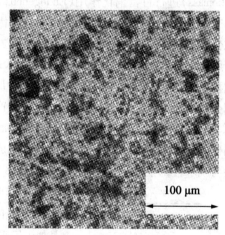

100 μm

图 8.1　初沉污泥的图片

(3)二级污泥。

经由生物处理方法所产生的污泥称为"生物污泥"(Biological Sludge)或"二级污泥"(Secondary Sludge)。初级处理程序仅能除去不溶性的悬浮颗粒,但无法除去其中以碳为主要元素成分的溶解性有机物,因此还须将初级程序处理后的污水导入曝气槽中,使得槽内悬浮状态的嗜氧性微生物群与污水中的溶解性有机物接触,摄取水中生物可以分解的成分进行生长繁殖;在过程中增生的胶羽形成菌(Floc Forming Bacteria)会与自身分泌的 ECPs、水相中的剩余悬浮固体、丝状菌(Filamentous Bacteria)、真菌(Fungi)、原生动物(Protozoa)以及二价钙、镁离子,共同聚集连结成大小约数百微米的污泥胶羽。除了悬浮式的活性污泥法之外,还可将微生物附着在固体基材上形成生物膜(Biofilm),以分解废水内的有机物,常用的程序包括滴滤池(Trickling Filter)与旋转生物盘法(Rotating Biological Contactor)都会产生少量的生物污泥(但组成的微生物大小相同)。其结构疏松、含水率极高、运行良好的活性污泥池产生的胶羽平均粒径约在 100～500 mm,通常不易脱水。表 8.2 和图 8.2 为典型的二级污泥性质与图片。

表 8.2　二级污泥的性质

指标	数值范围
来源	造纸厂活性污泥回流口
干固体质量浓度	12 000～14 000 mg/L
pH 值	6.7～7.0
粒径	150～200 μm
电位	－30～－25 mV
SVI	60～70

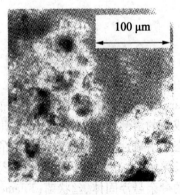

图 8.2　二级污泥的图片

（4）厌氧消化污泥。

初级化学污泥与二级生物污泥通常会混在一起进入消化槽(Digester)中,进一步减积与安定化,得到厌氧消化污泥。原本存在于污泥中的嗜氧性或厌氧性微生物会利用自身细胞基质(Biomass)进行自营消化作用(Endogenous Respiration)以取得能源,然后分解污泥中先前未分解的有机物。厌氧消化因设置成本较低,因此目前被普遍采用。在厌氧消化中,污泥中的大颗粒会在酵素作用下先行水解成较小的颗粒,微生物中的酸生成菌(Acidogenic Bacteria)会将其分解成有机酸,甲烷生成菌(Methanogenic Bacteria)利用这些有机酸产生二氧化碳与甲烷,此过程中将以大幅分解有机物,减少污泥中原有的 BOD 与臭味,致病菌或寄生虫的数量也随之减少。由于厌氧菌生长较慢,所以污泥的产量较少,而消化后的污泥(Digested Sludge)颜色较深、稳定度高,并呈现深色的腐殖土状(Humus)。在消化过程中污泥胶羽的高比表面积结构受到破坏,原本吸附于其上的水分便被剥离成为自由水(Free Moisture);因此消化后的污泥沉降性与脱水性都会获得改善。表 8.3 和图 8.3 为典型厌氧消化污泥性质与图片。

表 8.3　厌氧消化污泥的性质

指标	数值范围
来源	食品加工厂活性污泥回流口,并于实验室添加厌氧菌种,在 35 ℃进行 1 个月的厌氧消化
干固体质量浓度	6 500～7 000 mg/L
pH 值	6.4～6.7
粒径	50～60 μm
电位	－22～－19 mV
SVI	40～50

图 8.3　厌氧消化污泥的图片

（5）消化污泥。

经过好氧消化或厌氧消化的污泥,所含有机物质浓度有一定程度的降低,并趋于稳定。

（6）回流污泥。

由二次沉淀（或沉淀区）分离出来，回流到曝气池的活性污泥。

（7）剩余污泥。

活性污泥系统中从二次沉淀池（或沉淀区）排出系统外的活性污泥。

（8）污泥气。

在污泥厌氧消化时，有机物分解所产生的气体，主要成分为甲烷和二氧化碳，并有少量的氢、氮和硫化氢，俗称沼气。

5. 依据污泥的不同产生阶段分

（1）生污泥。

生污泥指从沉淀池（包括初沉池和二沉池）排出来的沉淀物或悬浮物的总称。

（2）消化污泥。

消化污泥指生污泥经厌气分解、煤泥干燥机后得到的污泥。

（3）浓缩污泥。

浓缩污泥指生污泥经浓缩处理后得到的污泥。

（4）脱水干化污泥。

脱水干化污泥指经脱水干化处理后得到的污泥。

（5）干燥污泥。

干燥污泥指经干燥处理后得到的污泥。

8.1.2 污泥的性质指标

（1）含水率。

污泥中所含水分的质量与污泥总质量之比的百分数。污泥体积、质量及所含固体物浓度的关系用式（8.1）表示：

$$\frac{V_1}{V_2} = \frac{W_1}{W_2} = \frac{100 - p_2}{100 - p_1} = \frac{C_2}{C_1} \tag{8.1}$$

式中　V_1、W_1、C_1——污泥含水率为 p_1 时的污泥体积、质量及固体物浓度；

　　　V_2、W_2、C_2——污泥含水率为 p_2 时的污泥体积、质量及固体物浓度。

一般来说，当含水率大于 85% 时，污泥呈流状；当含水率 65% ~85% 时，污泥呈塑态；当含水率小于 65% 时，污泥呈固态。

（2）挥发性固体和灰分。

挥发性固体（VS）通常用于近似表示污泥中的有机物的量；有机物含量越高，污泥的稳定性就更差。

灰分也称灼烧残渣，表示污泥中无机物含量。

（3）可消化程度。

污泥中有机物，是消化处理的对象。一部分是可被消化降解的（或称可被气化，无机化）；另一部分是不易或不能被消化降解的，如脂肪和纤维素等。用可消化程度表示污泥中可被消化降解的有机物数量。可消化程度（R_d）用于表示污泥中可被消化降解的有机物量，见式（8.2）。

$$R_d = \left(1 - \frac{p_{v_2}p_{s_2}}{p_{v_1}p_{s_1}}\right) \times 100 \tag{8.2}$$

式中　p_{s_1}、p_{s_2}——生污泥和消化污泥的无机物质量分数,%;

　　　p_{v_1}、p_{v_2}——生污泥和消化污泥的有机物质量分数,%。

消化污泥量(V_d)可用式(8.3)计算:

$$V_d = \frac{(100 - P_1)V_1}{100 - P_d}\left[\left(1 - \frac{P_{v_1}}{100}\right) + \frac{P_{v_1}}{100}\left(1 - \frac{R_d}{100}\right)\right] \tag{8.3}$$

式中　V_d——消化污泥量,m^3/d;

　　　P_d——消化污泥含水量的周平均值,%;

　　　V_1——生污泥量的周平均值,m^3/d;

　　　P_1——生污泥量含水量的周平均值,%;

　　　R_d——可消化程度的周平均值,%。

(4)湿污泥比重和干污泥比重。

湿污泥质量为污泥所含水分质量与干固体质量之和。湿污泥比重等于湿污泥质量与同体积的水的质量之比值。

湿污泥比重(γ)可以用式(8.4)表示:

$$\gamma = \frac{p + (100 - p)}{p + \dfrac{100 - p}{\gamma_s}} = \frac{100\gamma_s}{p\gamma_s + (100 - p)} \tag{8.4}$$

式中　p——湿污泥含水率;

　　　r_s——污泥中干固体的平均比重。

在干固体中,挥发性固体(即有机物)的百分比及其所占的比重分别用 p_v、r_v 表示;无机物的比重用 r_a 表示,则干污泥的平均比重 r_s 可以用式(8.5)计算:

$$\gamma_s = \frac{100\gamma_a\gamma_s}{100\gamma_v + p(\gamma_a - \gamma_v)} \tag{8.5}$$

一般来说,有机物的比重为 100%,无机物比重约为 2.5% ~ 2.65%,以 2.5 计,则式(8.5)则简化为式(8.6):

$$\gamma_s = \frac{250}{100 + 1.5p_v} \tag{8.6}$$

湿污泥平均比重按式(8.7)计算:

$$r = \frac{25\,000}{250p + (100 - p)(100 + 1.5p_v)} \tag{8.7}$$

式中　p——湿污泥含水率,%;

　　　p_v——污泥中有机物的质量分数,%。

(5)污泥产量。

沉淀后的污泥量可以根据污水中悬浮物的浓度、污水的流量、污泥的去除率及污泥的含水率来计算,具体的计算方法见式(8.8):

$$V = \frac{100\eta C_0 Q}{1\,000(100 - P)\rho} \tag{8.8}$$

式中 V——沉淀污泥量,m^3/d;

$\quad\quad Q$——污水流量,m^3/d;

$\quad\quad \eta$——去除率,%;

$\quad\quad C_0$——进水悬浮物质量浓度,mg/L;

$\quad\quad P$——污泥含水率,%;

$\quad\quad \rho$——沉淀污泥密度,以 1 000 kg/m^3 计。

式(8.8)适用于初次沉淀池,二次沉淀池的污泥量也可以近似地按式(8.8)计算,η 取 80%。

剩余活性污泥量可以用式(8.9)计算:

$$\Delta X_T = \frac{\Delta X}{f} = \frac{YQS_T - K_d VX_V}{f} \tag{8.9}$$

式中 ΔX——每日增长(排放)的挥发性污泥量(VSS),kg/d;

$\quad\quad QS_T$——每日的有机物降解量,kg/d;

$\quad\quad VX_V$——曝气池混合液中挥发性悬浮固体总量,kg;X_V 为 MLVSS。

(6)污泥肥分。

污泥中含有大量植物生长所必需的肥分(如氮、磷、钾等)、微量元素及土壤改良剂(如腐殖质)。污泥消化不同过程中的成分见表8.4,我国部分城市污泥中的营养成分见表8.5。

表8.4 污泥中的具体成分

污泥类别	总氮/%	磷(以 P_2O_5 计)/%	钾(以 K_2O 计)/%	有机物/%
初沉污泥	2 ~ 3	1 ~ 3	0.1 ~ 0.5	50 ~ 60
活性污泥	3.3 ~ 3.7	0.78 ~ 4.3	0.22 ~ 0.44	60 ~ 70
消化污泥				
初沉池	1.6 ~ 3.4	0.55 ~ 0.77	0.24	25 ~ 30
腐殖质	2.8 ~ 3.14	1.03 ~ 1.98	0.11 ~ 0.79	—

表8.5 我国部分城市污泥中的营养成分

城市	pH 值	O. M/($g \cdot kg^{-1}$)	N/($g \cdot kg^{-1}$)	P/($g \cdot kg^{-1}$)	K/($g \cdot kg^{-1}$)
北京	6.90	602	37.4	14.0	7.1
天津	6.91	470	42.3	17.5	3.3
杭州	—	317	11.0	11.0	7.4
苏州	6.63	667	48.2	13.0	4.4
太原	—	484	27.6	10.4	4.9
广州	—	314	29.0	—	14.9
武汉	6.30	343	31.3	9.0	5.0

(7)重金属离子含量。

污泥中重金属离子的含量决定于城市污水中工业废水所占的比例及工业性质。污水经二级处理后,污水中重金属离子约有 50% 以上转移至污泥中。因此污泥中的重金属离子含量一般都较高。污泥中的重金属种类很多,如 Pb、Cd、Hg、Cr、Ni、Cu、Zn、As 等,能对土壤、水体及食物链带来污染,而人们较为关注的重金属主要是 Pb、Cd、Cr、Ni、Cu、Zn,但不同国家及不同城市的污泥重金属含量范围变化都很大,见表 8.6。

表 8.6　部分国家及城市污泥中重金属的含量

	Cu	Zn	Pb	Cd	Ni	Cr
澳大利亚	856	2 070	562	41	88	110
德国	322	—	113	22.5	34	62
新西兰	311	724	103	2.5	25	50
中国	55～460	300～1 119	85～2 400	3.6～24.1	30～47.5	9.2～540
武汉	48	230	25	0.8	29	32

中国广州市污泥中 Cu、Zn 的含量分别为 1 000 mg/kg、5 219 mg/kg,均大大超过控制标准,而 Pb、Ni 的含量在控制标准以内;西安市污泥中的 Zn 和 Ni 也显著超标;武汉市污泥中的重金属含量(表 8.7)都在控制标准以内,但这并不意味着武汉市城市污泥的重金属含量就是完全在控制标准以内,因污泥在不同季节有很大的变化。

表 8.7　武汉市城市污泥的重金属形态及含量(1999 年 7 月)

重金属	交换态	碳酸盐结合态	铁锰结合态	有机物结合态	残余态	总量
Zn	1.9	33.1	142.3	41.1	12.0	230.3
Cu	1.4	0.5	2.4	38.4	5.0	47.6
Pb	0.0	0.2	2.9	13.4	7.9	24.4
Cr	0.3	0.0	40.3	14.4	13.3	32.3
Cd	0.0	0.1	0.6	0.1	0.0	0.8
Ni	3.1	3.3	8.3	5.8	8.6	29.1

周立祥等发现,66%～84% 的污泥中的重金属(Cu、Zn、Pb、Cd、Hg、As)存在于污泥的生物絮凝体组分中,其中 Cu、Hg、Pb 及 As 在胶体及可溶性组分中所占比例不到 1%,基本上存在于生物絮凝体和颗粒态组分中;Zn 和 Cd 在胶体和可溶性组分中占有相当比例,尤其是 Cd 高达 13.4%;在生物絮凝体组分中,Zn 主要以松结合有机态形式存在;而 Cd 则以松结合有机态、紧结合有机态和可交换态 3 种形式存在;生物絮凝体组分是污泥中有效重金属的主要提供者。一部分土壤重金属可以转换成无效态,重金属的植物吸收、淋溶和无效态数量将只依赖于它们有效态的多少。

Tessier 等采用分级提取的办法,将重金属分为交换态、碳酸盐结合态、铁锰氧化物结合态、有机结合态和残余态5个组分。武汉市城市污泥中虽然含有一定的重金属,但大部分是以非交换态存在(除镍以外),即以有机物结合态及残余态存在(锌则主要是以铁锰氧化物结合态存在),而较易被当季作物吸收的交换态及碳酸盐结合态的含量则较低;另外城市污泥中重金属的总含量比工业污泥低,但重金属有效性却比磷肥化工厂污泥高。虽然城市污泥中存在的重金属形态在短时间内不易被淋失及被作物吸收,但污泥的长时间施用能增加土壤中总的重金属含量,特别是增加作物对重金属的吸收及积累,所以需要对污泥施用的土壤重金属形态及含量的影响进行深入研究。

(8)有机有害成分。

污泥中的有机有害成分主要包括聚氯二苯基(PCBs)和聚氯二苯氧化物/氧芴(PCDD/PCDF)、多环芳烃和有机氯杀虫剂等。据美国环境工作署1988年的调查结果表明在其污泥中含有稻瘟酞、甲苯、氯苯,并在每个样品中都发现了至少有42种杀虫剂中的2种。由于许多这类有机化合物对人体及动物有毒,它们的存在会影响污泥的农田利用。但现有的试验表明,能通过根部吸收和在植物中转移的二噁英、呋喃及6种重要的PCB衍生物的量非常少,即使将含PCDD/PCDF较高的污泥过量用于冬小麦、夏小麦、土豆和萝卜,与未施污泥的土壤相比也显示不出有害物质含量的增高,因此目前普遍认为应用于农川土壤的污泥中有机化合物尚不会通过植物吸收的途径进入营养链而引起重大的环境问题。

(9)污泥中的病原菌。

城市污泥中还含有大量的病原菌,但在堆肥处理过程中能有效地降低。虽然有部分病原菌在一定条件下会再生,但施入土壤后,土著微生物有阻止这些病原菌再生的作用。所以经堆肥化或消化处理的污泥施入土壤中不会引起病原菌的污染。

(10)污泥的热值。

由于污泥的含水率因生产与处理状态而有较大差异,故其热值一般均以干基或干燥无灰基形式给出。我国城市污水污泥含有较高的热值(表8.8),在一定含水率以下具有自持燃烧(不需要添加辅助燃料)及干污泥用作能源的可能。

表8.8　我国城市污水处理厂污泥的热值

污泥来源	污泥种类	挥发性固体/%	热值/($MJ \cdot kg^{-1}$)	
			干基	无灰基
天津污水处理厂	初沉污泥	45.2	10.72	23.7
	二沉污泥	55.2	13.30	24.0
	消化污泥	44.6	9.89	22.2
上海金山污水处理厂	混合污泥	84.5	20.43	24.2

8.1.3　污泥的处理、处置现状

据国家环保总局提供的数字,目前我国的污水处理率为25%左右,污水排放量为每年$401 \times 10^8 \ m^3$,现已建成并投入运转的城市污水处理厂有400余座,处理能力为2 534 × $10^4 \ m^3/d$。按污泥产量占处理水量的0.3% ~0.5%(以含水率97%计)计算,我国城市污水

厂污泥的产量为 $(7.602 \sim 12.670) \times 10^4 \ m^3/d$。从我国建成运行的城市污水厂来看,污泥处理工艺大体可归纳为 18 种工艺流程,见表 8.9。

表 8.9　我国污水处理厂的污泥处理工艺分类

污泥处理流程	应用比例/%
1 浓缩池→最终处置	21.63
2 双层沉淀池污泥→最终处置	1.35
3 双层沉淀池污泥→干化场→最终处置	2.70
4 浓缩池→消化池→湿污泥池→最终处置	6.76
5 浓缩池→消化池→机械脱水→最终处置	9.46
6 浓缩池→湿污泥池→最终处置	14.87
7 浓缩池→两相消化池→湿污泥池→最终处置	1.35
8 浓缩池→两级消化池→最终处置	2.70
9 浓缩池→两级消化池→机械脱水→最终处置	9.46
10 初沉池污泥→消化池→干化场→最终处置	1.35
11 初沉池污泥→两级消化池→机械脱水→最终处置	1.35
12 接触氧化池污泥→干化场→最终处置	1.35
13 浓缩池→消化池→干化场→最终处置	1.35
14 浓缩池→干化场→最终处置	4.05
15 初沉池污泥→浓缩池→两级消化池→机械脱水→最终处置	1.35
16 浓缩池→机械脱水→最终处置	14.87
17 初沉池污泥→好氧消化池→浓缩池→机械脱水→最终处置	2.70
18 浓缩池→厌氧消化池→机械脱水→最终处置	1.35

注:表中未注明的污泥均为活性污泥

1. 污泥浓缩

污泥浓缩主要是降低污泥中的孔隙水,通常采用的是物理法,包括重力浓缩法、气浮浓缩法、离心浓缩法等,其处理性能见表 8.10。

表 8.10　几种浓缩方法的比能耗和含固量

浓缩方法	污泥类型	浓缩后含水率/%	比能耗	
			干固体 /[(kW·h)·t^{-1}]	脱除水 [(kW·h)·t^{-1}]
重力浓缩	初沉污泥	90 ~ 95	1.75	0.20
重力浓缩	剩余活性污泥	97 ~ 98	8.81	0.09
气浮浓缩	剩余活性污泥	95 ~ 97	131	2.18
框式离心浓缩	剩余活性污泥	91 ~ 92	211	2.29
无孔转鼓离心浓缩	剩余活性污泥	92 ~ 95	117	1.23

从表 8.10 可以看出,初沉污泥用重力浓缩法处理最为经济。对于剩余污泥来说,由于其浓度低、有机物含量高、浓缩困难,采用重力浓缩法效果不好,而采用气浮浓缩、离心浓缩则设备复杂、费用高,也不合适。所以,目前推行将剩余污泥送回初沉池与初沉污泥共同沉淀的重力浓缩工艺,利用活性污泥的絮凝性能,提高初沉池的沉淀效果,同时使剩余污泥得到浓缩。对此进行的试验研究表明这种工艺的初沉池出水水质好于传统工艺。我国污水厂所采用的污泥浓缩方法的情况如图 8.4 所示。

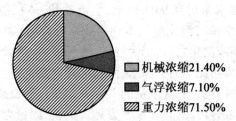

机械浓缩21.40%
气浮浓缩7.10%
重力浓缩71.50%

图 8.4　不同污泥浓缩方法在我国所占的比例

由于我国污水处理厂中的污泥有机物含量低,并考虑经济成本,所以重力浓缩法仍将是今后主要的污泥浓缩手段。

2. 污泥稳定

污泥稳定化处理就是降解污泥中的有机物质,进一步减少污泥含水量,杀灭污泥中的细菌、病原体等,打破细胞壁,消除臭味,这是污泥能否资源化有效利用的关键步骤。污泥稳定化处理的目的就是通过适当的技术措施,使污泥得到再利用或以某种不损害环境的形式重新返回到自然环境中,使污泥处理后安全、无臭味,不返泥性、实现重金属的稳定,可以用于多种循环再利用途径,如水泥熟料、建筑材料、园林土、土壤改良剂等。污泥稳定化的方法主要有堆肥化、干燥、碱稳定、厌氧消化等。

我国目前常用的污泥稳定方法是厌氧消化,好氧消化和污泥堆肥也有部分被采用,并且污泥堆肥正处于不断研究阶段,而热解和化学稳定方法由于技术的原因或者是由于经济、能耗的原因而很少被采用。图 8.5 为上述几种污泥稳定方法在我国所占的比例。

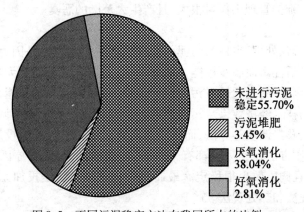

未进行污泥
稳定55.70%
污泥堆肥
3.45%
厌氧消化
38.04%
好氧消化
2.81%

图 8.5　不同污泥稳定方法在我国所占的比例

从图 8.5 可以看出,我国城市污水污泥中有 55.70% 没有经过任何稳定措施,大量的未经稳定处理的污泥必然会对环境造成严重的二次污染。就我国现有的经济技术情况来看,由于经过厌氧消化后的污泥具有易脱水、性质稳定等特点,所以今后污泥稳定将仍是以厌氧消化为主,而污泥好氧堆肥是利用微生物的作用将污泥转化为类腐殖质的过程,堆肥后污泥稳定化、无害化程度高,是经济简便、高效低耗的污泥稳定化、无害化替代技术,也将在我国拥有广阔的应用前景。

3. 污泥脱水

污泥脱水是将流态的原生、浓缩或消化污泥脱除水分,转化为半固态或固态泥块的一种污泥处理方法。

污泥经浓缩之后,其含水率仍在94%以上,呈流动状,体积很大。浓缩污泥经消化之后,如果排放上清液,其含水率与消化前基本相当或略有降低;如不排放上清液,则含水率会升高。总之,污泥经浓缩或消化之后,仍为液态,体积很大,难以处置消纳,因此还需进行污泥脱水。浓缩主要是分离污泥中的空隙水,而脱水则主要是将污泥中的吸附水和毛细水分离出来,这部分水分约占污泥中总含水量的15% ~25%。假设某处理厂有1 000 m³ 由初沉污泥和活性污泥组成的混合污泥,其含水率为97.5%,含固量为2.5%,经浓缩之后,含水率一般可降为95%,含固量增至5%,污泥体积则降至500 m³。此时体积仍很大,外运处置仍很困难。如经过脱水,则可进一步减量,使含水率降至75%,含固量增至25%,体积则减至100 m³ 以后,其体积减至浓缩前的1/10,减至脱水前的1/5,大大降低了后续污泥处置的难度。经过脱水后,污泥含水率可降低到55% ~80%,视污泥和沉渣的性质和脱水设备的效能而定。

脱水的方法,主要有自然干化法、机械脱水法和造粒脱水法。自然干化法和机械脱水法适用于污水污泥。造粒脱水法适用于混凝沉淀的污泥。

(1)自然干化法。

自然干化法的主要构筑物是污泥干化场,一块用土堤围绕和分隔的平地,如果土壤的透水性差,可铺薄层的碎石和砂子,并设排水暗管。依靠下渗和蒸发降低流放到场上的污泥的含水量。下渗过程约经2 ~3 d 完成,可使含水率降低到85%左右。此后主要依靠蒸发,数周后可降到75%左右。污泥干化场的脱水效果受当地降雨量、蒸发量、气温、湿度等的影响。一般适宜于在干燥、少雨、沙质土壤地区采用。这种脱水方式适于村镇小型污水处理厂的污泥处理,维护管理工作量很大,且产生大范围的恶臭。

(2)机械脱水法。

通常污泥先进行预处理,也称为污泥的调理或调质。这主要是因为城市污水处理系统产生的污泥,尤其是活性污泥脱水性能一般都较差,直接脱水将需要大量的脱水设备,因而不经济。所谓污泥调质,就是通过对污泥进行预处理,改善其脱水性能,提高脱水设备的生产能力,获得综合的技术经济效果。污泥调质方法有物理调质和化学调质两大类。物理调质有淘洗法、冷冻法及热调质等方法,而化学调质则主要指向污泥中投加化学药剂,改善其脱水性能。以上调质方法在实际中都有采用,但以化学调质为主,原因在于化学调质流程简单,操作不复杂,且调质效果很稳定。最通用的预处理方法是投加无机盐或高分子混凝剂。此外,还有淘洗法和热处理法。

机械脱水法有过滤和离心法。过滤是将湿污泥用滤层(多孔性材料如滤布、金属丝网)过滤,使水分(滤液)渗过滤层,脱水污泥(滤饼)则被截留在滤层上。离心法是借污泥中固、液比重差所产生的不同离心倾向达到泥水分离。过滤法用的设备有真空过滤机、板框压滤机和带式过滤机。真空过滤机连续进泥,连续出泥,运行平稳,但附属设施较多。板框压滤机为化工常用设备,过滤推动力大,泥饼含水率较低,进泥、出泥是间歇的,生产率较低。人工操作的板框压滤机,劳动强度甚大,现在大多改用机械自动操作。带式过滤机是新型的过滤机,有多种设计,依据的脱水原理也有不同(重力过滤、压力过滤、毛细管吸水、造粒),但它们都有回转带,一边运泥,一边脱水,或只有运泥作用。它们的复杂性和能耗都相近。离心法常用卧式高速沉降离心脱水机,由内外转筒组成,转筒一端呈圆柱形,另一端呈圆锥形。转速一般在 3 000 r/min 左右或更高,内外转筒有一定的速差。离心脱水机连续生产和自动控制,卫生条件较好,占地也小,但污泥预处理的要求较高。机械脱水法主要用于初次沉淀池污泥和消化污泥。脱水污泥的含水率和污泥性质及脱水方法有关。一般情况下,真空过滤的泥饼含水率为 60% ~ 80%,板框压滤为 45% ~ 80%,离心脱水为 80% ~ 85%。

（3）造粒脱水法。

水中造粒脱水机是一种新设备。其主体是钢板制成的卧式筒状物,分为造粒部、脱水部和压密部,绕水平轴缓慢转动。加高分子混凝剂后的污泥,先进入造粒部,在污泥自身重力的作用下,絮凝压缩,分层滚成泥丸,接着泥丸和水进入脱水部,水从环向泄水斜缝中排出。最后进入压密部,泥丸在自重下进一步压缩脱水,形成粒大密实的泥丸,推出筒体。造粒机构造简单,不易磨损,电耗少,维修容易。泥丸的含水率一般在 70% 左右。

在污水厂的污泥脱水过程中所产生的滤液,除干化床的滤液污染物含量较少外,其他都含有高浓度的污染物质。因此这些滤液必须处理,一般是与入流废水一起处理。

我国现有的污泥脱水措施主要是机械脱水,而干化场由于受到地区条件的限制很少被采用。图 8.6 为几种污泥脱水技术在我国所占的比例。

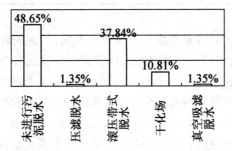

图 8.6　几种污泥脱水技术在我国所占的比例

从图 8.6 可以发现,我国将近 50% 的污泥没有经过脱水,说明我国的污泥脱水还是比较落后,还存在很大的问题。污泥经浓缩、消化后含水率尚为 95% ~ 97%,体积仍然很大。这样庞大体积的污泥如果不经过干化脱水处理,不但会造成环境污染,也将为运输及后续处置带来许多不便。

4. 污泥的最终处置

城市污水污泥的处置途径包括土地利用、卫生填埋、焚烧处理和水体消纳等方法,这些方法都能够容纳大量的城市污水污泥。

表 8.11　各个国家每年的干污泥产量及污泥处置方法

国家	干污泥产量 /(百万 t·a⁻¹)	处置方法			
		土地利用	陆地填埋	焚烧	其他
奥地利	32	13	56	31	0
比利时	7.5	31	56	9	4
丹麦	13	37	33	28	2
法国	70	50	50	0	0
德国	250	25	63	12	0
希腊	1.5	81	18	0	1
爱尔兰	2.4	28	18	0	54
意大利	80	34	55	11	0
卢森堡	1.5	81	18	0	1
荷兰	28.2	44	53	3	0
葡萄牙	20	80	13	0	7
西班牙	28	10	50	10	30
瑞典	18	45	55	0	0
日本	17.1	9	35	55	1
澳大利亚	—	28.5	33.5	1	37(投海)

由表 8.11 可以看出,每个国家根据自己国情的不同,污泥的处置方式也各不相同;但在国内,总的状况还是以土地利用的形式将污泥用于农业。我国自 1961 年北京高碑店污水处理厂的污泥大多被当地的农民施用于土地,其后的天津纪庄子污水处理厂的污泥也均用于农田。随着城市污水污泥产量和污水处理厂的逐渐增多,目前我国已开始将污水处理厂污泥用于土地填埋和城市绿化,并将污泥作为基质,制作复合肥用于农业等。但由于我国在污泥管理方面对污泥所含病原菌、重金属和有毒有机物等理化指标及臭气等感官指标控制的重视程度还不够,因此限制了对污泥的进一步处置利用。

图 8.7 为几种污泥处置技术在我国所占的比例。由此图可以看出国内的污泥有 13.79% 没有作任何处置,这将对环境带来巨大危害。污泥散发的臭气污染严重,病原菌对人类健康产生潜在威胁,重金属和有毒有害有机物污染地表和地下水系统。造成这种现象的原因如下:由于国内污泥处理、处置的起步较晚,许多城市没有将污泥处置场所纳入城市总体规划,造成很多污水处理厂难以找到合适的污泥处置方法和污泥弃置场所;我国污泥利用的基础薄弱,人们对污泥利用的认识存在严重不足,对污泥的最终处置问题缺乏关注,给一些有害污泥的最终处置留了隐患;污泥利用率不是很高,仍有一部分的污水处理厂污泥只经储存即由环卫部门外运市郊直接堆放。污泥的随意堆放很容易产生二次污染,从而造成污泥资源的浪费。因此我国当前面临的问题是应尽快发展污泥处置技术来解决。

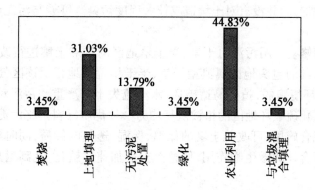

图 8.7　几种污泥处置技术在我国所占的比例

目前污泥处置途径主要有以下几种：

(1)污泥在农业上的应用。

污泥农业利用的途径主要有直接施用和间接施用。

①直接施用。直接施用是将未经处理的污水污泥直接施用在土地上,如农业用地、林业用地、严重破坏的土地、专用的土地场所,这是美国及大多数欧共体国家最普遍采用的处理方法。我国在运行污水处理中,污泥未经任何处理直接农用的约占 60% 以上。

a.农田施用。污泥中富含的氮、磷、钾是农作物必需的肥料成分,有机腐殖质(初次沉淀污泥含 33%、消化污泥含 35%、腐殖污泥含 47%)是良好的土壤改良剂。土壤施用污泥后可明显提高土壤肥力,具体表现在改善土壤物理性质,增加土壤有机质和氮磷水平,并增加土壤生物活性,因此作物产量较高,且可满足后茬作物生长的营养需求。但污泥中的重金属以及病原菌含量仍是不可小觑的问题,如蔬菜对重金属的富集使污泥对人体造成间接危害,以及污泥中的硝酸盐污染地下水的问题。

我国是一个农业大国,但土地资源严重不足,可以说,世界上没有哪个国家对肥料的需求像中国这样迫切,这就决定了我国必须认真考虑污泥的农用资源化问题。在安全、可靠、避免二次污染的前提下将污泥农用,既消除城市污染,又能促进农业的发展。因此,污泥农用是符合我国国情的处置方法。

有试验表明,用消化污泥作为肥料,土壤持水能力、非毛细管孔隙率和离子交换能力均可提高 3% ~23 %,有机质提高 35% ~40% ,总氮含量增加 70% 。但考虑到污泥中所含的重金属对作物的影响,应合理地施用污泥,一般以作物对氮的需要量为污泥施用量的限度,污泥中的重金属含量必须符合农用污泥标准以及污泥施用区土壤重金属含量不得超过允许标准。我国规定施用符合污染物控制标准的农用污泥每年不得超过 30 t/hm^2 ,且连续施用不得超过 20 年(GB4284—84)。

b.林地施用。污泥在森林与园林绿地(包括林地、学地、市政绿化、高速公路的隔离带、育苗基地、高尔夫球场、学坪等非食物链植物生长的土地)施用可促进树木、花卉、草坪的生长,提高其观赏品质,并且不易构成食物链污染的危险。

有实验表明,污泥施用 1 年后,林地土壤 0 ~20 cm 中的全氮、速效氮、全磷、有机质及阳离子代换量的含量都明显增加,增加的量随试验污泥用量的增加而增大。同时,土壤的容重、持水量和孔隙度等物理性质也有一定程度的改善。同等深度土壤中的硝态氮和重金属含量比对照有所增加,但并没有对土壤造成较大程度污染。可能与污泥施用的时间较短有关。

c. 退化土地的修复。用污泥对干旱、半干旱地区的贫瘠土壤进行改良,也取得良好效果。我国内蒙古西部的包头地区属典型干旱、半干旱荒漠地带。该区气候干燥,降雨少且分布不均匀,生态环境脆弱,植被易遭破坏,水土流失十分严重。污泥对于防止土壤沙化、沙丘治理及被二氧化硫破坏地区的植被恢复均为一种优质材料。将污泥与粉煤灰、水库淤积物以一定比例混合施用,可改善土壤的保温、保湿、透气的性质,同时污泥中的有机营养物强化了废弃物组合体的微生物作用,使整个土壤加速腐殖化,达到增加土壤中有机质含量的作用。

另外污泥还可以施用于各种严重扰动的土地,如过采煤矿、尾矿坑,取土坑,以及已退化的土地、垦荒地、滑坡与其他因自然灾害而需要恢复植被的土地。C. Lue - Hing 等在美国芝加哥富尔顿的煤矿废弃地上施用污泥,改善了土壤耕性,增加了土壤透水性,提高了土壤CEC 值,并提供了作物生长所需的有效养分。

②间接施用。

a. 污泥消化后农用。对污泥进行厌氧消化处理,可以达到污泥减量化的目的,而且可以回收一部分能源,也可为后续处理减轻负担。近年日本的污泥消化技术进一步提高,如机械浓缩和高浓度消化的有机结合、搅拌和热效的改善、完全的厌氧两相消化法(发酵工艺 +甲烷发酵工艺的分离法),使发酵时间大大缩短,甲烷发生量和消化率提高。国内约有 40%的污水处理厂把污泥进行消化脱水后农用,一方面可以产生部分能源回用,另一方面可以减少污泥中的部分有害细菌,增加污泥的稳定性。这样,污泥在农用中其负面影响相对小一些。

b. 制成复合肥料使用。污泥与城市垃圾、通沟污泥等堆肥后农用。污泥经过堆肥发酵后,可以杀死污泥和垃圾中绝大部分有害细菌,还可以增加和稳定其中的腐殖质,应用风险性较小。这种方式解决了污泥在使用中科技含量不高的问题,存在的问题是应用量较少,国内也有一些报道,但目前推广应用程度还远远不够。

国外对污泥的农业利用有严格的控制标准,如欧共体、美国等对污泥中的重金属都有严格的限定值及每年进入土壤的极限负荷值。我国也在 1984 年初次颁布了农用污泥中污染物控制标准(GB4284—84)。现在对污泥进行农田利用前都要进行稳定化和无害化处理。

堆肥化处理是最常见的稳定化及无害化处理方法,是利用污泥中的好氧微生物进行好氧发酵的过程。将污泥按一定比例与各种秸秆、稻草、树叶等植物残体或者与草炭、生活垃圾等混合,借助于混合微生物群落,在潮湿环境中对多种有机物进行氧化分解,使有机物转化为类腐殖质。污泥经堆肥化处理后,物理性状改善,质地疏松、易分散,含水率小于 40%,可以根据使用目的进行进一步处理。污泥的堆肥化处理虽减少了病菌、寄生虫的数量,增加了堆肥的稳定性,但对污泥中重金属的总量没有多大影响。众多研究表明近几十年来,城市污泥中重金属含量呈下降趋势,在严格控制污泥堆肥质量、合理施用的情况下,一般不会造成重金属的污染。

污泥与垃圾混合堆肥的体积比为 4:7,含水率和孔隙率约为 50%,有机质质量分数约20% 时,堆肥的效果较好,周期较短。污泥与垃圾混合高温堆肥的工艺流程分预处理、一次堆肥、二次堆肥和后处理 4 个阶段。

一次发酵：在发酵仓内进行，污泥与垃圾的混合比为 1:3.5~2.8，混合料含水率 50%~60%，C/N 为 30~40:1，通气量为 3.5 $m^3/(m^3 \cdot h)$，堆肥周期 7~9 d。

二次发酵：经过一次发酵后，从发酵仓取出，自然堆放，堆成 1~2 m 高的堆垛进行二次发酵，使其中一部分易分解和大量难分解的有机物腐熟，温度稳定在 40 ℃ 左右即达腐熟，此过程大概 1 个月。腐熟后物料呈褐黑色，无臭味，手感松散，颗粒均匀。

后处理：去除杂质，破碎，装袋。

此外，污泥也可以和粉煤灰混合堆肥。

新鲜污泥泥饼经自然风干，使含水率降至 15% 左右，将干化污泥与 1.5~4 倍体积的氯化铵、过磷酸钙、氯化钾等养分单价较低的化肥混合，用链磨机破碎、过筛，按配方分别称量和混匀，然后造粒。造粒采用圆鼓滚动法、圆盘滚动法和挤压法进行造粒，前两者属团聚造粒，物料加水增湿下滚动造粒、烘干、筛分、冷却，合格部分装袋入库，粉料回转到前段工序重新破碎造粒。挤压法则将粉料直接输入挤压造粒机，使用强力挤压成圆柱状，再切成 5 mm 长的段。相对来说，挤压法的成粒率、含水量和平均抗压强度较好，且加工成本低。复混肥在盆栽试验中比化肥有增产效果，但在水稻与小麦的田间试验中增产效果相同。

c. 污泥制作饲料。污泥中含有大量有价值的有机质（蛋白质和脂肪酸等），据报道污泥中含有 28.7%~40.9% 粗蛋白，26.4%~46.0% 灰分，其中 70% 的粗蛋白以氨基酸形式存在，以蛋氨酸、胱氨酸、苏氨酸为主，各氨基酸之间相对平衡，是一种非常好的饲料蛋白。

据日本科学技术厅资源调查会的报告，当污水来源是有机性工业废水以及食品加工、酿造工厂和畜牧厂的废水时，剩余污泥中含有大量细菌类和原生动物，很有希望作为鱼、蟹的饲料。采用活性污泥法处理，污泥经过灭菌等过程，制成饲料，污泥与饲料成品的投入产出比为 1:0.6。如果都用嗜气性微生物制成饲料，将成为水产养殖业的丰富的饲料来源。因污泥中含有蛋白质、维生素和微量元素，利用净化的污泥或活性污泥加工成含蛋白质的饲料用来喂鱼，或与其他饲料混合饲养鸡等，可提高产量，但肉质稍差。

另外，污泥还可用作建材、合成燃料和吸附剂等，但相关技术还有待于进一步研究和完善。

(2) 污泥填埋。

由于污泥填埋方法简单、费用低廉，因此，在有些国家填埋是一种主要的处置方式。但填埋一方面要侵占大量土地；另一方面由于污泥含有一定的有毒物质，填埋不当有可能由于沥滤液的渗出而污染地下水。为此，在选择填埋场地时，要综合考虑水文地质条件、土壤条件、交通条件以及对人群可能产生的影响，并应该与土地规划相结合。

(3) 污泥投海。

利用海洋的自净能力，投海处理污泥一直被许多国家所采用。但由于这一处置方式对海洋生态、环境卫生及水体污染所造成的严重后果，美国、日本、欧共体国家及组织对污泥投海均作了严格的规定，该方法已于 1998 年 12 月 30 日终止使用。

(4) 污泥焚烧。

污泥焚烧是最彻底的污泥处置方法，它能使有机物全部碳化，杀死病原体，可最大限度地减少污泥体积。但由于焚烧过程能耗高，消耗大量能源，运行成本高。例如，日本以焚烧处理污泥为主（占 55%），每年耗重油达 3.9×10^5 m^3。同时，污泥焚烧会产生大量废气，容易造成二次污染。

此外,从污泥综合利用角度出发,人们还进行了污泥制动物饲料、污泥热解产油、污泥制水泥质材料、污泥改性制活性炭等尝试。但其经济性、安全性、实用性尚待深入研究。

综上所述,城市污水污泥的处置途径包括土地利用、卫生填埋、焚烧处理和水体消纳等方法,这些方法都能够容纳大量的城市污水污泥,但因国家不同其应用情况有所不同。我国作为发展中国家,经济发展水平还不够高,污泥成分也不完全和国外相同,因此必须寻找适合国情的处理方法。

8.2　污泥厌氧消化工艺流程及消化池构造

8.2.1　污泥厌氧消化工艺流程

以甲烷发酵为目标的各处理设施的总和,称之为厌氧消化工艺系统。一个厌氧消化工艺系统,除厌氧生物反应器外,往往还包括预处理设施、后处理设施。

1. 预处理

污泥固体的生物可降解性低,完全的厌氧消化需相当长的时间,即使 20 ~ 30 d 的停留时间仅能去除 30% ~ 50% 的挥发性固体(VSS),厌氧消化的速度较慢,对固体废物采用预处理可以提高甲烷产气量。

目前对固态厌氧消化底物的预处理方法很多,有物理、化学和生物方法等,对物理和化学预处理方法研究较多,有碱处理、热处理、臭氧氧化、超声处理、微波处理、高压喷射法、冷冻处理法、辐照法等强化处理技术。生物方法主要是生物酶技术。

(1)碱解处理。

早在 19 世纪后期,Rajan 等就提出了污泥碱解预处理的方法。碱解处理作为传统而又简易的处理方法仍然有其很大的潜力。碱解处理可有效地将胞内硝化纤维溶解转化为溶解性有机碳化合物,使其容易被微生物利用。

碱对污泥的融胞效果与碱的投加量以及碱的种类有关,见表 8.12。

表 8.12　不同种类的碱对碱解处理的效果

条件	NaOH	KOH	Mg(OH)$_2$	Ca(OH)$_2$
pH 值为 12 时常温 COD 的溶出率	39.8%	36.6%	10.8%	15.3%
pH 值为 12,120 ℃的 COD 溶出率	51.8%	47.8%	18.3%	17.1%

通常污泥固体质量分数为 0.5% ~ 2%,碱的用量为 8 ~ 16 gNaOH/100 gTS 或 14.8 gCa(OH)$_2$/100 gTS,前者可将 40% 的 TCOD 转化为 SCOD,后者的转化率仅为 20%,因此应尽量选择 NaOH。其他试验结果表明,低剂量 NaOH 对污泥的溶解效果更为明显。Rajan 等报道经低剂量 NaOH 处理的污泥溶解性可达 46%,进行厌氧消化后气体产生量增长了 29% ~ 112%,VS 去除率提高,并随加碱量增加而提高。同时,加碱水解能促进脂类及蛋

白质的利用,所以加碱预处理后的污泥气中甲烷比率也会提高。另外,当加入一定量的碱时缩短 HRT 反而会使甲烷产率增加,可见加碱还可缩短 HRT。加碱的另一个作用就是使pH 值处于厌氧消化的最佳控制范围。这种方法虽然可使较多的有机质加以释放(如利用0.5 mol/L 的 NaOH 溶液进行碱性水解时有机碳释放率可达 55%),但增加了盐离子浓度和后续工艺的处理难度。

碱处理具有处理速度快,可有效提高污泥产气率和脱水性能等优点。但该方法药剂投加量大、运行费用高。对仪器设备易造成腐蚀,还会增加后续处理的难度,因此,对污泥碱处理方法的经济性和处理过程中的负面影响等尚需有一个全面的认识。

(2)热处理。

热处理法是通过加热使得污泥中的部分细胞体受热膨胀而破裂,释放出蛋白质和胶质、矿物质以及细胞膜碎片,进而在高温下受热水解、溶化,形成可溶性聚缩氨酸、氨氮、挥发酸以及碳水化合物等,从而在很大程度上促进了污泥厌氧消化的发生。该方法是目前研究较多、应用较广的一项污泥预处理技术。

热处理采用的温度范围较广,为 60 ~ 180 ℃,其中温度低于 100 ℃ 的热处理称为低温热处理,不同温度下热处理的效果见表 8.13。

表 8.13　不同温度下热处理的效果

分类	温度/℃	效果
低热处理(<100 ℃)	45 ~ 65	细胞膜破裂
	50 ~ 70	DNA 破坏
	65 ~ 90	细胞壁破坏
	70 ~ 95	蛋白质变性
	>200	产生难溶性的有机物质

热处理温度越高对污泥的破解效果越显著,但是温度升高并不意味着厌氧消化效率的提升,而且过高的温度会增加处理的费用。故如何选择最佳热处理条件,在提高厌氧消化效率的同时降低热处理所需的能耗有待进一步研究。同时,现有研究重温度,轻压力,而反应压力很可能是影响高温预处理的重要因素之一,因此今后有必要对反应压力进一步研究。

(3)臭氧氧化。

臭氧可与污泥中的化合物发生直接或间接反应。间接反应取决于寿命较短的羟基自由基,直接反应速率很低,取决于反应物的结构形式。

臭氧作为一种强氧化剂,可以通过直接或间接的反应方式破坏污泥中微生物的细胞壁,使细胞质进入到溶液中,增加污泥中溶解性 TOC 的浓度,臭氧作为一种强氧化剂,可以通过直接或间接的反应方式破坏污泥中微生物的细胞壁,使细胞质进入到溶液中,增加污泥中溶解性 TOC 的浓度,提高污泥的厌氧消化性能。

A. Scheminske 等利用消化后的干污泥进行了试验,在臭氧投量为 $0.5\ gO_3/g$ 干污泥时污泥中 60% 的固体有机组分可以转化为可溶解的物质,其中污泥中的蛋白质含量可以减少

90%。Bunning 等证实,臭氧与污泥反应时破坏了细胞壁而使蛋白质从细胞中释放出来。而凝胶渗透色谱分析表明,被污泥溶液稀释了的蛋白质又继续与臭氧发生反应而被分解,由于氧化分解反应的速率很高,因此在氧化后的污泥液中测不出蛋白质浓度的增加。另外,臭氧与不饱和脂肪酸进行直接或间接反应形成可溶于水的短链片段。由于臭氧与微生物反应破坏了细胞壁,释放出细胞质,同时也将不溶于水的大分子分解成溶于水的小分子片断。当臭氧投加量为 0.38 gO_3/g 干污泥时污泥中 40% 的有机碳转化到污泥液中,致使氧化后污泥中的 SCOD 增加到 2 300 mg/L;氧化后污泥的基质构成也发生了显著的变化,处置前干污泥的蛋白质质量分数为 16%,处置后降到 6%。

臭氧氧化法是一种非常有效的污泥预处理技术,能够很大程度地改善污泥的厌氧消化性能,增加产气量,臭氧的处理效果与臭氧的投加量直接相关,投加量越大,处理效果越好,对厌氧消化越有利。但增加投药量也相应增加了污泥预处理的成本,目前尚不具备广泛应用的条件。

(4)超声波处理。

超声波是大量的能量通过媒介扩散而产生的有压波动,其频率范围一般为20 kHz ~ 10 MHz。19 世纪,研究者们就通过超声波技术计算细菌细胞数量,提取胞外聚合物以及研究污泥表面微生物性质。超声波在液态介质中传播时会产生热效应、机械效应以及空化效应。机械效应即水力剪切作用,与空化作用都能导致污泥的破解。超声波在液体中作用会产生大量空化气泡,气泡生长、变大并在瞬间破灭会在气泡周围的液体中产生极强的剪切力。频率低于 100 kHz 时超声波的机械作用是主要的。而空化效应发生的高效频率范围大于 100 kHz,该效应的产生主要是由于空化气泡崩裂瞬间产生的高温(5 000 K)和高压(100 MPa)的极端环境,导致空化气泡内化合物的高温热解以及生成高活性的羟基自由基。

有实验表明,超声波在低于 100 kHz 的频率下产生的机械力最为有效,并且 41 kHz 的超声波作用于污泥后污泥颗粒的平均粒径最小、污泥的浊度最大。

影响超声作用效果的因素有很多,如温度、pH 值、超声作用时间、能量密度、超声频率等。国内外已经有人对超声预处理影响因素作了研究。王芬研究了剩余污泥超声预处理破解效果,结果表明,各因素影响程度从大至小顺序为:超声作用时间 > 声能密度 > 声强。SCOD 溶出率随声强、超声作用时间及声能密度的增加而增大。声能密度为 0.192 W/mL 及1.44 W/mL,作用时间 30 min 时,SCOD 溶出率分别为 24% 和 68.36%。研究还表明,在声强与声能密度一定时,SCOD 溶出率随时间线性增长。

超声波预处理具有如下优势:①设计紧凑并且可以改装完成;②实现了低成本和自动化操作;③可提高产气率;④改善污泥的脱水性能;⑤对污泥后续处理没有影响;⑥无二次污染。因此,国内外对用超声波预处理剩余污泥的效果进行了大量研究。

但在促进细胞破碎后固体碎屑的水解却不如添加碱和加热方法,同时,超声波的作用受到液体的许多参数(温度、黏度、表面张力等)和超声波发生设备的影响,在短时间内还难以应用于大规模的工程化中。

(5)微波处理。

微波预处理是近年出现的污泥破解的新方法。微波是一种振动频率在 0.3 ~ 300 GHz 的电磁辐射,即波长在 1 m 到 1 mm 之间的电磁波。微波会导致热量产生并且改变微生物蛋白质的二级、三级结构,研究者认为微波预处理是一种非常快速的细胞水解方法。20 世纪 90 年代初,国外学者开始将微波技术引入污水污泥的处理,其技术优势表现为加热速度快、热效高、热量立体传递、设备体积小等。

微波预处理可以实现污泥的减量化,同时提高产气量和产气速率,其能耗可以通过污泥中生物质能回收进行补偿,一次性投资可相对减少,进而给企业带来一定效益。因此,微波预处理剩余污泥具有良好的工业化应用前景。

(6)高压喷射法。

高压喷射法是利用高压泵将污泥循环喷射到一个固定的碰撞盘上,通过该过程产生的机械力来破坏污泥内微生物细胞的结构。使得胞内物质被释放出来,从而显著提高污泥中蛋白质的含量,促进水解的进行。Choi 等人研究了经过 3 MPa 高压喷射预处理的污泥的厌氧消化过程,试验结果表明,2 ~ 26 d 停留时间的厌氧消化后,污泥中挥发性固体(VS)的去除率达到 13% ~ 50%,而对照组污泥(未经过预处理)在相同的试验条件下,VS 的去除率仅达到 2% ~ 35%。可见高压喷射法明显有利于污泥厌氧消化的进行。为了进一步弄清高压喷射法对污泥作用的具体机制,Nah 等人通过试验发现,经过高压喷射法预处理污泥的 SCOD、STOC 和蛋白质质量浓度能由处理前的 100 ~ 210 mg/L、80 ~ 130 mg/L 和 63 ~ 85 mg/L 分别升高至 760 ~ 947 mg/L、560 ~ 920 mg/L 和 120 ~ 210 mg/L,同时,污泥的碱度、NH_3-N 和总磷含量也有所上升,而 SS 浓度却略微下降,由此证实了高压喷射法对改善污泥消化性能的有效性。

然而,高压喷射法处理污泥过程的机械能损失较大,当所用设备的能耗为 1.8×10^4 KJ/kgSS 时细胞裂解程度仅为 25%,所以该方法在实际的工程应用中难以推广。

(7)冷冻处理法。

冷冻处理法是将污泥降温至凝固点以下,然后在室温条件下融化的处理方法。通过冷冻形成冰晶再融化的过程胀破细胞壁,使细胞内的有机物溶出,同时使污泥中的胶体颗粒脱稳凝聚,颗粒粒径由小变大,失去毛细状态,从而有效提高污泥的沉降性能和脱水性能,加速污泥厌氧消化过程的水解反应。

Wang 等人对活性污泥分别在 -10 ℃、-20 ℃ 和 -80 ℃ 条件下进行冷冻法处理,发现经处理后污泥中溶出的蛋白质和碳水化合物总量比未经处理的污泥分别高出 25、24 和 18 倍,结果表明在较高的凝固点下(-10 ℃)条件下,污泥的冷冻速度相对较慢,对细胞的破壁效果更为显著,污泥消化后的产气量提高约 27%。冷冻处理法受自然条件限制较大,在寒冷地区具有一定的应用前景。

(8)辐照法。

辐照法即利用辐射源释放的射线对污泥进行照射处理,目前应用较多的辐射源主要是产生 Γ-射线的钴源(60Co)和产生高能电子束的电子加速器。

国内外研究表明:经 Γ-射线辐照处理后,污泥的平均粒径减小,粒径分布由 70 ~ 120 μm 向 0 ~ 40 μm 迁移;污泥絮体中微生物的细胞结构被破坏,核酸等细胞内含物的流出增加了污泥中可溶性有机组分的含量,大大提高了 VFA 浓度;5 kGy 剂量的 Γ-射线处理污泥,能使污泥中的 SCOD 增长 55.5%,可溶性有机物质量分数增加 59.6%,经过 10 d 的高温厌氧消化后甲烷产量的增幅约为 50%;此外,经高剂量的 Γ-射线照射处理后的污泥中粪大肠菌数减少约 3 个数量级。

辐照法处理污泥有利于缩短污泥厌氧消化的周期,加速厌氧消化速率,提高产气量,但该方法应用操作技术要求高,能耗相对较大,其经济可行性有待进一步研究。

(9)生物酶技术。

生物酶技术是指向污泥中投加能够分泌胞外酶的细菌,或直接投加溶菌酶等酶制剂(抗菌素)水解细菌的细胞壁,达到溶胞的目的,同时这些细菌或酶还可以将不易生物降解的大分子有机物分解为小分子物质,有利于厌氧菌对底物的利用,促进厌氧消化的进行。这些溶菌酶可以从消化池中直接筛选,也可以选育特殊的噬菌体和具有溶菌能力的真菌。

AzizeAyol 向污泥中投加溶菌酶使其质量浓度达到 10 mg/L 进行预处理,结果发现污泥中游离的固体含量占聚合体总量的比例由处理前的 26% 提高到 48%,而且,随着溶菌酶量的增加,污泥中蛋白质和多糖浓度随之降低,说明溶菌酶能有效地溶解这些难以水解的高分子物质,使污泥的脱水性能和消化性能在很大程度上得以提高和加强。Barjenbruch 等人利用溶菌酶对污泥进行预处理试验,结果证实了溶菌酶预处理能有效促进污泥中有机物的降解,甲烷产率提高 10% 左右。尽管污泥的甲烷产率增加的幅度相对其他预处理技术较低,但投加生物酶的溶胞技术是一项新兴的生物处理技术,目前仍处于试验研究阶段,需进一步优化和完善。由于该项技术经济、廉价、无二次污染的优势,已引起越来越多的关注。

由以上叙述可以看出,污泥厌氧消化前采用不同的预处理方法,可以有效促进污泥中细胞的分解和胞内有机质的释放,提高污泥的消化性能,加快消化速率,提高产气量。在工程应用中,应根据实际需要,依据现场条件,综合考虑运行费用的前提下,因地制宜地选择合理的预处理技术。目前,热处理法和碱处理法已具备工程应用的条件,且基建投资、运行成本相对较低;超声波处理法和臭氧氧化法是十分有效的污泥预处理技术,需作进一步的优化和完善,同时开发廉价、稳定、有效的设备作为技术支持;其他技术如辐照法和生物酶技术同属新兴的污泥预处理技术,具有较好的发展前景,是今后重点研究的方向。此外,选择不同预处理技术进行优化组合,扬长避短,往往能取到更为显著的效果。如热处理法与其他预处理方法相结合应用,不仅有效利用污水处理厂工艺流程中的废热和余热,节约了能源,而且显著增强了其他方法的处理效果。

2. 污泥的厌氧消化

城市污水与污泥处理系统流程如图 8.8 所示,生物垃圾厌氧生物处理系统流程如图 8.9 所示。

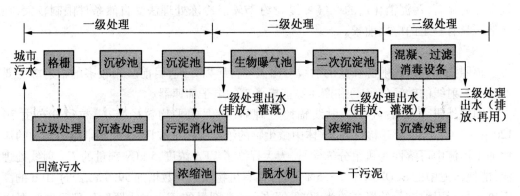

图 8.8 城市污水与污泥处理系统流程

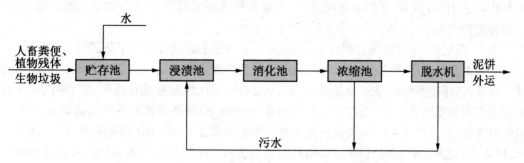

图 8.9　生物垃圾厌氧生物处理系统流程图

根据厌氧消化的工艺运行形式,分为两相消化工艺和多级消化工艺。

(1)两相消化工艺。

两相消化工艺设有两个单独的反应器,为产酸菌和产甲烷菌提供了各自的生存环境,能够降低在有机负荷过高的情况下挥发性有机酸积累对产甲烷菌活性的抑制,降低反应器中不稳定因素的影响,提高反应器的负荷和产气的效率。但在实际应用中由于两相消化系统需要更多的投资,运转维护也更为复杂,并没有表现出优越性,在欧洲固体垃圾厌氧消化中,两相消化所占的比重比单相消化要小得多。

污泥两相消化是污泥厌氧消化技术的一个重要发展,前文中已述及,两相消化的设计思想是基于将污泥的水解、酸化过程和产甲烷化过程分开,使之分别在串联的两个消化池中完成,因而可以使各相的运行参数控制在最佳范围内,达到高效的目的。这种工艺的关键是如何将两相分开,其方法有投加抑制剂法、调节控制水力停留时间和回流比等。一般来说,投加抑制剂法是通过在产酸相中加入产甲烷菌的抑制剂如氯仿、四氯化碳、微量氧气、调节氧化还原电位等,使产酸相中的优势菌种为产酸菌。但加入的抑制剂可能对后续产甲烷发酵阶段有影响而难以实际应用。通常调节水力停留时间是更为实际的方法。目前有人研究高温酸化、中温甲烷化的两相消化工艺,其优点是比常规中温厌氧消化具有高的产甲烷率和病源微生物杀灭率。一种两相消化的工艺流程如图 8.10 所示,由于运行管理复杂,很少用于污泥处理的实际工程中。

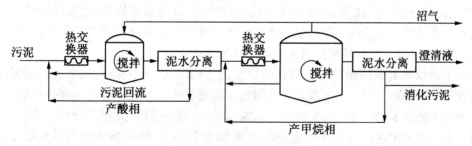

图 8.10　污泥两相消化流程图

南阳酒精厂采用 2 个 5 000 m³ 的厌氧发酵罐和 1 个 3 000 m³ 的 UASB 厌氧反应器对高浓度酒精糟液进行处理,温度控制 50 ~ 60 ℃,COD_{Cr} 有机负荷 7.0 kg/(m³·d),处理厌氧消化液。

COD_{Cr} = 3 500 ~ 4 300 mg/L,BOD_5 = 1 500 ~ 2 100 mg/L,TN = 400 ~ 700 mg/L,$NH_3 - N$ = 300 ~ 600 mg/L,碱度 1 600 ~ 2 100 mg/L,每天处理酒糟量为 2 000 m³ 左右,每天产沼气

40 000 m³左右,可供 10 万户家庭用沼气,这也是我国利用酒精发酵产生沼气规模较大、运行较为成功的企业。

自 20 世纪 80 年代以来,两相厌氧消化工艺在污泥上的研究取得了新的进展:

清华大学杨晓宇、蒋展鹏等人对石化废水剩余污泥进行了湿式氧化 - 两相厌氧消化的试验研究,选择较温和的湿式氧化条件,使污泥的可生化性和过滤性能得到明显改善。对上清液采用两相厌氧处理,提高产气率和 COD 的去除率;固渣经离心分离形成含水 38% ~ 44% 的滤饼,湿式氧化 - 两相厌氧消化 - 离心脱水处理工艺对 COD 的去除率为 86.16% ~ 94.15%,污泥消化率为 63.11% ~ 75.15%,可减少污泥体积 95% ~ 98.15%,可直接填埋。

哈尔滨工业大学的赵庆良等人研究了污泥和马铃薯加工废水、猪血、灌肠加工废物的高温酸化 - 中温甲烷化两相厌氧消化。认为污泥和一定比例的其他高浓度有机废物进行高温/中温两相厌氧消化在技术上是可行和有效的。控制高温产酸相在 75 ℃和 21.15 d 可基本达到水解与产酸的目的,控制中温产甲烷相在 37 ℃和 10 d 可达到最大产气与甲烷,系统稳定性较好。

哈尔滨工业大学的付胜涛等人较系统地研究了混合比例和水力停留时间对剩余污泥和厨余垃圾混合中温厌氧消化过程的影响,混合进料按照 TS 之比分别采用 75%:25%,50%:50% 和 25%:75%,HRT 为 10 d、15 d 和 20 d。结果表明,在整个运行期间,进料 VS 有机负荷为 1.53 ~ 5.63 g/(L·d),没有出现 pH 值降低、碱度不足、氨抑制现象。进料 TS 之比为 50%:50% 时,具有最大的缓冲能力,稳定性和处理效果都比较理想,相应的挥发性固体去除率为 51.1% ~ 56.4%,单位 TS 甲烷产率为 0.353 ~ 0.373 L/g,甲烷质量分数为 61.8% ~ 67.4%。系统对原污泥的处理效果较明显,尤其是单位产气量和甲烷含量均具有较高值。

(2)多级消化工艺。

从运行方式来看,厌氧消化池有一级和二级之分,二级消化池串联在一级消化池之后。

一级消化池的基本任务是完成甲烷发酵。它有严格的负荷率及加排料制度,池内加热,并保持稳定的发酵温度;池内进行充分的搅拌,以促进高速消化反应。

一级消化池排出的污泥中还混杂着一些未完全消化的有机物,还保持着一定的产气能力;此外,污泥颗粒与气泡形成的聚合体未能充分分离,影响泥水分离;污泥保持的余热还可以利用。由此便出现了在一级消化池之后串联二级消化池的设想和工程实践,而且两级消化池在国外相当流行,近年来我国也有设计两级消化池的工程实践。

二级消化池虽有利用余热继续消化的功能,但由于不加热不搅拌,残余有机物为数较少,故其产气率很低,实际上它主要是一个固液分离的场所。一般从池子上部排出清液,从池子底部排出浓缩了的污泥。产生的沼气从池顶引出,与一级消化池产生的沼气混合贮存和利用。由二级消化池排出的污泥温度低、浓度大、矿化度高,进一步浓缩和脱水都比较容易,而且气味小,卫生条件好。

二级消化池既是泥水分离的场所,就不应进行全池性的搅拌。但是,为了有效地破除液面的浮渣层,往往在液面以下不深处吹入沼气,防止浮渣的滞留和结块。

一级消化池的水力停留时间多采用 15 ~ 20 d,二级消化池的水力停留时间可采用一级的一半,即两池的容积比大致控制在 2:1。两级消化池的液位差以 0.7 ~ 1.0 m 为好,以便一级池的污泥能重力流向二级池。

　　两级消化是为了节省污泥加温与搅拌所需能量,根据消化时间与产气量的关系而建立的运行方式。该方法把消化池设为两级(图8.11),第一级消化池有加热、搅拌设备,污泥在该池内被降解后,送入第二级消化池。第二级消化池不设加热与搅拌设备,依靠余热继续消化。由于不搅拌,第二级消化池还兼有污泥浓缩的功能,并降低污泥含水率。目前国内外仍以两级厌氧消化运行为主。

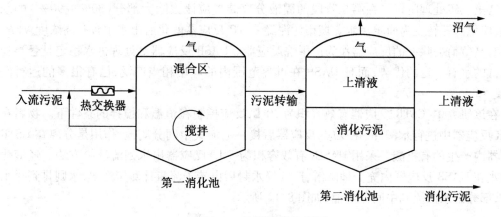

图 8.11　两级消化流程图

　　在该系统中,新鲜污泥进入第一级消化池,固体有机物被水解液化、溶解性有机物被分解成有机酸和醇类等中间产物,同时产生甲烷。通过加强搅拌可加速污泥的水解酸化。在第二级消化池中主要是完成产气和固液分离过程,可以起到储存气体和污泥的作用。

　　两级消化:第一级进行加温搅拌,促进气体化反应;第二级为泥水分离。一级和二级消化池的容积比 1:1 用得最多,其次为 2:1,也有用 3:1 的。京都市有一个双层池结构,被认为是广义的两级消化,其容积比为 1:20。

　　两级消化时间的设计值一般为 30 d,第一级消化池的停留时间通常是 10~20 d。大部分采用中温消化,消化温度为 30~40 ℃,也有不少采用消化温度在 35 ℃以上的。京都的两个处理厂采用的消化温度在 50 ℃左右。高温消化的消化速度快于中温消化,消化时间可缩减到 7~8 d,因而一级消化池的容积可设计得小些,但产气量与中温消化的一样,而池子的管理及气体利用反而不利。

　　采用两级消化系统,虽然消化池容积不一定比采用传统的一级消化池小,但第二级消化不用搅拌和加热,出泥的含水率较一级低。二级消化的优点是减少耗热量,减少搅拌所需能耗,熟污泥的含水率低等。

　　在对城市污水污泥特性和各种厌氧反应器了解的基础上,借鉴国内外的研究结果和带有共性的研究思路,将治污、产气、综合利用三者相结合,使废物资源化、环境效益与经济效益和社会效益相统一。我国北京市环境保护科学研究院研究了污泥的多级消化,其基本思想是将具体工艺分为如下 3 个处理阶段:

　　①第一级处理阶段。第一级反应器应该具有将固体和液体状态的废弃物部分液化(分解和酸化)的功能。其中液化的污染物去 UASB 反应器(为第二级处理的一部分),固体部分根据需要进行进一步消化或直接脱水处理。可采用加温完全混合式反应器(CSTR)作为酸化反应器,采用 CSTR 反应器的优点是反应器采用完全混合式。由于不产气,可以采用不

密封或不收集沼气的反应器。

②第二级处理阶段。包括一个固液分离装置,没有液化的固体部分可采用机械或上流式中间分离装置或设施加以分离。中间分离的主要功能是达到固液分离的目的,保证出水中悬浮物含量少,有机酸浓度高,为后续的 UASB 厌氧处理提供有利的条件。分离后的固体可被进一步干化或堆肥并作为肥料或有机复合肥料的原料。

③第三级处理阶段。在第二阶段的固液分离装置应该去除大部分(80% ~ 90%)的悬浮物,使得污泥转变为简单污水。城市污泥经 CSTR 反应器酸化后出水中含有高浓度 VFA,需要有高负荷去除率的反应器作为产甲烷反应器。UASB 反应器对处理进水稳定且悬浮物含量低的水有一定的优势,而且 UASB 在世界范围内的应用相当广泛,已有很多的运行经验。

在该研究中,CSTR 反应器有效容积为 20 L,反应控制在恒温和搅拌的条件下。物料在 CSTR 反应器中进行水解、酸化反应,反应器后接一上流式中间分离池,作用是分离在 CSTR 反应器内产生的有机酸。采用 UASB(有效容积为 5 L)反应器出水回流洗脱方法。经液化后的水在 UASB 反应器内充分地降解,产气经水封后由转子流量计测定产率,水则排到排水槽内,部分出水回流到中间分离池,如图 8.12 所示。

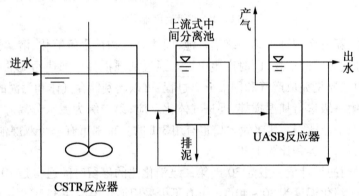

图 8.12　多级厌氧消化工艺流程

目前,工业废水和小型生活污水处理厂,普遍采用对好氧剩余污泥直接脱水的方法处理污泥。剩余活性污泥存在着耗药量大、脱水比较困难的缺点。北京市中日友好医院污水处理厂处理水量为 2 000 m³/d,原污泥的处置方案为活性污泥经浓缩后,运至城市污水处理厂消纳,但在实际运行过程中经常出现由于污泥无稳定出路,而影响污水处理厂运转的情况。为了使活性污泥得到稳定的处置,实际工程中采用的一体化设备如图 8.13 所示。各反应器的停留时间分别为:污泥酸化池 5 d,中间分离池 1 d,UASB 反应器 1 d。

二沉池排出的剩余污泥首先排入污泥酸化池进行水解酸化处理,然后进入中间分离池,该池排出的上清液进入 UASB 反应器,进行高浓度、低悬浮物有机废水的降解;从中间分离池排出的污泥经测定已基本稳定化,污泥量较常规处理减少了 2/3,脱水性能大大改善;而且病菌和虫卵杀灭率达到 99.99%,完全符合国家关于医院污水处理厂污水污泥无害化标准,从而彻底解决了污泥消纳的问题。

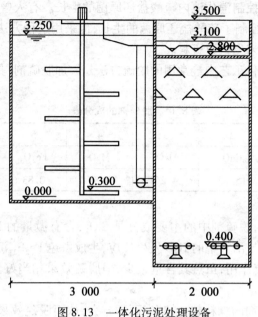

图 8.13　一体化污泥处理设备

3. 后处理设施

后处理设施包括浓缩脱水、脱硫、脱氨、好氧处理等。

（1）浓缩脱水。

污泥浓缩主要是降低污泥中的孔隙水,通常采用的是物理法,包括重力浓缩法、气浮浓缩法、离心浓缩法等。

（2）脱硫。

硫是组成细菌细胞的一种常量元素,对于细胞的合成是必不可少的。硫在水中主要以 H_2S 的形态存在。当废水中含有适量的硫时,可能会产生 3 种效应:供给细胞合成所需要的硫元素;降低环境氧化还原电位,刺激细菌的生长;与废水中有害的重金属络合形成不溶性金属硫化物沉淀,减轻或消除重金属的毒性。产生上述效应的质量浓度范围一般在 50 mg/L。因此,待处理的废水中如不含硫或其含量甚微时,或废水中含有重金属离子时,应投加适量的硫化物,通常采用硫化钠、石膏或硫酸镁等。但是,当消化液中硫化氢质量浓度超过 100 mg/L 时,对细菌则会产生毒性,达到 200 mg/L 时会强烈地抑制厌氧消化过程,但经过长期驯化后,一般可以适应。

在废水厌氧消化处理中硫化氢毒性控制的方法一般分为 3 种,即物理方法、化学方法和生物方法。

物理方法:常采用进水稀释、汽提等方法。无论采用哪种物理控制方法实际都不能真正解决问题。因为这样做只能维持消化过程的进行,却不可能增加甲烷产量,而且硫化氢通过汽提进入消化气体中会引起消化池、集气、输气和用气设备及管道的腐蚀,需增加防腐措施及气体脱硫设施,因此会增加投资和运行费用。

化学方法:利用化学方法控制硫化氢的毒性主要是利用重金属硫化物难溶于水的特性,向入流废水或消化池内投加铁粉或某些重金属盐,使重金属与硫生成对细菌无毒害作用的不溶性金属硫化物。

生物方法:主要是指控制消化池内硫酸盐还原菌的生长。有人曾经往进水中投加 10 ~ 15 mg/L 氯,据说有效地控制了硫酸盐还原菌的生长,但采用这种方法时在长期运行中是否会影响其他细菌的生长,未见报道资料。

目前,在污泥厌氧消化工艺中最常用的脱硫方法是添加脱硫剂,具体成分见表 8.14。

表 8.14　脱硫剂的成分表

项目	1	2	3	4	5	烧失量	累计
化学成分	SiO_2	CaO	Al_2O_3	MgO	Fe_2O_3	—	—
质量分数/%	61.12	15.73	4.26	0.84	0.83	13.78	96.56

从表 8.14 可以看出,脱硫剂中的主要成分是 SiO_2,含有微量的 Fe_2O_3。而在所有的成分中,也只有 Fe_2O_3 才能与沼气中的 H_2S 发生反应,生成黑色 Fe_2S_3 沉淀。据此可认为是脱硫剂中的 Fe_2O_3 在起脱硫作用,虽然其含量很少,但脱硫效果相当好。应该说,这样的脱硫材料是比较容易获得的。

从理论上来说,脱硫剂的颗粒越小,其表面积越大,从而脱硫效果也越好;但颗粒过细,则造成颗粒间的孔隙减少,使沼气流过的阻力大大增加。对某研究中所采用的脱硫颗粒作筛分分析,结果见表 8.15。

表 8.15　颗粒状脱硫剂的筛分分析

筛子孔径/mm	10	7	5	3	<3	累计
筛余质量百分比/%	0.00	39.60	48.12	11.78	0.50	100.0
过筛质量百分比/%	100.00	60.40	12.28	0.50	–	–

(3)脱氨。

在某些蛋白质、尿素等含氮化合物浓度很高的工业废水和生物污泥厌氧消化处理过程中常常会形成大量氨态氮。氨氮不仅是合成细菌细胞必需的氮元素的唯一来源,而且当其浓度较高时还可以提高消化液的缓冲能力。因此,消化液中维持一定浓度的氨氮对厌氧消化过程显然是有利的。但是,氨氮浓度过高则会引起氨中毒,特别是当消化液的 pH 值较高时,游离氨的危险性更大些。McCarty 曾就氨氮在厌氧消化过程的影响进行了研究,其结果见表 8.16。

实际上,在工程技术中氨氮表示消化液中游离氨(NH_3)和铁离子的总量。对于厌氧消化而言,游离氨往往具有更强的毒性,在未经驯化的系统中,游离氨的临界毒性质量浓度约为 40 mg/L,经长期驯化,可适应的最高允许质量浓度约为 150 mg/L;而铵离子的临界毒性浓度约为 2 500 mg/L,最高允许浓度为 4 000 mg/L 以上。

表 8.16　不同氨氮浓度对厌氧消化过程的影响

氨氮质量浓度/(mg·L^{-1})	对厌氧消化过程的影响
50 ~ 200	有利
200 ~ 1 000	无不利影响
1 000 ~ 4 000	当 pH 值较高时,有抑制作用

表 8.17 列出了在 35 ℃ 中温消化池内,欲保持游离氨低于某一临界值(40、150 mg/L)时,相应于不同 pH 值的铵离子浓度。可以看出,相应于一定的游离氨浓度,随着 pH 值的升高,达到平衡时所能维持的铵离子浓度较低,说明在高 pH 值条件下,允许的总氨氮浓度较低。如果废水中氨氮浓度很高,必然会导致较高的 pH 值,很容易导致游离氨中毒。但厌氧细菌本身对这种情况会产生反应,就是积累挥发酸,以中和 HCO$_3^-$ 碱度,从而降低 pH 值,使系统得到自行调节。不过这是以降低出水水质为代价的,所以,有人为了调整 pH 值,采用加盐酸的措施取得一定效果。但多数情况下,往往以降低整个系统的运行效率以获得较好的出水水质。

在处理氨氮浓度很高的废水或污泥时,高温消化看来是不利的,因为随着消化液温度的升高,欲保持游离氨浓度低于其临界毒性浓度或最高允许浓度,在一定的 pH 值条件下,消化液中允许的氨氮浓度较低,否则易引起氨中毒。表 8.18 列举了在高温 50 ℃ 条件下,消化液中游离氨和铵离子浓度随 pH 值的变化关系。

表 8.17　消化液中游离氨和铵离子质量浓度随 pH 值的变化(中温 35 ℃)

pH 值	NH$_3$/(mg·L^{-1})	NH$_4^+$/(mg·L^{-1})	NH$_3$/(mg·L^{-1})	NH$_4^+$/(mg·L^{-1})
9.0	40	40	150	150
8.0	40	400	150	1 500
7.6	40	1 000	150	3 700
7.4	40	1 600	150	6 000
7.0	40	4 000	150	15 000

表 8.18　消化液中游离氨和铵离子浓度随 pH 值的变化(高温 50 ℃)

pH 值	NH$_3$/(mg·L^{-1})	NH$_4^+$/(mg·L^{-1})	NH$_3$/(mg·L^{-1})	NH$_4^+$/(mg·L^{-1})
8.6	40	40	150	150
8.0	40	160	150	600
7.6	40	400	150	1 500
7.4	40	630	150	2 400
7.0	40	800	150	3 000
6.8	40	1 600	150	6 000

(4)好氧处理。

由于厌氧消化有消化过程不稳定、消化时间长的缺点,因此一般在污泥厌氧消化过程的最后会加入好氧处理设施,好氧处理设施能够进一步稳定污泥,减轻污泥对环境和土壤的危害,同时能进一步减少污泥的最终处理量。

8.2.2　消化池构造

早在 20 世纪初,在水污染控制工程中就出现了"消化"这一技术用语。当时的水污染控制指标主要是悬浮固体,因此把厌氧条件下污水污泥中挥发性悬浮固体(VSS)进行的生物"液化"过程(实际上是生物水解作用)称为消化。

在水污染控制工程中,有两个并用的术语:厌氧消化和好氧消化。所谓好氧消化指活性生物污泥(如生物曝气池产生的剩余污泥或生物滤池排出的腐殖污泥)在好氧条件下进行的微生物自身氧化分解过程。在一定意义上讲,这也是一种生物液化作用。

由于有了厌氧消化和好氧消化两个生物过程,准确地说,应把进行该过程的构筑物分别称为厌氧消化池和好氧消化池。不过好氧消化过程毕竟在工程实践中应用得很少,所以在一般不致引起混淆的情况下,也可把厌氧消化池简称为消化池。

最早出现的厌氧生物处理构筑物依次是化粪池和双层沉淀池。它们的共同特点是废水沉淀与污泥发酵在同一个构筑物中进行。由于污泥发酵是在自然温度下进行,加之废水沉淀室太小,产生的气泡对废水沉淀产生干扰,因此处理效果很差。消化池是最早开发的单独处理污水污泥(即城市生活污水产生的污泥)的构筑物。它的出现和不断的改进和完善,在有机污泥及类似性能的污染物处置方面,开辟了一个新的纪元,至今广泛应用于世界各地。国内外一些消化池的概况见表 8.19。

表 8.19　国内外一些消化池的概况

厂名	建造/投运年份	单个消化池体积/m³	单池尺寸/m(直径×高)	温度/℃	加热方法	搅拌方法	备注
太原污水处理厂	1956	930	11×15	32~35	直接蒸汽	水射器	
西安污水处理厂	1958	1 352	14×14.5	32~36	直接蒸汽	水射器	
上海污水处理厂	1981	776	12×9.5	34	直接蒸汽	搅拌机	
首机污水处理厂	1980	–	8×8	55~60	直接蒸汽	搅拌机	高温消化
长沙污水处理厂	1982	1 366	14×14.28	33~35	直接蒸汽	搅拌机	
唐山西郊污水处理厂	1984	–	12*13.1	33~35	直接蒸汽	搅拌机	
纪庄污水处理厂	1984	2 800	18×19.2	33~35	外部换热器	沼气	两级消化
巴黎安谢尔污水处理厂	1968	8 125	26×15	35	外部换热器	沼气	两级消化
洛杉矶污水处理厂	1973	14 200	38×15.2	35	直接蒸汽	沼气	

续表 8.19

厂名	建造/投运年份	单个消化池体积/m³	单池尺寸/m(直径×高)	温度/℃	加热方法	搅拌方法	备注
兰开斯特污水处理厂	1980	2 695	18×10.6	35	两级消化	沼气	
横滨南部污水处理厂	–	–	21×19.05	中温	直接蒸汽	沼气	两级消化
汉堡污水处理厂		8 000	22.2×37.13	中温	两级消化	沼气	卵型消化池
温哥华污水处理厂	–	4 700	22.5×12.8	35	外部加热	搅拌机和沼气	

　　从发展的角度来看,厌氧消化池经历了两个阶段:第一阶段的消化池称为传统消化池;第二阶段的消化池称为高速消化池,这两种消化池的主要差异在于池内有无搅拌措施。

　　传统消化池内没有搅拌设备(图 8.14),新污泥投入池中后,难于和原有厌氧活性污泥充分接触。据测定,大型池的死区高达 61% ~ 77%,因此生化反应速率很慢。要得到较完全的消化,必须有很长的水力停留时间(60 ~ 100 d),从而导致负荷率很低。传统消化池内分层现象十分严重,液面上有很厚的浮渣层,久而久之,会形成板结层,妨碍气体的顺利逸出;池底堆积的老化(惰性)污泥很难及时排出,在某些角落长期堆存,占去了有效容积;中间的清液(常称上清液)含有很高的溶解态有机污染物,但因难于与底层的厌氧活性污泥接触,处理效果很差。除以上方面外,

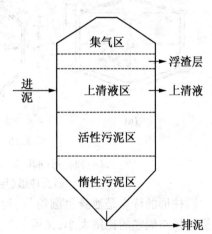

图 8.14　传统厌氧消化池

传统消化池一般没有人工加热设施,这也是导致其效率很低的重要原因。

　　对去除 90% 可溶性有机物的初沉污泥来说所需的消化时间,一般在中温的范围内(30 ~ 38 ℃),最佳温度为 35 ℃,所需时间为 25 d 左右。而在高温范围内(55 ~ 65 ℃),最佳温度为 54.4 ℃,消化所需时间为 15 d 左右。高温消化虽然所需时间较短,但由于耗能大,而且对环境的变化较敏感而不易控制,故实际中采用较少。

　　1955 年,消化池内开始采用搅拌技术,这是厌氧消化工艺中的一项重要技术突破。这一技术措施和以后出现的加热措施,使消化池大大地提高了生化速率,从而产生了高速厌氧消化池。

　　高速消化池的有机负荷可达到 2.5 ~ 6.5 kgVSS/(m³·d),停留时间为 10 ~ 20 d,采用连续搅拌方式运行,进料或排放消化后的污泥采用连续式或非连续式。由于连续搅拌,在高速消化池中的厌氧菌和新鲜污泥完全混合,因而发酵速度加快,同时也提高了有机负荷和减少了消化池的容积。高速消化池在进料时须停止搅拌,待分层后排出上清液。具体与

普通消化池的区别见表8.20。

表8.20 普通消化池与高速消化池的比较

	普通消化池	高速消化池
有机负荷/[kgVSS·(m³·d)⁻¹]	0.5~1.60	2.5~6.5
消化时间/d	30~40	10~20
初沉池和二沉池的污泥含固量/干固体%	2~5	4~6
消化池底流浓度/干固体%	4~8	4~6

消化池的构造主要包括池体结构、污泥的投配设施、排泥及溢流系统、收集与贮气设备、搅拌设备、加温设备及附属设施等。

1. 池体结构

消化池的基本池型有圆柱形和蛋形两种(图8.15)。

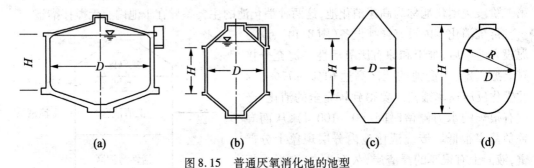

(a)　　(b)　　(c)　　(d)

图8.15 普通厌氧消化池的池型

(a)圆柱形(椭圆形),$D > H$;(b)圆柱形(龟甲型),$D = H$;
(c)圆柱形(标准形),$D < H$;(d)蛋形,$D < H$

圆柱形的特点是池身呈圆筒状,池底多呈圆锥形,而池顶可为圆锥形、拱形或平板形。根据直径与侧壁的比例大小,又可分为3种类型:

Ⅰ型圆筒形消化池的直径大于侧壁高(一般为2∶1)。池底倾角较平缓(25∶10 或更大些),外形有点像平置的椭圆体,故又称椭圆形消化池。我国和美、日等国流行这种池型。

Ⅱ型圆筒形消化池的直径接近或略大于侧壁高,池底和池顶的倾角都较大。这种池子的外形很像龟甲,故又称龟甲型消化池。欧洲建有较多的龟甲型消化池。

Ⅲ型圆筒形消化池的池径小于侧壁高,池顶与池底的倾角很大。在国外,这种池子也称为标准型消化池,流行于德国。

卵形消化池与圆筒形消化池的主要差别是池侧壁呈圆弧形,直径远小于池高。这种池子于1956年始建于德国,在德国颇为流行。

根据资料,当以上4种池型具有如表8.21所列的壁厚时,其建设费用如图8.16所示,假设 $V = 3\ 000\ \mathrm{m^3}$ 的费用为1。

表 8.21 各池型各个部位的厚度

池型	部位	3 000 m³	6 000 m³	9 000 m³
圆柱形	顶盖	350	400	450
	侧壁	250	300	350
	底部	450	500	550
卵形	侧壁	250~550	300~600	350~650
	底部	450	500	550

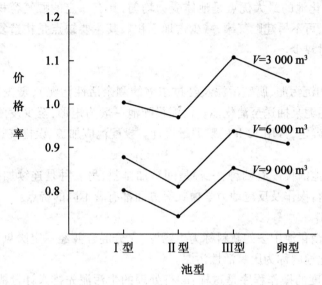

图 8.16 各种池型的建设费用

由图 8.16 可以看出,建设费用以龟甲型最低,原因是其外形轮廓比较接近于球体,具有最小的表面积。椭圆形、卵形和标准型消化池的建设费用则依次增大。

卵形的结构与受力条件最好,如采用钢筋混凝土结构,可节省材料;搅拌充分、均匀,无死角,污泥不会在池底固结;池内污泥的表面积小,即使生成浮渣,也容易清除;在池容相等的条件下,池子总表面积比圆柱形小,故散热面积小,易于保温;防渗水性能好,聚集沼气效果好等。

普通厌氧消化池的池顶构型有固定顶盖和浮动顶盖两类。前者的池顶盖固定不动,后者的池顶盖随池内沼气压力的高低而上下浮动。

固定顶盖式消化池又有两种构型:一种是淹没式双顶盖型,另一种是非淹没式单顶盖型。

淹没式双顶盖型有两层顶盖,下顶盖淹没在消化液中。淹没顶盖上有 3 排孔口,分别与顶盖外的 3 个区域连通。最下一排孔口可以让上清液流出到污泥水槽中去,以便及时排除部分上清液。中部一排孔口可以让浮渣排出到浮渣槽,以便及时破碎和排除浮渣,并在检修时清除池内浮渣或破碎板结层。最上面的孔口用以引出沼气至集气室。消化池的上层顶盖用以贮气和保温。这种池顶构型是早期为了解决浮渣层的板结和及时排除污泥水而设计建造的,但由于构造复杂,现已很少应用。

非淹没式单顶盖型消化池是目前应用最广的一种池顶构型,在施工修建、加热搅拌、加料排料等方面都有许多优点。

固定顶盖的主要缺点是池顶受力复杂,容易裂缝漏气。消化池排泥时,池内压力降低,顶盖受到由外向内的压力;而当沼气压力增大时,顶盖又受到由内向外的压力。在长期运行过程中,由于受到交替变换的内外压力的作用,顶盖容易产生裂缝,出现漏气现象。消化池漏气易引起事故:沼气外漏时,会引起火灾;空气内漏时,一旦引入火苗,会引起池内爆炸。

为了克服固定顶盖的上述缺点,曾出现过浮动顶盖式消化池。这种池子的顶盖插入池周壁的水封套里,防止漏气。水封套里装满水或其他液体。水封水的高度要保证顶盖处于最低位时,不致溢出;而处于最高位时,还能保证必需的水封高度。为了保证水封套里长期有水,最好建立水封水循环系统。

浮动顶盖式消化池的最大优点是池体受力均匀,具有一定的贮气容积,沼气压力保持稳定。设置合理时,可不另建贮气罐,减少占地面积。其主要缺点是构造复杂,运行管理较麻烦,故其应用相对较少。

2. 污泥的投配

生污泥(包括初沉污泥、腐殖污泥及经过浓缩的剩余活性污泥),需先排入消化池的污泥投配池,然后用污泥泵抽送至消化池。污泥投配池一般为矩形,至少设两个,池容根据生污泥量及投配方式确定,常用 12 h 的贮泥量设计。投配池应加盖、设排气管、上清液排放管和溢流管。

普通厌氧消化池的投配有两种:一种是间歇加排料,另一种是连续加排料。两种加排料制度的工况在运行操作及反应动力学模式等方面都有着不同的特点。

(1)间歇加排料。

通常将投加到消化池中去的新料称为生污泥,充分混合并经一定厌氧消化后的污泥称为熟污泥,而将消化池内称为厌氧活性污泥。

间歇加排料制度的操作程序是这样:a. 待处理的生污泥先排入计量槽计量其体积;b. 接着从消化池的底部排出同体积的惰性熟污泥;c. 然后将生污泥从计量槽投加到消化池中去;d. 进行搅拌,使新老污泥充分接触。通常加排料的次数为每日 1～2 次,视沉淀池排泥的次数而定。一般两者同步进行。如果沉淀池采用连续排泥,污泥应先贮存于计量池中,再按预定的消化池加排料制度进行加排料操作。如果生污泥来自二次沉淀池,或者是初沉污泥和二沉污泥的混合污泥,由于含水率高,必须先经浓缩后才能投加到消化池中去。执行间歇式加排料操作制度的消化池工况,其特征可从 3 个方面说明:

①生物学及生化特性。消化池中生物学及生化特性均呈周期性变化。在排料时,一部分厌氧活性污泥被排出,使池中的厌氧微生物总量有所减少,其中相应地减少了一部分产甲烷细菌。当生污泥投加到消化池中后,生活于生污泥中的厌氧微生物随之也进入池中。生污泥中的厌氧微生物基本上是产酸菌,因此,当生污泥进入消化池后,池中产酸菌数量得到了补充,而甲烷菌并未得到相应的补充。另外,加料后池中营养物大增,致使水解和产酸过程进行得旺盛,而产气过程相对减弱;也就是说,酸发酵强度大于甲烷发酵强度。此后,随着时间的推移,基质逐渐减少,致使水解和产酸过程逐渐减弱,产气环境得到改善,产气强度得到恢复。此时,产酸速率与产气速率达到了某种相对稳定和平衡。当第二次进行加排料操作后,以上的变化过程又周期性地重复了一遍。

②理化特性。消化池中理化特性随加排料的周期进行也呈周期性变化。在两次加排

料操作之间的一个变化周期内,池中的理化特性又有 3 个小的变化阶段。加料后的一段时间属于第一变化阶段,其特点是由于基质的突然增加,产酸过程大于产气过程,溶液中的有机酸量增多了,pH 值下降了,在此时段的 COD 值一般变化不大。第二阶段是一个较长的渐变过程,即随着基质的逐渐减少,产酸过程一步步地减弱,产气过程则一步步地增强,两者处于缓慢漂移的平衡状态。此时的有机酸稍有减少,pH 值稍有回升,而 COD 值则有明显的降低。第三阶段为衰减阶段,即产酸产气速率明显减慢,溶液的 pH 值有了进一步回升,氨氮含量也随之增多。此后,随着下一次加排料的开始,又重复出现以上的 3 阶段。

③工程学特性。由于间歇加排料,池内环境作周期性变化,故生化速率受到一定影响,有机物负荷率相对于连续加排料时要低,但操作运行较简单。

(2)连续加排料。

连续加排料制度的操作程序是这样的:待处理的生污泥以一定的流量连续加入消化池中,同时以同样的流量从消化池中连续排出熟污泥。在连续加排料的同时,进行连续的搅拌。如果沉淀池施行连续排泥制度,则沉淀池的排泥与消化池的加料可以连接起来操作,中间不一定再设置大的调节池;如果沉淀池施行间接排泥制度,则两池之间尚需设置一个贮泥池,其容积足以容纳一次排出的全部污泥。至于是否在两池之间设置浓缩池,视消化池连续操作时方便与否而定。

连续式加排料操作制度的消化池工况有以下特点:

①生物学及生化特性。池中的生物学特性和生化特性相对恒定。在一定的有机物负荷率及环境条件下,消化池中的微生物总量及产酸菌和产甲烷菌的比例基本上保持不变,酸发酵与甲烷发酵的速率维持某一恒定的协调关系,并不发生周期性的变化。

②理化特性。池中的理化特性保持相对稳定,pH 值、酸碱度、污泥浓度、挥发性悬浮固体浓度、COD 等主要参数均无周期性变化,池内温度也比较均匀。

③工程学特性。由于环境条件无周期性变化,细菌种群保持着均衡的协调关系,温度均一,因而负荷率较间歇加排料时大,液面不易产生浮渣层。搅拌时间长,耗电多。

2. 排泥及溢流系统

消化池的排泥管设在池底,出泥口布置在池底中央或在池底分散数处,排空管可与出泥管合并使用,也可单独设立。依靠消化池内的静水压力将熟污泥排至污泥的后续处理装置。排泥管布置在池底部。污泥管最小管径为 150 mm。

当池径较大时,可以设置几个排泥管,从易于沉积污泥的几个部位同时或轮流排泥。

消化池的污泥投配过量、排泥不及时或沼气产量与用气量不平衡等情况发生时,沼气室内的沼气压缩,气压增加甚至可能压破池顶盖。因此消化池必须设置溢流装置,及时溢流,以保持沼气室压力恒定。

溢流管的溢流高度,必须考虑是在池内受压状态下工作。为了防止池内液位超过限定的最高液位,池内应设置溢流管。液面上经常结有浮渣层,把溢流管的管口设于液面上易引起堵塞。通常的做法是从上清液层中引出水平支管,然后弯曲向上至最高液位的高程处,再弯曲向下,接于地面附近的水封井内。水封的作用是池内因排泥而使液位下降时,防止池内沼气沿溢流管泄漏。溢流管的布置必须考虑是在池内受压状态下溢流,最小管径为 200 mm。溢流管装置有 3 种形式,即倒虹管式、大气压式及水封式,如图 8.17 所示。溢流管的设置要绝对避免消化池沼气室与大气相通。若沼气压力超过规定值时,污泥除了从溢流管排除外,也会从开水封排出。

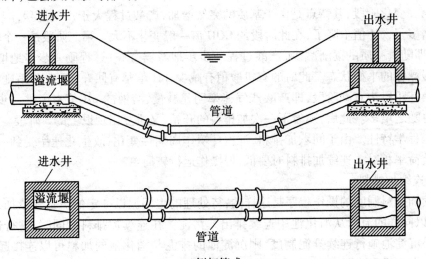

(a)倒虹管式

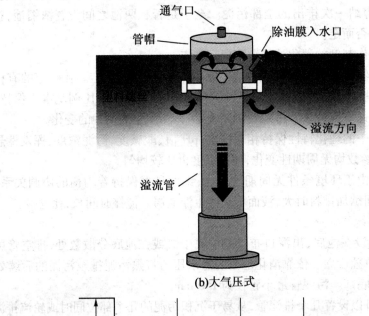

(b)大气压式

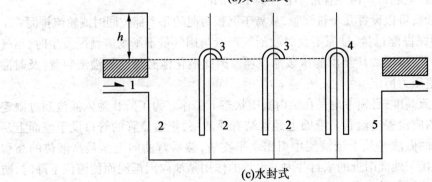

(c)水封式

1—进水口;2—水封分离室;3—溢流管;4—导出管;5 出水口

图 8.17 消化池的溢流管布置形式

(a)倒虹管式;(b)大气压式;(c)水封式

3. 收集与贮气设备

由于产气量与用气量常常不平衡,所以必须设贮气柜进行调节。沼气从集气罩通过沼气管输送到贮气柜。

为了减少凝结水量,防止沼气管被冻裂,沼气管应该保温。应采取防腐措施,一般采用防腐蚀镀锌钢管或铸铁管。低压浮盖式贮气柜构造如图 8.18 所示。

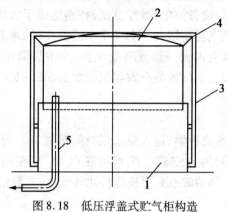

图 8.18　低压浮盖式贮气柜构造
1—水封柜;2—浮盖;3—外轨;4—滑轮;5—导气管

4. 加温设备

为了使消化池的消化温度恒定(中温或高温消化),必须对新鲜污泥进行加热和补偿消化池池体及管道系统的热损失。恒温工作的厌氧消化池必须通过加热系统保持池内的温度恒定。城市污水污泥通常采用中温消化,最适温度为 33 ℃。人畜粪便含有很多致病菌和寄生虫及卵,可采用 50～55 ℃ 的高温消化;而当采用中温消化时,可采用较高的 33～38 ℃。发酵残液可视其排出温度的高低,而选择中温消化或高温消化。

厌氧消化池的加热方式有池外加热和池内加热两大类。采用的热源有蒸汽、热水、燃气和太阳能四大类。

(1)池外蒸汽加热。

一般在池外设置的预加热池内进行。将待加热的生污泥装入预加热池,通过安装于池内的一组加热管用蒸汽对生污泥进行直接加热。加热结束后,将热污泥抽出,打入消化池。预加热池加盖,池顶设通气管。

池外蒸汽预热只对生污泥进行加热,污泥量少,易于控制。预热温度可以高些,以补充池体的热损失,同时还有利于杀灭寄生虫卵,以提高消化污泥的卫生条件。池外蒸汽预热可以提高生污泥的流动性,改善池内污泥的混合和搅拌性能。池外蒸汽预热的另一优点是不损伤池内甲烷细菌的生活。这种加热方式的缺点是池外要设置一套加热系统,建设费用较高。

(2)池外热水加热。

池外热水加热在套管式热交换器中进行。加热对象可以是生污泥,也可以是池内抽出的消化污泥。污泥在内管($d \geqslant 100$ mm)流动,热水在外管($d \geqslant 150$ mm)流动,两者可采用逆流或顺流方式。污泥流速较大,约 1.2～1.5 m/s,以防止沉积结垢。热水流速较小,约为 0.6 m/s,热水温度以 60～70 ℃ 为佳。如采用消化污泥循环流动加热方式,应从池底抽出污泥,加热后的污泥从池上部投入。池外热水加热的优点是可促进污泥的循环,设备检修方便,缺点是辅机较多,费用较高。这种加热方式多用于中小型池。

（3）池内蒸汽加热。

在池内设置数根垂直安装的蒸汽管,通过安装在管口处的蒸汽喷射泵将蒸汽喷入污泥内,并带动污泥作小范围循环运动。如把蒸汽加热和池内搅拌配合起来同时进行,效果将更加理想。这样不会因加热而损伤甲烷细菌的生活,并能保证池内温度尽快达到均匀。

池内蒸汽加热的优点是设备简单,操作方便,特别适用于大中型消化池。但是,不论是池内或者池外加热,生产蒸汽需要增设一套净化水的设备（软水制备系统）,建设费用较高。此外,蒸汽加热时的冷凝水会占去一部分有效池容,并增高消化污泥进行浓缩和脱水的费用。当采用池内蒸汽加热时,消化池的有效容积应增大5% ~ 10%,并应增设排除上清液的管路。

（4）池内热水加热。

在池内不同部位设置热交换器,通入热水进行间接加热。为了防止池内污泥在热交换器外壁上的沉积,器壁一般为直立式。热水温度以65 ℃左右为好,热水流速以0.6 ~ 0.8 m/s为佳。池内热水加热的缺点是更换管件比较困难,一般用于小型消化池。

（5）燃气加热。

将沼气通入液面下进行浸没燃烧,或者将沼气燃烧后的热烟气通入池内污泥中进行加热。这种加热方式在国外偶有应用,但尚未对应用前景做出评估。

（6）太阳能加热。

一般在池顶或周壁外设置太阳能加热器,带动热水进行间接加热。这种加热方式可考虑在光照充足的炎热地区选用。

为了减少消化池、热交换器及热力管外表面的热损失,一般均应敷设保温结构。消化池的池盖、池壁、池底的主体结构,一般均为钢筋混凝土、热交换器等为钢板制品。保温层一般均设在主体结构层的外侧,保温层外设有保护层,组成保温结构。凡是导热系数小、容重较小,并具有一定机械强度和耐热能力,而吸水性小的材料,一般均可作为保温材料,如泡沫混凝土、膨胀珍珠岩、聚乙烯泡沫塑料、聚氨酯泡沫塑料等。

5. 搅拌设备

混合搅拌在消化过程中起着很重要的作用,它对消化池的正常运行影响很大。然而对消化池的混合搅拌作用研究得还很不够。

目前国外采用的混合搅拌方法有许多种:

（1）机械混合搅拌法。混合搅拌机械通常安装在消化池内,有螺旋桨板、螺旋泵、喷射泵等。这种方法用得比较广泛。

（2）泵循环搅拌法。泵循环搅拌常与投加新鲜污泥同时进行,并与外部换热器结合使用。这种方法用于美、英、法等国,但不太广泛。

（3）池内沼气混合搅拌。沼气通入池内有几种布置方法,有悬管式、自由释放式和抽升管式。这种方法可以产生强烈地混合搅拌,池内无机械设备、结构简单、施工和运转简便、混合搅拌比较均匀,约可增加10%产气量,但沼气喷头容易堵塞。由于效果较好,目前许多国家都采用它,例如英、美、日等国。

（4）池外沼气循环混合搅拌。这是一种比较新的方法,混合装置放在池外,通常与进泥、加热结合在一起,成为"三合一"的装置。这种装置国外已有定型产品生产,正在得到日益广泛地应用。

　　国外过去采用水力喷射器进行污泥的混合搅拌。这种混合搅拌能力不大,不能有效地将池内含物完全混合和打碎浮渣。西安污水处理厂消化池的运行实践表明,这种方法的作用半径只有 2 m,结浮渣层很厚。近些年来设计的消化池普遍采用螺旋搅拌机,在池中安装1 台至数台(一次安装或分期安装)。由于这些消化池大多未投入运行或运行时间不长,它们的效果尚不清楚。

　　近年来国内也开始采用池内沼气混合搅拌的方法。这种方法有许多优点,例如池中没有机械设备、结构简单、施工和维护运转方便、混合搅拌比较均匀、可以增加产气量等。其缺点是目前国内还没有合适的沼气压缩机可供使用。沼气混合搅拌有好几种布置方法:竖管式,在池内均匀布置,管径 25 ~ 50 mm;在池底布置扩散器。天津纪庄子污水处理厂消化池采用沼气搅拌已经投产,在池中心的导流筒中安装有许多个沼气释放喷嘴。由于运行时间不长,尚未总结出经验。

　　大多数学者都认同搅拌在厌氧消化过程中所起的积极作用,但他们认为连续搅拌不仅没有必要而且起反作用,所以实际操作时,可以采用间歇式搅拌,例如每 30 min 搅拌约5 min、每小时搅拌 10 ~ 15 min 或者每两个小时搅拌 25 ~ 35 min 等,或者每天持续搅拌数小时即可达到目的。

　　Khursheed Karim 等人认为,搅拌混合能够使有机物和微生物在反应器内均匀分布,同时传递热量。因此,在高浓度物料的厌氧消化过程中,搅拌混合是必不可少的一部分。目前,学者普遍认为搅拌主要通过改善厌氧消化过程中的以下几个方面来达到提高沼气产量的目的:

　　(1)提高传质效果。搅拌使可降解有机物和微生物之间发生紧密和有效的接触,从而提高有机物的降解和转化效率。

　　(2)均匀物理、化学和生物学性状。搅拌使污泥消化池内各处的物理、化学和生物学性状(污泥浓度、温度、pH 值、微生物种群等)保持一致,由于分布不均导致的局部地方物料浓度过高会抑制细菌的活性。

　　(3)降低有害物质抑制。搅拌将有机物和有害的微量抑制物均匀分布,降低或者消除其影响,特别是在冲击负荷下。Khursheed Karim 等人的实验结果也表明,搅拌对于进料负荷的波动有较好的缓冲作用,并且它较不搅拌在负荷冲击过后也拥有较短的恢复时间。

　　(4)提高消化池的有效容积。搅拌使浮渣层和底部沉积物积累的量减小,从而提高消化池的有效容积。在处理低固体浓度的有机物时若缺乏适当的搅拌,则容易形成一层很厚的表层浮渣。

　　此外,有人研究认为,有效的机械搅拌可以改善颗粒有机物的悬浮状态并加速这些悬浮颗粒有机物的溶解过程,这个加速过程通过以下步骤进行:①机械搅拌通过剪切作用将大的颗粒物变成粒径更小的;②促进有机固体与微生物接触,甚至将这种接触扩展到有机固体和胞外酶之间;③有助于降低水解固体周围的溶解物浓度,使水解过程受到的抑制解除。

　　当搅拌持续进行或者搅拌强度过高时,就会对厌氧消化过程的稳定形成很大的负面影响,从而出现沼气产量下降的现象。目前,过度搅拌对厌氧消化的影响主要有:阻碍反应器中甲烷化区域形成;连续剧烈的搅拌会破坏微生物絮团的结构,从而打乱厌氧环境中各互营性菌群间的空间分布关系;影响污泥的结构,降低脂肪酸的氧化效率,脂肪酸的累积则会导致消化器的不稳定运行; EPS(胞外聚合物)作为颗粒污泥的不可或缺的组成部分,也是反应器内污泥形成状态的指示物,在过度搅拌条件下,其存在量有着明显的下降,这也可能暗示小强度和短时间的搅拌能够使反应器内形成更多较大的污泥颗粒。

6. 附属设施

消化池中的附属设施主要包括以下设施:

(1)检修孔。

检修孔是用来清除沉砂及浮渣、检修或者更换池内管件、加热及搅拌等设备。检修孔的数量一般为 1~2 个,一般开在池盖上,也有开在侧壁上的。检修孔的盖板一般由铸铁制成,以合成树脂板做衬垫,以达到良好的气密性。

(2)测温装置。

温度与消化池的消化效果的关系密切,因此温度需要经常测量。测温装置一般设于池子侧壁,一般分上中下三个部位,测温敏感元件伸入池内,能够将测得的温度传入控制室。

(3)液位计。

消化池工作时,应该要维持正常的液位,尤其是排泥和加泥时要密切注意液位的升降变化。一般采用继电液位传感原件将液位传入控制室。

(4)观察孔。

生产性消化池往往要观察液面的状态,实验性的消化池要观察消化液内部的状态。因此,前者在池盖上设置观察孔,后者在侧壁上设置观察孔。

8.3　厌氧消化系统的运行与控制

8.3.1　启动

厌氧消化系统主要靠厌氧微生物来降解有机污染物,厌氧微生物通常以厌氧活性污泥(泥粒或泥膜)的形式悬浮于处理构筑物中,或固着于处理构筑物中的挂膜介质上。一个生产性厌氧处理构筑物的有效容积会达数百乃至数千立方米,在这样大的容积中培养足够数量的厌氧活性污泥并正常运行一般要花费几个月的时间。

启动的目的就是培养足够数量的厌氧活性污泥,并将其驯化成具有正常处理功能的厌氧活性污泥。

1. 污泥的来源

生产性厌氧处理构筑物需要的大量厌氧活性污泥是通过逐渐培养和不断积累而形成的。培养的方式有两种,即接种培养和自身培养。

接种培养是将成熟的消化污泥作为接种料,投加到新建的厌氧处理构筑物中去,然后不断添加待处理的污泥或废水,逐渐培养和积累起所需量的厌氧活性污泥。可供接种的厌氧活性污泥主要有以下来源:

(1)运行中的城市污水处理厂普通厌氧消化池中的消化污泥。

(2)处理同类工业废水的厌氧消化构筑物中的消化污泥。

(3)农村沼气池中的沉积物。

(4)沟、渠、池塘中的底泥。

(5)好氧生物处理系统中排出的剩余活性污泥。

城市污水处理厂通常建有容积很大的普通厌氧消化池。一个容积 2 000 m³ 的厌氧消化池,每天约可排出 100~150 m³ 成熟的消化污泥。这种消化污泥不仅数量多,而且性能好,适用于各种污泥或废水进行厌氧生物处理时的接种污泥。

从各类厌氧消化池取得的接种污泥都有很高的含水率,一般为 96%~97%。因此体积大,运输十分不便。通常将这种污泥在现场予以浓缩和脱水,使其含水率降至 75%~80% 左右,这样可使其体积减少到原来的 1/5 或 1/6。含水率为 75%~80% 的消化污泥呈饼状,装车运输都比较方便。经过数天甚至数十天之后,加水消解,加热培养,仍具有很好的厌氧生物活性。

处理工业废水的厌氧处理构筑物中的厌氧活性污泥,用来作为处理同类型工业废水的接种污泥,具有培养迅速、无需驯化、启动时向短等优点。但是,这类处理构筑物大多为小型的上流式厌氧污泥床反应器,每天排出的废水中残留的厌氧活性污泥量很少,且难于分离收集;如从处理构筑物中取用工作中的厌氧活性污泥,势必要影响其工作效能。由此看来,作为处理工业废水的接种污泥还是从城市污水处理厂的普通厌氧消化池中获取较易实现。

农村沼气池虽也存在质量较好的消化污泥,但体积不大,污泥量有限,只能供小型厌氧消化构筑物启动时作接种污泥使用。沟渠池塘的底泥也可作为接种污泥加以利用。但因其组成复杂,无机组分较多,成熟程度较低,使用时要经过淘洗、筛选、培养后,才能转化成有用的接种污泥。

最近的研究表明,好氧生物处理构筑物中排出的大量剩余活性污泥是培养厌氧活性污泥的另一重要泥源。吴唯民等人的研究表明,堆放的剩余活性污泥中存在着大量产甲烷细菌,其数量约为 $10^8 \sim 10^9$ 个/gVSS。它们主要是氢营养型和混合营养型产甲烷细菌。在实践中,用处理生活污水和印染废水的好氧剩余污泥作为接种污泥,已成功地启动了小型 UASB 装置,并培养出了良好的颗粒污泥。

综上所述,利用普通消化池排出的消化污泥和好氧剩余活性污泥单独或混合起来充作新池的接种污泥,是一种经济方便而又有效的途径。

厌氧活性污泥也可通过自身培养逐渐积累的方式予以形成将待处理的污泥或废水通入厌氧处理构筑物,在低负荷下加温培养。一般而言,城市污泥、人畜粪便及某些发酵残渣,只要条件控制易于自身培养成功;而工业废水进行自身培养的困难相对较大。

2. 培养

首先将采集的接种污泥(厌氧活性污泥或好氧剩余活性污泥)经消解后,用水配成含水率约为 95% 的污泥,投入消化池,投加量以不少于消化池有效容积的 10%~20% 为宜。然后加热培养,升温幅度控制在每小时 1 ℃ 左右。如原设计的加热系统难以利用时,可采用临时安装的蒸汽加热系统。经 1~2 d 后,池内温度可达到中温消化的 33~35 ℃(如为高温消化,升温时间将延长至 3~5 d)。此后维持温度不变,并逐日投加适量的活性污泥或生活污水(或无毒易消化的工业废水),待水深达到设计液位后,停止投加,要注意的是逐日投加的量要严加控制,不使产生酸性发酵状态(即 pH 值不致下降到 6.8~7.0 以下)。如 pH 值下降,可投加石灰水以改善环境条件。此后维持消化温度不变,进行厌氧发酵。在此过程中,可能的情况下给予适当的搅拌,以均化池内温度,强化接触过程。正常情况下,经过

20~40 d的培养,可形成成熟的厌氧活性污泥。如果采用现有厌氧消化池中的污泥进行接种培养,则成熟期可稍有减少。

一般而言,培养期的长短和接种污泥量的多少成正比。接种污泥量越多,培养成熟期越短。但是厌氧消化池的池容往往很大,达到设计负荷所需厌氧污泥量很难在短期内形成,长期积累是不可避免的。

3. 驯化

使厌氧活性污泥中的微生物逐渐适应待处理废水或污泥的特殊过程,称为驯化。

一般而言,城市污水的沉淀污泥和水质类似于生活污水的废水,多不存在驯化任务,当厌氧活性污泥培养成熟后,即能顺利地完成处理任务。但如处理对象是一些水质特异甚至存在抑制物的工业废水或工业废渣时,驯化就成为不可缺少的环节了。

培养和驯化可同步进行,亦可异步进行。前者指在利用生活污水或污泥培养的同时,适当掺加待处理的废水或污泥,实际上是边培养,边驯化。后者指先用生活污水或污泥把厌氧活性污泥培养成熟起来,然后再适当掺加待处理废水或污泥逐渐驯化,直至达到满负荷运行而止。一般而言,在经验不足的情况下,采用异步法比较稳妥。但不论采用何种方法驯化,重要的一条是循序渐进,千万不可急于求成。

8.3.2　运行

运行工作的主要任务是:首先要灵活运用系统的调节能力,尽量保证负荷的均匀性;其次要建立一套负荷缓冲制度,使系统在一定的负荷波动范围内仍能维持高效的工作,这些都有赖于收集数据,积累经验,一般而言,厌氧消化系统负荷率偏低仅对沼气用户有一定影响,对处理任务无影响;而负荷率过高往往影响全局,甚至破坏正常的甲烷发酵。因此,维持负荷的均衡,特别是预防超负荷和冲击负荷的出现,乃是运行人员的首要职责。

厌氧消化系统的日常运行工作主要包括加排料、加热、搅拌和监测,此外,及时发现排除故障,以及维护系统的安全,也是十分重要的。

按照设计要求加料排料是保证系统正常运行的前提,维持负荷的均衡,特别是预防超负荷和冲击负荷是运行人员的首要职责。

加热是维持厌氧消化过程正常运行的另外一个重要条件。由于停电、锅炉检修或加热系统出现故障而使厌氧消化过程停滞的情况屡见不鲜。因此,要建立一套能正常加热的保障机制是十分重要的。

搅拌对普通厌氧消化池的作用主要表现在两个方面:①能够加强混合和强化接触;②破除浮渣。监测是维持和了解系统工作状态的耳目。

在运行实践中,从消化污泥开始培养到稳定运行,通常出现的问题如下:消化池出现泡沫;消化池气相压力不稳定,出现波动;消化池内浮渣问题等。以上几种情况有时交替出现,有时同时出现,严重影响系统的安全和稳定。

1. 泡沫

根据已有报道,消化池的泡沫主要有两种来源:一种泡沫是化学泡沫,另一种泡沫主要发生在处理剩余污泥的消化池中,主要是由于剩余污泥含有大量的诺卡氏菌,从而导致消化池产生泡沫。

表8.22 污水处理厂消化池出现泡沫的相关数据

	是否出现泡沫	CH_4/%	CO_2/%	CH_4/CO_2
1	无	69.4	26.2	2.648 855
2	无	67.5	27	2.5
3	有			
4	无	68.7	27.4	2.507 3
5	无	70.6	24.6	2.869 9
6	有	70.6	24.7	2.858 3
7	有	71.8	23.9	3.004 184
8	无	70	25.3	2.766 798

在数据分析中,发现消化池出现泡沫时,其沼气中气体含量有较明显的变化。表8.22为污水处理厂出现泡沫的相关数据,每次消化池出现泡沫时,其沼气中甲烷和二氧化碳的体积比都有明显的变化,要高于2.6的平均值。

因此,对于卵形消化池的泡沫问题,可采用现场或在线检测沼气中甲烷和二氧化碳的含量,来进行泡沫的监控。

由前述消化池泡沫分析和监控看,消化池出现泡沫现象比较常见。在实际运行中,主要的措施之一就是采用自动或人工消泡。可采用自动控制程序监控泡沫的产生,随时进行消泡。此外,对于消化池的进泥,应按照有机负荷确定投加量,可减少泡沫的产生。在出现泡沫后,紧急降低消化池的液位同时辅助增加消泡力度,也是一个比较可行的方法。还可在顶部加装搅拌器消除泡沫的产生。

2. 消化池气相压力波动

消化池气相压力波动主要是由沼气管线中的冷凝水引起的。由于沼气在输送过程中,温度不断降低,不断有冷凝水排放出来。若冷凝水系统堵塞,排放不出,就会积存在沼气管道中,导致整个系统的压力发生变化。此外,在运行中也存在局部阻力过高(易发于脱硫塔、沼气流量计等),导致消化池压力升高的情况。

在消化池运行中,通过定期监控和测试系统的局部阻力,可避免消化池压力波动的问题。

3. 浮渣

搅拌不良的消化池很容易在液面形成浮渣,甚至板结成厚层。它的形成对沼气的产生和引出、对有效容积的利用以及对上清液的有效排出,都产生不良影响。所以,要采取措施及时破除或撇出。

产生浮渣层的原因,主要是水力提升器作用范围较小,池子较大,搅拌效果不够理想所致。在正常运转中,受水力提升器搅动而无浮渣的范围,一般仅为直径2 m大小。

防止的办法有:用沼气在浮渣底部吹脱搅拌;用上清液在浮渣层表面上进行压力喷洒;利用设在液面上的旋转耙进行破碎;利用浮渣排出池撇除。在以上措施中,沼气吹脱搅拌的效果最好,应用最广。并且在设计水力提升器时,适当地加大混合室和污泥面之间的距离,以充分发挥水力提升器的提升作用。另外,在消化池直径较大的情况下,一般说来,超过 10 m 就宜考虑 2 个以上的搅拌装置。

此外,由于沼气是可燃气体,与一定比例的空气混合后易引起爆炸。尤其是启动运行的初期,消化池顶部的气体实际上是沼气和空气的混合气体,一旦有火苗蹿入,将引起爆炸,轻则炸坏消化池,重则炸伤四邻。贮气罐前、后的水封及阻燃装置均应妥善安装,定期检修。

消化池的运行过程中需要控制以下几种因素:

(1)消化池的压力控制。

对于成熟的污泥消化系统,运行压力的监控非常重要,在实际运行操作中,消化池的压力是浮动的,消化池的进泥、排泥、搅拌都有可能影响消化系统的压力。其中最重要的是沼气管道内冷凝水的影响。及时排放管道中析出的冷凝水,保持管路畅通,避免系统压力过高是消化系统稳定运行的重要保证。

(2)消化池的温度控制。

尽量保持消化池内温度恒定,建议温度控制在 $(35 \pm 1)℃$。虽然选择设计运行温度是重要的,保持稳定的运行温度更为重要,因为细菌,特别是产生甲烷的细菌,对温度变化是敏感的。通常,每天温度变化大于 1 ℃ 就影响过程效能。

(3)消化池的液位控制。

消化池液位的浮动直接反馈为消化池的压力变化,应将消化池的液位作为一个重要的监控指标。保持消化池液位的相对稳定,对保持消化池压力系统的稳定是非常重要的。在实际中,主要通过定期校核消化池进、排泥泵,定期校核消化池液位计来进行液位控制。

8.3.3　监测

厌氧消化是一个复杂的生物化学过程,要使这个过程高效而稳定地进行,必须及时地计量和监测有关参数,并根据结果对系统进行调控,使之处于最佳状态。

厌氧消化系统中需要测定的参数很多,大致可分为两类:一类为反映基质和产物浓度的项目,另一类为反映环境条件的项目。常用的监测项目见表 8.23。

表 8.23　厌氧消化系统常用监测项目

类　　　别		项　　　目
基质与沼气	基质	化学需要量(COD) 5 日生化需氧量(BOD_5) 总有机碳(TOC) 总固体(TS) 挥发性固体(VS) 挥发性悬浮固体(VSS) 悬浮固体(SS)
	沼气	甲烷(CH_4) 气体全分析(CH_4、CO_2、N_2、O_2、H_2、CO、H_2S 等)

续表8.23

类 别		项 目
环境条件	物理	温度
	化学	氧化还原电位(Eh) pH 值 挥发性脂肪酸(VFA) 碱度
	营养	总氮(TN)氨氮(NH_3-N)总磷(TP) 可溶解性磷(DP)
	抑制物	

1. 有机物

废水或污泥常因含有大量可生化性有机物(蛋白质、氨基酸、脂肪、糖类、醇类、有机酸类等)而进行厌氧消化处理。反映可生化性有机物含量多少的最佳指标是生化需氧量(BOD),此外还有化学需氧量(COD)、总有机碳(TOC)、总固体(TS)、挥发性固体(VS)、挥发性悬浮固体(VSS)等指标。

选用何种指标进行测定,除设备条件和技术水平等因素外,还与有机物的存在状态有关。一般而言,有机物主要以溶解态(或乳化态)存在时,选用 BOD、COD 或 TOC 为宜;主要以悬浮态存在时,选用 VSS 或 SS 为宜;以溶解态和悬浮态并存时,选用 VS 为宜。

生化需氧量通常测定 5 日生化需氧量(BOD_5)值。此值虽能准确地反映可生化性有机物的含量水平,但因测定过程历时较长,难以及时指导实践,以及抑制物含量高时难以取得准确数据,故在多数情况下,仅作为对照参数予以使用。

测定 COD 时采用重铬酸钾法。因其操作简便迅速,故应用最广。但当无机还原物质(亚铁盐、亚硝酸盐、硫化物等)含量高时,测定值中因包括此类物质而使结果偏高。

TOC 表示废水中含碳物质的量。它比 BOD 和 COD 更能直接地反映有机物的总量。分析TOC 的仪器类型很多,其中氧化燃烧——非分散红外吸收 TOC 分析仪器操作简便,使用较广。

TS 表示试样在一定温度下蒸发至干时所留固体物总量,是溶解性固体(DS)和悬浮性固体(SS)的总量。VS 是指总固体的灼烧($550\sim600$ ℃)减量,主要包括有机物和易挥发的无机盐(如碳酸盐、按盐、硝酸盐等)。当易挥发的无机盐含量低且稳定时,VS 能较近似地代表有机物量。如果试样的 VS/TS 比值比较固定时,用 TS 测定值反映 VS 的含量水平,在操作上更为方便。如果试样为有机污泥或生物污泥,则测定挥发性悬浮固体(VSS)或悬浮固体(SS)更有实用价值。

测定废水量(m^3/d)及有机物质量浓度(kg/m^3),可计算总的有机负荷(kg/d),并在选定有机物容积负荷后,计算处理构筑物的有效容积。测定进、出水的有机物浓度,可计算有机物的去除率,并根据出水的有机物浓度判定是否达到排放要求,是否需要进一步处理。测定反应器内各处的 SS 及 VSS 值,可了解生物污泥在其中的纵向和横向分布是否合理,并计算平均污泥浓度是否满足要求。测定出水的 SS 及 VSS 浓度,可判断有无污泥流失现象。有机物浓度在进水或出水中的突变,可帮助操作人员采取有效措施,及时调整负荷率。

2. 沼气组成成分分析

有机物在厌氧消化中的最终产物是沼气。沼气的主要成分是甲烷和二氧化碳,还有少量的一氧化碳、氢气、氮气、氧气和硫化氢气体等。沼气测定中的两项主要指标是产气量和甲烷含量。沼气量可用湿式气体流量计或转子流量计测定。甲烷含量可以用燃烧法测定。

3. 环境条件

环境条件方面的测定项目包括物理的、化学的、营养的和抑制物四类。

(1)物理项目。

物理项目主要是指温度。一般来说希望对进水、消化液和出水的温度能够测定,最好能自动记录其逐时的变化情况。如果反应器很大,应该在不同部位设置测点,以掌握温度的分布状况。

其他物理项目包括水力停留时间和容积有机负荷率等。

(2)化学项目。

化学项目通常包括氧化还原电位、pH 值、挥发性脂肪酸和碱度四项。

氧化还原电位反映厌氧消化系统氧化还原势的总状况。一般希望该值在 -300 ~ -500 mV 之间,以保持良好的厌氧或还原环境。有资料表明,产甲烷菌正常生长要求的氧化还原电位在 -330 mV 以下的环境中,并且厌氧条件越严格越有利于产甲烷菌的生长。影响氧化还原电位的因素很多,最主要的是发酵系统的密封条件的优劣。此外发酵物质中各类物质的组成比例也会影响到系统的氧化还原电位。

pH 值是厌氧消化系统中一项对运行管理十分有用的指标。厌氧消化虽能在 6.5 ~ 8.0 之间进行,但最佳 pH 值约在 7.0 ~ 7.2。

挥发性脂肪酸包括甲酸、乙酸、丙酸、丁酸、戊酸和己酸等,它们是发酵细菌的代谢产物。保持适宜的挥发性脂肪酸浓度,对维持厌氧消化过程的有序进行是十分重要的,但当有机负荷偏大或环境条件恶化时,会出现挥发性脂肪酸的积累,导致 pH 值下降,最终抑制甚至破坏厌氧消化进程。

因此,定期测定挥发性脂肪酸的浓度,对了解系统的运行状况是十分重要的,在条件许可时,还应测定乙酸、丙酸和丁酸的变化情况,因为丙酸含量的相对增大,往往预示着酸抑制的出现。挥发性脂肪酸浓度采用比色法测定;挥发性脂肪酸各组分的测定,一般采用气相色谱法。

碱度是反映溶液中结合氢离子能力的指标。一般用与之相当的 $CaCO_3$ 浓度表示。厌氧消化系统中的碱度主要由碳酸盐(CO_3^{2-})、重碳酸盐(HCO_3^-)和部分氢氧化物(OH^-)组成。消化过程中经氨基酸而形成的氨是碱度的重要来源。

碱度反映系统的缓冲能力:在一定程度上能缓解因酸性物质(有时也包括碱性物质)突增而使 pH 值波动过大。例如:

碱度可采用电位滴定法或指示剂滴定法予以测定。一般认为,甲基橙碱度宜维持在 3 000 ~ 8 000 mg/L 之间,且与挥发性脂肪酸(以乙酸计)的比值宜大于 2:1。

(3)营养项目。

厌氧消化系统中的营养物质有 C、H、O、N、P、S 及某些作为酶活化剂的微量元素,其中主要包括 Fe、Mo、Ca、Mg、Co、Cu、Ni、Zn、K 等。废水中缺少其中任何一种物质,都会限制细菌的生长。一般地说,C 来源于废水中的有机物和 CO_2;H 和 O 主要来源于水;N、P、S 及各种微量元素通常也可由废水中得到。但对于缺少营养物的某些废水,则必须由外部供给适量的营养物。由于长期生存的环境条件不同,养物的需要量往在也是不同的,一般按下述要求确定。

①氮。从理论上讲,氮的需要量应根据细胞的化学组成、有机物的转化率、细胞产量系数及消化池内平均固体停留时间有关。

$$处理单位体积废水需氮量 = \frac{Y(S_0 - S_e) \times N}{1 + K_d t_s}$$

$$每日需氮量 = \frac{Y(S_0 - S_e) Q \times N}{1 + K_d t_s}$$

式中　Y——细胞产量系数,公斤细胞/公斤去除 COD。对于脂肪酸废水,取 $Y = 0.05$;对于含碳水化合物废水,取 $Y = 0.24$;对于含蛋白质废水,取 $Y = 0.08$;对于含复杂有机物废水,取 $Y = 0.1 \sim 0.15$;

　　　　Q——废水流量,m^3/d;

　　　　S_0——原废水的 COD 质量浓度,g/L;

　　　　S_e——出水的 COD 质量浓度,g/L;

　　　　N——细菌细胞组织中氮的百分含量,可根据细胞组织的化学组成($C_5H_7O_2N$)计算,约为 12%;

　　　　K_d——细菌细胞的衰减系数,d^{-1}。对于醋酸,取 $K_d = 0.02$;对于复杂有机物,取 $K_d = 0.03$;

　　　　t_s——消化池内平均固体停留时间。

计算得出的氮需要量往往不能满足细菌生长的需要,还必须在运行过程中通过测定出水中氨氮含量加以调整。一般在消化池启动阶段,应投加过量的氮。

②磷。一般为氮需要量的 1/6 ~ 1/5。在设计中估算氮和磷的需要量时,可采用 COD:N:P = 1 000:5:1(对于含脂肪酸废水)或 COD:N:P = 350:5:1(对于含复杂有机物废水)。

③硫。硫在细菌生长中是不可缺少的一种常量元素,它是细胞的主要组分之一。硫在消化池内主要以 H_2S 形式存在,其作用具有两重性。当 H_2S 质量浓度为 50 ~ 100 mg/L 时,可能会降低消化液的氧化还原电位,刺激细菌生长,有利于消化过程的进行。当 H_2S 质量浓度超过 100 mg/L 时,对细菌则会产生毒性,不利于消化过程的正常进行。

④微量元素。多种微量元素都是酶的活化剂。如果废水中缺少细菌所必需的某种微量元素,就会降低细菌的生长速率。一般,应通过试验确定废水中缺少哪一种微量元素,以便补加相应的无机盐。各种微量元素的最佳需要量也应通过试验确定。一般对于细菌生长所必需的微量元素的量可参照表 8.24 进行投加。

表 8.24　微量元素用量表

化合物	需要量/($mg \cdot L^{-1}$)	化合物	需要量/($mg \cdot L^{-1}$)
$MnCl_2$	0.5	$NaMoO_4 \cdot H_2O$	0.5
$CaCl_2$	200	NH_4VO_3	0.5
H_3BO_3	0.5	$FeCl_3 \cdot 4H_2O$	40
$ZnCl_2$	0.5	$CoCl_2$	4.0
$KHCO_3$	1 000	$NiCl_2$	0.5
$MgSO_4 \cdot 7H_2O$	400	$NaHCO_3$	3 000

注:$KHCO_3$ 和 $NaHCO_3$ 用于需要投加缓冲剂的废水

（4）抑制物项目。

抑制物的存在要根据废水的分析化验报告及化学物质的浓度来确定。

8.4　化学物质对厌氧消化系统的影响

8.4.1　化学物质对厌氧消化系统的抑制类别

化学物质对厌氧微生物综合生物活性的影响与其浓度有关。一些研究者认为：大多数化学物质在浓度很低时对生物活性有一定的刺激作用（或促进作用）；当浓度较高时，开始产生抑制作用；而且浓度越高，抑制作用越强烈。在从刺激作用向抑制作用的过渡中，必然存在一个既无刺激作用又无抑制作用的浓度区间，称为临界浓度区间。如果该浓度区间很小，表现为某一值时，则此值称为临界浓度，如图8.19所示。

虽然说许多化学物质对综合生物活性有一定的刺激作用，但多数化学物质的刺激作用表现得并不明显，或者临界浓度值很小，难于实际观察到。

研究表明，各种化学物质的临界浓度相差很大，而且不同研究者提供的同一化学物质的临界浓度值也很不一致。

化学物质对综合生物活性的抑制作用按程度不同大体上分为基本无抑制（即浓度在临界浓度附近时的情况）、轻度抑制、重度抑制、完全抑制等。轻度抑制和重度抑制的划分并无严格的界限。完全抑制指厌氧微生物完全失去甲烷发酵能力时的抑制。

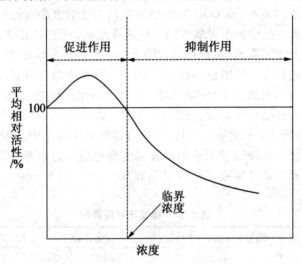

图8.19　不同浓度对生物活性的影响

当厌氧微生物首次接触某些化学物质时，在浓度为A时表现为重度抑制，那么在长期接触同一浓度后，由于适应能力的提高，有可能表现为轻度抑制了。同理，当初次接触某一化学物质时的临界浓度为a，则在长期接触该化学物质后的临界浓度有可能变为大于a的b了。因此，应将初次接触时的抑制和长期接触后的抑制加以区别。前者可称为初期抑制（或冲击抑制），后者可称为长期抑制（或驯化抑制）。

生产实际中，初期抑制只发生在某种化学物质偶发性的短期进入厌氧消化系统的场合。由于初期抑制产生的抑制程度较高,往往会使厌氧消化系统在受到较高浓度冲击时遭到严重抑制,甚至完全破坏。

8.4.2　抑制剂种类

在工业废水和城市污水污泥的厌氧消化处理中,有许多物质(无机的和有机的)可能对厌氧菌群产生抑制影响。虽然各种物质引起抑制的程度及作用机制也各异,但大多数物质在一定条件下对细菌通常会产生下列几种作用:①破坏细菌细胞的物理结构;②与酶形成复合物使之丧失活性;③抑制细菌的生长和代谢过程,降低其速率。无机性抑制物质主要包括:硫化氢(H_2S)、氨及铵离子、碱金属和碱金属阳离子(如 Na^+、K^+、Ca^{2+} 和 Mg^{2+}),重金属(如 Cu^{2+}、Fe^{2+}、Fe^{3+}、Cr^{3+} 和 Cr^{6+} 等);有机性抑制物质主要有:CCl_4、$CHCl_3$、CH_2Cl_2 及其氯代烃类、酚类、醛类、酮类及多种表面活性物质。

1. 有机抑制剂

(1)氯酚。

氯酚类化合物(CPs)广泛应用于木材防腐剂、防锈剂、杀菌剂和除草剂等行业。氯酚类化合物对大多数有机体都是有毒的,它会中断质子的跨膜传递,干扰细胞的能量转换。氯酚类有机物的厌氧生物降解性大小依次为:五氯酚(PCP) > 四氯酚(TeCP) > 三氯酚(TCP) > 单氯酚(MCP) > 二氯酚(DCP)。厌氧微生物经过驯化可以降低氯酚类化合物的抑制作用并提高其生物降解性。

(2)含氮芳烃化合物。

含氮芳烃化合物包括硝基苯、硝基酚、氨基苯酚、芳香胺等。它们的毒性是通过与酶的特殊化学作用或是干扰代谢途径产生的。硝基芳香化合物对产甲烷菌的毒性非常大,而芳香胺类化合物的毒性要小得多。这可能是由于硝基芳香化合物比芳香胺类化合物疏水性更低的缘故。厌氧微生物经过驯化可以降低含氮芳烃化合物的毒性并提高其生物降解性。

(3)长链脂肪酸。

长链脂肪酸(LCFAs)抑制产甲烷菌主要是由于产甲烷菌的细胞壁与革兰氏阳性菌很相似。LCFAs 会吸附在其细胞壁或细胞膜上,干扰其运输或防御功能,从而导致抑制作用 z73。LCFAs 对生物质的表层吸附还会使活性污泥悬浮起来,导致活性污泥被冲走。在 UASB 反应器中,LCFAs 导致污泥悬浮的浓度要远低于其毒性浓度。由于 LCFAs 可与钙盐形成不溶性盐,所以加入钙盐也可以降低 LCFAs 的抑制作用,但还是不能解决污泥悬浮的问题。

有机化学物质对厌氧消化过程特性的研究工作开展得较早、报道得也较多,但研究的有机化学物质却为数不多,而且多偏重于临界浓度的确定。

近年来,西安建筑科技大学对 60 多种有机化学物质(主要是酚类、苯类、苯胺类、多环芳香族、农药、抗生素及其他一些物质)的抑制特性进行了比较系统的研究。

每一待测的有机化学物质的考察系统有 5 套,每一套的发酵瓶中投加一定浓度的该物质。5 种浓度根据以下原则进行选定:①最小浓度对厌氧消化系统基本无抑制;②最大浓度使厌氧消化达到完全抑制;③其他 3 个浓度大致均匀分布在最小和最大浓度之间。

该研究对考察的每一化学物质在给定的 5 种浓度下的初期抑制和长期抑制进行计算和归纳,得到的结果见表 8.25。

表 8.25　有机物质的短期接触允许浓度和长期接触允许浓度

有机物类别	序号	有机物名称	短期接触允许质量浓度/(mg·L⁻¹)	长期接触允许质量浓度/(mg·L⁻¹)
苯酚及其衍生物	1	苯酚	300	1 500
	2	邻苯二酚	500	1 100
	3	间苯二酚	1 100	1 100
	4	对苯二酚	1 000	1 500
	5	对特丁基邻苯二酚	<100	<100
	6	邻甲酚	<100	800
	7	间甲酚	1 500	1 600
	8	对甲酚	250	500
	9	3,5-二甲酚	<100	300
	10	邻硝基酚	100	500
	11	间硝基酚	500	1 600
	12	对硝基酚	<100	7 500
	13	2,4-二硝基酚	<100	100
	14	2,4-二氯酚	<100	200
	15	2,6-二氯酚	<100	接近 100
	16	五氯酚	0.2	<0.1
胺类	17	二甲胺	7 000	
	18	三甲胺	12 000	11 500
	19	甲胺	750	800
	20	二苯胺	接近 100	<100
	21	联苯胺	700	900
	22	N-甲基苯胺	<100	<100
	23	N,N-二甲基苯胺	150	
	24	乙基苯胺	接近 100	<100
	25	间硝基苯胺	100	100
	26	对氯苯胺	<100	4 500
	27	甲酰苯胺	< <2 000	<2 000
	28	乙酰苯胺	<100	<100
苯及其衍生物	29	甲苯		3 250
	30	苯	1 100	2 100
	31	乙苯	<500	1 000
	32	对硝基甲苯	接近 100	900
	33	2,4-二硝基甲苯	<100	<100
	34	氯代苯	接近 100	200
	35	邻二氯代苯	接近 100	100
	36	苯甲酸		11 000

续表 8.25

有机物类别	序号	有机物名称	短期接触允许 质量浓度/(mg·L⁻¹)	长期接触允许 质量浓度/(mg·L⁻¹)
多环芳香族	37	蒽	接近 500	>5 000
	38	苊	接近 100	<100
	39	萘	6 000	
	40	β-萘酚	120	接近 100
	41	β-萘胺	3 000	
脂肪族	42	三氯甲烷	0.5	5
	43	二氯甲烷	20	150
	44	六氯甲烷	90	300
	45	二氯乙烯	10	120
农药及抗菌素	46	DDT	<100	100
	47	灭菌丹	接近 100	接近 100
	48	福美双灭菌剂	<100	<100
	49	倍硫磷	90	200
	50	红霉素		
	51	土霉素	<100	<100
	52	链霉素	<100	100
	53	青霉素 K		5 300
	54	青霉素 Na		10 000
	55	庆大霉素	<100	<100
	56	四环素	<100	200
其他	57	嘧啶	接近 1 000	
	58	水合肼		>10 000
	59	尿素	900	700
	60	氨水	1 100	3 300

注:短期和长期接触的抑制分别以 3 d 和 60 d 的抑制程度进行判定

部分芳香族有机物毒性大小顺序见表 8.26。

表 8.26　芳香族有机物毒性的大小顺序

	酚类	胺类	苯类
毒性增大 ↑	五氯酚	二乙基苯胺	邻二氯苯
	2,4 - 二硝基酚	间硝基苯胺	对硝基甲苯
	3,5 - 二甲酚	苯胺	对二氯苯
	硝基酚(邻、间、对)	苯	乙苯
	甲酚(邻、间、对)		苯
	二苯酚		
	苯酚		
	苯		

　　将一种毒性有机物投入厌氧处理系统,使其在消化液中的剂量达到表列临界毒性浓度时,就会导致产气速率下降。但是,对于大多数有毒物质,采用适当条件经过长期驯化,厌氧消化系统可适应的毒物浓度往往远高于临界毒性浓度值,这时产气速率与未接受毒性物质前相比并不会发生明显的下降。在工程上将厌氧处理系统所能接受这一毒物浓度称为最高允许浓度。实验证实,许多有毒物质都具有这样一种可驯化的特性。当消化液中某种有毒物质的浓度超过其最高允许浓度时,产气速率会迅速下降,最终将导致产气过程停止。产气停止并不是意味着产甲烷菌群的死亡。

　　实验证明,一旦将消化液中的有毒物质排除,产气过程往往会立即开始,并逐渐恢复到未遭受毒性物质破坏以前的水平,这说明产甲烷菌具有对毒物抑制的可逆性。很多情况下,所谓毒物抑制往往是可逆的,这一点在工程上具有十分重要的意义。一个生产性厌氧处理系统一旦遭受有毒物质的破坏后,根据可逆性抑制的原理,可以将混杂有毒物质的消化池内液体用自来水或不含毒物的废液迅速置换,然后少量进入所要处理的废水,可在短期内使系统完全恢复正常,而不必重新接种进行启动。

　　根据厌氧消化系统可驯化的原理,迄今为止,在国内外已经进行多种石油化学产品的厌氧处理试验。常用的驯化方法分为两类,即交叉驯化和长期驯化。前者主要用于分批试验中,目的在于加速一个新的厌氧处理系统的启动过程。后者多用于半连续进水或连续进水的各种厌氧处理系统。Speecc 采用完全混合型消化器和推流式厌氧滤池对 30 多种石油化学产品进行了长期驯化处理试验。根据这些试验结果得出下列几点主要结论:

　　(1)有机化合物的厌氧毒性强弱会影响该种化合物的驯化周期和厌氧生物降解度。

　　(2)驯化时间越长,有机化合物的降解度越高。

　　(3)含有基团 - Cl、- NH$_2$ 和羰基的各种化合物不利于驯化,其降解性也差。

　　(4)有机化合物分子中基团的位置会显著影响该种化合物在驯化过程中开始发生降解的迟缓期、降解度和降解速率。

　　(5)含有偶数和奇数碳的有机化合物,不影响驯化过程的迟缓期,但影响化合物的降解度和降解速率。

　　(6)链长相同的双羧基有机化合物与单羧基化合物比较,需要的驯化周期更长,降解速率更低。

(7)厌氧消化系统维持较长的细胞停留时间有利于驯化,并可提高系统抵抗毒物影响的能力。

几乎所有的表面活性物质均对厌氧消化处理都有不利影响。常用的硬洗涤剂十六烷基苯磺酸盐(ABS)在非乳化状态下,当消化液中质量浓度高于 65 mg/L 时,对厌氧消化过程就会产生抑制作用。但在污泥消化处理中,ABS 会掺和在人粪便内,表面吸附上其他有机物而发生乳化,这样就会降低其厌氧毒性,甚至在消化污泥中 ABS 质量浓度达 1 000 mg/L 时,对污泥的厌氧消化处理也不会产生严重的影响。当 ABS 的质量浓度达到 400 ~ 700 mg/L (占污泥的 0.8% ~1.4%)时,沼气的产生量明显下降。

2. 无机抑制剂

无机化学物质对厌氧消化的影响(特别是其抑制作用),早在 20 世纪二三十年代就开始了研究。

(1)碱金属和碱土金属盐。

在某些工业生产部门,如造纸、制药及石油化工的某些生产过程中会排出含有高浓度碱金属和碱土金属盐的有机废水,含有高浓度无机酸和有机酸的有机废水由于加碱中和也会导致其中含有高浓度碱金属和碱土金属的盐类。采用厌氧消化法处理这类废水时或当消化池发生酸积累而通过加碱控制 pH 值时,均有可能在消化液中出现很高的碱金属(主要是 K^+ 和 Na^+)和碱土金属的正离子(主要是 Ca^{2+} 和 Mg^{2+}),由于这些离子的大量存在常会导致消化过程失败。如表 8.27,当消化液中含有不同浓度这类离子时,或者对细菌产生刺激作用,或者产生抑制作用。

表 8.27　碱金属和碱土金属离子的刺激和抑制质量浓度/(mg·L⁻¹)

金属离子	刺激质量浓度	中等抑制质量浓度	强烈抑制质量浓度
Na^+	100 ~ 200	3 500 ~ 5 500	8 000
K^+	200 ~ 400	2 500 ~ 4 500	12 000
Ca^{2+}	100 ~ 200	2 500 ~ 4 500	8 000
Mg^{2+}	75 ~ 150	1 000 ~ 1 500	3 000

Ca^{2+} 对某些产甲烷菌株的生长至关重要。但是大量的 Ca^{2+} 会形成钙盐沉淀物析出,可能导致以下后果:①在反应器和管道上结垢;②使生物质结垢,降低特定产甲烷菌群的活性;③造成营养成分的损失和厌氧系统缓冲能力的降低。

Mg^{2+} 对厌氧污泥的产气活性有影响,当 Mg^{2+} 浓度约为 3 ~ 10 mmol/L 时,能够提高污泥的产气活性,而超出此范围时,对污泥产气活性可能有抑制作用。Mg^{2+} 提高厌氧污泥产气活性的机制可能是 Mg^{2+} 能够催化甲烷合成过程的一步或几步反应,另外,Mg^{2+} 可能会影响有机物与污泥的有效接触。

低浓度的 K^+(<400 mg/L)在中温和高温范围对厌氧消化有促进作用,而高浓度的 K^+ 在高温范围很容易表现出抑制作用。这是因为高浓度的 K^+ 会被动进入细胞膜,中和细胞膜电位当 Na^+ 质量浓度在 100 ~ 200 mg/L 范围内时,对中温厌氧菌的生长是有益的,因为

Na^+ 对三磷酸腺苷的形成或核苷酸的氧化有促进作用。Na^+ 浓度过高时很容易干扰微生物的代谢,影响它们的活性。

当这些离子同时存在时,由于它们之同拮抗作用会减弱它们对细菌的毒性,或者由于相互之间的协同作用而增强其毒性(表8.28)。钙和镁离子通常并不作为主要的拮抗剂使用,投加钙、镁离子往往会提高其他正离子的毒性;但是,当有另一种拮抗剂存在时则会产生刺激效应。如前所述,在发生 Na^+ 毒性的情况下,若向消化池内同时投加 300 mg/L K^+ 和 200 mg/L Ca^{2+},则会消除 Na^+ 引起的毒性。但如不向消化池内投加钾盐,只投加钙盐时,往往适得其反。

表 8.28 不同金属离子的组合作用

有毒离子	与以下离子共存时有抑制增强作用	与以下离子共存时有抑制减弱作用
NH_4^+	Ca^{2+}、Mg^{2+}、K^+	Na^+
Ca^{2+}	NH_4^+	K^+、Na^+
Mg^{2+}	Ca^{2+}、NH_4^+	K^+、Na^+
K^+	—	Ca^{2+}、NH_4^+、Mg^{2+}、Na^+
Na^+	Ca^{2+}、NH_4^+、Mg^{2+}	—

(2)硫及硫化物。

硫是组成细菌细胞的一种常量元素,对于细胞的合成是必不可少的。硫在水中主要以 H_2S 的形态存在。当废水中含有适量的硫时,可能会产生 3 种效应:供给细胞合成所需要的硫元素;降低环境氧化还原电位,刺激细菌的生长;与废水中有害的重金属络合形成不溶性金属硫化物沉淀,减轻或消除重金属的毒性。产生上述效应的质量浓度范围一般在 50 mg/L。因此,待处理的废水中如不含硫或其含量甚微时,或废水中含有重金属离子时,应投加适量的硫化物,通常采用硫化钠、石膏或硫酸镁等。但是,当消化液中硫化氢质量浓度超过 100 mg/L 时,对细菌则会产生毒性,达到 200 mg/L 时会强烈地抑制厌氧消化过程,但经过长期驯化后,一般可以适应。

观测表明,当厌氧消化过程受到硫化物抑制时,常常会出现以下几种现象:

①甲烷产量明显减少。

②挥发酸浓度增高,pH 值下降。

③COD 去除率降低。

④气相中 CO_2 含量升高。

⑤对停车和启动条件反应迟钝。

⑥超负荷时稳定性差。

如前所述,在含有高浓度 SO_4^{2+} 的废水厌氧消化处理中,硫化物的形成对产甲烷过程可能会产生下列几方面的抑制作用:

①由于硫酸盐还原菌争夺 H_2 而导致对甲烷生成过程的一次抑制作用。

②当消化液中溶解硫质量浓度高于 200 mg/L 时,对细菌的细胞功能会产生直接抑制作用,因为 H_2S 可与酶形成复合物,抑制其活性。

③由于硫酸盐还原菌的大量生长,将与产甲烷菌争夺碳源,而引起产甲烷菌类群和数

量的减少,从而对甲烷生成产生二次抑制作用。

在废水厌氧消化处理中硫化氢毒性控制的方法一般分为 3 种,即物理方法、化学方法和生物方法。

物理方法常采用进水稀释、汽提等方法。无论采用哪种物理控制方法实际都不能真正解决问题。因为这样做只能维持消化过程的进行,却不可能增加甲烷产量,而且硫化氢通过汽提进入消化气体中会引起消化池,集气、输气和用气设备及管道的腐蚀,需增加防腐措施及气体脱硫设施,因此会增加投资和运行费用。

化学方法前已提及,利用化学方法控制硫化氢的毒性主要是利用重金属硫化物难溶于水的特性,向入流废水或消化池内投加铁粉或某些重金属盐,使重金属与硫生成对细菌无毒害作用的不溶性金属硫化物。

(3)氨。

氨主要由蛋白质和尿素生物分解产生。氨氮在水溶液中,主要是以铵离子(NH_4^+)和游离氨(NH_3,FA)形式存在。其中 FA 具有良好的膜渗透性,是抑制作用产生的主要原因。在 4 种类型的厌氧菌群中,产甲烷菌最易被氨抑制而停止生长。当 NH_3 – N 质量浓度在 4 051 ~ 5 734 mg/L 范围时,颗粒污泥中产酸菌几乎不受影响,而产甲烷菌的失活率达到了 56.5% 。

在某些蛋白质、尿素等含氮化合物浓度很高的工业废水和生物污泥厌氧消化处理过程中常常会形成大量氨态氮。

氨氮不仅是合成细菌细胞必需的氮元素的唯一来源,而且当其浓度较高时还可以提高消化液的缓冲能力。因此,消化液中维持一定浓度的氨氮对厌氧消化过程显然是有利的。但是,氨氮浓度过高则会引起氨中毒,特别是当消化液的 pH 值较高时,游离氨的危险性更大些。McCarty 曾就氨氮在厌氧消化过程的影响进行了研究,其结果见表 8.29。

表 8.29　氨氮对厌氧消化过程的影响

氨氮质量浓度/(mg·L⁻¹)	对厌氧消化的影响
50 ~ 200	有利
200 ~ 1 000	无不利影响
1 000 ~ 4 000	pH 值较高时,有抑制作用

驯化、空气吹脱或化学沉淀都可以有效降低氨的抑制作用。某些离子(如钠离子、钙离子、镁离子)也可以拮抗氨的抑制作用。多种离子联合使用要比单独使用某种离子的效果好。

(4)重金属。

微量重金属(如铁、钴、铜、镍、锌、锰)对厌氧细菌的生长可能有某种刺激作用,有利于细胞的合成,对厌氧消化过程往往是有益的。但是,几乎所有重金属离子当其浓度达到某一值时,都会抑制细菌的生长,特别是铜、镍、锌、铬、锡、铅、汞等重金属离子对厌氧菌的毒性作用较强,即使消化液中只有几 mg/L,有时也会产生严重的后果。

一般认为重金属离子引起毒性的机制是与细胞蛋白质具有强烈的亲和性,可与过氧化氢酶形成络合物使之丧失活性,并可破坏细胞原生质,引起细胞蛋白质变性而产生沉淀。

一些重金属化合物的允许质量浓度,列于表8.30。

表8.30　几种重金属化合物的允许质量浓度

化合物	允许质量浓度/(mg·L^{-1})	化合物	允许质量浓度/(mg·L^{-1})
$CuSO_4 \cdot 5H_2O$	700(178 以 Cu 计)	Cr_2O_3	>5 000(>3 422 以 Cr 计)
Cu_2O	300(266 以 Cu 计)	$CrCl_3 \cdot 6H_2O$	1 000(195 以 Cr 计)
CuO	500(399 以 Cu 计)	$K_2Cr_2(SO_4)_4 \cdot 24H_2O$	3 000(156 以 Cr 计)
$CuCl$	500(321 以 Cu 计)	$Cr(NO_3)_3 \cdot 9H_2O$	100(13 以 Cr 计)
$CuCl_2 \cdot H_2O$	700(261 以 Cu 计)	$NiSO_4 \cdot 7H_2O$	300(63 以 Ni 计)
CuS	700(465 以 Cu 计)	$NiCl_2 \cdot 6H_2O$	500(123 以 Ni 计)
$Cu(OH)_2$	700(456 以 Cu 计)	$Ni(CH_3COO)_2 \cdot 4H_2O$	300(71 以 Ni 计)
$Cu(OH)_2$	700(456 以 Cu 计)	$Ni(NO_3)_2 \cdot 6H_2O$	200(40 以 Ni 计)
$Cu(CN)_2$	70(38 以 Cu 计)	NiS	700(453 以 Ni 计)
$K_2Cr_2O_7$	500(88 以 Cr 计)	$HgCl_1$	2 000(1 478 以 Hg 计)
$Cr(OH)_2$	1 000(505 以 Cr 计)	$HgNO_3$	1 000(764 以 Hg 计)

　　重金属对厌氧微生物是促进还是抑制主要取决于重金属离子浓度、重金属化学形态、pH 值、氧化还原电位等。由于厌氧系统的复杂性,重金属可能参与许多物理化学过程,形成多种化学形态,如:①形成硫化物沉淀、碳酸盐沉淀、氢氧化物沉淀;②吸附到固态颗粒或惰性微粒上;③在溶液中,与降解产生的中间体或产物形成复合物。

　　在讨论硫化物毒性问题时已经提及,当重金属与硫化物同时存在于消化液中时,它们之间可以进行络合反应形成不溶性的无毒性金属硫化物沉淀,从而可同时消除重金属离子和硫化物的毒性。在只含有重金属离子的工业废水厌氧处理系统中,按一定量投加硫化钠、石膏或其他硫酸盐,一般可以有效地控制或者消除重金属离子的厌氧毒性。有些高价重金属离子(如 Cr^{6+})较低价重金属离子(如 Cr^{3+})会显示更强的厌氧毒性,但在消化池内高价离子很容易被还原为低价离子,因此可减弱或消除其毒性。

　　工业废水或废渣中一般含有多种重金属,它们在厌氧消化过程中会产生拮抗/协同作用,作用程度取决于成分的种类和比例。大多数重金属混合后,会产生协同作用,毒性增强,如 Cr – Cd、Cr – Pb、Cr – Cd – Pb、Zn – Cu – Ni。Babich 等发现,Ni 在 Ni – Cu、Ni – Mo – Co、Ni – Hg 组合中,起协同作用;而在 Ni – Cd、Ni – Zn 组合中,起拮抗作用。

　　中科院生态环境研究中心的研究表明重金属毒性大小的次序大致为铅 >六价铬 >三价铬 >铜、锌 >镍。还对铜、锌、镍和三价铬共同存在时的抑制作用进行了研究。结果表明,当几种重金属共同存在的情况下比单一离子存在时的毒性要大,即污泥对混合离子总量的承受能力要比任一单个离子的承受能力都低。

　　降低重金属毒性的主要方法是利用有机或无机配体使重金属沉淀、吸附或螯合。使重金属沉淀主要采用硫化物,但过量的硫化物也会对产甲烷菌的乙酰胆碱酯酶产生抑制。由于 $FeSO_4$ 溶解性好,Fe^{2+} 的毒性也相对较小,且过量的硫化物可以通过添加 $FeSO_4$ 生成 FeS 来处理,较为常用。利用污泥、活性炭、高岭土、皂土、硅藻土及废弃物堆肥对重金属的吸附作用,也可以降低其毒性。有机配体对重金属的螯合作用也对降低其毒性很有效。微生物与重金属的接触也会激活多种细胞内解毒机制,如细胞表面的生物中和沉淀或螯合作用、生物甲基化作用、胞吐作用等。在废水和污泥厌氧消化处理中,常用的毒性控制方法列于表 8.31:

表 8.31　常用的毒性控制方法

控制方法	说　　明
1. 中和法	对于存在氢离子(H^+)和羟离子(OH^-)的废水(污泥),或失去平衡的消化池,可通过加碱或加酸进行中和
2. 络合法	向废水中投加某种可与原废水(污泥)中有毒物质形成络合物的物质以控制毒性。最常见的重金属一般采用投加硫化物使之与重金属离子形成对细菌无毒的重金属硫化物的络合物析出
3. 投加反离子	利用某些阳离子相互之间的拮抗作用来控制其抑制作用
4. 氧化 - 还原作用	如添加还原剂使得 Cr^{6+} 还原为易于沉淀的三价铬盐
5. 气提法	脱除废水(污泥)消化处理过程中产生的有害气体如 H_2S,以消除或减弱其抑制作用
6. 生物氧化分解	有机抑制物质(如苯酚等)可通过生物的氧化分解作用来消除其抑制作用,同时使得污水(污泥)得以净化
7. 防止某些抑制物质进入消化池	通过预处理来除去废水(污泥)中的有毒物质
8. 投加特殊细菌作为抑制剂	投加抑制硫酸盐还原菌生长的康生物剂,以防止 SO_4^{2-} 和 SO_3^{2-} 还原为 H_2S
9. 稀释法	稀释废水(污泥),使得有毒物质的浓度降低至临界毒性浓度以下

第9章　各类工业废水厌氧处理技术

工业的发展和生活质量的提升带动了各类废水的"发展",目前世界范围内的废水主要包括以下几大类:

1. 食品和发酵工业废水

这类废水种类最为繁多,包括面包厂废水、贝克氏酵母生产废水、糖果厂废水、罐头厂废水、巧克力生产废水、咖啡生产废水、牛奶厂和奶酪生产废水、果汁生产废水、果糖生产废水、土豆加工废水、软饮料生产废水、淀粉生产废水、食糖生产废水、酵母生产废水和屠宰废水等,均可归入食品工业废水范畴;而酒精生产、柠檬酸生产、啤酒厂、酒厂、谷氨酸(味精)、丙酮丁醇生产等废水则属于发酵废水。

2. 制浆造纸工业废水

这类废水在厌氧处理中也占有很大比重,且其规模一般较大,由于生产方式和所用原料和化学品的不同,制浆造纸废水可以分为多种类型,在性质上和处理方式及效果上区别很大。

3. 城市居民生活污水

这是排放量很大且在特征上与工业废水有一定区别的废水。生活污水的排放量与性质一般与当地居民的生活水平、生活方式有关。不少生活废水中可能含有不同种类的工业废水。

4. 其他废水

其他废水包括化学工业废水、橡胶工业废水、制药废水等。

这些废水主要是依据废水的来源划分,但是有时即使是同一来源的废水在性质上也可能不尽相同,而不同来源的废水从厌氧生物处理的角度来讲可能具有共同的特征。

9.1　食品与发酵工业废水的厌氧处理

几乎所有的食品与发酵工业废水都引起严重的环境污染。它们含有的可生物降解有机物的浓度通常较高。这些有机物多以碳水化合物和其降解产物为主。这些有机物通常不具有生物毒性,但是当其排放至水域后,它们能迅速消耗水中的溶解氧,引起水质恶化。

食品和发酵行业的分类很多,工艺流程各有特色,所以它们产生的各类工业废水也呈现出多种特征。而且,尽管大多数食品和发酵工业废水无毒,但也有一小部分废水含有毒性或抑制性物质,而某些无毒物质也可能在厌氧处理过程中引起浮渣或污泥流失等问题。例如,某些淀粉厂废水、食用油生产废水和谷氨酸发酵等废水中含有硫酸盐,屠宰厂废水、乳品厂废水中则含有较多的脂肪和类脂,所以在不同的废水厌氧处理中就需要采取不同的措施,而废水处理的效果也会有区别,所以在厌氧处理之前充分了解废水的特征,对废水处理工艺而言是极其重要的。

食品发酵工业废水不但拥有较高的有机物浓度,一般也是温度高于环境温度的温水或热水。相比生活污水或其他工业废水,食品发酵工业废水更易于生物处理。

9.1.1　酒精与溶剂废水的厌氧处理

发酵法和化学合成法是酒精生产的两大类方法,我国的酒精生产主要依靠发酵法。发酵法可以采用含糖量很高的甘蔗和甜菜作为生产原料,或以制糖过程的副产品糖蜜为原料,称为糖质原料发酵。如果采用玉米、高粱、薯类等淀粉质原料为发酵原料时,则称为淀粉质原料发酵。淀粉与糖质原料是目前酒精生产的主要原料。酒精酵母是酒精发酵工艺的核心菌种,它能将单糖或双糖转化为酒精。当淀粉作为酒精发酵的原料时,淀粉必须先经过糖化处理,通过霉菌产生的淀粉酶将淀粉转化为糖液,糖液的主要成分为葡萄糖和麦芽糖。由于原料与工艺上的差异,淀粉质原料发酵和糖质原料发酵产生的废水特性与水量都有许多不同之处。

酒精生产的主要废液是酒精糟液,即发酵液经蒸馏出酒精后的残余废液,其污染程度高,年排放量大,COD 总量达每年 30 万 t。与酒精生产类似,以淀粉质原料发酵的溶剂(如丙酮、丁醇等)的生产与液态法白酒生产也会排放出高污染的糟液。

1. 糖质原料发酵法酒精废水的厌氧处理

(1)废水的来源与特性。

糖质原料发酵采用甘蔗或甜菜压榨得到的糖液、糖蜜或两者的混合物来发酵。糖蜜是制糖工艺过程中不能再析出结晶糖的残余糖浆。发酵过程采用优质酒精酵母为菌种,为了抑制杂菌的生长,发酵液的 pH 值以硫酸调节维持在 3.2,由此产生的含乙醇发酵液以蒸汽逆流的方式进行多次蒸馏,分离酒精后的蒸馏残液就是糟液。如果以糖蜜为发酵底物,则需要用水或甘蔗汁来稀释。

糟液是污染最为严重的工业废水之一。其有机物质量浓度含量很高,范围通常在 20 ~ 120 gCOD/L 之间。酒精厂废水还包括地面和设备清洗水及酵母分离时的废水,但与糟液相比,其浓度与污染物总量相比要小得多。糟液的组成成分因所用原料而异,但都含有碳水化合物(葡萄糖与多糖)和醇类(乙醇、甘油等)。

以糖蜜为底物时,糟液里会存在焦糖化合物,这使得糟液色度变深,糟液有机物、盐和 SO_4^{2-} 的浓度较高。生产工艺的不同也会影响糟液性质和糟液的排放量,这其中以糟液量与酵母品质的关系最大。发酵所用酵母菌株的优劣,决定了发酵液中乙醇能够达到的最高浓度的高低,对乙醇有抗性的酵母能得到较高的乙醇浓度的发酵液,进而产生较少的糟液,高质量的酵母可以得到约 8%(体积分数)乙醇浓度的发酵液,相应的糟液产量是每立方米乙醇 12 m^3 糟液。但是在实际生产过程当中,由于酵母品质无法达到最佳,糟液的产生量往往高于 12 m^3。但是当糟液排放量较大时,糟液的有机物浓度就会降低,因此单位酒精产量下废水的污染物负荷与糟液的排放量关系不大。

(2)糖质酒精废水的厌氧处理与能源回收。

废液的处理技术与资源的回收综合利用有着密不可分的联系。对于糖质酒精发酵而言,以能源生产为角度分析生产过程和废水治理过程有着极为重要的实际意义。

由甘蔗生产酒精时,甘蔗中含有的总能量中只有38%转化为酒精,12%作为糟液排放,其余50%的能量存在于残余蔗渣中。生产实践中,大约一半的蔗渣以燃烧的方式为酒精蒸馏提供能量,因此在酒精生产中有相当多的能量被浪费掉了。我国对蔗渣利用的成功方式之一是用它来造纸。糟液含有较高浓度的可生物降解物质并富含蛋白质(悬浮物中的蛋白质质量浓度约为3 g/L,约占悬浮物的30%),直接排放在严重污染环境的同时,也会造成巨大的资源浪费。

就性质而言,糟液的可生物降解物质浓度较高,同时富含大量蛋白质,其中悬浮物中的蛋白质约为3 g/L,占悬浮物总量的30%,同时,由于大量糟液的产生,无论从环境保护角度还是资源回收角度都应当充分考虑糟液的适当处理。

通过以厌氧反应器为核心的厌氧处理系统对糟液的处理,包含能源回收和污水处理两个内容:①通过对含悬浮物的糟液进行固液分离可以生产出富含蛋白质的饲料或有机肥。实际生产中已应用沉淀物和消化后的糟液施于甘蔗田,增加甘蔗产量。②应用高速厌氧反应器处理沉淀后的糟液,将其中溶解性的和难以沉降的有机物转化为沼气和少量沉淀性能良好的剩余污泥。经过处理后的废液实际上已不含有可以生物降解的物质,可用作农业灌溉并起到增加土壤肥力的效果。

经过固液分离糟液得到的沉淀物可以通过喷雾干燥生产富含蛋白质的牛饲料或者通过自然干燥生产固体的有机物。而经过 UASB 反应器厌氧处理的有机废水,其 COD 去除率超过90%。一个年产24 000 m³ 酒精的中型厂,每年可生产富含蛋白质的干物质5 000 t,甲烷2 700 t。产生的沼气可以用作蒸馏的燃烧或用于发电,满足工厂电力需要。由于甲烷的热值较高,所产生的甲烷能量等于酒精总能量的28%。处理糟液可以比传统由甘蔗汁生产能源增加26%的收益。所以厌氧废水处理为酒精生产提供了很好的资源和环境保护手段。

另外,通过比较发现,厌氧 UASB 反应器的有机负荷为好氧处理工艺的十几倍,由于好氧曝气和添加更多的氮、磷等物质,在操作成本上,好氧处理工艺也远远高于厌氧方法。在剩余污泥的处理上,因为好氧方法的剩余污泥量远大于厌氧处理方法,且好氧方法剩余污泥的含水量较大,浓缩及脱水过程更为复杂,加上在处理好氧污泥前首先需要对污泥进行稳定化处理,因此好氧方法的剩余污泥处理成本更高。

2. 淀粉质原料发酵法酒精废水的厌氧处理

淀粉质原料是我国酒精生产的主要原料,淀粉类原料包括薯类、玉米以及某些含淀粉的野生植物。

白酒的生产工艺分为固态发酵和液态发酵两大类。固态发酵法由于其工艺特点,除蒸馏冷却水外,其主要用水几乎全部可成为产品,废水量较少,冷却水基本没有污染,因此固态发酵法的污染程度较轻。液态法白酒生产类似于淀粉类原料的酒精生产,其废水来源与污染情况也与酒精生产相似。

溶剂生产指以淀粉质原料(通常为玉米)由丙酮丁醇梭状芽孢杆菌发酵生产丙酮和丁醇,其产物中也含有少量乙醇,发酵液中的丙酮:丁醇:乙醇 = 3:6:1。

淀粉质原料生产酒精、白酒和溶剂的废水具有一定的相似之处,并且这些产品往往在同一工厂生产,其废液有时可以一起处理。

(1)废水的来源与特性。

由淀粉类原料发酵生产酒精的工艺主要由糖化、发酵和蒸馏几大部分组成。糖化是指由霉菌产生的淀粉酶将原料中的淀粉转化为葡萄糖的过程。当淀粉转化为葡萄糖以后,糖液就会在酒精酵母的作用下通过发酵过程转化为酒精。淀粉类原料发酵酒精、液态法白酒生产工艺与溶剂生产的废液均为糟液,淀粉类发酵酒精与液态法白酒生产工艺的糟液性质更为相似。淀粉类原料生产酒精和溶剂的糟液特性见表9.1。

表9.1　淀粉类原料生产酒精和溶剂的糟液特性

项目	溶剂糟液（玉米原料）	酒精糟液（玉米原料）	酒精糟液（薯干原料）	混合糟液（溶剂糟:酒精糟=2:1）
pH 值	3～5	3～5	3～5	3～5
水温/℃	95～98	95～98	95～98	95～98
总固体质量浓度/$(mg \cdot L^{-1})$	10 000～20 000	45 000～70 000	40 000～55 000	20 000～43 000
挥发性固体质量浓度/$(mg \cdot L^{-1})$	9 300～18 600	42 000～66 000	37 500～52 000	19 000～40 000
总悬浮物质量浓度/$(mg \cdot L^{-1})$	7 800～13 000	35 000～55 000	30 000～40 000	15 000～34 000
COD 质量浓度/$(mg \cdot L^{-1})$	20 000～32 000	52 000～163 000	30 000～58 000	25 000～55 000
BOD 质量浓度/$(mg \cdot L^{-1})$	13 000～19 000	20 000～40 000	15 000～30 000	15 000～25 000
总氮质量浓度/$(mg \cdot L^{-1})$	1 120～1 150	2 880～3 200	2 000～2 500	1 700
有机氮质量浓度/$(mg \cdot L^{-1})$	980～1 100	2 050～3 100	1 050～2 000	1 500
氨氮质量浓度/$(mg \cdot L^{-1})$	5～15	20～25	19～25	10～18
VFA 质量浓度/$(mg \cdot L^{-1})$	350～650	400～700	—	350～680
淀粉质量浓度/$(mg \cdot L^{-1})$	7 500		9 700	9 000
总糖质量浓度/$(mg \cdot L^{-1})$	8 300		10 800	9 000
PO_4^{2-} 质量浓度/$(mg \cdot L^{-1})$	550	530	—	500
电导率/$(\mu\Omega \cdot cm^{-1})$	1 700	1 340	1 300	1 590

　　酒精和溶剂糟液有很高的总固体含量,其中绝大部分为悬浮物(约占60%～80%),溶解性物质和胶体物质仅占约20%～40%。有机物的总固体占有很高的比例,约为93%～94%。糟液中的有机物主要是碳水化合物,其次为含氮化合物以及未完全分离的发酵产物与副产物乙醇、丙酮、丁醇和脂肪酸等。灰分占6%～7%,主要是 Ca^{2+}、Mg^{2+}、SiO_2 等。废水中的 BOD 和 COD 的比值较高,说明有较高的生化可降解性。但在生物处理之前,应首先去除悬浮物。

　　(2)淀粉质原料酒精、溶剂与白酒废液厌氧处理。

　　酒精与溶剂糟液含有大量碳水化合物和营养成分,因此利用糟液制取饲料不仅能产出商品饲料,还能大大降低废液中的污染物含量。分离出饲料之后,剩余糟液已基本不含悬浮物,COD 浓度也因此大大降低。国外在利用酒精糟液制取饲料方面研究较为深入,目前已经和酒精生产工艺结合形成了一整套酒精生产、饲料生产的工艺流程。通常采用压榨-浓缩法利用酒精废液制取饲料,早在 20 世纪 50 年代开始人们就已经采用这一工艺进行饲料制取,但是由于当时的技术水平比较有限,获取单位饲料的能耗过高所以此方法并未广泛推广。现在,这一问题已经在美国 DDGS 饲料生产的 MVR 工艺得到解决。此工艺采用分离、蒸发和浓缩 3 个步骤,由于这种工艺采用了机械蒸汽再压缩,大大提高了节能效果,使酒糟脱水能耗下降到原来的几分之一。从工艺流程是在常规酒精生产工艺基础上,另外添加酒糟分离蒸馏工序。该工艺不需要修改原有的酒精生产工艺就可大幅回收酒糟中的有机物。

淀粉质原料发酵生产酒精、白酒或溶剂废水糟液的处理多采用固液分离—生物处理(厌氧或厌氧 + 好氧)—脱色的工艺路线。厌氧反应器以厌氧接触法和 UASB 法居多,UASB 法作为较先进的工艺日益受到重视。采用 UASB 反应器进行厌氧处理时,水温在 50 ~ 53 ℃之间,混合糟液经过微滤后,在厌氧反应器中停留 1 ~ 3 d,此时 COD 的去除率达 90% 以上。厌氧解除消化池的温度控制在 53 ℃左右,污泥回流比为 1:1,污泥质量浓度 31 ~ 33 g/L,HRT = 4 ~ 5 d,有机负荷 10 ~ 12 kg COD/(m^3 · d),出水 COD 7 000 ~ 8 000 mg/L,COD 去除率 80% ~ 82%。

9.1.2　啤酒废水的厌氧处理

1. 啤酒废水的特性

啤酒制作工艺以各类谷物,包括大麦、稻米、燕麦、玉米和小麦,及啤酒花酿造而成。发酵工艺以酵母为菌种,生产工艺包括麦芽制取、麦芽汁制取、发酵以及根据啤酒类型不同的后期处理。啤酒的生产已经有很长的历史,啤酒种类繁多,很多啤酒都具有其独特的风味,这就要求生产啤酒的过程中运用独特的技术并采用不同原料配方和酵母。

啤酒生产用水量较多,废液量也很大。废水含有较高的有机物浓度,形成严重的污染。每生产 1 t 啤酒产生的废液在 4 ~ 35 m^3,西方发达国家每生产 1 t 啤酒废水排放量约在 4 ~ 9 m^3,我国的啤酒废水排量则较高,一般在每吨 12 ~ 25 m^3。

工艺包括麦芽汁制备、发酵、装瓶几大工序,各工序排出的废水浓度有较大差异,其中糖化与前发酵排出的废水浓度较大。

(1) 麦芽汁制备。

大麦在一定的湿度、温度和通风条件下发芽,目的是为了使大麦产生下一步糖化所需要的淀粉酶和其他酶。大麦发芽到达所需要的程度以后,通过干燥使发芽过程停止。在此过程中浸渍大麦的水被分离出来,此为浸麦废水,其中含有由大麦中溶解出来的有机物、麦粒中洗下来的污物和其他悬浮物等。

然后,发芽后的大麦(或其他谷物原料)被粉碎或研碎,目的是为了使麦粒的角质层破裂并使内部的物质分散。再向已经粉碎的麦粒中加水加热,用来活化已经产生的酶,在淀粉酶的作用下,大麦或其他谷物辅料中的淀粉被降解为葡萄糖和麦芽糖,在蛋白酶的作用下,不溶解的蛋白质被降解为溶解性蛋白质或谷氨酸,此过程被称为糖化。糖化所得的液体就是麦芽汁。之后,再将所得麦芽汁经过过滤、澄清过程,分离出大麦中的残渣,分离出来的物质就是废麦糟,一般情况下,人们将废麦糟用作家畜饲料,澄清后的麦芽汁则进入发酵车间。

(2) 发酵。

麦芽汁经煮沸锅煮沸后加入酒花抽提物或者酒花,这一过程起到消灭杂菌和浓缩麦芽汁的作用,麦芽汁中的酶也被破坏掉,与其他蛋白一起被凝聚并去除。

煮沸后的麦芽汁经冷却后加入酵母即开始正式发酵。此过程中，糖被转化为乙醇和二氧化碳，酵母本身增殖并沉积在发酵槽底部以便除去，这部分被称作酵母泥。分离酵母泥后将其余部分澄清就成为鲜啤酒或生啤酒。

生啤酒要经过后发酵过程加以熟化，使其品质、风味和澄清度进一步得到改善，同时使啤酒中含有饱和的二氧化碳。

熟化后的啤酒依据啤酒种类的不同，可能要经过一些其他处理。其中一种工艺是利用一种硅化合物对啤酒进行过滤，因为硅化合物是惰性无机物，并且具有极好的沉淀性。这种硅化合物与啤酒中的其他杂质一起去除后，90%的硅化物仍可回收利用，另10%作为固体废渣排出。

在麦芽汁的制备和发酵过程中，冷却用水可以多次回收利用，因此除了浸麦废水外，其工艺过程中几乎很少有直接排水，但是为了避免发酵过程中啤酒受到杂菌的污染，所以需要大量且频繁的清洗设备。此设备洗涤废水中主要含有乙醇、糖、蛋白质降解物以及酵母残渣，其中的悬浮物有较好的沉降性能。悬浮物主要来自凝聚的蛋白质、未除净的废麦糟（主要为纤维素）和助滤剂，同时用于清洗的苛性钠可能引起 pH 值的波动。

（3）装瓶。

装瓶车间采用苛性钠作为清洗瓶子的洗涤剂，所以车间的废水中含有啤酒废液、商标纸纤维和洗涤剂。

由于啤酒是间歇性生产，所以清洗工作会在生产间歇（如每次发酵结束后）进行，这就引起了水量、浓度和 pH 值的变化。废水量和浓度的波动还受到生产事故的影响，如果有时由于质量不合格，某一批次的啤酒不得不排放，就会引起废水浓度突然大幅度上升，因为啤酒的 COD 质量浓度大约为 120 g/L，是平常废水浓度的几十倍。

表9.2、表9.3、表9.4分别给出了年产万吨的啤酒厂日耗用热水量、冷水量，以及某品种啤酒啤酒厂的废水的特性。

表9.2　年产万吨的啤酒厂日耗用热水量

工序	温度/℃	用水量/(t·d^{-1})
麦芽和辅料混合	60	24
洗涤晒篦底	80	1.26
洗糟	80	24
洗酒花糟	80	2.5
洗麦汁管路	60	15.12
洗麦汁冷却设备	60	1.68
洗酒糟贮槽	60	0.62
洗压榨机	60	2.5
洗生酒桶	60	9
洗其他设备	60	4.2
总计	60	88

表9.3　年产万吨的啤酒厂日耗用冷水量

工序	用水量/$(t \cdot d^{-1})$
麦汁冷却	180
洗瓶	46.2
洗桶	3.83
测定桶容积	4.21
洗发酵槽	1.6
洗后酵槽	1.6
洗清酒罐	1.6
水力除麦槽	24
水力除酒花槽	6
洗糖化设备	7.2
洗麦汁冷却设备	3.6
洗酵母贮槽	3.0
洗啤酒过滤设备	9.6
洗地面	13.0
总计	325.24

表9.4　某啤酒厂废水特性

项目	特性	备注
温度/℃	夏季28,冬季19～20	
pH 值	平均:8	峰值12
碱度/$(mgCaCO_3 \cdot L^{-1})$	120	
COD/$(mg \cdot L^{-1})$	1 000～3 000	峰值4 000
BOD/$(mg \cdot L^{-1})$	1 200	
TSS/$(mg \cdot L^{-1})$	1 000	大约50%有机物
含氮质量浓度/$(mg \cdot L^{-1})$	40～50	
氨氮质量浓度/$(mg \cdot L^{-1})$	20	
硫酸根质量浓度/$(mg \cdot L^{-1})$	50～100	
总磷质量浓度/$(mg \cdot L^{-1})$	微量	
磷酸根含量	微量	

注:除 TSS 一项外,表中其余数字系经沉淀除去悬浮物后所测

啤酒厂生产各工序排出的废水浓度差异较大,其中糖化与前发酵排出的废水浓度较大。表中数据可看出,啤酒废水的 BOD 与 COD 比例在 0.7 左右,说明废水具有较高的生物可降解性。啤酒废水中含有一定量的凯氏氮和磷,同时不含有明显抑制厌氧菌活性的有毒

物质,是较适于厌氧处理的工业废水。

2.啤酒废水厌氧处理工艺

传统处理啤酒废水常采用好氧工艺,近年由于高速厌氧反应器技术的发展,加上啤酒废水适于厌氧处理的特性,许多啤酒厂改用厌氧处理工艺,其 UASB 反应器规模由数百立方米到数千立方米不等。在原有的活性污泥工艺前建立 UASB 厌氧系统,解决了原工艺中污泥膨胀问题,并大大提高了废水处理能力。

以荷兰 Bavaria B. V. 啤酒厂废水厌氧处理工艺为例, 其 UASB 反应器容积为 1 400 m^3,设计负荷在 5 ~ 10 kgCOD/($m^3 \cdot$ d);废水的 COD 在 1.0 ~ 1.5 之间,BOD 在 0.7 ~ 1.1 kg/m^3 之间,pH 值为 6 ~ 10,温度在 20 ~ 24 ℃之间,流量为 6 000 m^3/d。实际运行的负荷在 4.5 ~ 7 kg-COD/($m^3 \cdot$ d),COD 去除率在 75% ~ 80%,去除每千克 COD 的产气量为 0.25 m^3,出水 BOD 为 5 g/L。反应器种泥采用其他 UASB 系统的剩余颗粒污泥,运行期间反应器内污泥量及颗粒污泥形状均没有变化。

啤酒废水的温度较低,为了节省加热所需的能量,废水处理往往采用低温工艺,这也在一定程度上降低了反应器的负荷,但是仍可达到 10 kgCOD/($m^3 \cdot$ d)左右。在一定范围内,温度每升高 10 ℃,反应器的负荷可增大约 1 倍。

9.1.3　味精废水的厌氧处理

1.味精废水的来源与特性

味精生产分为水解法和发酵法两大类。水解法以酸水解富含蛋白质的原料来生产味精,此方法现在较少采用。流行的味精生产工艺是以淀粉质原料通过发酵法进行生产。水解淀粉质原料可产生葡萄糖,经谷氨酸菌发酵而生成谷氨酸,再经碱中和生成谷氨酸钠结晶,因此也可直接采用糖蜜为原料来生产。从发酵液中提取谷氨酸的方法有一次冷冻等电点法、等点 – 离子交换法、锌盐法等许多种,由于提取工艺的不同,味精生产所得废水的水质也不同。此外,原料水解方法的不同同样会影响废水的水质。

味精废水的有机浓度非常高,外观呈现黄褐色,浊度较高,pH 值很低,氮、磷含量较高。通常而言,味精废水含有较少的有毒物质,BOD/COD 比值较高,适宜采用厌氧废水处理工艺。但由于工艺不同,某些味精废水含有较高的 SO_4^{2-} 离子,可能会干扰厌氧过程。如有些味精废水中含有高浓度的硫酸根。味精废水中的有机物主要来自于未发酵彻底的残糖与残余氨基酸,以及难以沉淀的细小悬浮物。其中大部分总氮来自残余的氨基酸,废水中高浓度的氨氮和氯离子可能达到抑制厌氧菌的浓度,但通过稀释和出水回流可以减轻这种抑制。

2.味精废水厌氧处理工艺

处理味精废水的 UASB 反应器的 COD 负荷一般在 10 ~ 15 kgCOD/($m^3 \cdot$ d)之间,进水 COD 为 5 000 mg/L,温度为 38 ℃,COD 去除率为 80% ~ 90%。由于味精废水浓度特别高,在厌氧工艺后应用好氧后处理进一步降低有机物浓度。

在后处理方面,有些处理厂采用藻类净化池作为后处理手段,出水水质可达 300 mg COD/L,并可得到藻类动物饲料。利用味精废水生产酵母也是综合利用味精废水的成功案例,味精废水中含有大量微生物生长需要的残糖、有机酸、氨基酸、核苷酸及无机盐等,对酵母培养十分有利。此工艺每 100 t 废液可制取 1.3 t 干酵母,废水 COD、BOD 均可降低至少50%~60%,剩余二次废水悬浮物降低90%以上。虽然废水浓度大大降低,但BOD与COD比例基本保持不变,更利于生物厌氧处理。

厌氧处理之后的味精废水经生物吸附法处理之后,出水BOD质量浓度小于20 mg/L,可达到各种水域所要求的排放标准。

9.1.4　淀粉废水的厌氧处理

1. 淀粉废水的来源与特性

淀粉是食品、化工、医药、纺织、造纸等许多工业部门的重要原料。生产淀粉的主要原料为土豆、玉米,小麦、大麦、燕麦以及其他富含淀粉的植物块根等也可以作为生产淀粉的原料。

以土豆生产为例,土豆淀粉的工序主要包括以下几个步骤:①土豆的洗涤和小力输送;②将土豆磨成土豆泥;③由土豆泥中分离出土豆汁;④由已提取土豆汁的剩余固体物质中分离出纤维(可作为牛饲料);⑤通过洗涤去除残余的土豆汁(即淀粉精汁);⑥干燥。

提取土豆淀粉后剩余的高浓度土豆汁是土豆淀粉厂废水污染物的最主要来源。土豆汁中含有4.8%溶解性物质,1.2%可凝性蛋白,3.3%为氨基酸、碳水化合物、酰胺类化合物、纤维素和钾盐等混合物。土豆汁中的蛋白质可通过絮聚和超滤的方法回收,回收后废液的COD可降低30%~40%,但回收成本较高,且利润较低。除土豆汁外,淀粉废水还包括洗涤水。国外的土豆淀粉厂的洗涤水一般通过水的封闭循环尽量加以回用,通过沉淀分离出洗涤水中的泥沙和碎土豆。除了回用水外,每吨土豆再补加1 m³清水,即每处理1 g土豆会产生1 m³洗涤废水。土豆淀粉生产的废水包括高浓度水(土豆汁)和低浓度水两部分,其特征分别见表9.5和表9.6。

表9.5　土豆淀粉生产中高浓度废水的组成

干物质/%	蛋白质+氨基酸质量分数/%	可凝性蛋白质量分数/%	COD/(g·L⁻¹)	BOD/(g·L⁻¹)	BOD/COD	总磷含量/%	磷酸根离子质量分数/%	总氮质量浓度/(g·L⁻¹)	总硫质量浓度/(g·L⁻¹)
4.5~5.3	2.2~3.0	1.1~1.5	54	34	0.63	0.55	0.15	3.6	0.125

表9.6　土豆淀粉生产中低浓度废水的组成

温度/℃	COD/(g·L⁻¹)	BOD/(g·L⁻¹)	BOD/COD	总氮质量浓度/(g·L⁻¹)	pH值	TSS/(g·L⁻¹)
10~14	1.8	0.55	0.31	0.086	5.7	0.4

高浓度废水,即土豆汁,在生产过程中会被稀释,其稀释倍数因工艺的不同而有很大差异,其范围在2.5~15倍左右。所以废水的实际浓度与废水量会因生产工艺的不同有很大的区别。如果不回收土豆汁中的蛋白质,废水温度约为15 ℃,采用蛋白质回收工艺后,废水排放温度可上升至30 ℃以上。采用蛋白回收工艺可使总氮减少40%,但总硫会上升约

0.2 g/L。

废水排放温度就废水处理角度而言,以玉米或其他淀粉原料生产淀粉的废水特征极为相似,其共同特征有:①较高的有机物浓度,COD 一般在 10 000 mg/L 以上;②较高的 BOD 与 COD 比值,表明废水适于厌氧生物处理;③pH 值呈酸性;④含有丰富的碳水化合物和氮、磷等营养物质;⑤常含有较高浓度的硫酸盐或亚硫酸盐,但一般情况下与 COD 的浓度比值较小,不会对厌氧菌产生严重的抑制作用。

2. 淀粉废水厌氧处理工艺

淀粉废水的处理工艺并不复杂,除沉淀和中和等常规方法外,进入厌氧反应器前不需要特别的预处理。实践证明,土豆废水以 UASB 反应器处理可达到 20 kgCOD/（m^3·d）以上的负荷,在 40 ℃条件下,pH 值为 4.5 时,COD 去除率在 90% ~95%,沼气产量为 150 ~200 m^3/h。在经过厌氧工艺处理之后,淀粉废水还要以好氧活性污泥作为后处理手段,进一步降低废水 COD 浓度,以达到排放标准。

9.1.5 乳清加工废水的厌氧处理

1. 乳清废水的来源与特性

从牛乳中分离出蛋白质和脂肪之后的剩余溶液即为乳清。工业上,乳清是奶酪和奶油生产的剩余液体。乳清中含有丰富的乳糖、残余蛋白质和脂肪,这些物质可以使乳清进一步加工为乳糖、乳酸钙、氨基酸等许多产品,为食品工业和医药工业的原料。

乳清加工工业是一种能耗很大的工业,乳清含水约 94%,最后要浓缩至大约含水 5% 的产品,生产过程中就要经过多效蒸发、加热、干燥和冷藏等工序。乳清加工后的废液仍是高浓度的有机废液,主要含有残余的乳清、硅酸钠、亚硝酸、钙和多种脂类物质。其废水主要特征为:①pH 值的波动较大,范围在 2 ~10;②温度在 30 ~37 ℃之间;③每小时流量在 30 ~200 m^3;④含有由钙和蛋白质包裹的细胞物质;⑤水量与 COD 污染负荷波动较大。

2. 乳清废水厌氧处理工艺

早期的乳清废水采用好氧生物处理方法,虽然可以有效去除废水中的 COD 达 90% 以上,但却存在着不容忽视的问题:①连续的曝气消耗大量的电能;②过多剩余污泥引起处理成本的上升,在过去这些剩余污泥除了用作肥料替代品以外没有其他的再利用价值,而如今由于环保法规更为严格,剩余污泥已经不能直接用作肥料;③曝气不足引起严重的恶臭问题。

为了克服这些问题并增加废水系统的稳定性、处理能力以及效率,人们在原有好氧系统前增设了厌氧生物处理工艺作为预处理手段,其考虑方面主要基于以下几点:①占地面积小;②能显著减少剩余污泥量;③能耗非常小。

增设厌氧预处理系统后,泥龄从 4 d 增加至 25 d,污泥沉降性得到明显改善,避免了污泥膨胀情况的发生。由于厌氧预处理的使用,好氧部分需要的曝气量大大降低,利用原有的鼓风机和气体扩散器氧化好氧曝气池,有效防止了臭气的逸散。

制糖废水包括甜菜制糖厂废水、葡萄糖或其他单、双糖生产废水以及糖果厂废水。它们都是高浓度的有机废水,其废水浓度由几千到几万 mgCOD/L 不等,即便是同一工厂排出的废水浓度也往往具有较大的波动幅度。就其性质而言,制糖废水含有大量残糖等溶解性物质,具有较高的生物可降解性,采用厌氧处理易于取得较好的处理效果,同时具有较高的反应器负荷,且实际运行负荷往往大于设计负荷。

研究表明,UASB 反应器在很高的容积负荷下,依然保持很高的废水处理效率,无论废水酸化程度如何,反应器行为几乎不受影响,对水力和负荷波动表现出很大的稳定性,进水 pH 值的波动也不影响反应器的正常运行。厌氧处理制糖废水可去除90% 的 COD、95% 的 BOD,再经好氧处理可进一步去除剩余 COD 的 62%、BOD 的 84%,达到或接近出水排放标准。

9.1.7 豆制品废水的厌氧处理

豆制品包括豆腐乳、豆豉、黄酱等以豆类为主要原料的产品。豆制品生产废水包括生产车间和设备的清洗水、灌装车间的清洗水和产品溢流液、原料处理用水等。废水中含有原料浸出物、产品溢流液并混有原料残渣等,具有高浓度的碳水化合物、蛋白质、氨基酸、有机酸和食盐等,因此 COD、BOD 和 TSS 的含量都很高,具有高氮、高盐、废水浓度波度较大的特点,波动范围在 521 ~ 20 230mg COD/L 之间。

由于废水量的限制,豆制品废水厌氧处理工艺的工业负荷通常在 2 ~ 5 kgCOD/(m³ · d)之间,最大达到 12 kgCOD/(m³ · d)。其 COD 去除率在82.4% 以上,BOD 去除率在95.4% 以上,每去除 1 kgCOD 的沼气产气量为 0.34 m³,COD 去除率稳定。

9.1.8 其他食品与发酵工业废水的厌氧处理

除以上各种食品、发酵工业废水外,还有许多其他此类废水也已有生产规模的厌氧处理系统。食品与发酵工业的产品种类众多,但是多数废水具有的有机污染物都不含有毒物质,具有生物可降解性高、含有相当丰富的营养物和微量元素等性质。尽管它们的浓度往往较高,但是一般情况下运用厌氧处理工艺可以达到较高的有机物去除率。通过发酵生产的其他产品还有很多,例如,有机酸生产中的乳酸、草酸、延胡索酸、苹果酸,各类维生素,酒类中的果酒、黄酒,酵母生产,抗菌素生产等。此类工业中的大多数废水并不具有毒性物质,且生物可降解性高,并含有相对丰富的营养物质和微量元素等。虽然这些废水的浓度较高,但通常易采用厌氧处理达到较高的有机物去除率。

也有一些发酵和食品工业的废水中含有可能干扰厌氧过程的物质,这些物质可能对厌氧菌有抑制作用,或引起污泥上浮、产生浮渣、浮沫等问题。这类废水被称为"复杂废水",包括含高浓度的含硫化合物、脂肪或类脂的废水。其他部分食品与发酵工业废水厌氧处理结果见表 9.7。

表 9.7　其他部分食品与发酵工业废水厌氧处理结果

废水特性 ＼ 废水来源	威士忌	朗姆酒	酵母	果汁果胶	棕榈油	糠醛	豆类漂白	土豆加工	醋酸
pH 值	4.7	—	—	6.9	4.5	—	—	—	2.5 ~ 3.5
COD/(g · L⁻¹)	47.5	100 ~ 135	1.5 ~ 8.5	1.06	65.0	5.9 ~ 8.6	10.0	3.5 ~ 7.1	6.0 ~ 11.0
BOD/(g · L⁻¹)	18.8	20 ~ 35	—	0.75	28.0	—	—	—	3.7 ~ 7.4
TSS/(g · L⁻¹)	—	—	—	0.29	24.0	—	1 ~ 9	—	0.02
TKN/(mg · L⁻¹)	—	—	—	—	800	—	400	—	—

续表 9.7

废水特性 \ 废水来源	威士忌	朗姆酒	酵母	果汁果胶	棕榈油	糠醛	豆类漂白	土豆加工	醋酸
TP/(mg·L⁻¹)	—	—	—	—	—		100		—
处理结果									
温度/℃	中温	36	30～35	中温	35	35	中温	35	53～54
工艺	厌氧接触	厌氧接触	UASB	厌氧接触	厌氧接触	UASB	UASB	UASB	UASB
负荷/[kgCOD·(m³·d)⁻¹]	1.76	3.9	15.0	1.13	—	4～4.5	20～30	25～45	5～6
COD 去除率/%	87	71～85	60～80	85	75	70～75	88～94	93	91～98
BOD 去除率/%	92	97	—	90	92	—	—	—	—

由上表可以看出,这类废水的厌氧处理大都选择厌氧接触法或 UASB 反应器进行处理,一般将温度控制在 35 ℃ 左右,个别达到 53 ℃,其 BOD 去除率至少达到 90%,有的高达 97%,COD 则根据废水特征的不同,其去除率在 70%～90% 之间,个别最高达到 98%,最低为 60%。

9.2 制浆造纸工业废水的厌氧处理

9.2.1 制浆造纸工业废水特性

1. 污染概况

造纸工业废水污染是全球范围内最为严重的污染源,日本、美国已分别将造纸工业废水列为六大公害和五大公害之一。

造纸废水排放量很大,利用化学法每生产 1 t 纸要排放 500～600 m³ 的废水。废水种类多,浓度大,因造纸工艺的不同(化学法、半化学法、化学机械法和机械法等),制浆可能采用强碱到强酸各种不同的化学制品,还可能包括采用氧化剂或还原剂在内的不同漂白过程;造纸过程常使用各类化学添加剂、施胶剂、增白剂或其他造纸药品,而不同造纸原料(针叶木、阔叶木或非木材原料)也使废水性质产生极大差异。造纸工业废水往往含有大量有毒物质,它们不仅对水生生物有毒害作用,还会通过食物链的浓缩作用和通过对饮用水的污染严重危害人体健康。有毒物质还会加大生物对废水的处理难度,使处理成本上升。其中含有的有机毒物包括树脂酸、长链脂肪酸、单宁类化合物、氯代酚及其他有机氮化合物、有机硫化物等;无机毒物以含硫化合物为主,如硫酸盐、亚硫酸盐、连二硫酸盐、连二亚硫酸盐、硫化物等。不仅如此,无机酸碱物质还常常会造成造纸工业废水具有极端 pH 值。

我国的造纸工业废水的治理水平远远落后于造纸工业的发展水平。生产用水浪费严重,并缺乏有效的内部治理措施和外部治理方法,使得废水排放量大、单位产品污染负荷高。造成这种状况的原因很多:一方面是由于环境保护意识不足,重视生产,忽视污水治理,无论从工厂设计、生产管理还是新技术的应用与发展上,往往只把经济效益放在首位,忽视了环境与社会效益;另一方面因为我国对造纸厂的疏于管理,使得小型厂过多、布局分散、技术落后,而且小厂大量使用草类原料,更使废水治理的难度加大。种种原因加上环保方面的资金投入严重不足,使我国造纸工业废水排放管理、内部与外部治理方面都与国外有巨大的差距,导致我国的水污染情况越来越严重。

制浆造纸废水含有的化合物主要来源于制浆所用的木材或其他植物纤维原料和生产过程中添加的化学品。植物纤维原料中的三大组分为纤维素、半纤维素和木质素。制浆过程中添加化学品的主要目的就是破坏木质素与纤维素之间的连接,使木质素溶于蒸煮液中,因此木质素降解物是制浆废液中最重要的成分。木质素是带有芳香结构的立体网状聚合物,属于难生物降解的化合物,在厌氧处理中难以达到很高的去除率。半纤维素是多种单糖形成的聚合物,多以单糖或低聚糖形式进入废水中。原料中少量的纤维素在制浆过程中也会以葡萄糖及其寡聚糖形式进入废水中,纤维素、半纤维素的降解产物也会形成有机酸。它们在厌氧处理过程中是易于降解的。

不同制浆法由每吨干原料中得到的粗浆产量(称为粗浆得率)对废水中有机物含量的影响很大,制浆得率越低,废水污染负荷则越高。但是化学浆废液可以通过碱回收或酸回收的方法回收其中的化学品,同时去除大部分有机物。发达国家制浆造纸厂普遍采用了内部治理、化学回收和降低污染的生产方法,而这些工艺在我国的造纸厂并未得到广泛推广,加上造纸工艺的落后、内外部管理的混乱、环保意识的淡薄等原因,致使我国废水排放量、单位产品污染负荷等都远高于其他工业国家的造纸行业,污染问题尤为严重。

2. 废水的来源与特性

纸浆造纸厂废水的水质水量会因为产品、原料、工厂管理和内部治理与工艺的不同而产生很大的区别,其中制浆工艺对废水组成有显著影响,所用化学剂的不同(机械浆不用化学剂)、每吨干原料所得粗制浆产量的区别,也会对废水中有机物含量和成分有很大的影响。制浆得率越低,废水污染的负荷越高,所以化学浆的蒸煮废液是污染物浓度和绝对含量最高的废水。但是化学浆废液可以通过碱回收或酸回收的方法回收其中的化学品,并去除大部分有机质。此过程中产生的冷凝水可以通过生物处理的方法去除。半化学浆、化学浆以及机械浆废水的化学品含量及有机物含量都较低,我国现阶段不能对其通过回收工艺加以处理。漂白方法也会对制浆部分废水的污染负荷与性质造成影响,当中含有的有机卤是一类高毒性有机物,而有机卤的排放量与工艺有密切联系。

发达国家的制浆造纸厂普遍采用了内部治理、化学品回收和降低污染的生产方法。而与发达国家的工业化相比,我国单位质量产品的废水排量与污染负荷非常高。我国化学制浆以碱法为主,木浆生产一般运用碱回收系统,但是多数草浆和其他非木材原料则不具有碱回收系统,污染程度高于国外10倍以上。

制浆造纸废水中含有的化合物主要来源于制浆原料中的木材或其他植物纤维原料,以及生产过程中添加的化学品。木材原料中含有约35%~45%的纤维素,20%~35%的半纤维素和大约20%~30%的木素以及少量的水抽出物(2%~5%)。非木纤维素原料的化学组成与上述成分类似,但是半纤维素含量略高而纤维素含量略低,并含有灰分。制浆中添加化学品的主要目的是为了破坏木素与纤维素之间的连接,并使木素溶于蒸煮液中,因此木素降解物是制浆废液中最重要的成分。木素在蒸煮液中含有很高的比例,它带有芳香结构的立体网状聚合物,属于难生物降解的化合物,因此含有高浓度木素的废水难以在厌氧处理中达到很高的去除率。半纤维素属于多种单糖形成的聚合物,制浆过程中半纤维素以单糖或低聚糖形式进入废水。原料中也会有少量的纤维素在制浆过程中以葡萄糖和寡聚物形式进入废水,纤维素、半纤维毒的降解产物也会形成有机酸,这些降解物在厌氧处理过程中是非常易于降解的。

废水的性质还受到植物纤维原料中的某些次要成分的影响。例如,漂白过程中的氯代酚或氯化木素具有很强的毒性;湿法剥皮废水中含有有毒的单宁;碱性条件下木材树脂化合物也会溶于废水中,它们同样具有很强的毒性。如果制浆和漂白过程使用含硫的化学药品,就会形成含硫有机物,这些含硫有机物会对厌氧菌形成抑制作用,降低细菌的活性。并且,制浆造纸废液中常含有硫酸盐、亚硫酸盐或连二亚硫酸盐等含硫化合物,这些含硫化合物在厌氧过程中形成具有毒性的硫化氢,抑制厌氧系统中的产甲烷菌的活性。

3. 废水中的毒性

制浆造纸废水中含有很多有毒物质,其中相当一部分来自于有机化合物,这些化合物以树脂类化合物、单宁类化合物和氯代酚为主。无机化合物中的硫化合物在制浆造纸废水中的含量也常常达到能对厌氧菌产生抑制作用的浓度。所以,了解毒性物质的种类以及它们对厌氧微生物抑制的程度是厌氧处理废水中非常重要的环节。不仅如此,对含有多种复杂物质的各类废水毒性的认识也很重要,这对稀释或脱毒高浓度废水便于后续生物处理是十分重要的。

有毒物质或有毒废水的毒性确定对甲烷菌活性的丧失为依据,称为厌氧产甲烷毒性,通常把能够引起污泥产甲烷活性下降50%的有毒物或有毒废水的浓度,表示为"50% IC",意义为50%抑制浓度。所以某物质或废水的50% IC越低,说明物质的毒性越大。

在各类有毒物质中,木质素本身是无毒的或毒性非常小的,其降解后的单体衍生物中,酚酸在pH值中性范围内通常无毒,仅带有烷基侧链的木素单体具有相当大的毒性,但因为木质素单体在废水的木质素总量中所占比例非常小,运用超滤方法人们已经能确定木素中仅仅是相对分子质量低的部分有一定的毒性,虽然大分子木素在厌氧处理中几乎不能降解,但木素单体衍生物则可以降解,加上对木质素单体衍生物可在已经得到驯化的反应器中快速降解,因此它在废水中引起的毒性并不会成为严重的问题。

在废水毒性中起到重要作用的主要为树脂、单宁、氯代酚和卤代甲烷。

树脂指的是原料中非极性的抽出物,其50% IC约为50 mg/L,说明它具有极强的毒性,当中的主要成分树脂酸和挥发性烯在100 mg/L对厌氧菌有很强的抑制作用。树脂化合物在厌氧处理中不能降解,其浓度在反应器中基本维持不变,使它们成为重要的抑制物。

单宁是富集在树皮中的聚酚化合物,缩合单宁和可水解单宁对产甲烷菌有相当大的毒性;但是同时,单体的单宁,例如没食子酸和焦性没食子酸,对产甲烷菌相对无毒,与腐殖质结构类似的高浓度聚合单宁也基本无毒。

氯代酚是漂白废水中特有的毒性物质,其毒性随苯环上氯原子个数的增加而增大,一到三氯代酚仅当其质量浓度超过每升几百毫克才是严重有毒的,而五氯代酚则在0.04～76 mg/L时,就会使产甲烷菌的活性下降50%。相对分子质量较低的氯化木素因其溶解度较低,所以产生的毒性也较小。

卤代甲烷在漂白废水中的质量浓度约为几百个μg/L,具有极强的毒性,抑制产甲烷菌

50% 的活性仅需 0.5 ~ 1.0 mg/L。

制浆废水中无机毒物特征见表 9.8。

表 9.8　制浆造纸废水中常见无机物的毒性

化合物	质量浓度/(mg · L^{-1})	产甲烷菌活性降低程度/%
SO_4^{2-}	10 000	50
SO_3^{2-}	125	50
H_2S	530	50
$S_2O_4^{2-}$	1 500	99
DTPA	5	99
EDTA	83	0
H_2O_2	≤200	未报道
Cl_2	12	99

从表 9.8 的数据可以分析出,通常造纸废液中的硫酸根很难达到表中所列的高浓度,它本身能形成的毒性非常小。但事实上,在厌氧条件下,硫酸根能很快地转化为有毒的硫化氢。表中所列的硫化氢质量浓度是指 pH 值在 6.8 时废水中以硫化氢和 HS⁻ 形成存在的硫化物的总量,但是只有非离子化的硫化氢具有毒性。

9.2.2　制浆造纸废水的厌氧处理

世界上第一家用于造纸工业废水处理的工业规模的 UASB 系统于 1983 年在荷兰 Roer-mond BVI 造纸厂建成并投入使用,其反应容积 720 m³,日处理 COD 20 400 kg。目前以 UASB 反应器为代表的厌氧反应器系统用于处理 TMP、CTMP、NSSC、机械浆、二次纤维制浆、蒸发冷凝水、亚硫酸盐漂白、造纸车间以及纸板厂综合水等多种制浆造纸废水。

虽然实践已证明厌氧技术是制浆造纸废水处理的有效技术,但制浆造纸废水是与食品发酵废水完全不同的废水,类型更为多样,废水性质差异更大。不少研究成果已用于有毒的制浆造纸废水的厌氧处理,包括基于对毒性物质和厌氧微生物学的新认识而作出的工艺改良和对废水的脱毒处理。

(1)CTMP 废水。

CTMP 是发展最快的制浆方法。CTMP 废水是对厌氧菌产生严重抑制的废水,其毒性物质主要源于树脂化合物,包括树脂酸、松香酸、挥发性烯等,以及如硫化物、过氧化氢和螯合剂等干扰厌氧过程的化学药品。CTMP 制浆的化学处理溶出的树脂化合物占废水 COD 的 10% 左右,树脂可以通过在较低 pH 值下用高价盐沉淀法去除。CTMP 废水中的树脂能够与细小纤维结合在一起,如果这些细小纤维能完全沉淀下来,那么就几乎可以完全去除 CTMP 废水的毒性。另一个有效的方法是利用好氧处理可以降解树脂类抽出物的特点,将好氧处理后的出水回流以稀释原废液,达到对厌氧处理安全的浓度。

(2)黑液。

对碱法制浆产生的黑液进行稀释或脱毒是其厌氧处理的先决条件,通常要稀释几倍至十几倍左右才能达到安全处理条件。但木材制浆黑液经过碱回收处理,不存在对黑液直接厌氧处理的问题。研究证明,草浆黑液中的厌氧菌是可以被驯化的,也就是说,草浆黑液的毒性对厌氧菌来讲可以相对降低,但某些非木纤维黑液,例如麻浆,是不能驯化的。所以在反应器中草浆黑液在驯化后可以不经稀释或稀释较低的倍数后直接处理,但不可驯化的黑液就必须稀释到很低的浓度才能处理。稀释后的黑液在 UASB 反应器中处理速率很高,可生物降解的 COD 中的95%~99%可被除去。与 CTMP 废水处理类似,黑液也可以用高价盐或酸处理黑液,实验表明,黑液同酸性废水混合后进行处理,COD 去除率达85%。

(3)剥皮废水。

单宁化合物是木材湿法剥皮废水中最主要的毒性化合物,浓度高达剥皮废水中溶解性 COD 的13%~30%。单宁的毒性较强,其厌氧处理原则上首先应考虑与其他废水混合来降低单宁的浓度,或在厌氧处理前采用某种脱毒手段,其中之一是使有毒的单宁聚合为相对分子质量较高的腐殖质聚合物,这种相对高分子质量聚合物是无毒的。在较高的 pH 值条件下短时间通入空气,可以使相对分子量较低的单宁聚合,这种高相对分子质量的聚合物是无毒的。通过这种工艺在实验室中的 UASB 反应器中处理松木剥皮废水,在负荷高达 20 kgCOD/(m^3·d)情况下可降解 COD 的去除率为98%。

(4)漂白废水。

漂白废水在制浆造纸废水中毒性最强,其毒性主要来自漂白中氯化阶段的有机氯化物。此外,漂白中碱抽提阶段也会溶出树脂化合物。已知五氯代酚毒性很强,在 0.2 mg/L 质量浓度下就可以产生很强的抑制作用。但是氯代酚在厌氧过程中能够被降解,所以厌氧菌能被驯化,对氯代酚的耐受性逐渐提高,通过厌氧过程会快速降低废水中的氯代酚浓度。研究表明,即使厌氧处理进液中的五氯代酚质量浓度增至 5 mg/L,厌氧处理系统仍维持稳定,同时其中99.9%的五氯代酚被分解。当漂白废水稀释到一定程度之后,可以通过厌氧处理降低废水中 COD 及 BOD 浓度,已证明可在 8~12 kgCOD/(m^3·d)的高负荷下去除 BOD 的70%~80%。

9.3 含硫酸盐废水的厌氧处理

厌氧处理时,若有机废水中含有硫酸盐、亚硫酸盐或其他被氧化的硫化合物,随着有机物的降解,除了产生甲烷以外,还会在厌氧降解的终点发生硫酸盐还原作用。这里所说的硫酸盐还原是指在严格厌氧的硫酸盐还原菌的作用下硫酸盐、亚硫酸盐或硫代硫酸盐等被作为电子受体氧化分子氢或有机物的过程,其最终的产物为硫化物、水和二氧化碳。小部分被还原的硫用于合成微生物细胞组分,称为同化硫酸盐还原作用。同化硫酸盐还原作用可由多种微生物引起,但是异化硫酸盐还原作用则是由专一性地硫酸盐还原菌引起的。

废水中硫酸盐的存在起到消极和积极两方面作用,消极作用包括:

(1)由于出水中硫化物的存在影响出水 COD,所以厌氧处理的 COD 去除率降低。

(2)部分硫化物以硫化氢形式存在于沼气中,沼气在被利用前需要除去硫化氢。

(3)废水中的有机物一部分用于还原硫酸盐,使甲烷的转化率下降。

(4)废水和沼气中的硫化物引起腐蚀和臭气,从而增加了投资或维修费的投入。

(5)硫化物对包括产甲烷菌、产酸菌以及硫酸盐还原菌在内的许多厌氧菌有毒害作用,如果硫化物浓度较高,厌氧处理的负荷与效率就会降低。

积极作用有:

(1)产生的硫化物可以与重金属离子结合为金属硫化物而沉淀,由此可去除废水中的重金属。

(2)硫酸盐还原过程能使某些废水脱毒,例如,亚硫酸盐可以被转化为毒性较轻的硫化物和重金属离子的沉淀。

(3)通过硫酸盐还原过程,厌氧方法可能通过除去硫化物而除去硫酸盐或含硫化合物。

总体而言,废水中存在硫酸盐对厌氧处理来说弊大于利,但这在整个厌氧过程中是无可避免的,因此工业上设计了一些工艺过程以减小硫酸盐对厌氧处理的伤害程度。

9.3.1　硫酸盐还原菌的代谢过程

一般来说,硫酸盐还原菌以有机物作为生长、繁殖所需的碳源和能源,硫酸盐只是作为有机物分解过程中的最终电子受体而起作用。不同的菌种在不同的环境条件和基质下,进行的代谢反应也会不同。通常,硫酸盐还原菌的代谢过程分为三步:分解代谢、电子传递和氧化。在分解代谢过程中,有机碳源的分解是在厌氧状态下进行的,并通过"基质水平磷酸化"产生少量的 ATP;在电子传递过程中,第一步骤中释放出的高能电子通过硫酸盐还原菌中已有的电子传递链、黄素蛋白、细胞色素等,逐级传递,从而长生大量 ATP;在最后一步氧化过程中,电子被传递给氧化态的硫元素,并将硫元素还原为硫离子,此过程需要消耗一定量的 ATP 供能。由此不难看出,有机物不仅是硫酸盐还原菌的碳源,也是该细菌的能源,硫酸盐或其他氧化态硫元素仅仅起到最终电子受体的作用。

根据对碳源代谢情况的不同,可将硫酸盐还原菌分为两大类:不完全氧化型和完全氧化型。不完全氧化型能利用乳酸、丙酮酸等作为生长基质,但只能将它们氧化到乙酸,以乙酸作为最终产物排出体外;完全氧化型硫酸盐还原菌能专一性的氧化某种脂肪酸,最终将其降解为二氧化碳和水,特别是乙酸和乳酸等。

值得一提的是,除有机物外,某些硫酸盐还原菌还能利用氢气来还原硫酸盐。厌氧体系中氢气分压的升高会引起有机酸特别是丙酸的积累,因此当厌氧体系中存在少量嗜氢硫酸盐还原菌时,有助于保持系统内较低的氢分压,有利于厌氧体系的稳定运行。

9.3.2　硫酸盐还原作用对厌氧消化的影响

硫酸盐还原菌不仅种类较多,而且在自然界的分布范围也极其广泛,可利用的基质更是多种多样。因此,一般来说,在有硫酸盐存在的厌氧环境中,硫酸盐还原菌就能迅速活跃和生长起来,进行其特有的生化代谢反应。所以,在利用厌氧工艺处理有机废水时,如果废水中含有一定量的硫酸盐,废水中就会繁殖起硫酸盐还原菌,进行硫酸盐还原反应,影响正常的厌氧消化过程。

硫是微生物生长所必需的营养元素之一,因此当废水中含有少量的硫酸盐(或其他含硫化合物)有益于厌氧消化过程的进行,甚至在某些情况下,还需要人为补充一定量的含硫物质以提供微生物生长的硫源。同时,当厌氧系统中含有适量的硫酸盐时,硫酸盐还原菌能够更有效地利用氢来还原硫酸盐,进而加快产氢产乙酸反应的速率,提高种间氢的转移速率,有助于厌氧消化过程顺利进行。

　　但是当废水中含有过量的硫酸盐时,就会对厌氧消化过程产生不利影响,主要表现为两方面:①由于硫酸盐还原菌和产甲烷菌都可以利用乙酸和 H_2 而产生的基质竞争性抑制作用;②作为硫酸盐还原的终产物,硫化物对产甲烷菌和其他厌氧细菌直接产生毒害作用。

　　由于硫酸盐还原菌可利用的基质范围较广,其适于生长的 pH 值、温度、氧化还原电位等环境条件的范围比产甲烷菌更广,所以在自然界和一般厌氧反应器的厌氧环境中,硫酸盐还原菌比产甲烷菌更容易生长。同时,由于硫酸盐还原菌和产甲烷菌都能利用乙酸和 H_2 等作为生长基质,在利用厌氧法处理含硫酸盐废水时,必然会发生两细菌之间的基质竞争现象。研究表明,在以乙酸和 H_2 为基质时,硫酸盐还原菌对乙酸和 H_2 具有较高的亲和力,因此在低基质浓度条件下,硫酸盐还原菌具有更强的竞争优势;在基质浓度较高的环境中,产甲烷菌能更有效地进行物质转化并保持物质代谢平衡,因此具有更强的竞争优势。所以在处理高浓度有机废水的厌氧反应器中,如果有机物浓度与 SO_4^{2-} 浓度比值较大时,产甲烷反应是主导反应。

　　除抑制作用外,硫化物还对产甲烷菌有毒害作用。含硫酸盐的废水进行厌氧处理时,混合液中可能存在多种形式的含硫化合物,如硫酸盐、硫化物以及一些中间产物,如亚硫酸盐、硫代硫酸盐等,其对产甲烷菌的毒性依次为:硫化物 > 亚硫酸盐 > 硫代硫酸盐 > 硫酸盐。

　　硫化物是硫酸盐还原作用的最终产物,因此含硫酸盐有机废水进行厌氧处理时必然产生硫化物。这些硫化物不仅会增加沼气中硫化氢的含量,增大沼气处理的费用,增加出水 COD 值,还会对厌氧细菌特别是产甲烷菌产生抑制作用,从而对整个厌氧消化过程产生不利影响,严重时会导致整个厌氧反应器无法正常运行。

　　而在几大类厌氧细菌中,产甲烷菌对硫化物最为敏感,其他如发酵性细菌、产氢产乙酸菌以及硫酸盐还原菌本身的敏感程度稍差。

　　除此之外,研究还发现,硫化物的抑制作用主要取决于水中游离的 H_2S 的浓度,因为只有中性 H_2S 分子才能接近并穿透细菌的细胞壁,进入细菌内部,对细菌产生毒害作用。

　　硫酸盐在厌氧反应器中被还原为硫化物以后主要以 H_2S、HS^-、S_2^- 3 种形式存在。当厌氧反应器中有 H_2 产生时,其在气液两相之间达到溶解平衡,而液相 H_2S 进一步解离为 HS^- 和 H^+,之后 HS^- 解离为 S^{2-} 和 H^+。液相中的 3 种硫化物形式的比例会随水中 pH 值的不同而发生变化。当 pH < 8.3 时,溶液中基本不会存在 S_2^-,而正常运行的厌氧反应器中的 pH 值范围一般维持在 6.5 ~ 8.0,因此在计算反应器液相中游离 H_2S 浓度时,一般只考虑第一步解离。

　　但是,尽管硫化物会对产甲烷菌或产甲烷过程产生严重的抑制作用,但由于实验条件、反应器形式、污泥性状等的不同,以及难以精确控制和测量反应器内的 pH 值和 H_2S 浓度等原因,目前各研究得出的硫化物抑制浓度相差较大。

9.3.3　含硫酸盐废水的厌氧处理工艺

　　有机工业废水含有高浓度的硫酸盐,由硫酸盐还原菌引起的硫酸盐还原作用以及由此得到的最终产物——硫化物会对产甲烷菌产生抑制作用,这给废水的厌氧处理带来很多的问题。

　　含硫酸盐废水给废水厌氧处理带来的问题一直以来都受到研究者的关注,对如何利用各种高效单相厌氧反应器处理含硫酸盐有机废水投入大量的研究,并在一定程度上取得了成功。研究发现,运用单相的高效厌氧反应器处理高硫酸盐有机废水,虽然反应器的运行较为稳定,但可达到的负荷并不高,且甲烷产率偏低,未能充分发挥厌氧生物处理技术的优势;另一方面,出水中通常含有较高浓度的硫化物,对出水的排放或后续处理产生不利影响,还会对反应器、管道等具有较强的腐蚀性,影响废水处理设备的使用寿命。为了解决这些问题,各国研究者通过不同途径探讨了多种改进型的厌氧法处理含硫酸盐有机废水。

一般而言,在高速厌氧反应器中需要有一个稳定的产甲烷过程,即防止硫化氢对产甲烷菌产生有毒影响,此时硫化氢的质量浓度应低于 150 mg/L。

防止硫化氢毒性的手段主要有以下几种:①稀释;②适当提高反应器内的 pH 值,此时硫化物更多以离子形式存在,而不是非离子的硫化氢形式存在;③厌氧处理过程中增加去除硫化物单元。

含硫酸盐废水的处理方法重要分为两大类:物理化学法和生物法。

1. 物理化学法

因为硫酸盐对厌氧消化的影响主要由硫酸盐还原菌的生长和代谢活动引起,所以人们想到寻找某种能够抑制硫酸盐还原菌生长和代谢的化学药剂。通常用来抑制硫酸盐还原菌的化学物质对产甲烷菌也有抑制作用,但是钼酸盐不仅对硫酸盐还原菌有较强的抑制作用,对产甲烷菌还有激活作用。有研究表明,对于淡水沉积物,0.2 mmol 的 MoO_4^{2-} 就可以完全抑制硫酸盐还原作用,而浓度高达 20 mmol/L 时仍不会抑制产甲烷作用。但也有相反的实验证明钼酸盐对硫酸盐还原菌及产甲烷菌均有抑制作用。实际上,即使钼酸盐具有很好的专一性抑制作用,这种方法也不可取,一方面它的价格昂贵,另一方面,它并未对废水中的硫酸盐起到去除效果,排入水体后,仍会引起一系列的环境问题。

硫化物还可以通过在厌氧反应器中沉淀金属硫化物的方法去除。最常见的以及最为有效的用以沉淀硫的重金属是铁。此法的缺陷是 FeS 在反应器中的积累最终会使污泥 VSS/TSS 的比值降低并增加污泥产量,还会因为铁化合物的添加增加废水处理的成本。但如果废水中含有较高浓度的重金属,那么这个方法对除去重金属甚至回收重金属具有非凡的吸引力。

除此之外,研究人员还研究出气体吹脱法用来去除硫酸盐。采用单相高效厌氧反应器处理高硫酸盐有机废水时,在较低负荷下反应器可以稳定运行,并达到一定的处理效果。但是当反应环境的 pH 值较低时,溶液中的溶解性硫化物的很大一部分会以硫化氢形式存在。因此,有研究者利用这一性质,在高效单相厌氧反应器内部装上吹脱装置,或者将单相厌氧反应器的出水引到反应器外,在反应器外部进行吹脱除硫后再回流到反应器内,以此方式将硫化物从反应器内的液相中吹脱,从而减轻硫化物对产甲烷菌的抑制作用,改善反应器的运行性能。此工艺一般含有如下两种:

(1)反应器内部吹脱法。

在厌氧反应器内部安装吹脱装置,利用消化产生的沼气吹脱硫化氢,含有硫化氢的沼气则经过含有螯合剂的高价铁溶剂洗涤净化后可循环再利用。

使用内部吹脱的单相厌氧工艺的最大缺点是吹脱气量不易控制,维持吹脱装置的正常运转会有一定的困难。

(2)反应器外部吹脱法。

外部吹脱的单相厌氧反应器的吹脱气体一般采用惰性气体,如氮气,或者采用沼气。

外部吹脱工艺操作比较简单,只需要针对反应器出水进行吹脱,去除硫化氢后将部分经过处理的水回流,对进水起到稀释作用。

但是,由于反应器在经过吹脱后内部仍然存在相当量的硫化氢,所以以吹脱法去除硫化物的厌氧工艺无法彻底消除硫酸盐还原对产甲烷菌的抑制作用,仍然会对产甲烷菌产生抑制,一定程度上仍会降低产甲烷菌的甲烷产量,这势必增加沼气回收利用的困难。

2. 生物法

利用生物法处理硫酸盐废水主要采用分相厌氧消化法。厌氧处理流程分为两个主要阶段:第一阶段为预酸化和硫酸盐还原阶段,第二阶段为产甲烷阶段,因此而发展起来的两相厌氧工艺是根据参与产酸和产甲烷发酵的微生物类群的不同来设立两个独立的反应器,通过分别控制运行条件,来保证两大类群细菌在各自的反应器中获得最佳的生长条件,从而使整个厌氧系统达到较高的处理能力和运行的稳定性。

在两相厌氧工艺的启发下,有研究者试图将硫酸盐还原菌的还原作用控制在产酸阶段与普通产酸过程同时完成,然后再设法将出水中的硫化物除去,最后除去硫化物的废水再进入产甲烷反应器进行产甲烷作用。由于第一阶段后出水 pH 值较低,硫化物主要以硫化氢形式存在,因此在两阶段之间插入除去硫化物的操作单元,将硫化物以气提硫化氢的方式除去为首选方法。但是此工艺的关键在于尽可能完全地还原硫酸盐,这就需要足够的氢产生,也就意味着 COD/SO_4^{2-} 比值应足够高。

此工艺具有以下几个优点:

①发酵性细菌比产甲烷菌能忍耐较高的硫化物浓度,所以将产酸作用与硫酸盐还原作用同时进行不会影响产酸过程。

②硫酸盐还原菌可利用的基质范围较广,在一定程度上可以促进有机物的产酸分解过程,而且,作为一种产酸菌,硫酸盐还原菌特别是不完全氧化型的硫酸盐还原菌可在一定程度上促进有机物的产酸分解过程,将普通产酸菌的某些中间产物如乳酸、丙酮酸、丙酸等进一步降解为乙酸,所以将硫酸盐还原作用与产酸作用控制在同一个反应器内进行,使产酸类型向乙酸型发展,有利于后续产甲烷反应的进行。

③产酸相反应器处于弱酸性状态,生成的硫化物主要以硫化氢形式存在,有利于硫化物的进一步去除。

④硫酸盐还原作用与产甲烷作用分别在两个反应器内进行,避免了硫酸盐还原菌和产甲烷菌之间的基质竞争。在设法去除硫酸盐还原作用的最终产物——硫化物之后,可避免硫化物与产甲烷菌直接接触,不会对产甲烷菌产生毒害作用,而且,如果大部分硫酸盐已经在产酸相中去除,就会有充分的甲烷前体物用来作为产生甲烷的底物,保证了较高的产甲烷率,形成的沼气中硫化氢含量较少,便于回收。

与物化法相比,生物法具有以下几大优点:①无需催化剂,除了空气外,也不需要其他氧化剂;②不产生化学污泥;③产生的污泥量较少;④能耗低;⑤可回收单质硫;⑥产生的硫酸根和亚硫酸根很少;⑦去除效率高,反应速率快。因此,虽然生物脱硫工艺研究的起步较物化法晚,但是它的发展更快。

自然界中能氧化硫化物的微生物有很多,大部分属于化能自养型,主要分为三大类:丝状硫细菌、光合硫细菌和无色硫细菌。丝状硫细菌生活在含硫化物的水中,能在有氧环境下把水中的硫化氢氧化为单质硫,并从中获得生长和代谢所需的能量,生成的单质硫会以硫粒的形式沉积在细胞体内,也可以被进一步氧化为硫酸盐。但是由于这类细菌将产生的单质硫贮存在细胞内,这就给硫的分离和提纯带来很大困难,因此实际生产中不常用此类细菌。

光合硫细菌是从光中获得能量,依靠体内特殊的光和色素利用二氧化碳进行光合作用。这些光合细菌在进行光合反应的同时,会把硫化物作为同化二氧化碳的电子供体,在生长过程中将硫化物氧化为单质硫。大多数光合硫细菌会将单质硫排出体外,但是工业中也不常用此类细菌,原因在于:①此类细菌的生长和活动都需要光照,这给反应器的设计带来很大的困难;②存在部分体内贮硫的菌种;③光合硫细菌氧化硫化物的过程与二氧化碳的还原固定及细胞物质的生长耦合,所以它的氧化速度和能力受到细菌细胞物质生长速度和总量的限制,这就意味着,细菌去除的硫化物越多,污泥的产生量就越大。

第三大类能氧化硫化物的微生物是无色硫细菌,因为此类细菌没有光和色素,能氧化还原态硫并且从中获得能量。不同类型的无色硫细菌在生理学、生态学、形态学方面都有各自不同的特征,对环境的要求也各有不同。但其共同特点是能氧化还原态硫化物,从此过程中获取生长和活动所需要的能量。研究表明,无色硫细菌代谢碳的途径较为简单和统一,它们多通过 Calvin 循环固定二氧化碳,但是不同种类的无色硫细菌对硫的代谢途径不尽相同,不仅代谢所涉及的酶和电子传递系统很可能就有很大区别,且发生反应的部位可能也不相同。多数无色硫细菌选择体外排硫,它们在影响物质受限制但是有足够硫化物的时候,几乎可在无明显生长的情况下将硫化物甚至胞外的单质硫高效氧化,并且,其产生单位质量单质硫的污泥产量仅为光合硫细菌的 1/10 ~ 1/20。因此,无色硫细菌是生物脱硫工艺的首选脱硫细菌。

根据终产物的不同,生物脱硫工艺可以分为两大类:一类是将硫化物最终氧化为硫酸盐,另一类仅能将硫化物氧化为单质硫。由于后者更便于将废水中的硫化物以单质硫的形式回收利用,在治理污染的同时做到资源回收,因此受到了越来越多研究者的关注。

9.4　其他难降解工业废水的厌氧处理

以有机物为主要污染物的废水,只要毒性没有达到严重抑制厌氧菌的程度,原则上均可采用厌氧处理的方法。除上述工业废水外,还有许多工业废水均可使用厌氧方法处理,包括一些含有毒性物质和难降解物质的废水,这些有毒性和难降解的物质能穿透常规水污染控制工程的屏障,进入自然环境并长期存留和富积,由此产生了一系列对生态环境和人身健康构成严重威胁的环境问题。多年来的研究表明,厌氧生物处理技术在处理难降解有机物方面做出了卓越的贡献。厌氧生物处理可以改变难降解有机物的化学结构,提高物质的生物降解性。

什么是难降解化合物?如果一个化合物在某种特定的环境下,经历任意长的时间仍然保持其同一性,就可将这个化合物认定为难生物降解化合物。生物降解性能是指通过微生物的活动改变某一种物质的化学和物理性质。理论上来讲,微生物几乎能降解所有的有机污染物,但是实际情况并非如此。有机物生物降解的难易程度可分为以下三类:

(1)易生物降解物质:易于被微生物利用,可立即作为能量和营养物的来源。

(2)可生物降解物质:可逐步被微生物利用的物质。

（3）难生物降解物质：降解速度很慢或根本不被降解的物质。

事实上，同一化合物在不同种属微生物作用下其降解情况会有不同。

易生物降解的物质包括一些简单的糖、氨基酸、脂肪酸以及涉及典型代谢途径的化合物。

可生物降解的物质如果需要一段时间驯化，驯化期间很少或根本不发生降解作用，滞后原因通常有以下两种：

（1）滞后期间，混合菌体中能够以化合物为基质的微生物菌种逐渐增长并富集，积累到一定数量之后物质才开始降解。滞后期的长短取决于相应菌种的生长指数。

（2）诱导降解该化合物的酶需要首先形成完整健全的降解酶体系，体系完成后降解立即开始。

难生物降解物质包括一部分天然物质，如腐殖质、木质素等，以及一些人工合成物质，这些物质很难或根本不能降解，其原因包括化学结构因素、物理因素及环境因素等。直接或间接影响有机化合物生物降解性的因素包括三方面：①基质因素，包括基质的化学组成结构、理化性质、浓度等；②生物因素，包括微生物种类、微生物数量、微生物种属间的相互作用、微生物降解酶的组成和活性等；③环境因素，包括温度、pH 值、氧化还原电位（ORP）、有毒物质、营养等。

按照化学组成来看，难降解有机物可分为以下几大类：杂环化合物、多环芳香烃类化合物、有机氰化物、有机合成高分子化合物等。总体而言，有机化合物厌氧生物降解的方法目前还有很大的研究空间，一些传统的方法不能有效地对某些有机化合物进行生物降解，因此，有针对性地寻求有效、准确、易推广的厌氧生物降解方法是今后研究工作的重点。

9.4.1　杂环化合物和多环芳香烃废水的厌氧处理

杂环化合物和多环芳烃在好氧条件下大多属于难以生物降解或降解性能较差的一类化合物，在好氧条件下，其环的裂解是整个生化反应的限速步骤。而厌氧微生物利用杂环化合物和多环芳烃时环的裂解反应很容易进行，这就为厌氧生物降解杂环化合物和多环芳烃反应的顺利进行提供了条件。

基于实现厌氧酸化以改变杂环化合物和多环芳烃的化学结构，提高其好氧生物降解性能，以便在后续的好氧处理中得以有效去除的目的，研究者选取了具有代表性的不同杂环化合物和多环芳烃，进行厌氧转化规律和与厌氧－好氧生物处理的组合工艺的系统研究。此类研究不采用厌氧处理常用的产甲烷速率作为厌氧处理的评价指标，而是利用杂环化合物与多环芳烃在紫外区具有明显波长的特点，借助紫外线分光光度计研究每种有机物本身在厌氧酸化过程中的转化去除规律，来判断厌氧预处理的效果。

研究表明，厌氧微生物体内具有易于诱导、较为多样化的健全开环酶体系，使多环芳烃和杂环化合物更易于开环裂解，顺利通过生物化学反应的限速步骤，得到有效的降解。

在所研究的受试有机物中，单环杂环化合物较其他类受试物厌氧转化降解性能差一些，可见单环杂环化合物具有抗氧化转化降解的倾向。但是当杂环与苯环稠合形成双环和三环杂环化合物后，苯环则掩盖了单环杂环的抗氧化转化降解性，并随着其苯环在整个分子中所占质量百分比的提高，呈现出厌氧转化去除率升高的趋势。由此可以判断，苯环的引入可削弱单环杂环化合物对厌氧转化降解的抗性。

与好氧条件下的共基质反应相似,在厌氧条件下,易降解有机物的存在将促进难降解有机物的厌氧酸化转化。研究者在受试有机物与葡萄糖共基质厌氧降解实验的基础上,又单独测定了不投加葡萄糖时受试有机物的厌氧降解性能,并与共基质条件下的厌氧转化降解性能进行比较。比较发现,单基质条件下受试物的厌氧酸化转化率远低于共基质条件,并且试验中污泥的活性与沉淀性状也比较差,可见共基质中易降解物质葡萄糖的存在对难降解物质的厌氧转化降解起着至关重要的作用。

葡萄糖类易降解有机物作为初级能源和碳源对微生物的代谢反应十分重要,它可为相关的微生物补充碳源能源,利于微生物总量的增长,形成一个完整的厌氧微生物食物链系统。并且,葡萄糖经相关微生物代谢还可为受试有机物的开环提供必要的还原力和各种辅酶。所以,一般认为,共代谢作用在杂环化合物和多环芳烃的厌氧降解过程中起着重要的作用:必须有易于厌氧降解的初级能源物质存在,难降解有机物的厌氧转化才能顺利有效地进行。对于同时含有难降解和易降解有机物的废水,应先采用厌氧酸化作为预处理,此时废水中的易降解有机物可以满足厌氧微生物降解难降解有机物的共基质营养条件。

杂环化合物和多环芳烃经厌氧的酸化,对后续好氧生物降解性能起到很好的改善作用。经过厌氧酸化后,原来难于好氧生物降解的杂环化合物及多环芳烃通过厌氧酸化,化学结构稳定苯环开裂,易于被好氧生物继续降解。

9.4.2　含氯有机化合物的厌氧处理

含氯有机化合物广泛应用于农药、医药、合成材料、机械和木材防腐等行业,是非常重要的化工原料,这类化合物通过多种途径流失到环境中(溶剂、润滑剂、导热和绝缘介质等)。

大量研究表明,含氯有机化合物在好氧条件下大多难以生物降解,并具有较强的生物毒性,它们在传统的好氧生物处理系统中去除效率很低,还会使整个好氧生物处理工艺的效率降低。

含氯有机化合物生物降解过程中最重要的限速步骤是这些化合物上氯取代基的去除。去除氯取代基有两种主要途径:一是经还原、水解、氧化去除;二是在非芳香环结构产生的同时,由水解脱除氯取代基或经 β 位脱氯化氢。

由于氯取代基组织了芳香环的断裂和环断裂后的脱氯,许多氯代芳香族有机化合物在好氧环境中几乎是不可降解的。但是多氯芳香族化合物在厌氧环境中易于还原脱氯降解,形成氯代过程较低、毒性较小、更易于被好氧微生物氧化代谢的部分脱氯产物。增加易被微生物利用的有机物,可以刺激氯代芳香族化合物的脱氯降解,其还原脱氯速率和范围也随之增加。

9.4.3　硝基苯取代有机物的厌氧生物处理

通常认为含硝基的芳香化合物属于难生物降解的化合物,因为 $-NO_2$ 的吸电子性,使得苯环上的电子云密度下降,从而使氧化酶的亲电子攻击受阻。极性的硝基酚类化合物(如邻硝基酚、对硝基酚和 3,5 - 二硝基 - 2 - 甲基酚)则比硝基苯类容易降解。硝基苯甲酸则主要是通过好氧途径降解。

在厌氧条件下,硝基苯首先被还原成羧基氨基苯,然后间位裂环,最后释放出 NH_3 并矿化。有研究称,虽然有几种单氧化酶和双氧化酶能催化硝基苯的起始氧化反应,但反应生成的产物在该体系内是不能继续降解的,硝基仍然留在苯环上。

三硝基甲苯(TNT)是一种炸药,也是对生物毒性很大的化合物,几乎不能被微生物或真菌降解。即使有的微生物能使其苯环开裂,也不能完全降解成 CO_2。另一种炸药黑索今(1,3,5 - 三硝基 - 1,3,5 - 三氮杂环己烷,RDX)也难以被生物降解。研究人员分别从被这两种炸药污染的土壤中提取微生物,并进行菌种分离驯化,在以葡萄糖为碳源的条件下分别进行两种炸药的降解研究,结果发现,只有在很低的浓度下,TNT 及 RDX 才会有小部分降解。这证明其生物降解是极困难的。

9.4.4　制药业废水的厌氧处理

以各种不同原料经发酵和化工过程生产药物所排出的废水具有成分复杂和有毒性物质存在的特点,治理难度很大。

以林可霉素废水为例,林可霉素(又称洁霉素)为 5 大抗生素品种之一,其废水中含有多种高浓度的难降解有机物与生物抑制性污染物,并有部分有机物不易被厌氧微生物利用,其中不可生物降解物质的 COD 占总 COD 的比例约为 30%。

单独采用中温 UASB 反应器处理林可霉素废水,其 COD 去除率可达 50% ~ 55%,其出水尚不能达到国家对医药原料药制药工业废水的排放标准,需采取后续进一步处理工艺。研究人员进一步采用 UASB - 生物接触氧化工艺处理废水,出水 COD 去除率约为 90%,达到国家排放标准。

第 10 章　厌氧生物处理的实验室研究和分析方法

与其他任何科学技术的发展与应用一样,废水厌氧处理技术的建立与完善是基于实验室研究的,即使成熟的工艺,在其投入实际应用之前,前期也需要做大量的实验室工作。产生废水的工厂因其产品的种类和产量、工艺条件、所用原料辅料、废水内部治理水平和工厂管理状况等多方面的特殊性,其产生的废水水量和水质必然有其自己独有的特点,因此工程设计和运行之前的实验室研究和分析是不可缺少的必要步骤。

厌氧处理工艺作为一种微生物发酵过程,在其运行前和运行中都必须密切关注微生物生长所需的环境因素、营养状况等,并对其进行及时的调控。为了衡量工艺的优劣,评价其效率和经济技术指标,就必须测定许多相关参数。由此可见,实验室的研究工作在废水厌氧处理技术的发展与应用中具有重要地位。

10.1　沼气的测定

10.1.1　沼气的组成及其测定意义

废水经厌氧处理后,COD 被除去的部分除少量转化为细胞质外,其余转化为沼气。沼气的主要成分是甲烷和二氧化碳。在高速厌氧反应器中,沼气中甲烷的含量约占总量的 2/3,其余为二氧化碳,还可能含有微量的氢气、硫化氢、氮气或空气等。

沼气的成分很大程度上取决于废水的组成,同时也受到反应器运行状况的影响。运行状况良好的反应器,沼气中甲烷含量较高,因此可以通过沼气的组成及甲烷的产量判定反应器的运行状况,从而及时进行调控。沼气成分测定还可以对废水厌氧处理中有机物的转换进行物料平衡测算,进而更多地掌握厌氧工艺的细节。

在科研和实际应用中,常需要了解 COD 的去除率与产生甲烷之间的关系。因为如果直接测定污泥产量往往误差较大,研究中便经常用物料平衡的方法间接计算反应器中剩余污泥的产率,由于被除去的 COD 转化为甲烷和微生物菌体(污泥),因此通过将产生的甲烷和细菌(污泥)以 COD 表示,可以求得污泥的得率。计算方法为

$$COD_{cells} = \frac{COD_{filt}去除率 - COD_{CH_4}(\%)}{COD_{filt}去除率 + COD_{VFA}(\%)} \times 100\%$$

式中　COD_{cells}——转化为细胞(污泥)的 COD;

　　　COD_{CH_4}——转化为甲烷的 COD;

COD_{VFA}——出水中以 COD 表示的 VFA;

COD_{filt} 去除率——根据经滤纸过滤或离心的出水 COD 计算的 COD 去除率。

由于反应器中产生的沼气含有饱和水蒸气,所以计算一定体积的甲烷气所相对的 COD 量时应转换为干燥的甲烷气体积。

10.1.2　沼气组成的测定方法

气体成分最常见的测定方法是气相色谱法,在很多情况下也可应用液体置换系统对沼气中甲烷和二氧化碳进行测量。液体置换系统简便易行,为没有气相色谱仪的场合提供了有效的替代手段。

国产的气相色谱仪能完全满足沼气组成测定的要求。不同的研究者使用不同的测定条件,或采用不同的担体和不同材料与规格的柱子。以下为沼气组成测定的两种条件:

(1)采用热导池检测器,Porapak·N 担体,60~80 目,柱长 1 m×6 mm,柱温 35~40 ℃,选择氢气作为载气,载气流率 60 mL/min,桥电流 160~180 mA,进样量 50~100 μL。

(2)采用热导池检测器,国产 TDX-01 担体,60~80 目,柱长 2 m×3 mm(不锈钢柱),柱温 75 ℃,热导池温度 70 ℃,气化室温度 70 ℃,选择氮气作为载气,载气流率 90 mL/min,进样量 50~100 μL。

沼气组分分析时通常采用外标法:预先配制与式样组分相同、含量大体接近的标准气体作为外标物注入色谱柱,得到标准色谱图;然后在相同条件下对待测样品进行测试,得到其色谱图。通过与标准色谱图比较得出气体含量。计算公式为

$$\eta_x = \frac{\eta_s}{H_s} \cdot H_x$$

式中　η_x——待测样品中气体组分 x 的百分含量;

　　　η_s——标准气中 x 的百分含量;

　　　H_x——待测样品中 x 的峰高;

　　　H_s——标准气中 x 的峰高。

带有自动积分仪的气相色谱仪可以根据输入的标准气的组成,直接给出待测样品各组分的含量。使用气相色谱法测定气体组分时,标准气进样量与其他操作条件应当与待测样品的测试条件一致。

10.1.3　用液体置换系统测定沼气组成

在没有气相色谱的情况下,可以利用液体置换系统来测定沼气的组成。测定方法是:将一个容积为 0.5 L 的含 NaOH 溶液的血清瓶在测试温度下倒置 24 h,在倒置状态下以大号注射器取 100 mL 沼气待测样品,缓慢注入含 1.5%~5.0% NaOH 溶液的血清瓶,注入时间控制在 10 min 以上,由血清瓶流入量筒的 NaOH 溶液的体积即为沼气中甲烷的体积。

由于处理废水的高速厌氧反应器中,产生的氢气几乎完全被转化为甲烷,沼气的其余成分主要是二氧化碳,在某些情况下还含有微量的硫化氢。3 种气体的混合气体通过碱液时,二氧化碳和微量硫化氢被碱液吸收,余下的即为甲烷的含量。由于硫化氢含量在大多数情况下较少,因此也可近似得出二氧化碳的含量,即 $CO_2(mL) = 100 - CH_4(mL)$。

此方法可以在不使用贵重仪器的情况下方便地进行测试,也可以在生产现场进行测

定,但缺点是对甲烷以外的其他微量成分不能测定。

10.1.4 甲烷的 COD 换算

在科研和生产中,常需要了解 COD 转换为甲烷的百分率或每去除单位量的 COD 可以产生多少甲烷。在物料平衡计算中也需要了解所产生的甲烷占去除的 COD 中的比例,由于直接测定污泥的产量往往误差较大,研究中常用物料平衡的方法间接计算反应器中剩余污泥的产率,由于被除去的 COD 转化为甲烷和微生物菌体(污泥),因此通过将产生的甲烷和细胞(污泥)以 COD 表示,可以求污泥的得率。计算方法如下:

$$COD_{cell}(\%)\frac{COD_{filt}去除率(\%) - COD_{CH_4}(\%)}{COD_{filt}去除率(\%) + COD_{VFA}(\%)} \times 100\%$$

式中　COD_{cell}——转化为细胞(污泥)的 COD;

　　　COD_{CH_4}——转化为甲烷的 COD;

　　　COD_{VFA}——出水中以 COD 表示的 VFA;

　　　COD_{filt}去除率——根据经滤纸过滤或离心的出水 COD 计算的 COD 去除率。

甲烷气换算为 COD 的方法可根据表 10.1 列出的数据进行,同时每克 COD 在标准状况下(0 ℃,1.013×10^5 Pa)等于 350 mL 干燥的纯甲烷。表 10.1 列出的干燥甲烷的值是由下式计算而来:

$$1.103 \times 10^5 压力下每克 COD 的甲烷体积数/mL = \frac{350 \times 273 + t}{273}$$

表 10.1　相当于 1 g COD 的甲烷气的体积毫升数(1.013×10^5 Pa)

温度/℃	干燥甲烷	含饱和水蒸气的甲烷
10	363	367
15	369	376
20	376	385
25	382	394
30	388	405
35	395	418
40	401	433
45	408	450
50	414	471

式中　t——甲烷气的实际温度,℃。

由于反应器中产生的沼气含有饱和水蒸气,所以计算一定体积的甲烷气所相对的 COD 量时应转算为干燥的甲烷气的体积。

10.2　挥发性脂肪酸的测定

挥发性脂肪酸(VFA)是厌氧消化过程的重要中间产物,甲烷菌主要利用 VFA 形成甲烷,只有少部分甲烷由二氧化碳和氢气生成。因此 VFA 在厌氧反应器的积累能反映出甲烷菌的不活跃状态或反应器操作条件的恶化,较高的 VFA 浓度对产甲烷菌有抑制作用,所以对出水 VFA 的测定成为控制反应器运行条件的指示指标之一。

VFA 包括甲酸、乙酸、丙酸、丁酸、戊酸、己酸以及它们的异构体。在运转良好的高速厌氧反应器中,VFA 中乙酸的占有比例很高,但运行状况不好时,丙、丁酸浓度就会上升。

在 VFA 测定中,常进行 VFA 总量的测定,以 mmol/L 或换算为乙酸 mg/L 表示。对 VFA 中各种低级脂肪酸(乙酸、丙酸等)的分别定量分析也很重要,因为各种脂肪酸换算为 COD 的换算系数是不同的。

常见的 VFA 分析方法有滴定法和气相色谱法。

10.2.1　滴定法测定 VFA

VFA 的滴定分析方法有很多,都用于 VFA 的总量测定。此方法的原理是将废水以磷酸酸化后,蒸发出其中的挥发性脂肪酸,再以酚酞为指示剂用 NaOH 溶液滴定馏出液。废水中的氨态氮可能对测定形成干扰,因此应当首先在碱性条件下蒸发出氨态氮;如果要同时测定氨态氮,则以硼酸溶液吸收后滴定。

此方法所需药品有 10% 的 NaOH 溶液,0.100 0 mol/L 的 NaOH 标准溶液,10% 的磷酸溶液,酚酞指示剂,1% 的乙醇溶液。

其测定步骤为:

(1)取 50~200 mL 的待测废水置于蒸馏瓶中,其中的 VFA 不超过 30 mmol,加入数滴酚酞指示剂。

(2)加入略微过量的 10% 的 NaOH 溶液,使溶液成碱性。

(3)蒸馏瓶中液体至剩余 50~60 mL 为止。

(4)用蒸馏水将蒸馏瓶中剩余溶液稀释至原来的体积,加入 10 mL10% 的磷酸酸化,在接收瓶中加入 10 mL 蒸馏水并使接收瓶与蒸馏瓶上的冷凝管连接,导入管应浸入接收瓶的液面以下。蒸馏至瓶中液体为 15~20 mL 时为止。待蒸馏瓶冷却后,加入 50 mL 蒸馏水再次蒸馏,至剩余 10~20 mL 液体为止。

(5)为去除二氧化碳、硫化氢、二氧化硫等干扰物,可向馏出液中通入高纯氮 10~15 min,然后加入 10 滴酚酞指示剂,用 NaOH 标准溶液滴定至淡粉色不消失为止。

(6)利用以下公式计算 VFA 含量:

$$\text{VFA}/(\text{mol} \cdot \text{L}^{-1}) = \frac{V_{\text{NaOH}} \cdot c}{V_{\text{s}}} \times 1\,000$$

式中　V_{NaOH}——滴定消耗的 NaOH 标准溶液的体积,mL;

c——滴定消耗的 NaOH 标准溶液的准确浓度,mol/L;

V_{s}——被测定废水水样的体积,mL。

10.2.2　气相色谱法测定 VFA

气相色谱法相较滴定法而言更为简便。用于 VFA 分析的气相色谱操作条件有很多种,这里只取其中两种举例。

(1)色谱柱:d3 mm×2 m 不锈钢柱,内填国产 GDX - 401 担体,60~80 目;

柱温:210 ℃;

载气:氮气,流率为 90 mL/min;

空气流率:500 mL/min;

氢气流率:50 mL/min;

汽化室温度:240 ℃;

检测温度:210 ℃。

(2)色谱柱:d6 mm×2 m 不锈钢柱,装有以 2% 磷酸饱和的 60~80 目 GDX - 103 担体;

柱温:180~200 ℃;

载气:氮气,流率为 50 mL/min;

空气流率:600~700 mL/min;

氢气流率:50 mL/min;

汽化室温度:240 ℃;

检测温度:210 ℃;

进样量:2 μL。

以气相色谱分析 VFA 浓度,其原理是根据比较标准溶液中各组分和样品水样中相应组分的峰高和峰面积计算而来,现代气相色谱仪中带有微机对各组分的峰面积进行自动积分,有些色谱仪还会将各组分峰面积与标准溶液中相应组分的峰面积进行比较,同时根据水样的稀释倍数计算出各组分的浓度。

如果所用色谱仪中不带有自动积分仪,则被测样品中某些组分的浓度可依据以下公式计算:

$$\rho_i = \frac{\rho_s}{H_s} \times H_i \times D$$

式中　ρ_i——被测样品中组分 i 的质量浓度,mg/L;

　　　ρ_s——标准溶液中组分 i 的质量浓度,mg/L;

　　　H_s——标准样品中组分 i 的峰高(或峰面积);

　　　H_i——被测样品中组分 i 的峰高(或峰面积);

　　　D——被测样品的稀释倍数。

测试结果还可以用 mgCOD/L 或 mmol/L 来表示。

10.3　碱度的测定

碱度表示水样中能与强酸中的氢离子结合的物质的含量。属于这样的物质在废水中可能多种多样,包括强碱、弱碱、弱酸阴离子等。值得注意的是生化过程产生的 VFA 阴离子也具有结合氢离子的能力,因此也表现为碱度。碱度能反映出废水在厌氧处理过程中所具有的缓冲能力。厌氧过程中常常出现有机酸的积累,这可能导致 pH 值的下降而使反应器条件恶化,所以废水如果具有相对高的碱度则可以对有机酸引起的 pH 值变化起缓冲作用,使得 pH 值相对稳定。

碱度的大小以水样在滴定中消耗的强酸的量来表示,因此在测定碱度时必须确定合适的终点,终点不同,测定结果也不同。所以在报告测试结果时应当同时注明终点 pH 值。

测定碱度的方法为溴甲酚绿 – 甲基红指示剂滴定法。因为溴甲酚绿 – 甲基红指示剂的变色范围为:pH 5.2 以上时为蓝绿色,pH 5.0 时为淡紫灰到淡蓝色,pH 4.8 时为略带淡蓝色的淡粉红色,pH 值为 4.6 时为淡红。所以以溴甲酚绿甲基红作指示剂滴定水样碱度时,终点为淡蓝色变为淡粉红色时,报告的终点 pH 值可记为 4.6。

测定所需药品与仪器如下:

(1)蒸馏水:煮沸加热 15 min 去除水中溶解二氧化碳,冷却后备用。

(2)溴甲酚绿 – 甲基红指示剂的配制:取 100 mg 溴甲酚绿钠盐和 20 mg 甲基红钠盐溶于 100 mL 蒸馏水中,或称取 100 mg 溴甲酚绿和 20 mg 甲基红溶于 100 mL95% 乙醇中。

(3)0.1 mol/L($Na_2S_2O_3$)溶液。

(4)配制 0.020 0 mol/L 的 HCl 标准溶液。取相对密度为 1.19 的浓 HCl 8.3 mL,以蒸馏水定容至 1 000 mL,贮存备用。使用时,取 200 mL 溶液以蒸馏水定容至 1 000 mL 即可。

(5)仪器:25 mL 酸式滴定管;20 mL 移液管;2.0 ~ 10.0 mL 移液管若干;150 mL 三角瓶;50 mL 烧杯。

测定方法:

将水样经滤纸过滤,或与 5 000 r/min 条件下离心 10 min,取 V_2 mL 滤液或上清液为样品,样品的量以消耗 HCl 标准溶液 8 ~ 20 mL 为宜。样品取平行试样两份,分别置于 150 mL 三角瓶中。

向样品中加入 5 ~ 10 倍体积的无二氧化碳蒸馏水稀释,同时以等量的不含样品的无二氧化碳蒸馏水为空白对照。

开始滴定时,首先向样品中加入溴甲酚绿 – 甲基红 3 滴和 0.1 mol/L($Na_2S_2O_3$)1 滴(后者用于排出游离氯的干扰),以 0.020 0 mol/L 的 HCl 标准溶液滴定至刚好显示淡红色,记录样品中消耗的 HCl 用量 V_1 mL,空白对照中消耗的 HCl 量记为 V_0 mL。

滴定结束后,以下列公式计算样品碱度:

$$碱度/(mmol \cdot L^{-1}) = \frac{(V_2 - V_0) \times c}{V_2} \times 1\ 000$$

式中　V_1——试样消耗 HCl 标准溶液的体积,mL;

　　　V_2——试样的体积,mL;

　　　V_0——空白对照消耗 HCl 标准溶液的体积,mL;

　　　c——HCl 标准溶液的标准浓度,mol/L。

如果试验结果需要以 mgCaCO$_3$/L 表示时,需要将上试计算的浓度结果乘以 50,即

$$碱度(以\ mgCaCO_3/L\ 计) = 碱度(以\ mmol/L\ 计) \times 50$$

10.4　COD 的测定

化学需氧量(COD)表示废水中有机物完全氧化所需的氧气量。

目前大多数实验室采用比色法分析废水 COD 浓度,此方法适于经常性或大量样品的测定,并具有很好的可重复性。有机物被强氧化剂在酸性条件下氧化,以分光光度计测定被还原的氧化剂离子的吸光度,水样的 COD 浓度与最终测试的吸光度大小成直线关系。

常用作氧化有机物的氧化剂为 $KMnO_4$ 和 $K_2Cr_2O_7$。但因为 $KMnO_4$ 的氧化能力不强,不能完全氧化有机物,有些有机物甚至完全不能被其氧化,而且煮沸含有过量 $KMnO_4$ 溶液时,$KMnO_4$ 会在某种程度上分解为 MnO_2 和 O_2,MnO_2 会起到催化作用加速有机物的分解过程,而 MnO_2 沉淀的量还会因样品的组成而异,无法作为空白试验对照,因此 $KMnO_4$ 正被逐渐淘汰。

药品与仪器:

(1)0.25 mol/L($\frac{1}{2}K_2Cr_2O_7$)标准溶液。

(2)18 mol/L 的含饱和 Ag_2SO_4 的 H_2SO_4 溶液。

(3)带有耐酸密封盖的厚壁硬质玻璃试管。

(4)分光光度计。

(5)移液管。

(6)烘箱。

测定步骤:

(1)水样质量浓度应在 1 000 mgCOD/L 以下,如果超出该范围需以蒸馏水稀释。Cl^- 质量浓度不超过 500 mg/L。

(2)取样品水样 5.0 mL 置于厚壁硬质玻璃试管;取同样体积蒸馏水作为空白试验。向以上试管中加入 3.0 mL$K_2Cr_2O_7$ 标准溶液和 7 mL18 mol/L 的 H_2SO_4 溶液,立即加盖密封并充分混合。

(3)置于 150 ℃烘箱保温 2 h。

(4)冷却后,在 600 nm 波长下测定水样和空白试验的吸光度。

(5)在已根据标准溶液吸光度绘制的吸光度——COD 浓度曲线上,根据以下公式求得水样浓度:

$$COD 浓度 = (E_a - E_b) \times f$$

式中　E_a——样品水样的吸光度;

　　　E_b——空白试验的吸光度;

　　　f——由已知 COD 浓度的标准溶液确定的 COD 浓度与吸光度的换算系数。

现在一些新型分光光度计内置计算功能,只要先用空白样和标准溶液校对分光光度计读数,分光光度计便可直接给出所测样品 COD 浓度。

10.5　硫酸盐和硫化物的测定

许多工业废水中常常含有硫酸盐,在厌氧处理的 pH 值条件下转化为硫化物,其中部分以 H_2S 的形式存在,其毒性会抑制甲烷菌的活性。因此硫酸盐和硫化物的测定在厌氧处理中有重要的意义。

硫酸盐质量法测定硫酸盐和硫化物含量较为简单易行。首先以氯化钡加入含硫酸盐的水样中,在酸性介质中沉淀,根据生成沉淀物硫酸钡的质量计算出含量。

药品:

(1)盐酸:密度 1.19 g/cm^3。

(2)10% 氯化钡溶液。

(3)甲基橙指示剂。

测定步骤:

(1)将待测水样过滤,取 200 mL 过滤水样放入 400 mL 烧杯中,加入甲基橙指示剂 2 滴。

(2)用 1:1 盐酸酸化上述水样,再多加 1.5 mL。

(3)加热煮沸约 5~10 min,趁沸慢慢滴加氯化钡溶液 5~10 mL,静置过夜,使其完全沉淀。

(4)用定量滤纸过滤,用热水将沉淀洗至无氯离子,并用硝酸银溶液检查。

(5)将滤纸及沉淀放入已知质量的瓷坩埚中,烘干、灼烧至恒重。

(6)根据以下公式计算含量:

$$SO_4^{2-} \text{ 质量浓度}/(\text{mg} \cdot \text{L}^{-1}) = \frac{m \times 0.411\ 6 \times 1\ 000}{V}$$

式中　m——灼烧后硫酸钡沉淀的质量,mg;

　　　V——水样体积,mL。

10.6　总氮、氨态氮和有机氮的测定

10.6.1　总氮(凯氏氮)的测定

当有机废水与浓硫酸和硫酸钾混合物在催化剂硫酸铜或硫酸汞存在的情况下一同加热时,废水中的有机氮和氨态氮转化为硫酸铵。加入 NaOH 使其呈现碱性后,蒸馏使氨释放,并用硼酸吸收释放出的氨,再根据滴定硼酸铵所消耗的硫酸量便可计算出总氮的含量。

此法测得的总氮包括了有机氮和原来即以氨态氮存在的氮,但不包括硝酸盐或亚硝酸盐形式存在的氮。有机氮中的某些化合物,如含氮的杂环化合物、吡啶、叠氮化物、偶氮化合物、硝基和亚硝基化合物等也未包括在内。

药品和仪器:

(1)浓硫酸,密度 1.84 $g/L\ cm^3$。

(2)50% NaOH 溶液。

(3)10% $CuSO_4$ 溶液。

(4)4% 硼酸溶液。

(5)无水硫酸钾或无水硫酸钠。

(6)0.020 mol/L($\frac{1}{2}H_2SO_4$)标准溶液:吸取分析纯浓硫酸 2.80 mL,溶于 1 L 蒸馏水中,得到约 0.1 mol/L($\frac{1}{2}H_2SO_4$)溶液,然后取其 200 mL,用蒸馏时稀释至 1 L 备用。

(7)混合指示剂:取 0.05 甲基红和 0.10 溴甲酚绿溶于 100 mL 乙醇中。

(8)1% 酚酞的乙醇溶液。

(9)4% 的 $Na_2S \cdot 9H_2O$ 溶液。

(10)蒸馏水:将普通蒸馏水酸化后加入 $KMnO_4$ 进行蒸馏,并重复蒸馏一次,已使其中不含有任何铵盐和氨。

(11)浮石:在蒸馏水中煮沸后干燥备用。

(12)600 W 可调温电炉两台。

(13)凯氏烧瓶及凯氏蒸馏装置。

测量步骤:

(1)量取一定量的废水水样置于凯氏烧瓶,以含氮 0.5 ~ 10 mg 为宜,加入 10 mL 浓硫酸、5 g 硫酸钾或硫酸钠、1 mL 硫酸铜溶液,并放入几块沸石。将凯氏烧瓶以 45 ℃的角度固定于通风橱内加热煮沸,烧瓶内将产生白烟,烧瓶中颜色逐渐变黑,持续煮沸,直至溶液完全透明无色或呈现浅绿色,再继续煮沸 20 min。

(2)将凯氏烧瓶冷却至室温,以约 150 mL 蒸馏水冲洗烧瓶壁,加入 2.5 mL 硫化钠溶液和 3 ~ 5 滴酚酞,再沿烧瓶壁缓慢加入 50 mL NaOH 溶液并尽量使其不与烧瓶内液体混合。立刻将烧瓶安装到蒸馏装置上(事先已安装好含 50 mL 硼酸的吸收瓶),小心转动烧瓶使烧瓶内的两层液体混合并开始加热。煮沸 20 ~ 30 min,或在不使用蒸汽发生器的情况下蒸发至烧瓶内液体体积减少至原体积约 1/3 时停止蒸馏。

(3)滴定:取下吸收瓶,加入几滴混合指示剂,以 0.02 mol/L($\frac{1}{2}H_2SO_4$)滴定至溶液变为紫色。

(4)空白试验:用同样体积蒸馏水代替废水水样,按上述步骤重复空白试验。

(5)计算废水中凯氏氮含量公式如下:

$$总氮/(mmol \cdot L^{-1}) = \frac{V_2 - V_0}{V} \times c \times 14\,000$$

式中　V_1——滴定样品消耗的标准硫酸溶液体积,mL;

　　　V_0——滴定空白试验消耗的标准硫酸溶液体积,mL;

　　　14 000——每摩尔氮的质量(mg)数;

　　　V——样品水样的取样体积,mL。

10.6.2　氨态氮测定

1. 比色法

(1)原理。氨与纳氏试剂反应会生成黄色络合物,色度的深浅与氨态氮含量的多少成正比,利用比色法即可测定其具体含量。

废水中的氨态氮在测定前通常需要进行蒸馏,目的是排除干扰物对测定的影响。但为防止某些含氮化合物在蒸馏时分解,应根据水样的不同性质在不同 pH 值条件下蒸馏。当水样含氰酸盐或大量含氮有机物存在时可在 pH = 9.5 的条件下蒸馏,有机氮含量不高时,一般可在 pH = 7.4 的条件下蒸馏。对于含大量酚的废水(例如,焦化厂、煤气厂废水),则可在强碱性介质中蒸馏。但含大量酚的废水若同时与有机氮存在,则应先在 pH = 7.4 条件下蒸馏,馏出液收集到强酸的稀溶液中,然后将此溶液调至碱性再次蒸馏。

最终的馏出液均以硼酸溶液吸收。吸收了氨的硼酸溶液再用比色法(或滴定法)测定。由此可知,预蒸馏的样品处理方法也适用于滴定法测定氨态氮。

(2)氨态氮测定的预蒸馏。

①预蒸馏所用药品。

硼酸缓冲液:pH = 9.5。于 500 mL 0.025mol/L 的四硼酸钠溶液(每升含 9.5 g $Na_2B_4O_7 \cdot 10H_2O$)中加入 88 mL0.1 mol/L 的 NaOH 溶液,用无氨蒸馏水稀释至 1 L。

磷酸缓冲液:pH = 7.4。将 14.3 g 无水 KH_2PO_4 和 68.8 g 无水 K_2HPO_4 溶解于无氨蒸馏水中并稀释至 1 L。

硼酸吸收液:将 40 g H_3BO_3 溶解在无氨蒸馏水中并稀释至 1 L。

无氨蒸馏水:将普通蒸馏水酸化后加入 $KMnO_4$ 进行蒸馏,并重复蒸馏一次,已使其中不含有任何铵盐和氨。

②预蒸馏步骤。在容积为 800 ~ 1 000 mL 的蒸馏瓶中放入 400 mL 待测水样(或少于 400 mL 的水样,以无氨蒸馏水稀释至 400 mL),用酸或碱调节 pH = 7,然后视废水性质不同加入 25 mL 缓冲液(pH = 7.4 或 9.5,见原理部分),在吸收瓶中放入 50 mL 硼酸吸收液。蒸馏出约 300 mL 液体,将馏出液转入 500 mL 容量瓶,用无氨蒸馏水稀释至刻度。

(3)比色法测定的药品与仪器。

①纳氏试剂:将 100 g 无水碘化汞和 70 g 无水碘化钾溶解在少量无氨蒸馏水中,不断搅拌下慢慢转入 NaOH 溶液中(160 g NaOH 溶于 500 mL 蒸馏水),稀释至 1 L,静置过夜后,取上清液于棕色瓶中备用。

②15% 酒石酸钾钠溶液:取 15 g 酒石酸钾钠溶于 100 mL 无氨蒸馏水中。

③分光光度计。

(4)比色法测定步骤。

由吸收有氨的硼酸溶液中(已定容至 500 mL),吸取 V_1 mL 于 100 mL 容量瓶,稀释至约 90 mL。

加入 1.5 mL 15% 的酒石酸钾钠和 2 mL 纳氏试剂,以无氨蒸馏水稀释至刻度。摇匀后静置 10 min。

以 1 cm 比色皿,在 440 nm 波长下比色。

同时也作一空白对照。

以硫酸盐溶液作为标准溶液测其吸光度,制出标准曲线和吸光度 - 浓度换算系数。

(5)计算。

①氨态氮$/(mg \cdot L^{-1}) = \dfrac{f(E_1 - E_0)}{V_1} \times \dfrac{100 \times 500}{V}$

式中　f——根据标准曲线求出的吸光度 – 氨氮浓度换算系数；

　　　E_1——样品吸光度；

　　　E_0——空白试验吸光度；

　　　V_1——由 500 mL 硼酸溶液中吸取的溶液体积，mL；

　　　V——蒸馏时吸取的原水样体积，mL；

　　　100——比色时将 V_1 mL 比色样品定容的体积，mL；

　　　500——蒸馏时将 V mL 原水样定容的体积，mL。

②　　　　　　　　　　有机氮/$(mg \cdot L^{-1})$ = 总氮(凯氏氮) – 氨态氮

2. 滴定法测定氨态氮

(1)原理。

废水中的氨态氮经蒸馏后被硼酸溶液吸收，然后以标准硫酸溶液滴定。

(2)药品。

① 0.02 mol/L($\frac{1}{2}H_2SO_4$)标准溶液。

②pH 7.4 的磷酸缓冲溶液：将 14.3 g 无水 KH_2PO_4 和 68.8 g 无水 K_2HPO_4 溶解于无氨蒸馏水中并稀释至 1 L。

③混合指示剂，配制方法见总氮测定。

④硼酸缓冲液：pH = 9.5。于 500 mL0.025 mol/L 四硼酸钠溶液(每升含 9.5 g $Na_2B_4O_7 \cdot 10H_2O$)中加入 88 mL 0.1 mol/L 的 NaOH 溶液，用无氨蒸馏水稀释至 1 L。

(3)测定步骤。

①样品预蒸馏：在容积为 800 ~ 1 000 mL 的蒸馏瓶中放入 400 mL 待测水样(或少于 400 mL，则以无氨蒸馏水稀释至 400 mL)，调节 pH = 7，然后视废水性质不同加入 25 mL 缓冲液。

②取定容至 500 mL 后的馏出液 V_1 mL 于锥形瓶，加入几滴混合指示剂，用硫酸标准溶液滴定至紫色。

③同时以无氨蒸馏水代替水样进行空白试验。

(4)计算。

①　　　　　　　氨态氮/$(mmol \cdot L^{-1})$ = $\dfrac{(a-b)c \times 14 \times 1\,000}{V} \times \dfrac{500}{V_1}$

式中　a——滴定样品时消耗的硫酸标准溶液的体积，mL；

　　　b——滴定空白试样时消耗硫酸标准溶液的体积，mL；

　　　c——硫酸标准溶液的准确浓度，mol/L；

　　　V_1——滴定时吸取馏出液的体积，mL；

　　　V——预蒸馏时吸取原水样的体积，mL；

　　　14——每摩尔 NH_4^+ 中 N 的质量，g；

　　　500——馏出液定容的体积，mL。

②　　　　　　　　　　有机氮/$(mg \cdot L^{-1})$ = 总氮(凯氏氮) – 氨态氮

10.7　总固体、挥发性固体、总悬浮物、挥发性悬浮物和灰分的测定

1. 意义和原理

总固体(TS)指试样在一定温度下蒸发至恒重所余固体物的总量,它包括样品中悬浮物、胶体物和溶解性物质,其中既有有机物也有无机物。挥发性固体(VS)则表示样品中悬浮物、胶体和溶解性物质中有机物的量。总固体中的灰分是经灼烧后残渣的量,这个灰分表示了试样中盐或矿物质以及不可灼烧的其他物质(例如硅)的含量其三者之间的关系为TS = VS + 灰分。以此法测定的 TS 和 VS 不包含在蒸发温度下易于挥发的物质的量。TS、VS 的测定多用于含大量悬浮物的水样和污泥的分析。

总悬浮物(TSS)指水样经离心或过滤后得到的悬浮物经蒸发后所余固体物的量,它不包含水样中胶体和溶解性物质。挥发性悬浮物(VSS)为 TSS 中有机物的量。TSS 中的灰分为 TSS 经灼烧后的残渣量,其中不包含试样中溶解性盐或矿物质。三者关系为 TSS = VSS + 灰分。

2. 总固体和挥发性固体的测定

(1)仪器:恒温干燥箱,马弗炉,瓷坩埚,干燥器,分析天平。

(2)操作步骤。

将瓷坩埚洗涤后在 600 ℃马弗炉灼烧 1 h,待炉温降至 100 ℃后,取出瓷坩埚并于干燥器中冷却、称重。重复以上操作至恒重,记作 a g。

取 V mL 水样(约 25 mL 或 1~2 g 污泥),置于坩埚,如果样品为污泥可将其与坩埚一起称重记 b g。然后将含样品的坩埚放入干燥箱,在(105 ±2)℃下干燥至恒重,质量记作 c g。

将含干燥后样品的坩埚在通风橱内燃烧至不再冒烟,然后放入马弗炉,在 600 ℃下灼烧肠,待炉温降至 10 ℃时,取出塔锅在干燥器内冷却后称重,质量记作 d g。

(3)计算。

$$TS/(g \cdot L^{-1}) = \frac{c-a}{V} \times 1\,000$$

$$VS/(g \cdot L^{-1}) = TS - 灰分$$

$$灰分/(g \cdot L^{-1}) = \frac{d-a}{V} \times 1\,000$$

污泥中的 TS 和 VS 常以百分率表示,可计算如下:

$$TS = \frac{c-a}{b-a} \times 100\%$$

$$灰分 = \frac{d-a}{b-a} \times 100\%$$

$$VS = TS - 灰分$$

3. 总悬浮物和挥发性悬浮物的测定

(1)仪器:离心机,过滤用铝杯,其余仪器与总固体测定所用仪器相同。

(2)操作步骤。

将定量滤纸放入干净的过滤用铝杯,放入 105 ℃干燥至恒重,质量记作 a g。

将坩埚在马弗炉内灼烧并恒重,方法与总固体测定相同,质量记作 b g。

取样品 V mL 置于离心管内,于 5 000 r/min 离心 10 min,然后将定量铝纸在铝杯中放置好,以蒸馏水润湿,在抽吸作用下将离心管内上清液过滤后,将离心管内的沉淀转移至滤纸上,并用蒸馏水少许洗涤离心管,使沉淀全部经滤纸过滤。

将带有沉淀物和滤纸的铝杯在 105 ± 2 ℃ 条件下干燥至恒重,质量记作 c g。

将铝杯中的铝纸连同沉淀物全部转移至瓷坩埚,在通风橱内小心燃烧至不再冒烟,然后置于马弗炉,在 600 ℃ 下灼烧 2 h,待马弗炉温降至 100 ℃ 后,取出坩埚,在干燥器中冷却后称重,质量记作 d g。

(3)计算。

$$TSS/(g \cdot L^{-1}) = \frac{c-a}{V} \times 1\ 000$$

$$灰分/(g \cdot L^{-1}) = \frac{d-b}{V} \times 1\ 000$$

$$VSS/(g \cdot L^{-1}) = TSS - 灰分$$

10.8　厌氧污泥的产甲烷活性测定

1. 目的

这一测定的目的是为了了解厌氧污泥(以 VSS 计)的比产甲烷活性,即单位重量的以 VSS 计的污泥在单位时间所能产生的甲烷量。由于废水中被去除的 COD 主要转化为甲烷,因此污泥产甲烷活性可以反映出污泥所能具有的去除 COD 及产生甲烷的潜力,它是污泥品质的重要参数。

污泥的产甲烷活性与许多因素有关,为了解这个活性的大小,试验必须在理想条件下进行。

2. 测定所用的装置

测定污泥的产甲烷活性装置即可采用容积为 2~10 L 的带搅拌器的反应槽及与其相连接的 Mariotte 瓶。带有底物的消化液与污泥置于反应器中,所产甲烷通过置换 Mariotte 瓶中的碱液加以测定。搅拌器每隔 3~15 min 搅拌 6 s,也可使用较小的不带搅拌的血清瓶作为反应器。

3. 测定的条件

(1)温度:应当与反应器实际运行温度相同。

(2)底物和污泥的浓度:产甲烷细菌所在微环境的底物浓度是影响污泥活性测定的重要因素。虽然细菌有很高的底物亲和力(即低的 K_s 值),但在污泥床内部或颗粒污泥内部由于底物扩散速率的限制,底物浓度可能非常低,由此引起污泥活性测定的偏差。为使底物扩散的影响降低至最小限度,应当采用较低的污泥浓度。当污泥浓度减少时,所测定的活力相应增加。对不带搅拌的反应器,污泥浓度的影响会更大。

另一方面,测试中采用略高的底物浓度,并采用缓慢的搅拌或不时地摇晃,能改善传质扩散作用。通常测定污泥活性使用挥发性脂肪酸(VFA)作为底物,虽然浓度应略高,但过高的 VFA 浓度则会产生毒性。

表 10.2 列出了在带搅拌的反应器(一般采用容积 > 2 L)和不带搅拌的反应器(0.5~1 L)中推荐使用的污泥和底物浓度。不带搅拌的反应器一般只用于污泥活性大于 0.1 g COD_{CH_4}/(gVSS·d)的污泥,其中 COD_{CH_4} 表示以 COD 表示的甲烷的产量。带搅拌的反应器可以更精确地测定甲烷的产量,因此可用于活性小于 0.1g COD_{CH_4}/(gVSS·d)的污泥的测定。

表 10.2　在产甲烷活性测定中使用的污泥和底物 VFA 浓度

测定装置	污泥质量浓度/(gVSS·L^{-1})	VFA 质量浓度/(gCOD·L^{-1})
带搅拌的系数	2.0~5.0	2.0~4.0
不带搅拌的系数	1.0~1.5	3.5~4.5

(3)底物 VFA 的组成测定污泥活性可用 VFA 作为底物,VFA 的组成也会对测定结果有影响。表 10.3 是乙酸、丙酸和丁酸以不同比例为底物时所测得的两种颗粒污泥的活性。因此在测定中应当采用与所处理的废液经酸化后类似的 VFA 组成,并且在测定报告中加以说明。

表 10.3　底物 VFA 组成污泥产甲烷活性测定的影响

颗粒污泥	投加底物次数	污泥活性/[gCOD$_{CH_4}$·(gVSS·d)$^{-1}$]	
		乙酸:丙酸:丁酸 = 73:21:0.4	乙酸:丙酸:丁酸 = 24:34:41
第一种污泥	第一次投加	0.460	0.251
	第二次投加	0.803	0.574
第二种污泥	第一次投加	0.621	0.214
	第二次投加	0.730	0.648

注:测试条件为:反应器,0.5 L;污泥质量浓度,1.36 gVSS/L;VFA 质量浓度,4 gCOD/L;温度,30℃;pH = 7.4

第一种污泥已保存一年,第二种污泥已保存两个月。

(4)pH 值:一般测定前先将底物 VFA 配成浓度较大的母液,然后以 NaOH 中和至 pH = 7。根据所需的量计算,一般所需的 Na$^+$ 浓度约为 COD_{VFA}(以 COD 计的 VFA 浓度)的 25%~35%。VFA 必须被中和,否则非离子化的 VFA 会引起严重的抑制作用。

(5)VFA 母液:母液可配制为质量分数为 10%。母液的配制由称重来进行,如果在最终配制所需要的水样时来用容量法,则需要知道母液的密度。此外,每克乙酸、丙酸、丁酸分别相当于 1.067 gCOD、1.514 gCOD 和 1.818 gCOD。

(6)营养物和微量元素:测定污泥活性所配制的水样中还应当添加营养物和微量元素,以免出现营养缺乏导致的活力下降,营养物和微量元素也应配制为母液,其组成如下:

①营养母液每升含:NH$_4$Cl,170 g;KH$_2$PO$_4$,37 g;CaCl$_2$·2H$_2$O,8 g;MgSO$_4$·4H$_2$O,9 g。

②微量元素母液每升含:FeCl$_3$·4H$_2$O,2 000 mg;CoCl$_2$·6 H$_2$O,2 000 mg;MnCl$_2$·4H$_2$O,500 mg;CuCl$_2$·2 H$_2$O,30 mg;ZnCl$_2$,50 mg;H$_3$BO$_3$,50 mg;(NH$_4$)6Mo$_7$O$_{24}$·4H$_2$O,

90 mg;$Na_2SeO_3 \cdot 5H_2O$,100 mg;$NiCl_2 \cdot 6H_2O$,50 mg;EDTA,1 000 mg;36% HCl,1 mL;刃天青,500 mg。

③硫化钠母液,每升含 $Na_2S \cdot 9H_2O$,100 g,使用时临时配制。

配制水样时每升加入以上母液各 1 mL,此外还要加入酵母抽出物(酵母粉)0.2 g。

(7)污泥的驯化:污泥的产甲烷活性与其对底物 VFA 的驯化程度有关,因此通常测定活性时要两次投加配制的含 VFA 和营养物的水样。第一次投加水样目的在于使污泥适应这种底物,因此第一次投加水样时污泥的活性总是较低(见表 10.3)。一般第二次投加水样后的结果可作为正式测定的结果。

4.测定步骤

在反应器中加入部分水,再按表 10.3 的量加入 VFA 母液以及营养物、微量元素、硫化物的母液和酵母抽出物。按表 10.3 的量加入所要测定的污泥并补加水到预定体积。

向上述混合物中通入氮气 3 min 以除去部分溶解氧,然后将反应器与液体置换系统相连接,测定即正式开始。

逐日记录产气量(以量筒中的碱液体积代表所产甲烷体积,直到底物 VFA 的 80% 已被利用)。然后开始第二次投加水样,第二次投加水样的方法即在原混合液中加入与第一次投加相同量的 VFA 母液。逐日记录每日产气量直到 80% 的底物已被利用。

5.结果的计算

(1)曲线绘制。

根据测定的记录绘制出累积产甲烷量 – 发酵时间曲线。产甲烷活性的计算应根据第二次投加底物的曲线计算。在曲线中有一个最大活性区间,污泥的产甲烷活性即应以此区间的产甲烷速率 R 来计算,产甲烷速率 R 是这一区间的平均斜率,其单位为 mL/h。最大适性区间应当至少覆盖已利用的底物 VFA 的 50%。

(2)计算。

根据最大活性区间的平均斜率 R 即可计算出污泥的产甲烷活性,其结果以单位 $gCOD_{CH_4}/(gVSS \cdot d)$ 计。计算如下:

$$ACT(污泥的产甲烷活性或比产甲烷活性)/[gCOD_{CH_4} \cdot (gVSS \cdot d)^{-1}] = \frac{24R}{CF \times V \times VSS}$$

式中　R——产甲烷速率(即曲线中最大活性区间的平均斜率),$mLCH_4/h$;

　　　CF——含饱和水蒸气的甲烷毫升数转换为以克为单位的 COD 的转换系数(表 10.1);

　　　V——反应器中液体的体积,L;

　　　VSS——反应器中污泥的质量浓度,gVSS/L。

10.9　厌氧生物可降解测定

1.目的与原理

废水的厌氧生物可降解性系指废水 COD 中可以被厌氧微生物降解的部分(即可降解 COD,记作 COD_{BD})所占的百分率。COD_{BD} 的意义类似于 BOD,但 COD_{BD} 的数值通常高于 BOD,这是因为 BOD 测试一般在很低的浓度下进行,接种量少,同时温度较低。此外,这里

所讲 COD_{BD} 的测试是在厌氧条件下进行的。在 COD_{BD} 的测定中,通过测定甲烷的产量和 VFA 的量(均换算为 COD,并分别记作 COD_{CH_4} 和 COD_{VFA}),可以计算出可酸化的 COD 量(即 COD_{acid}),$COD_{acid} = COD_{CH_4} + COD_{VFA}$。转化为细胞物质的 COD(即 COD_{cell})可通过物料平衡计算或者根据废水性质由发酵和产甲烷过程细胞的转化率估算。由此可得 $COD_{BD} = COD_{CH_4} + COD_{VFA} + COD_{cell}$。

2. 测定的条件

(1)测定时间。

COD_{BD} 通过对水样的接种发酵过程进行,因此发酵时间的长短影响发酵的结果,在测定结果中应当注明发酵的时间。在操作良好的厌氧反应器中(例如 UASB 反应器),能够产生对复杂有机物降解的细菌。为了反映出某些复杂有机物的降解,测试的时间应当适当延长或者对同一接种用污泥进行驯化,推荐的测定时间为一个月。

(2)空白试验。

废水的厌氧生物可降解性测定应当排除接种用污泥本身生物降解所引起的干扰。废水中 COD_{acid} 应等于试验水样中的 COD_{acid} 减去空白试验中由污泥本身消化产生的 COD_{acid}。污泥本身产生的 COD_{acid} 应当足够小,换言之,试验中使用的厌氧种泥应当是稳定化的污泥。如果污泥本身产生的 COD_{acid} 与试样的 COD_{acid} 相比超过了 20%,则测试结果会有较大偏差。

(3)接种量。

采用的接种量应使菌种量足够多以使有机物充分降解,但同时又不产生太多的 COD_{acid} 以干扰测定。通常推荐采用 5 gVSS/L 的接种量(例如,当使用消化污泥接种时)。当采用的污泥活性较高时 $[> 0.2 \ gCOD_{CH_4}/(gVSS \cdot d)]$,可以用较少的接种量,但不应小于 1.5 gVSS/L。采用 UASB 反应器中的颗粒污泥接种,即可采用 1.5~2.0 gVSS/L 的接种量。

(4)废水水样的 COD 浓度。

水样的 COD 浓度应当足够高,以便能够准确测定产生的甲烷和 VFA,但是浓度不能高到引起抑制的程度。通常可采用 5 gCOD/L 的质量浓度,但如果废水含有有毒物质,可采用 2 gCOD/L 的浓度并使用较大的反应器(>2 L)。

(5)缓冲液。

在水样降解过程中,VFA 的产生会引起酸的积累,为防止 pH 值下降,应增加 $NaHCO_3$ 到水样中以使水样有足够的缓冲能力。$NaHCO_3$ 的加入量为每 $gCOD_{BD}$ 1 g。

3. 测定所用装置

与测定甲烷产量和污泥产甲烷活性的装置相同。

4. 测定步骤

将种泥按一定量加入到反应器中,加入废水水样(使其在稀释后达到预定的 COD 浓度),按污泥活性测定的方法补充营养母液、微量元素和酵母抽出物到水样中,加入废水 pH 值缓冲所需的 $NaHCO_3$,然后加水至有效体积。

对于空白试验,向另一反应器中加入同样量的种泥,加入约 80% 的蒸馏水,再加入与被测水样相同量的营养母液、微量元素、酵母抽出物和 $NaHCO_3$,补加水到同样的体积。

向上述放有水样的反应器和空白试验中通入氮气 3 min。安装好测定装置,并将装置置于一定温度的环境中(恒温室或培养箱),其温度与废水处理的温度相同。

一般在试验的最后一天测定水样和空白试验的 COD 和 VFA。如果原水样以溶解性物质为主,发酵终点应当测定水样经过滤后的 COD(即 COD_{filt})。测定甲烷产量应逐日进行,以保证液体置换系统始终维持足够多的碱液。在测试中间也可以测定 VFA 和 COD,以便了解不同消化时间里的生物可降解性。CH_4、VFA 和 COD 的测定应当在同一时间同步进行。

5. 计算结果

(1)计算的第一步是将累计的甲烷产量毫升数换算为 $mgCOD_{CH_4}/L$,即

$$甲烷产率/(mgCOD_{CH_4} \cdot L^{-1}) = \frac{CH_4 \times 1\ 000}{CF \times V}$$

式中　CH_4——在测定终点得到的累积甲烷产量,mL;

　　　CF——甲烷毫升数变为 gCOD 计时的换算系数(表 10.1);

　　　V——在反应器中液体的有效体积,L。

(2)测试终点的发酵液中 VFA 浓度应根据表 10.2 中所列的换算系数换算为 $mgCOD_{CH_4}/L$,以符号 COD_{VFA} 表示。

(3)根据试样与空白试验的结果对测试数据加以修正,即修正后的结果 = 试样结果 - 空白试验结果。

(4)由修正后的结果可以进一步计算出以下各废水特性参数:

$$甲烷转化率(M\%) = \frac{COD_{CH_4}}{COD_0} \times 100\%$$

$$酸化率(A\%) = \frac{COD_{acid}}{COD_0} \times 100\%$$

$$残余 VFA 百分率(VAF\%) = \frac{COD_{VFA}}{COD_0} \times 100\%$$

$$残余溶解性 COD 百分率(COD_{filt}\%) = \frac{COD_{filt}}{COD_0} \times 100\%$$

相应的 COD 去除率(E%)可计算如下:

$$E\% = 100\% - COD_{filt}\%$$

废水的厌氧生物可降解性(记作 $COD_{BD}\%$ 或 BD%)和废水 COD 中转化为细胞的转化率(记作 $COD_{cells}\%$ 或 cells%)可计算如下:

$$BD\% = E\% + VFA\%$$

$$cells\% = BD\% - A\% \quad 或 \quad cells\% = E\% - M\%$$

已降解的 COD(即 COD_{BD})中转化为细胞的百分率称为比细胞产率(可记作 Y_{cells},单位为 $gCOD_{cells}/COD_{BD}$),可计算如下:

$$Y_{cells} = \frac{cells\%}{BD\%}$$

式中　COD_{CH_4}——以 COD 量计算的累计产甲烷量;

　　　COD_0——试样在时间 $t = 0$ 时的 COD 量;

　　　COD_{acid}——已被酸化的 COD 量,$COD_{acid} = COD_{CH_4} + COD_{VFA}$;

　　　COD_{VFA}——最终发酵液中的 VFA 量(以 COD 计);

　　　COD_{filt}——最终发酵液中经过滤后,测得的溶解性 COD 的量。

以上各数据均以经空白试验校正后的结果计。

表 10.4 和表 10.5 分别是蔗糖溶液生物可降解性试验的测定和计算结果,可作为参考,但此测定的时间比一般要求的要短。

表 10.4　蔗糖溶液生物可降解性测定的数据/(mgCOD·L^{-1})

累计时间/h	空白试样				试样			
	CH$_4$	VFA	COD$_{acid}$	COD$_{filt}$	CH$_4$	VFA	COD$_{acid}$	COD$_{filt}$
0	0	0	0	135	0	0	0	4 138
44	99	41	140	75	1 381	1 857	3 238	2 373
137	122	2	124	122	2 686	635	3 321	895
281	172	0	172	83	3 496	3	3 499	204

注:试验温度 30 ℃;以 1.5 gVSS/L 颗粒污泥接种;采用 2.5 L 间歇搅拌的测试系统;加入 NaHCO$_3$ 量为 4 g/L;pH = 7.0

表 10.5　根据上表数据所得的计算结果

累计时间/h	修正后的数据/(mgCOD·L^{-1})				计算结果						
	CH$_4$	VFA	COD$_{acid}$	COD$_{filt}$	M%	VFA%	A%	E%	BD%	cells%	Y$_{cells}$
0	0	0	4 003	0	0	0	0	0	0	0	0
44	1 282	1 816	3 098	2 298	32.0	45.4	77.4	42.6	88.0	10.6	0.120
137	2 564	633	3 197	773	64.1	15.8	79.9	80.7	96.5	16.6	0.172
281	3 324	3	3 327	121	83.0	0.1	83.1	97.0	97.1	34.0	0.144

10.10　产甲烷毒性的测定

1. 目的和原理

产甲烷毒性即是确定毒性物质或有毒废水在一定浓度下使甲烷菌的产甲烷活性下降的程度,测定以不含有毒物质的 VFA 培养液为空白对照。产甲烷毒性的测定可为含有毒物质废水的厌氧可处理性以及厌氧处理的工艺条件提供重要依据,同时,它也在某种程度上反映出毒性物质对环境生物的毒害作用。

当污泥与有毒物质接触一段时间后,除去含有毒物质的发酵液,向污泥投加与空白对照相同的、不含毒性物质的 VFA 培养液,根据污泥产甲烷活性恢复的程度,可以确定有毒物质产生抑制作用的机理,即确定该物质是代谢毒素(Metabolic Toxin)、生理毒素(Physiological Toxin)或是杀菌性毒素(Bactericidal Toxin)。

连续向污泥投加含有毒物的培养液,观察污泥产甲烷活力的变化,可以判断出污泥对该有毒物质(或有毒废水)是否能产生驯化,并且可以判断出这种驯化是属于代谢驯化(Metabolic Adaption)、生理驯化(Physiological Adaption)或种群驯化(Population Adaption)。

2. 测定装置

采用与产甲烷活性测定完全相同的反应器和液体置换系统。

3. 测定的方法与结果的分析

(1)产甲烷毒性测定的 3 种情况。

毒性测定根据毒性物质或有毒废水的性质分为以下 3 种情况：

第一种情况，即毒性物质不能作为底物为微生物所利用。在此情况下，测定方法大体上与产甲烷活性的测定相同，空白试验和试样溶液中 VFA 浓度、营养物、微量元素、接种量及其他测定条件完全相同。只是被测试样应有多个，其中分别含不同浓度的被测有毒物，而空白试验中不含此有毒物质。测试前空白与被测试样均应调节至 pH = 7.0。

第二种情况，即毒性物质本身或被测的有毒废水可以被微生物作为底物利用，但在被测定的该有毒物质或有毒废水的浓度范围，它们所提供的可酸化 COD 不大于空白试验中 VFA(也以 COD_{asid} 计)的 50%。此时的毒性测试也类似于产甲烷活性测试，即在被测试样与空白试验中均加入等量 VFA_x 营养物等，同时在被测试样中加入不等量的有毒物或有毒废水。与第一种情况唯一的不同是按有毒物或有毒废水中含有的 COD_{BD} 浓度，向各被测试样补加 $NaHCO_3$，补加量为每 1 g COD_{BD}，加入 1 g $NaHCO_3$。

第三种情况，有毒物和有毒废水提供的底物 COD_{acid} 高于空白试验中 VFA 的 50%，此时应修正测定方法。被测试样只加入有毒物或有毒废水而不加入 VFA，因为它们已能提供足够底物，氮、磷等营养元素与微量元素则根据水质分析结果补加，同时按 1 g/gCOD_{BD} 的量加入 $NaHCO_3$。空白试验的 VFA、营养元素、微量元素等比例与前两种情况相同，但每一浓度的被测试样，都有一个与之对应的空白试验，其 VFA(按 COD 计)与对应试样的 COD_{acid} 浓度相等。同时，空白试验也不添加 COD_{acid}。空白试验中 VFA 的组成应与被测试样酸化后产生的 VFA 组成相当，如果后者的 VFA 组成难以确定，建议在空白试验中采用如下的 VFA 组成

$$乙酸:丙酸:丁酸 = 73:23:4$$

(2)产甲烷毒性测定(第一次投加底物)。

按照上述的 3 种情况，在被测试样中加入了不同浓度的有毒物质或有毒废水，其中含有与空白对照相同量的 VFA 或者不含有 VFA。空白试验不含有有毒物质。测定试样与空白试验中污泥的产甲烷活性，其方法与污泥产甲烷活性的测定相同。但是应当注意的是，带有有毒物质的试样中，污泥的活性往往有一个停滞期，因此其最大活性可能滞后于空白试验。我们知道，产甲烷活性是甲烷累计产量 - 发酵时间曲线上"最大活性区间"上的平均斜率，在产甲烷毒性测定中，试样和空白试验中的活性也都按照各自最大活性区间的平均斜率计，但是试样的最大活性区间与空白试验的最大活性区间可能一致也可能不一致。

(3)毒性的表示方法和计算。

根据第一次投加底物的试验结果即可计算有毒物的毒性。毒性的表示通常可用某种浓度下使污泥产甲烷活性下降的百分率(即 INHIB%)表示。或者更准确地，以使污泥产甲烷活性下降 50% 时的有毒物(或有毒废水)的浓度表示，后者即称为 50% 抑制浓度(50% IC)。

为此，首先根据最大活性区间曲线的平均斜率求出空白试验和试样的产甲烷活性，依此求出各有毒物浓度下污泥产甲烷活性与空白试验中污泥活性的比值。

$$ACT/\% = \frac{ACT_T}{ACT_G} \times 100\%$$

式中　ACT——试样中污泥产甲烷活性占空白试验中污泥产甲烷活性的百分数,%;

　　　ACT_T——试样中污泥的产甲烷活性;

　　　ACT_C——空白试验中污泥的产甲烷活性。

由此可得某浓度下毒性物质使污泥产甲烷活性下降的百分率:

$$INHIB(\%) = 100\% - ACT(\%)$$

为了求得某毒性物质或有毒废水的 50% 抑制浓度,需要先绘制出"ACT(%) - 毒性物浓度"曲线。

(4)毒性物质对活性抑制机理的试验(活性恢复试验)。

在前面的第一次投加底物的试验中,污泥已充分"暴露"于有毒环境中。在此试验的终点,让反应器静置以使污泥完全沉降,将上清液由反应器中除去,以少许清水置换掉残余的发酵液,这一过程包括所有试样和空白试验。然后在各试样与空白试验中都加入与第一次投加底物时的空白试验完全相同的无毒性物质的 VFA 培养液,然后置于液体置换系统中,用同样的方法测它们的产甲烷活性。但试样在恢复试验中的产甲烷活性的"活性区间"是根据相应的空白试验的最大活性区间来确定,换言之,试样中污泥的活性区间与空白试验的最大活性区间必须一致。试样中污泥在恢复试验中的活性即是此活性区间的平均斜率。试样在恢复试验中的活性被称为"残余活性"。

(5)活性恢复试验结果的分析。

根据活性恢复试验中污泥的残余活性,可以分析出该毒性物对产甲烷菌抑制作用的机理,即该有毒物是属于代谢毒素、生理毒素或杀菌性毒素。

代谢毒素通过干涉代谢过程产生抑制作用,但它们并不引起细菌细胞的任何损害。因此一旦毒素被除去后,细菌的活性即能得到恢复。这类毒素在第一次投加底物的试验中能表现出对产甲烷活性的明显抑制,但在恢复试验中,残余活性受到的抑制并不明显。Na^+ 即是这类有毒物质的一个例子。

生理毒素能引起细胞参与代谢的组织损伤或改变酶的性质(例如引起细胞膜损伤或使胞内酶失活),从而对细胞的活性产生抑制,但它们不直接杀死细胞。它们在第一次投加底物时和恢复试验中对细胞活性的抑制都是明显的,但在恢复试验的活性区间以后的继续测试中,其活性会有明显的恢复。这个活性恢复所需要的时间是细胞修补其自身损害的组织所需要的时间。

杀菌性毒素则引起细胞的死亡。在这种情况下,毒性引起的活性下降在整个恢复试验中可能不会恢复,除非恢复试验时间很长从而有新的细胞增殖发生。

(6)对毒物的驯化试验(连续投加有毒底物的试验)。

为了了解污泥能否对毒性物质产生驯化作用,可以在第一次投加底物试验结束后继续投加同样的含有毒物质的培养液或有毒废水。第一次投加底物试验结束后,用与恢复试验相同的方法除去原有的发酵液,各试样或空白试验加入与第一次投加底物试验完全相同的培养液。试样的活性确定采用与空白试验完全相同的活性区间,这点与活性恢复试验相同。在此活性区间以外,如果试样中污泥的活性增加,说明污泥对该有毒物已产生了适应性,即污泥得到了驯化。

(7)驯化试验结果的分析。

代谢驯化指微生物能够降解(有毒的化合物,即其自身具有脱毒的能力)。在这种情况下,抑制只发生在有毒物质被降解或改性以前,一旦有毒物被降解,则抑制作用消失。

生理驯化指微生物在有毒物存在时能激活新的代谢过程,即产生诱导酶使有毒物降解。这种情况下,一旦诱导酶产生,在一段停滞期过后,毒物的抑制作用会突然消失。

种群驯化指由于有毒物的存在,污泥中微生物种群的组成发生了改变,即对毒物没有抗性的细菌死亡或处于休眠状态而抗性的细菌逐渐形成优势的生长,这实质上是一个选择的过程,由于新的种群的生长和大量增殖往往是缓慢的,因此这种驯化通常需要很长时间。

10.11 反应器内污泥量的测定

1. 目的

反应器内污泥的量可以通过污泥的垂直分布来计算。所谓污泥的垂直分布指反应器内不同高度的污泥浓度。当已知污泥的产甲烷活性后,知道了反应器内污泥的量即可预测反应器的最大负荷。污泥浓度的垂直分布也直接反映出反应器内污泥床的膨胀程度。

在反应器运行过程中,污泥量和污泥活性一样,都会受到许多因素的影响。在反应器运行达到稳定状态后,污泥的活性即会保持恒定,但反应器内的污泥量则会稳定增长。

2. 仪器与设备

测定反应器内的污泥浓度要求反应器在不同高度有取样口,其余仪器与 TSS 和 VSS 测定的仪器相同。

3. 取样

污泥量测定的最关键之处是取样。当打开取样阀取样时,必须先使取样管内的液体与污泥流出,然后取真正由反应器内流出的液体与污泥混合物。所取样即时称量(假设密度为 1 g/mL)。

4. 测定步骤

(1)记录下每个所取样品的质量及相应取样孔的高度。

(2)在 5 000 r/min 下离心 10 min,弃去上清液后,在 105 ℃下干燥污泥至恒重。

(3)将干燥后的污泥连同瓷坩埚一起在通风橱内燃烧至不再冒烟,然后放入马弗炉在 600 ℃灼烧 2 h,待炉温降至 100 ℃后,取出坩埚于干燥器内冷却后称重,坩埚内残渣重即灰分。

以上测定过程即测定样品中的 VSS 量。

5. 计算

(1)样品 VSS 计算。

$$样品\ VSS\ 质量浓度/(g \cdot L^{-1}) = \frac{污泥干重 - 灰分重}{样品总量}$$

此即反应器中某一高度的污泥浓度。

(2)反应器内污泥量计算。

根据不同高度上所测的污泥浓度,绘制出污泥浓度 – 反应器高度曲线。取样点的高度可转换为该高度以下反应器的容积,曲线下方的面积即代表反应器内污泥量(以 gVSS 计)。反应器内污泥量除以反应器总容积即得到反应器内污泥的平均浓度(以 gVSS/L 计)。

参考文献

[1] 许保玖. 当代给水与废水处理原理讲义[M]. 北京:清华大学出版社,1983.

[2] 顾夏声. 废水生物处理模式[M]. 北京:清华大学出版社,1983.

[3] 秦麟源. 废水生物处理[M]. 上海:同济大学出版社,1989.

[4] 张希衡. 废水厌氧生物处理工程[M]. 北京:中国环境科学出版社,1999.

[5] 申立贤. 高浓度有机废水厌氧处理技术[M]. 北京:中国环境科学出版社,1991.

[6] 贺延龄. 废水的厌氧生物处理[M]. 北京:中国轻工业出版社,1998.

[7] 左剑恶. 高浓度硫酸盐有机废水生物处理新工艺的研究[D]. 北京:清华大学,1995.

[8] 郑元景,沈水明,沈光范,污水厌氧生物处理[M]. 北京:中国建筑工业出版社,1988.

[9] 张自杰,林荣忱,金儒霖. 排水工程[M].4 版. 北京:中国建筑工业出版社,1999.

[10] 王菊思. 合成有机化合物的生物降解性研究[J]. 环境化学,1993, 12(3):161.

[11] GONCALVES TL E, LE – GRAND L, AND ROGALLA R. Biological phosphrus uptake in submerged biofihers with nitrogen removal[J]. Wat. Sci. Technol. ,1994,29(10-11): 119-125.

[12] LARVA V, MIO LEM J. Advances in biofilm aerobic reactors ensuring effective biofilm activity control[J]. Wat. Sci. Technol. ,1994,29(10-11):319-327.

[13] LOGAN B F. Extracting hydrogen and electricity from renewable resources:a roadmap for establishing sustainable processes[J]. Environ. Sci. Technol. , 2004,38: 160-167.

[14] LOGAN B. E. Biological hydrogen production measured in batch anaerobic respirometers [J]. Environ. Sci Technol. , 2002,36: 2530-2535.

[15] PARK D H, and ZEIKUS G. Electricity generation in microbial fuel cell using neutral red as electmnophore—Appl[J]. Environ Microbiol. , 2000,66 : 1292-1297.